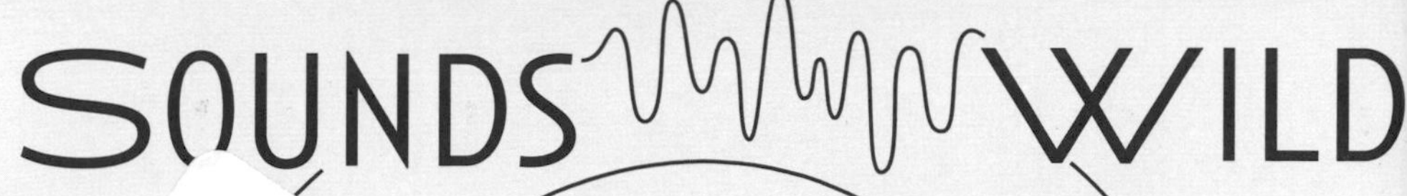

AVID GEORGE HASKELL

地球之聲

生物 命的創意與斷裂，重拾人與萬物的連結

AND BROKEN

大衛・喬治・哈思克——著

陳錦慧——譯

Sonic Marvels,
Evolution's Creativity,
and the Crisis Of
Sensory Extinction

推薦序　自然聲景，絕對不是人類世界的背景音樂

——野地錄音師、台灣聲景協會創辦人　范欽慧

身為一位長期在野外收錄大自然聲景的工作者，我在閱讀大衛．喬治．哈思克的書時，總是對他所擁有的宇宙觀與自然共感性有著高度的共鳴。

我們正在創造一個感官越來越弱化的世代，不知如何「傾聽自然」，正是讓我們跟環境產生斷裂的關鍵。從小到大，從沒有人告訴我們該如何去聽見一座山、一條河流，甚至是一隻鳥或是一隻蛙的鳴唱。我們知道大自然有著美麗動聽的自然音樂，可以帶給我們平靜的力量，但這絕對不是一本要告訴你如何透過聆聽自然來取悅自己感官的書，這是一本讓你從自己的細胞、從自己的演化，來理解由聲音編織起生命源遠流長的創造過程的書，而我們就在其中，那是一切的起點，只是我們從來沒有學會如何去傾聽。這樣的閱讀讓我情緒激動，這是我等待許久的書。

我不禁想起，每年一月陽明山夢幻湖的台北樹蛙都在發聲鳴唱，我相信這樣的傳響在七星山下已經存在了千萬年，但是大家可能只知道這裡有台灣水韭，卻沒有人在乎這裡有著全世界獨一

無二的台灣聲景。重點是，我們不只是要聽見這樣的聲音，更要聽見我們和這個聲音的關係。我們需要集體的感官覺醒，而且是從聆聽「非人」的生命開始，這也是全世界正在進行的環境行動。我們正在透過科技來「喚醒」及建構人類所遺忘的感知能力。因為透過最先進的麥克風，才能打破人類長久以來的感官障礙，聆聽那些被遺忘的聲音，並學習與土地接軌。

記得我之前受到哈思克另一本書《樹之歌》的影響，有一次我帶著一群人去公園裡聆聽一棵超過兩百年的老樹。當我問大家是否可以聽見樹上所傳來的聲音，大家一臉茫然，因為我們正身處在七十五分貝的環境背噪下，沒有人能靜下來好好感受那樹上傳來「與自己相繫的大家庭聲音」。

然而這本書裡，哈思克不只提供了感性的邀請，他更以科學家的理性思維與豐沛知識，用著磅礴悠遠的歷史敘事來幫助我們為聆聽聚焦，包括那十億年前的風聲水聲……遠從五千五百萬年前演化至今的鳥語……還有那關於鳴蟲、青蛙、鳥類發聲結構的篇章都成了最佳的聆聽教學素材。他說，聲音之所以豐富多樣，正因為地球擁有著千變萬化的樣貌，造就了那一切的繽紛音樂的源頭。他「點亮」了我們的耳朵，讓我們聆聽起城市草地上傳來的蟋蟀唧唧鳴叫也多了一份專注與虔誠，因為那是「地球最古老的聲音」。

地球的多樣化聲音如今面臨逐漸消失的危機，它曾經如此繽紛有趣，但是正因為我們欠缺了那份感知，我們再也無法透過自己的身體，去和這一切的豐富交織回應。我們總是以自己有限的感知來宰制世界，讓許多動物都深受痛苦，隨著更多科學的研究結果出現，其實都是啟動不同的環境設計理念與典範移轉的契機。

哈思克提醒我們，身為世上最強勢的物種，當我們要去解決各種環境議題時，要理解「感官」不但是具有創造力，更是一種的「道德行為」。人類對棲地的破壞，伴隨著所製造出無所不在的噪音，從陸地到海底，無孔不入的傷害著其他生物的感官，人類卻渾然不察。

台灣四面環海，我曾經看過那些擱淺致死的海豚，後來在死亡報告書上發現牠們得到潛水夫病。也就是快速衝上水面而沒有經過適度減壓的狀態，可以想見海底下正在發生一些讓牠們驚嚇的衝擊。哈思克寫道，從二十世紀中期到現在，全世界海洋噪音污染的強度每十年增加一倍。在嘈雜的環境，牠們通常會變得躁動，橫衝直撞，而人類對海洋所來的噪音，包括了船隻、海底工程、聲納、甚至軍武……都是扼殺著其他生物的殺手，但是從來不需要為這些生命的殞落而負責。

其實，海洋離我們一點也不遙遠，我們的耳朵甚至還保留了海洋的記憶，生命的演化在我們的身體中仍保有線索，閱讀哈思克的書，無疑將打開我們所有人的耳界。二〇一九年之後，人類正面臨著世紀疫情的嚴峻考驗，許多觀念也正在翻轉，透過這本書，我們可以知道，原來細菌也有屬於自己的聲音，甚至從過去原住民的文化當中，我們還可以找得那被遺忘的感知。無論如何，那窗外所鳴唱的聲響，絕對不是人類世界的背景音樂，唯獨我們願意用著安靜謙卑的態度去聆聽時，才會是一個重新連結的開始。

推薦序　聽見大自然的華麗交響曲

——國立臺灣師範大學生命科學系助理教授　黃俊嘉

常聽人說「人類是視覺的動物」這句話。不可否認的，身為靈長類大家族一份子的智人，在臉部前方能精準辨識顏色的雙眼，讓我們在過去數萬年用光線觀察了大自然的變化。然而人類能夠進步到今天，成為地球有史以來影響力最大的物種，聲音在我們短暫的演化史可能扮演了更重要的角色。在火文明尚未盛行前，不知道多少個沒有星月的夜晚，我們的祖先仰賴著耳朵，觀察著漆黑中的空氣振動，藉此判別是否有夜行動物的來襲；在沒有文字的時代，歷史與文化一大部分，是以歌聲的方式，在部落中流傳百年；即使在文明時代，文字也只不過是音符具象化的代表。無論在哪個年代，不管懂不懂語言和樂理，音樂總是能挑起人對自我情緒的認知，對生命的反思，以及對周邊世界的理解。如果你曾在聆聽時感動，你必須承認人類其實比想像中更像是聽覺動物。

繼《森林祕境》與《樹之歌》後，大衛．哈思克的新書《傾聽地球之聲》，再度以其精湛且生動的筆觸，將艱深的生物科學知識轉化成親切易讀的故事。本書從聲音為出發點，從另類角度廣泛探討地球生命演化，並描述生物之多樣面貌與繽紛生態。如同先前兩本著作，哈思克在本書描述生命現象與聲音的關係時，使用了極為細膩的文字描述，讓我在閱讀時，不時隨著哈思克的指揮突破想像力，在大腦中建構著影像、聲音與體感交織的華麗3D交響曲。我個人特別喜歡厄瓜多雨林的故事，與我個人過去十年在熱帶雨林的經驗相符。數百種動物在日夜穿梭之際，在森林的不同角落華麗地鳴叫，各自希望在這吵雜的舞台上，吸引到心目中的聽眾；而作者彷彿一個無法自控的舞者，在這大自然的交響樂團前，時而瘋狂起舞，時而引首臣服。

從聲音到震動，從協調性到舞蹈。哈思克告訴我們生物聲音演化的物理本質和生物性。二疊螽斯或許是史上第一個鳴叫的昆蟲，但古老的單細胞動物則以鞭毛宣示了其古老的專利。從海底底棲的槍蝦，至深海八百公尺的鯨豚，再到枝條間的角蟬，作者用一個又一個的案例告訴我們，人類是如何被引以為傲的耳朵與大腦侷限，一次又一次地忽略生態系中有趣的故事。而作者在本書後半部點醒我們，近代音樂發展本質與人類歷史及慾望無法割捨的關係，而人類又如何過度沉醉於自我優越感，放棄聆聽大自然的古老樂譜，在滿足物質慾望的原始衝動時，又不經意地改變了生命數十億年之間在地球留下的祖先遺產樣貌。結尾章節時分，作者由衷期待，有更多人能打破現代文明帶給我們的感官屏障，再次體驗大自然的美好，並了解生命本質，進而反思並進化。

推薦序　地球之聲的過去、現在與未來

——國立清華大學生命科學系助理教授　黃貞祥

對分辨不出音樂音質上細微差異的人來說，常被嘲笑或自我調侃是「木耳」。我可能就是其中之一，因為青少年時期太常戴耳機聽隨身聽的搖滾樂來逃避現實，年紀輕輕就患了輕度重聽，加上從小學到中學的音樂課學期成績有時候連一位數都沒的零分，昂貴的音響和廉價的，聽起來差別不大。

其實，我也喜愛美妙的音樂，只是音感很糟糕。但是，我一直都不知道自己真正失去的是什麼，直到我讀到這本好書，才赫然發現，原來聲音能是多麼的美妙動人。並且也感受到，原來生物多樣性的喪失，並不是我們無法再見到那些生物而已，而是永久性地失去了許多豐富多變的聲音。

聲音，在動物的演化中，扮演著極為重要的角色，姑且不論書中提到的那些五花八門功能，就談我們睡覺時，聽覺還保有靈敏的功能，就可見一斑。然而，聲音在保存上，一直有一個重大的缺陷，就是我們可以用各種顏料和墨水模仿我們所看見的世界，可是聲音除了口耳相傳或者特製的樂器長期訓練，是難以忠實地記錄和保存的。樂譜也只能讓人再現我們少數能聽見的部分聲音，一直到愛迪生（Thomas Edison, 1847-1931）發明了留聲機，才改變了一切。

而大衛・喬治・哈思克充滿詩意的《傾聽地球之聲》也能改變我們聽聞世界的方式，讓我們打開耳朵聆聽、感受世界各地的聲音。

哈思克並非是位僅僅端坐在書桌前閱讀寫作的生物學家，他親身走訪了世界各地，盡所能地把所有關於聲音的生物學世界帶到我們面前，跟著他上山下海探索聲音的種種，真是件興味盎然的樂事。這本好書中的生物學知識就已令人嘆為觀止了，哈思克也不忘探討聲音在人類文明社會和文化中的面向，從日本社會獨特的表達文化，到澳洲原住民的歌行能把人類與非人類聲音與故事融入記憶傳頌好幾個世代，是本文理共賞的好書。

四十五億年前，地球誕生於太陽系後，只有風雨飄搖、海浪濤天激起的聲音，直到動物的出現。其實，細菌並非無聲無息地存在，它們也能發出精密麥克風能錄到的聲音，只是它們可能並非用那些聲音溝通。如果我們回到地球最初的前三十五億年，能感受到的是長時間的寂靜，可能不會是件令人愉快的事，因為我們耳蝸中的毛細胞，太習慣因其他動物發出的聲波而搖擺產生訊號，在沒有蟲鳴鳥叫的世界中難以自處。自從纖毛特化成能接收聲波的功能後，動物世界就開始百家爭鳴、爭奇鬥豔，從一塊二疊紀化石的證據中，清晰可見遠古蟋蟀翅膀上的脊脈，那是已知動物界最早的發聲構造。

在人類文明世界開啟了工業革命，我們就製造出各種不悅耳的噪音，令人煩躁、擾人清夢。種族主義、性別歧視和權力不對等，影響了噪音對健康影響程度的不平等；在大城市中，我們會下意識地根據背景聲音加大嗓門，有些假裝失聰的人就是這樣被捉包的。嚴重特殊傳染性肺炎（COVID-19，俗稱新冠肺炎）短暫地改變了城市的生態，街道上的噪音減少，甚至讓一些鳥類不必再加大嗓門鳴唱。

因為高分貝的聲音能夠長距離地傳播，不僅是工廠發出的「必要之惡」，交通航運、採礦探勘也一直無遠弗屆地在環境中與其他生物「共襄盛舉」，不斷破壞自然環境中的動物溝通而釀成許許多多生態悲劇。並且，我們正在毀滅性地讓許多獨特的聲音永遠從地表上消失，在一塊農田中嘗試聆聽周遭的聲音再到一片原始林中感受一下其中的差異吧！如果我們再不積極地採取行動，我們可能會一再用難以忍受的人工雜音取代悅耳動人的聲音，甚至連一些樂器扣人心弦的樂音，都可能因為森林一再的破壞和樹木的盜伐而失傳。哈思克憂心忡忡地主張，當地球上最強大的物種停止傾聽其他物種的聲音，災難隨之而至。

聲音在人心中可以留下許許多多獨一無二的情感和記憶，讀了這本好書，我深深感受到過去和未來那些已經和可能將會失去的美好，何不把握當下好好專心聆聽呢？

導讀　重現被遺忘的聲音地景

——國立臺灣大學外文系教授　黃宗慧

擅於將科學知識、生態關懷與人文哲思完美結合於著作之中，《森林祕境》與《樹之歌》的作者大衛・喬治・哈思克（David George Haskell）在二〇二二年推出了以地球上的自然聲響為主題的新作，《傾聽地球之聲：生物學家帶你聽見生命的創意與斷裂，重拾人與萬物的連結》。哈思克書寫地球的生命史，從「酵母菌細胞不對伴侶歌唱；阿米巴原蟲也不會大聲警告近鄰」的年代，寫到地球豐富多樣的聲音面臨威脅的今天，讓我們發現長達幾億年的寂靜之後才演化出的有聲世界，得來多麼不易又如何充滿奧妙；他走過不同地域——喬治亞州的聖凱瑟琳島、厄瓜多亞馬遜雨林、紐約上州小鎮、洛磯山脈的嵯峨山峰……，有時單純依賴他口中日漸老化的聽覺替他做「殘缺的轉譯」，有時借助水下麥克風或數位錄音檔超越人類聽力的極限，為的是捕捉不同地景中各自特殊的聲景，然後以他的文字，進行一項近乎不可能的任務——透過一本無聲的書，傳遞聲音之美與多樣性。

但這顯然難不倒哈思克。如他所言，文本可以是聲音的具現，而如果口語是氣態碳，那麼文本就是璀璨的鑽石，賦予我們無比強悍的力量。的確，跟隨著哈思克文字的腳步走一趟那些被遺忘的聲音地景，我們彷彿也能跟著「聽」見許多非人類的聲音，例如他曾如此生動地形容森林裡樹蛙的叫聲：「牠們的緊繃叫聲帶著鼻音，啞噗！啞噗！每隻樹蛙的音調都不同，或許反映了牠們的體型大小。我聽見牠們的聲音來自小屋四面八方，彼此唱答。我覺得自己闖進了六隻樹蛙的球賽。左邊那隻的叫聲像彈力球拋向森林，右邊那隻將球揮向另一個方向，目標是離我頭部不遠的另一位歌者。聲音就這樣在我上方往返來回。」

而在分析動物學家所收集的座頭鯨叫聲何以成為熱銷的專輯時，他除了以嗚咽、慟哭、哀號形容座頭鯨牽動人心的歌聲，還具體地摹描了其他鯨魚的叫聲：「抹香鯨使用連串的喀嗒聲彼此溝通……牠們的聲音像咿呀響的老舊鉸鏈，也像節拍器的嗒嗒響。一整群聚在一起的時候，又像幾十隻發狂的啄木鳥又敲又啄。調到一定音量，那聲音能摜破你的耳膜，……小鬚鯨的叫聲柔軟有彈性，自帶回音，時而顫動，時而重擊，時而彈撥，有如打擊樂……北大西洋露脊鯨的悶哼聲彷彿從共鳴良好的排水管另一端遠遠傳來。牠們也會發出像大口徑來福槍的『槍聲』。灰鯨震顫的牢騷既有低沉的呱呱聲，也有吼叫聲，像鬱悶的公牛或發狠咆哮的貓咪。」

就連遠古恐龍的叫聲，哈思克都可以依據考證加以比擬——鴨嘴龍的叫聲類似低音喇叭，其他恐龍則接近以氣囊發聲的現代鳥類，像是鴿子的咕咕聲、現代麻鷺深沉男低音般的隆隆聲，或棕硬尾鴨壓抑的打嗝聲。電影裡的恐龍不是這樣叫？那不過是變造合成的結果——例如暴龍的吼聲其實是「利用慢速板的象寶寶叫聲，在錄音室裡跟獅子的吼叫聲、鯨魚噴水孔的爆破聲和鱷魚的低吼融合而成」。諸如此類「有聲有色」的敘述在書中俯拾皆是，令人不得不由衷佩服哈思克將聲音「神還原」的功力。

而這絕對不只是憑藉優美的文筆就能達到的境地。真正讓哈思克得以掌握聲音多樣性的關鍵，是他在書中不斷強調的，對地球上其他生命的在乎。這份在乎，讓他亟欲建立和不同物種的感官連結。建立連結之所以重要，不單是因為從演化的角度來說，我們的身體與感官和所有會發聲、會聆聽的生命之間，關係本就相當密切，更是因為「有別於其他那些生命，我們人類有一定程度的掌控力。我們能選擇不同的聲響未來，鯨魚、森林與鳥類卻辦不到」，換句話說，是想要回應其他生命、接受牠們聲音召喚的心意，讓哈思克得以聽見如此豐沛的聲音與聲音之間細微的差異，並將這多樣的聲響，乃至聲音不再的寂寥，透過書頁，傳達給讀者。

精神分析學者多勒（Mladen Dolar）在《聲音之外無其他》（*A Voice and Nothing More*）一書中，曾將語言符號與聲音比喻為珠子與串珠的線，意指在一般的狀態下，我們根本不會特別注意聲音，聲音只是為了幫助我們了解語意，意義一產生，聲音就會消失在這個了解的過程之中，就像珠子一旦被串起來，我們就看不見串珠的那條線了。如果人類本身的聲音在我們日常生活中的地位都已如此邊陲，也就難怪那些被我們認定沒有語言的其他生命，所發出的聲音會長期受到忽視了。

正因如此，哈思克如此費勁地以無聲之書寫有聲世界，在保育上的意義更顯得重大。在生動重現其他物種的聲音所表述的意義、所創造的音樂之時，哈思克以大量的科學知識與強烈的文字感染力，為讀者打開了一處又一處他們前所未聞、「不聽可惜」的聲音地景，讓感官連結的建立出現契機——當我們得知一隻體長只有二・五公分，僅占用四平方公分面積的春雨樹蛙，叫聲可以傳到方圓七千八百平方公尺內，將自己的存在感放足足大兩千萬倍，在驚嘆之餘，或許也會開始對如此費力鳴唱的物種多一點敬意，對這求偶展演的聲音蘊含了哪些訊息感到好奇；當哈思克主張「叫春」如果能刺激其他同類的美感反應，就是音樂，因此人類無法判斷貓叫春有沒有音樂性時，「透露的是人類科技與想像力上的限制」，我們在莞爾之際，或許也可能放棄「音樂是人類所獨有」的定見，跟著哈思克一起發現更多有音樂的動物，以及牠們如何和人類一樣，「都是能感知、有情感、能思考，也能創新的生命體」。

事實上，對於書中所呈現的豐富聲景，身為人類的我們不只是「不聽可惜」；不聽，也是可恥的。這不僅是因為當今的生態危機與我們的疏於聆聽密切相關，拒絕聆聽等於是逃避責任，更是因為我們正在持續，極不公義地，強迫其他物種聽見人類製造的各種噪音。

就以噪音對水下生物的影響來說，不管是海軍聲納利用高振幅聲音反彈的回聲「看見」水面下的情況，或是以海底震波探測石油和天然氣，又或者是以頻繁的船運輸送人們購買的異地商品，都會對海洋生物造成嚴重程度不等但同樣難耐的衝擊。衝擊程度太大時，鯨魚甚至會急速下潛或衝出海面，造成器官出血。哈思克要我們試想打樁機連續在家裡運作的樣態，儘管連這樣的比喻都還不夠貼近真相，因為「我們可以離開屋子。再者，即使我們就站在機器旁，那聲音多半只影響我們的耳朵。對於水中生物，聲音是視覺、觸覺、本體感受和聽覺。牠們離不開水，幾乎也不可能躲到幾百公里外」。

哈思克也反省了自己如何參與著這個傷害海洋生物的巨大共犯結構，如何迫使鯨魚生命中的每一天，都浸泡在他從地平線另一端買來的商品的聲音之中：「我環顧四周，查看我擁有的物品。在太平洋周邊國家製造的每一項商品送抵時，生活在哈羅海峽或洛杉磯外海的鯨魚或許都能聽見。這些商品包括筆電、銀器、灑水壺、家具和汽車。大西洋沿岸的鯨魚則是被來自歐洲與北非的貨物遞送聲音包圍，比如辦公椅、書籍、葡萄酒和橄欖油。我大多數時間都居住在內陸地區，距離大海幾小時車程，因此很少看見或聽見鯨魚。但鯨魚聽見了我。」顯然，當哈思克懇切提出正視噪音污染問題的訴求時，並非採取一個高高在上的位置，他，也在「我們」之中。

儘管因破壞聲景而受益看似是現代人的日常，但「我們」並非全然無力去改變什麼。哈思克在細細闡述了聲學危機的急迫性之時，一直不忘提醒的是，開始傾聽，就可能停止繼續扼殺地球的聲音。

以前述的海洋噪音為例，哈思克指出，我們其實已擁有降低噪音所需的科技與經濟機制，只不過還欠缺與海浪下的親族休戚與共的意願。事實上，打造極靜音船、重建蓬勃的在地經濟以減少頻繁的越洋運送、以靜音的方式進行震波探測、海軍活動避開大型海洋哺乳動物的覓食與哺育區等等，都是可能的做法，也是迫切需要採取的行動，因為持續惡化的海洋噪音也將牽動其他地區動物的絕種和生物多樣性的降低，畢竟陸地與海洋聲音多樣性的衰微，是同一個危機，而非兩件事。

危機很巨大，個人很渺小。如哈思克所期待的，關閉噪音的污染，真有實現的機會嗎？或許他一面聽著唱片傳出的鯨魚歌聲，一面思考「人類以美化過的鯨魚音樂療癒自己卻不在乎牠們的生存危機」這件事何等諷刺時，語重心長的那句提問，就已給出了最直接而簡單的答案，「我們削減貪婪的欲望，及時拯救你們僅剩的少數。我們現在能不能聆聽且行動，幫助你們擺脫噪音惡夢？」

行動的起點，或許就在於削減人類貪婪的欲望。

目錄

003 推薦序 自然聲景，絕對不是人類世界的背景音樂／范欽慧

006 推薦序 聽見大自然的華麗交響曲／黃俊嘉

008 推薦序 地球之聲的過去、現在與未來／黃貞祥

011 導讀 重現被遺忘的聲音地景／黃宗慧

025 序曲

029 第一部 源起

030 1、初始之聲與聽覺的古老根源

當我們為春天的鳥鳴、嬰兒對語言的察覺，或夏季夜晚昆蟲與蛙類活力十足的大合唱驚奇讚嘆，就是沉浸在纖毛的奇妙傳承裡。

035 2、單一與多樣

在我聽見水面下充滿生命力的喋喋不休的那一刻，我就突破了感官障礙。此刻我在這個沼澤區，雖然眼前是整齊劃一的水上植物，卻能想像並感受到這片區域的多樣與豐饒。

046 3、感官折讓與偏誤

早在我的毛細胞開始凋亡以前，我聽見的聲音就已經過大幅調節。我聽見的一切都是殘缺的轉譯。內在世界與外在世界在我的耳朵裡交談，糾纏。

059 第二部　動物聲音的繁盛

060 4、掠食者、寂靜、羽翼
由蕨類、蘇鐵、石松和針葉木等植物組成的古老森林，被日後我們的耳朵所熟悉的聲音點亮。當我們聽見蟋蟀在都市公園的護根層、山區草地或鄉間小路唧唧鳴叫，我們就聽見了地球最古老的聲音。

076 5、花、海洋、乳汁
你的眼睛掃過這些字的時候，聲音已不再是空氣中傳送的聲波，而是一波波穿過哺乳類大腦溼潤、富含脂肪的細胞膜的電能反應。現在大聲念出這些字。那些反應波從肌肉跳進空氣中。聲音一向如此，從一種存在投向另一種，從一種媒介傳到另一種，居間連結，帶動轉化。

103 第三部　演化的創造力

104 6、空氣、水、木頭
鳥類的鳴聲包含了草木的聲音特質和風的呼嘯。哺乳動物的叫聲向我們揭示，掠食者與獵物如何在森林與平原的不同地形中聽見彼此。水的各種語氣以鯨魚和魚類的歌聲表達出來。

118 7、喧囂之中
雨林中沒有單獨的作曲家，也沒有公定的調性或旋律規則。各種審美觀和表述法在這裡並存。在雨林裡聆聽，既富挑戰性又愉悅。我們能同時聽見許多故事，每段故事都以符合個別物種審美觀的聲音呈現。

8、性事與美 136

我周遭春雨樹蛙那聲勢喧天的合唱，上演的不只是一段雄性向雌性旁觀者炫技的簡單戲碼。每個物種有其獨特的性別，其中很多「雌」「雄」同體，每一種都具有代表性。

9、發聲學習與文化 163

雖然人類和鳴禽的成熟大腦形態截然不同，但發聲學習所需的神經網絡，有一部分是靠同樣的基因所打造。同樣的，二者學習的模式與歷程也相似。那麼，聽見幼鳥跌跌撞撞初試啼聲的莞爾一笑，就不只是情感的觸動。那份油然而生的喜悅，是因為回想起超越歧異的親緣。

10、深時的印記 191

對於非人類的聲音，我們能聽見更久遠的過去，有時穿越幾億年。當我們坐下來聆聽動物的聲音，我們允許自己體驗的不只是當下這一刻，還有板塊構造的標記、動物的遷移史，以及演化變革的回音。

第四部　人類的音樂與歸屬 213

11、骨頭、象牙、氣息 214

每一根笛子都是容器，捕捉人類的氣息與空中的聲波這類短暫易逝之物。很多文化將氣息視為生命的基礎。遠古人類發現笛子的特性的那一刻，想必驚嘆不已：靈魂被短暫拘留、塑形，再送到外面的世界。

12、共鳴空間 237

人類創造的音樂在作品、樂器和聲學空間之間產生創造力的交互作用。我們耳朵裡的耳機或音樂場館的電子裝置，為這些成果豐碩的關係開創全新的可能，而這樣的進程，始於舊石器時代音響洪亮的洞穴。

13、音樂、森林、軀體 260

我坐在林肯中心的觀眾席，與全世界森林（它們的過去與未來）和人類貿易的歷史展開親密接觸。管弦樂團的聲音來自這個世界，讓我沉浸在生物多樣性與人類歷史的美麗與破碎之中。

第五部　縮減、危機與不公 283

14、森林 284

森林的聲音催我入眠。我的耳朵或許在都市近郊挨了餓，渴望森林的多樣化聲音，向內探索，將我的意識往回撥。我的睡眠有種熟悉感，不是昏沉或朦朧，而是清晰，像置身水光的折射裡。

15、海洋 315

冷戰捕捉到這隻座頭鯨的聲音，而後動物學家與音樂家合作的成果激發大眾的想像力，喚醒人類對海洋生物表親的道德關切。後來，那歌聲以捕鯨禁令的形式重返大海。這張唱片是跨物種聆聽的成功案例。

16、城市 344

在烏鶇的歌聲裡，我聽見動物在都市中找到一席之地。那聲音如此孤單，似乎隱隱意味著還有生命在其他地方繁衍。都市與鄉間互惠並存，不只展現在人類的經濟，也展現在更廣大的生命群體。

373 第六部　聆聽

374 17、在社區

我們聚在一起宴飲、祈禱、運動、觀賞視覺藝術、聆聽音樂時，是不是也能聚在一起聆聽地球的聲音，聆聽風、水和生命體（包括人類）的聲音匯聚一堂時，那豐富多采的變化？

393 18、在遙遠的過去與未來

從細菌的彈撥聲、動物的盡情鳴唱，到人類演奏廳裡的音樂，我們的地球是有聲行星，充滿聆聽者與通訊聲響。這種異乎尋常的發展，根源來自比地球更古老的時代，來自聲音本身古老的生成力量。

398 謝辭

402 引用文獻

獻給凱薩琳·列曼（Katherine Lehman），她帶領我聽見驚奇

序曲

紐約布魯克林區展望公園（Prospect Park）外圍的人行道，螽斯和蟋蟀以夏末歌聲為空氣添加調料。日落已經幾小時，熱氣依然磨磨蹭蹭，不肯消散。藏身枝椏間的昆蟲渾身是勁，唧唧啾啾，節奏感十足。人行道的燈光自帶韻律，是間距寬闊的路燈形成的規律圖案，沿著公園外牆向前延伸。昆蟲受燈光吸引而來，聚集在每一盞燈周遭那一圈光亮的枝葉裡。我緩步前行，聲音和光線在我周圍變強又變弱，起伏不大。

螽斯的叫聲是急躁匆忙的三連音，咔—嘁—嘀，以穩定的節奏重複，一秒一輪。有些螽斯會將三連音省略為二連音，速度也放慢。多半的夜晚，整個公園的演唱者以同樣的韻律歡唱，強而有力的氣勢在我的胸腔共鳴。今夜的螽斯似乎並不和諧，各彈各的調。樹蟋的叫聲與這些強勢節奏形成對比，牠們拖長的單音絞扭成一股更為甜美、幾乎沒有變化的持續音。

公園裡一棟建築物後側的安全照明燈將光線向上投射，照亮一叢橡樹。上百隻歐椋鳥（starling）聚集在枝葉間徹夜不眠，因為強光的刺激，對彼此尖嘯、啁啾、啼囀，精力充沛的在枝椏間振翼跳躍，你推我擠。

一架龐大的飛機從上方低空飛過，降落在拉瓜迪亞機場（LaGuardia Airport），停在公園西側。飛機的聲音從南邊地平線傳來，起初像一條細線，慢慢壯大，變成厚重粗糙的繩索，壓抑昆蟲的鳴唱。最後是一條隆隆響的磨損尾巴，漸次消失。在白天的高峰時段，每隔兩分鐘就有一班飛機降落。

其他交通工具加入陣容：汽車輪胎碾壓柏油路面的颼颼埋怨；增速中的引擎咆哮怒吼；遠處大軍團廣場（Grand Army Plaza）交叉路口相互衝擊的憤怒喇叭聲；電動腳踏車急行而過的咻咻聲。

今晚我在公共圖書館地下室欣賞室內樂演奏，離開後走到這裡。音樂家將他們自己與木頭、尼龍和金屬融合，形成動物、油脂、樹木和礦石的嵌合體，將沉睡在印刷樂譜裡的聲音重新喚醒。之後我跟朋友聊了幾句，我們振動的聲帶將倏忽消逝的語義寄託給氣息。無論音樂或語言，神經都徵召空氣居間傳遞，消除通訊者之間的實質距離。

這些聲音的能量都來自太陽。海藻得到溫暖的日照、生長、被埋葬，而後轉化為深色的石油。如今我們聽見海藻的轟鳴，因為它們儲存的陽光經過長時間掩埋，被噴射機或車輛引擎釋放。電動自行車的電力來自燃煤發電廠，那是古老森林捕捉的陽光。楓樹和橡樹的葉子貯藏著今天收獲的陽光，成為螽斯和蟋蟀的糧食。小麥與稻米為人類做著相同的事。夜幕低垂，但陽光依然閃耀，光子轉化為聲波。

只是個尋常夜晚，點綴著蟲鳥的鳴唱、汽車與飛機的往來奔忙，以及人類的音樂與說話聲。

這一切我視為理所當然。這個星球因為音樂與話語而鮮活。

只是，事情未必總是如此。地球上現存生命體的神奇聲音登場的時日尚淺，而且脆弱不堪。

整個地球的歷史中，有超過百分之九十的時間不存在任何通訊聲響。當第一批動物在海洋裡湧動，或第一批暗礁浮出大海，整個地球沒有生物鳴唱的聲音。原始森林沒有啁啾的昆蟲，也沒有脊椎動物。在那些年代裡，動物之間的傳訊與聯繫是靠捕捉彼此的視線，或透過碰觸與化學物質。長達幾億年的時間裡，通訊的聲音在動物的演化進程中缺席。

聲音演化出來以後，動物立即被納入各種網絡。網絡中的成員可以進行近乎即時的對談聯繫，有時彼此相距遙遠，彷彿心電感應。聲音帶著它的信息穿過霧氣、渾濁、密林和漆黑的夜。它能通過阻攔氣味與光線的障礙物。耳朵是全向性的，而且從不關閉。聲音不只讓動物建立聯繫，它多變的音調、音質、節奏與振幅，能傳達細微的信息。

當生命體彼此聯繫，新的可能性就出現，動物的聲音是創新的催化劑。這有點自相矛盾。聲音忽焉消逝，然而，它的傳遞卻能連結生命體，喚醒生物與文化演進的潛在力量。這些生成性的力量作用了億萬年，衍生出地球上的生命驚人的多樣化聲音。這一頁的文字——人類話語的油墨替身——只是聲音、演化與文化相互結合的豐碩產物之一。整個世界共有幾十萬種奇妙聲響，每一個有聲物種都擁有獨特的聲音，地球上每一個地方的聲學特質，都是無數聲音的獨特組合。

地球的多樣化聲音如今正面臨危機。我們人類將聲音的創造力推向顛峰，卻也毀滅生物鳴叫聲的多樣性。棲地的破壞與人類的噪音，正在逐步消除世界各地的聲音多樣性。地球的聲音從來不曾如此豐富多樣，這份多樣性卻也面臨前所未有的威脅。我們活在豐富與掠奪之中。

「環境」問題通常指氣候變遷、化學物質污染或物種滅絕。這些都是關鍵性的視角與衡量方式，但我們還需要另一個參考依據，因為我們的行為正在削減未來世界的感官豐富性。當野生動物的聲音永遠消失，人類的聲音抑制其他動物的聲音，地球就變得更加單調無趣。我們損失的不只是感官可有可無的裝飾品。聲音具有生成力量，因此，聲音多樣性的消失，會讓整個世界失去創造力。這個危機也威脅到人類自身。噪音的負累（比如健康惡化、學習力減退和死亡率升高）並未受到公平分配。種族歧視、性別歧視與權力不對等，導致嚴重的聲音不平等。

聆聽為我們帶來溝通與創造的奇蹟，聆聽也讓我們明白自己活在縮減的時代。因此，美學——對感官覺知的欣賞與關注——應該是我們在這個變遷與不公平的生存環境中的指導原則。只是，無論在感官或經歷上，我們都漸漸失去與生命共同體之間的連結。這份疏離正是感官危機的一部分。我們跟全世界許多生命體的美麗與破碎漸行漸遠，人類道德觀不可或缺的感官基礎因此遭到侵蝕。那麼，我們面臨的危機已經不只在「環境」層面，也在感官層面。當地球上最強大的物種停止傾聽其他物種的聲音，災難隨之而至。整個世界的生命力，有一部分取決於我們是否能回頭聆聽這個活生生的地球。

那麼，聆聽是愉悅的，是通往生命創造力的窗口，也是符合公眾利益的道德行為。

第一部

•

源起

1 初始之聲與聽覺的古老根源

起初，地球上的聲音只屬於岩石、水、雷電與風。邀請你來聆聽，聽見原始地球的今日樣貌。在生命的聲音遭到抑制或缺席的所在，我們聽見的聲音沒什麼改變，與四十多億年前地表熾熱的岩漿冷卻後的情況大致相同。強風撲向山巔，發出低沉急促的呼號，盤旋的過程中偶爾往回扭轉，「啪」的一聲有如鞭擊。在沙漠和冰原，空氣在細沙與冰雪上方嘶嘶作響。在海岸上，浪濤拍擊並席捲卵石、砂礫和拒絕屈服的峭壁。雨水嘀嘀嗒嗒咚咚，敲打著岩石與土壤，而後翻騰著匯聚成水體。河水在河床上汩汩流動。雷雨隆隆有聲，地表以回音應答。地底偶爾的振動與噴發，伴隨大地的咆哮與轟鳴，穿插在風與水的聲音之間。

這些聲音的動力來自太陽、地心引力與地球的熱度。陽光下的暖空氣鼓動了風，強陣風橫掃水面，掀起波浪。太陽光激起水蒸氣，地心引力又將雨水拉回地球。河水的流動也聽從地心引力的指揮，海潮的起落則是受到月球的牽引。地殼板塊在熾熱的液態地心上方滑動。

大約三十五億年前，陽光找到通往聲音的新路徑：生命。除了少數吃岩石的細菌之外，如今所有生命體的聲音都靠陽光取得動力。在細胞的呢喃與動物的鳴啼中，我們聽見太陽的能量折射為聲音。人類的語言和音樂也是其中一環。當植物蓄藏的光線逃進空氣中，我們扮演它們的聲音導管。就連機器的轟隆聲，也是靠燃燒埋葬已久的陽光取得能量。

生物的聲音最早來自細菌，向周遭水域釋出幾不可聞的低語，或嘆息或愉悅。如今我們能分辨細菌的聲音，靠的是最靈敏的現代儀器。寧靜實驗室裡的麥克風能夠收到來自枯草桿菌（*Bacillus subtilis*）菌落的聲音，這是土壤和哺乳類動物腸道常見的細菌。這些聲音放大之後，聽起來像從緊閉的閥門逸出的嘶嘶蒸氣。當擴音器對長頸瓶裡的細菌播放類似的聲音，細胞會加速生長，這種現象背後的生化原理仍是個謎。我們也能「聽見」細菌的聲音，方法是將細菌放在極微小的支柱頂端，當細菌被放置在這個微小支柱上，它的細胞表面的任何振動，都會牽動支柱。科學家因此可以用雷射光鎖定支柱，記錄並測量這些動態。透過這種方法，我們發現細菌時時刻刻顫動著，製造出持續性的聲波。這些聲波的高峰與低谷，也就是細胞的振動幅度，大約只有五奈米，是細菌細胞寬度的千分之一，比我說話時聲帶振動的幅度小五十萬倍。

細胞會發出聲音，是因為它們持續在動。它們仰賴數以千計的內在流動與韻律存活，而這些律動都經由化學物質的反應與連結塑造或調節。基於這樣的動態，也難怪它們的細胞表面會產生那麼多振動。我們對這些聲音的無視令人不解，尤其如今的科技已經允許人類的感官進入細菌的領域。到目前為止，只有二十多份學術論文探討細菌的聲音。同樣的，我們雖然知道細菌表面的蛋白質可以偵測物理動作，比如切斷、延展與碰觸，但這些感應器如何與聲音產生作用，還需要進一步研究。也許這其中存在著文化偏誤。身為生物學家，我們太沉迷於視覺圖表。在學習過程中，從來沒有人要求我在實驗中用耳朵聆聽。細胞的聲音不只存在我們的感知邊緣，也存在我們的想像之中，被我們的習慣與先入為主的看法定型。

細菌會說話嗎？它們會藉由聲音跟彼此溝通，就像它們會透過化學物質在細胞之間傳遞訊息一樣嗎？由於細胞之間的溝通是細菌的基本活動之一，乍看之下聲音似乎是可能的通訊手段。細菌是群聚生物，它們以緊密交織的薄膜或團塊的形式生活在一起。某些化學或物理攻擊輕易就能殺死單一細胞，卻傷害不了它們。細菌的壯盛仰賴網絡內的團隊合作，而就基因與生化的層級而言，它們彼此始終不斷在交換分子。只是，儘管它們接觸到與自己類似的聲音時會加速生長，代表它們可能「聽得見」，但到目前為止，還沒有人記錄到細菌間以聲音傳訊的實例。聲音的通訊或許不適合細菌族群。它們生活的範圍極為狹窄，分子能在幾分之一秒內就從一個細胞抵達另一個細胞。細菌內部有數以萬計的分子，是規模龐大又複雜的現成語言。對細菌而言，化學物質通訊或許比較省力迅速，也比聲波更為精密。

大約有二十億年的時間，細菌和外形與它們類似的親族古細菌是地球上僅有的生物。阿米巴原蟲、纖毛蟲和它們的親族這類比較大型的細胞，大約在十五億年前演化出來。這些較大的細胞又稱真核生物，後來演化出植物、真菌和動物。單一的真核細胞就跟細菌一樣，會持續不斷的振動，好像也不靠聲音彼此溝通。酵母菌細胞不對伴侶歌唱；阿米巴原蟲也不會大聲警告近鄰。

最早的動物延續這份沉寂。這些海洋動物的身體像圓盤或褶襉絲帶，是由一縷縷蛋白質纖維連結而成的細胞所構成。如果我們現在能將牠們拿在手上，觸感會像片狀海帶，又薄又有彈性。牠們的化石殘骸藏身在有五億七千五百萬年歷史的岩石裡。這些海洋動物統稱為埃迪卡拉動物群（Ediacaran fauna），名稱取自這些化石出土的澳洲山區。

埃迪卡拉的動物軀體過於簡單，看不出牠們的來源，也沒有留下任何蛛絲馬跡，好讓我們將牠們歸類於如今已經發現的族群。沒有節肢動物的分段式盔甲；沒有魚類背部的硬質脊柱；沒有嘴、腸道和器官。還有，幾乎也能確定牠們沒有發聲結構。這些動物的軀體沒有任何部分能製造出連貫性的刮擦聲、爆破聲、重擊聲，或撥弦聲。現今的一些動物外形與牠們類似，結構卻比較複雜，比如海綿、水母和海扇，同樣也不會發出聲音，顯示這些原始動物的聚落一片靜寂。除了細菌和其他單細胞生物的低語，演化只為地球添加了碟狀或扇形軟體動物周遭潑濺回旋的水聲。

長達三十億年的時間裡，生命幾乎靜默無聲，唯一的例外是細胞壁的振動，和早期圍繞動物周遭的渦流。可是在那漫長、靜謐的歲月裡，演化創造出一個後來改變地球聲響的結構。這個創新產物是細胞膜上一根擺動的細毛，它能幫助細胞游泳、前進和搜集食物。這根細毛又稱纖毛，能夠探入細胞周遭的液體。很多細胞擁有多根纖毛，靠一團團或一片片纖毛的擺動增加游泳能力。我們還不清楚纖毛是怎麼演化來的，不過它們最初可能是細胞內部蛋白質結構的延伸。水中的所有動態都被傳送到纖毛核心內的活蛋白質，再傳回細胞。這種傳送作用後來變成生命體覺察聲波的基礎。纖毛會改變細胞膜和分子的電荷，藉此將細胞外部的動態轉譯成細胞內部的化學語言。到如今，所有動物都利用纖毛來感知周遭的聲音振動，使用的可能是專門的聽覺器官，或遍布在表皮與體內的纖毛。

如今地球上豐富多樣的動物聲音，包括我們自己的聲音，是源於十五億年前的纖毛的雙重傳承。首先，演化透過纖毛在細胞與動物軀體上的各種配置，創造多樣化的感官體驗：我們人類的耳朵只是聆聽的一種媒介。其次，某些動物第一次覺察到水中的振動後，又經過許久才找到利用聲音彼此溝通的方法。這兩種傳承——聲音的感知與表達——的交互作用，增加了演化的創造力。當我們為春天的鳥鳴、嬰兒對語言的察覺，或夏季夜晚昆蟲與蛙類活力十足的大合唱驚奇讚嘆，就是沉浸在纖毛的奇妙傳承裡。

2 單一與多樣

出生那一剎那，我們被拖著跨越四億年的演化。我們原本是水生動物，後來變成空氣中與陸地上的棲息者。我們大口喘氣，將陌生的氣體吸進原本填滿溫暖鹹水的肺臟；我們的眼睛從泛紅的黯淡光線深處被拉到刺眼的明亮中；蒸發中的冰冷水氣拍擊我們漸漸乾燥的皮膚。

難怪我們號啕大哭。難怪我們會遺忘，將那段記憶埋藏在潛意識的沃土裡。

我們出生前最早、也是唯一的聲音體驗，是水囊中的嗡嗡與搏動。我們母親的聲音傳送過來，同樣傳過來的還有她血液的流動、她肺部的氣流和消化道的翻攪等各種聲響。我們母親周遭世界的聲響比較微弱，那些聲音來自當時我們尚未成形的大腦無法想像的地方。肌肉與液體形成的封閉內壁削弱了高音，因此，我們對聲音的初體驗，是隨著她身體的脈搏與動作而來的節奏性低音。

聽覺在子宮裡逐步發展。二十週以前，我們的世界是沉寂的。到了大約二十四週，毛細胞開始透過神經發送信號，這些神經通往還沒完全發育的腦幹尚未成熟的聽力中心。接收低頻音的細胞最先成熟，所以我們的聽力是從低頻悸動與呢喃開始。六週後，由於組織急速成長與異化，我們開始擁有近似於成人的聽覺範圍。聲音從母親體內的液體流進我們的身體，直接刺激我們耳腔最深處的神經細胞，沒有經過耳道、耳膜或中耳聽骨傳達。

這一切都在一瞬間消失。

誕生讓我們脫離液態環境，但我們從水中到空氣中、最後階段的聽覺轉換發生在幾小時後。出生時包裹我們全身的胎兒皮脂仍然滯留在耳道，暫時壓抑空氣傳遞的聲響，時間可能只有幾分鐘，也可能長達數日。軟組織和液體同樣需要數小時才會退出中耳。等這些胎兒時期的殘餘物完全分解，我們的耳道和中耳就會充滿乾燥空氣，這是我們身為陸地哺乳動物的傳承。

只是，即使長大成人，我們內耳的毛細胞仍然浸泡在液體中。我們在內耳的迴圈中保留對原始海洋與子宮的記憶。耳朵的其他構造，比如耳廓、中耳室與聽骨，將聲音傳遞到這個液態核心。在耳朵深處，我們像水生動物般聆聽。

♪

我俯臥在木造碼頭上。粗糙木板吸收了喬治亞州的夏季豔陽，此時暖洋洋的烘烤著我。我的鼻子聞到鹽沼的硫磺味。碼頭底下的流水是渾濁的，是乘著消退的潮水沖刷而過的泥湯。我正在聖凱瑟琳島（St. Catherines Island）上。這是一座堰洲島，島的東岸面對大西洋。在這裡，在島嶼的西側，長達十公里的鹽沼將我和本土那片水患頻仍的松樹林隔開。在潮溼的空氣中，地平線上的樹林一片朦朧。中間的區域是遭到狹窄彎曲的潮汐溪流切割的鹽沼草地。那些青草長到膝蓋或腰部的高度，遍布在淤泥淺灘上，像茂盛的麥田般擁擠、鮮翠。

這些沼澤顯得單調，為這片整齊劃一的青翠做點綴的，只有在溪流旁昂首闊步的似雪白鷺，以及掠過空中的亮澤朱鷺撲撲的鼓翅聲。但這兒是地球上最多產的棲地，比起相同面積的茂密森林，它能捕捉到更多的陽光，並將其轉化為植物的原料。肥沃泥沼和燁燁陽光愉快的在這裡會合，青草、水藻和浮游生物生機蓬勃。這樣的豐盛蘊養多樣化的動物群體，尤其是魚類。超過七十種魚類生活在這片潮汐沼澤地，棲息在大海裡的魚也游到這兒產卵。牠們的幼體在豐足沼澤的保護下成長，而後乘著退潮的海水奔向成年生涯。

對所有的陸地脊椎動物而言，像這樣豐饒的鹹水是我們原初時的家園：最早是單細胞生物，而後是魚。我們百分之九十的祖先都生活在水裡。我戴上耳機，從碼頭拋下一個水下麥克風，將耳朵帶回它們的來處。

水下麥克風是個橡膠金屬材質的防水球體，裡面有個麥克風，頗有重量，拖著電線快速沉入水中。我用膝蓋壓住一圈電線，將水下麥克風懸在溪流底部的泥土和岩層上方，大約在這片渾濁水域三公尺深的位置。

水下麥克風剛入水的時候，我只聽見水流湧動的咕嚕巨響。水下麥克風下降後，渦流的聲音消失，霎時我像是栽進培根油脂正在裡頭滋滋作響的一只淺鍋裡。氣泡將我包圍，是聲音的微光。每一片微光都像被陽光照亮的紅銅，溫暖而閃爍。我來到槍蝦的聲響領域。

這種爆裂音在世界各地熱帶與亞熱帶鹹水域並不罕見，它的來源是棲息在海草、泥地和礁石間的數百種槍蝦。大部分的槍蝦體長大約是我手指的一半，或者更小。牠們的螯一大一小，雄壯的負責出擊，輕巧的抓牢獵物。我聽見的是螯足的大合唱。

當蝦螯猛的閉合，一股激流應聲噴發，像活塞衝入套筒。激流通過後，水壓下降導致氣泡形成，而後消解。氣泡的內爆送出一道震波，就是我聽見的撲攖聲。那聲音振動不到十分之一毫秒，卻力道強勁，足以殺死當時處於螯尖三公釐範圍內的所有甲殼類、蟲子或魚苗。這個聲音是槍蝦宣示主權的信號，也是出擊的長槍。只要牠們跟鄰居保持一公分的距離，就可以無所忌憚的發威。

在某些熱帶水域，一整群槍蝦所發出的喧鬧巨響足以干擾軍用聲納。第二次世界大戰期間，美國的潛水艇會藏在日本外海的槍蝦棲地。時至今日，海軍間諜部署水下麥克風時，還是得避開蝦螯製造的聲波迷霧。

我從這次水中聽音所學到的第一件事是，水底世界可以是非常喧囂嘈雜的地方。我戴上耳機以前，以空氣為媒介的聲音一陣陣傳送過來：船尾鶺哥（boat-tailed grackle）的尖聲啼囀、蟋蟀和蟬的斷續叫鳴、偶爾夾雜魚鴉帶鼻音的呱呱聲，以及遠處禽鳥的旋律。到了水裡，槍蝦用強悍的聲音能量支配牠們周遭的水域。歡唱或叫嚷之間沒有靜寂的間隙。聲音在鹹水中傳遞的速度是空氣中的四倍，增加了音質的晶亮感。短程距離更是明顯，因為在反射聲音的泥濘河床與水面之間，聲音還沒有被水體的黏度削減。

槍蝦的聲波迷霧中穿插時斷時續的敲擊聲。每一陣有十聲或更多，持續一、兩秒。而後停頓大約五秒，再來規律的敲擊聲，偶爾被一陣遲疑打斷。那聲音聽起來像有人不耐煩的用指甲敲擊著精裝本書籍封面，急驟又低沉，帶點共鳴。聲音的主人是近處的銀鱸。這些手指長的魚兒來到這片鹽沼產卵，等到夏末時再回到河口和外海的深水區。除了這些敲擊聲，還有一陣陣更快速的輕拍，幾乎像愉悅的低聲嗚叫，是波紋絨鬚石首魚（Atlantic croaker）。這是一種底棲攝食魚類，成魚可以長到跟我的前臂等長。

哇！像羔羊的叫聲，但音量比較小。這種悶哼聲偶爾闖進槍蝦、銀鱸和石首魚的聲音背景裡。這聲音來自豹蟾魚，或許牠正藏身在這條潮溝底部的巢穴裡。豹蟾魚正如蟾蜍，沒有鱗片的表皮布滿疙瘩，一張大嘴，拳頭大的腦袋和細長的身體也長有突刺。雄魚用叫聲吸引雌魚來到淺洞，交配後雄魚會停留數週，保護受精卵並清理洞穴。此刻我聽見的聲音隱約又輕柔，牠想必離水下麥克風有點遠，或許已鑽進碼頭樁基周遭的岩層裡。

我透過水下麥克風聽見的三種魚都利用鰾的振動發聲。魚鰾是魚兒體內的氣囊，就在魚的脊骨底下，長度大約是魚身的三分之一。緊貼魚鰾薄壁的肌肉顫動時，魚鰾裡的空氣在擠壓下發出嘎吱或咕噥聲。魚類的肌肉顫動速度在動物界數一數二，每秒收縮數百次。魚鰾內的聲波流向魚的身體組織，而後進入水中。這些魚的整個身體都是水中擴音器。

槍蝦和這些魚類的聲響領域，對我而言有點陌生。我聽慣了人類、禽鳥和昆蟲的旋律、音色與節奏。這裡的主秀卻是打擊樂：槍蝦數以千計的捶擊製造的氣泡、鱸魚和石首魚的敲擊聲，以及豹蟾魚平板單調的顫音。

但這些差異底下有著一致性。

槍蝦堅硬的鉸接式外殼布滿感應細毛。聲音也會刺激牠們身體接縫處的牽張感受器（stretch receptor），由那裡的纖毛將動態傳送到神經。在觸鬚底部，受到感知細胞的凝膠球包裹的細小沙粒，被聲音所攪動。對槍蝦而言，聽覺是全身的體驗。人類的耳朵靠耳膜偵測壓力波，蝦子和其他甲殼類動物則不然，牠們偵測水分子的移位，特別是低頻的動態。對牠們而言，聲音不是聲波的推擠，而是移動的分子的呵癢。

魚類也一樣，牠們透過遍布全身表皮的感應器傾聽。這些頂端有著被凝膠包裹的纖毛的細胞，排列在牠們的表皮上和皮下的充水管道中，形成所謂的側線系統（lateral line system）。人類的觸覺感受器深埋在我們乾燥的角質皮膚底下，魚類的感應細胞卻與周遭的水體親密接觸。牠們的側線系統對低頻音和流水的擾動格外敏感。胚胎時期我們的皮膚上還有殘遺的側線系統，隨著胚胎逐漸成熟，我們會慢慢遺忘它，在出生之前許久，就停止擁抱周遭環境。

魚也用內耳聆聽，我們的祖先把這樣的構造帶到陸地上。我們人類用改造版魚耳聆聽。魚的內耳跟側線系統一樣，也結合對聲音與動態的感知。魚耳的三條半圓形管道可以感知管道內流過毛細胞的液體，藉此偵側身體的動作。這些管道連接兩個膨脹的囊袋，囊袋則布滿對聲音敏感的毛細胞。很多魚類的囊袋裡有細小的扁平骨覆蓋在部分毛細胞上，魚兒移動的時候，扁平骨會滯後，拖動毛細胞，放大動作的感覺。很多魚類的鰾也會搜集聲波，傳送到內耳。

陸地脊椎動物已經沒有魚類的扁平耳骨和鰾。囊袋延展為耳道，擴大耳朵能感知到的音頻範圍。哺乳類動物的耳道極長，因此彎彎繞繞，形成我們所謂的耳蝸。耳蝸的英文cochlea來自拉丁文的「蝸牛殼」。我們的語言將「聲音」、「身體動作」和「平衡」等感覺區分開來，但這些感覺都來自我們內耳彼此連接、充滿液體的耳道裡的毛細胞。人類文化中音樂與舞蹈、語言與手勢之間的連結，根源深植在我們的身體和動物的演化史之中。

脊椎動物之間的古老淵源，也表現在聲音的製造上。脊椎動物的發聲方式雖然大不相同，過程卻有胚胎學的根源。這些動物的後腦與脊柱銜接處的一小段神經組織，成年後會發展成神經迴路，控制聲音的製造。這個迴路是發聲模式產生器，讓不同動物以不同方式發聲。比如魚類的鰾、陸地動物的喉頭、鳥類胸腔獨特的鳴管，其他還有呱呱叫或隆隆響的聲囊、彈撥的胸鰭或敲擊的前臂，製造出各異其趣的幾千種聲音。

脊椎指揮發聲的部位也負責協調胸肌（也就是前鰭或前肢的肌肉）的活動。這種連結顯示發聲與動作都需要掌控時間。所有的啼叫與鳴唱都有節奏，從蟾魚持平的低哼，到鳥類鳴唱聲層層疊疊的重複，無一例外。鰭、腿或翅膀的協同動作也是如此。脊椎動物的聽覺與移動感緊密結盟，同樣的，聲音的製造也和軀體動作有關聯。感覺與動作的節奏性有著共同的胚胎根源。

我們人類說話時比手勢，或唱歌時彈奏樂器，就喚起古老的連結。當我的手彈奏鋼琴琴鍵或撥動吉他的弦，就在演示嗓音、肢體和聲響之間的實質關係，正是這種關係創造出蟾魚的低吟或林中鳥的啼唱。美國詩人亨利．華滋華斯．朗費羅（Henry Wadsworth Longfellow）寫道，「音樂是人類的共通語言。」他陳述的是遠遠超越「人類」限制的胚胎學與演化的真相。

從碼頭投下水下麥克風，等於揭曉這一點。我的覺知之所以擴展，來自兩個方向的交會。我知道我的人類感官在沒有外力協助的情況下，完全無法向我傳達沼澤區的豐富生態。水的表面是人類理解力難以克服的障礙，尤其在水質因為潮汐泥流變得渾濁之時。在我聽見水面下充滿生命力的喋喋不休的那一刻，我就突破了感官障礙。此刻我在這個沼澤區，雖然眼前是整齊劃一的水上植物，卻能想像並感受到這片區域的多樣與豐饒。聆聽水面下的聲音，我見識到原本隱藏在沼澤裡的生命。

當我認識到某個特定地點的本質，我對自我的感知也隨之改變。躺在碼頭上，以及後來閱讀有關動物的聲音與耳朵的資料，我對身分的看法與感受起了變化。演化大幅改造了哺乳類的身軀，將我們從水中肉鰭生物，變成在陸地上緩慢爬行的四足動物。然而，在我們變成陸地動物後增加的身體部位底下，藏著我們與水族遠親共通的一致性。這種一致性不只表現在演化的系譜，也表現在真實的感官體驗。我是在空氣中說話的魚，在陸地上昂首闊步、暢快呼吸，卻也透過耳腔中盤繞水道裡顫動的毛細胞體驗著海洋。我的水下麥克風和耳機創造了奇妙的迴圈，我聆聽水下世界，等於使用了藏在我內耳、經過改造的海水管道。

可是人類的耳朵不是此地唯一的聲音感受器。地球的聲學多樣性不只存在動物發出的不同聲音。這個世界的豐富性，部分來自多元的聽覺體驗。

身為哺乳動物，我們繼承了三塊聽骨和長長的、緊緊盤繞的耳蝸。鳥類只有一塊中耳骨和逗號形狀的耳蝸。蜥蜴和蛇的耳蝸比較短，對聲音敏感的毛細胞一片片分開，不像我們耳朵裡的是一整片平滑斜坡。這是脊椎動物為了在空氣中聆聽，獨立演化出來的三種機制，時間大約發生在三億年前。每個譜系都有自己的發聲方式。實驗室裡的動物研究讓我們粗略了解這些差異對感知具有何種意義。跟哺乳類相比，鳥類能聽見的音頻沒那麼高。鳥類對音序不感興趣，卻極擅長區辨個別音符裡高速掠過的細節，聽見人類的耳朵完全忽略的細微差異。鳥類也擅長分辨聲音的能量如何堆疊出不同頻率，也就是聲音的整體「形式」，有別於哺乳類動物的耳朵和大腦將關注點鎖定在相對音高。我們在鳥類或人類的歌聲中聽見了旋律，也就是音符之間的頻率變化，而鳥類聽見的卻可能是個別音符內在本質的細微差別。

當水分子的移動直接刺激魚蝦體表的細毛，或者聲波通暢無阻的流入牠們體內，牠們就沉浸在聲音裡。細菌與獨立生存的真核生物也是一樣，透過細胞膜與纖毛感受振動的信號。在陸地上，昆蟲靠體表細毛與體內經過改造的牽張感受器聽見空氣中的聲音。昆蟲和甲殼類動物都利用牽張感受器感受腿足的動作和顫動。不同種類的昆蟲各自發展出特有聽覺器官，有些至少演化了二十次。蟋蟀的前肢有鼓狀聽覺器官，蚱蜢則靠腹部的膜聆聽。很多蒼蠅利用觸鬚底部的感受器聆聽。各種蛾的聽覺器官在不同階段各自演化至少九次，於是發展出不同部位的「耳朵」，有的在翅膀根部，有的在腹部，或者像天蛾在口器。我們人類的皮膚和肌肉也跟耳朵一樣能感受到振動。但相較於其他動物的全身式極細微聽覺體驗，這些只是粗糙模糊的感覺。

我們可以方便又簡略的說，蝦、魚、細菌、鳥類、昆蟲和我聽見同樣的聲音。聽這個動詞透露我們對聲音的感知與想像多麼受限。我們描述動物如何移動時，卻沒有這樣的限制。我們可以說動物奔跳、闊步、攀爬、橫行、飛翔、蠕動、漫步、滑行、小跑、振翅與彈跳。豐富的語彙認同動物行為的多樣性。但我們描述聽覺的用詞卻屈指可數：聽見、聆聽、傾聽。這些語詞無法幫助我們想像聲音體驗的繁富。

當聲音刺激槍蝦的前肢關節或牠螯足上對方向靈敏的細毛，該用什麼動詞來表達這份刺激帶動的感受？當石首魚耳朵裡的扁平骨在布滿毛細胞的薄膜上滑動，我們該怎麼描述石首魚當時的體驗？魚類側線系統的纖毛浸泡在牠們周圍的水中，牠們的體驗一定與我中耳三塊聽骨的移動不同。當天蛾口器的觸鬚感應到蝙蝠接近，我們沒有任何語詞可以描述那種神祕感受。

由於欠缺描述聽覺的豐富字彙，我們的大腦於是懶得關注，想像力也因此受限。我們的語言受到貧乏的動詞拖累，只好另闢蹊徑，徵用形容詞、副詞和比擬。槍蝦也許是透過尖銳螯足上音頻狹窄的細毛聆聽。魚類的低頻側線聽覺是溼軟的、深沉的、流質的。鳥類的聽力有體溫提供的燃料，顯得熱情激昂；牠們能聽見的音高也比人類狹窄，高音區段被粗短的無迴圈耳蝸刪除。細菌的聆聽是不是像顫抖的拇指按壓果凍，是溼黏的包覆感？

不過，雖然我們的語言和感覺器官受限，我們對周遭世界的體驗卻能激發想像力。聆聽讓我們見識到不同的存在方式。在地球的任何角落，數以千計的平行感官世界同時存在，那是演化的創意鬼斧神工的豐碩產物。我們無法用他者的耳朵聆聽，卻能在聆聽中讚嘆。

在碼頭上，在我的耳機裡，一陣呼呼響打斷魚蝦的聲音。那聲音在五秒內漸次增強，而後乍然消失。噗噗噗。另一陣潑濺。一具舷外引擎減速下來，正在重新啟動，那呼呼聲是電動馬達在放慢葉片。啟動器再轉兩次，引擎復活。

引擎的聲音掩蔽了水中聲景，軋軋的排氣聲大約跟人類話語的音頻等高。槍蝦的爆裂聲持續著，在我耳中與引擎聲會合，兩種質感：一個轟鳴，一個閃耀，各自穩固堅定。引擎停滯了一分鐘，而後猛然咆哮。推進器在旋轉，切碎水體。船漸行漸遠，聲音的強度也隨之擺盪，可能是因為推進器朝向我的水下麥克風後又再次轉向。接下來那一分鐘，我透過水下麥克風聽見引擎聲頻率漸高，比開頭時高三個八度音，最後尖嘯著消失在遠方。石首魚每隔十秒發出捶擊聲，持續不歇。銀鱸和豹蟾魚歸於寂靜。

3 感官折讓與偏誤

聽力師伸手把長條狀泡棉耳塞放進我的右耳，像藝術家往畫布添上輕巧的一筆。一條細長的管子從耳塞連接到電子控制台和筆記型電腦。一陣咯咯聲衝進我的耳朵，而後周遭安靜下來。在這片靜寂中，我的感官甦醒了：冬天的太陽從診所布滿灰塵的窗戶透了進來；地板清潔劑和乳膠的味道；走廊另一端金屬推車喀嗒響。

突然間，一個高音衝進塞著泡棉的耳朵。我說錯了，不是一個單音，而是兩個音符的怪異合音。它振動、重複，再振動，音量變小。接下來更多單音，音高降低。而後是一連串聲音。每次聲音灌進我的耳朵，筆電螢幕的圖表上那條抖動的水平線就會跳出兩根尖刺。

上個月我也做過聽力測試，那回聽見聲音就得按鈕回報。這次不同，我手裡沒有東西。這次的測試直接探測我內耳附有纖毛的毛細胞，少了我的主動參與。我看到螢幕上的圖表隨著每個聲音跳動，有時線條往上跳，我卻什麼都沒聽見。

聽力師把管子和耳塞換到我左耳，再次啟動儀器。又是咯咯聲，而後沉寂。接著是那些測試音，一連串依序出現。現在我已經學會判讀圖表，於是眼睛眨也不眨的盯著那條線，耐心等候。

來了：我的耳朵有回應！每次聲音灌入我的耳朵，那兩根長刺的左邊就會冒出第三根短刺。它的高度大約只到身邊那兩個高個子的腳踝，卻都會同步跟它們往上跳。幾乎都會。對於某些聲音，即使是我能聽見的聲音，矮刺卻不會現身，或只是振動一下。

圖表上的矮刺呈現的，是我內耳毛細胞的動態。當那兩個單音送進去，它們就發出顫音回應。這個回應音量極低，我聽不見，麥克風卻能接收到它的信號。那麼我的耳朵不只是被動的接收聲音。在聆聽的過程中，它們是積極的參與者，會製造自己的振動。這個能力來自內耳附有纖毛的細胞，是遠古獨立生存的細胞外膜上似槳細毛的後代，現在寄宿在我腦袋裡的充水迴圈中。

我坐在刷白的潔淨檢查室裡，思索這些細毛的動態，想像力轉向池塘的浮渣。我最喜歡帶著學生從水溝或湖泊舀些泥濘的水，放在顯微鏡底下觀察裡頭活力十足的生物。肉眼只能看到污泥，對準載玻片的玻璃透鏡顯現出每一滴泥水中存在著數十個物種。其中有些生物像在港口調度的貨櫃船一樣緩慢挪動，特別是水藻的翠綠色細胞。其他微生物以細長的尾巴拴住植物的碎片，球形頭部前後擺動，把細菌送進杯狀咽喉。綠色小球咻的經過，留下渦流尾波。透明的針體滑過。拖鞋形的細胞旋轉、停頓、逆轉，而後換個方向重複全套動作。

我們在顯微鏡底下看到的活動是由纖毛驅動。某些細胞有數百根纖毛，連續不斷撲騰。有些只有一根，延伸成我們所謂的鞭毛。每一根纖毛的拍擊動力，都來自十對兩兩一組的蛋白柱。每個蛋白柱都由一圈數以千計的微小次單位組成。居間聯繫這些蛋白柱的，是交叉連結的蛋白質。當這些蛋白質間的連結迅速改變，蛋白柱會滑過彼此，帶動纖毛運動。這些如梭子般的蛋白質緊緊跟隨著蛋白柱，填入並修復這個持續收縮的網狀組織。將這個動力系統稱為「纖毛」確實簡便，卻會掩蓋纖毛本身所具備的複雜性。

獨立生存的細胞的纖毛拍擊速率，大約從每秒一次到每秒一百次。如果我們聽得見，那聲音會是一種哼聲，相當或低於我們的耳朵所能辨識的最低音高。不過，這些動作就像細菌的顫動，只擾動細胞周遭薄薄一層液體，音量太小，人類的耳朵捕捉不到。

原始真核細胞的後代子孫都有纖毛，卻也有很多真菌失去這項傳承。我們只是擁有纖毛的物種之一。顯微鏡底下池塘泥渣裡拍擊的纖毛，看起來像是獨特的附屬物，跟我們人類的身體沒有多大關聯。然而，這些看來陌生的擺動，卻能讓我們認識到隱藏在自己體內的活動。

纖毛排列在我們肺部的通道裡，將異物排送出去。卵子在輸卵管裡被拍擊的纖毛推著走，精子細胞的動力則來自鞭毛的擺動。我們的大腦和脊柱仰賴由纖毛推動的循環液體沖洗。纖毛也幫助調節我們在胚胎時期的器官發育。我們眼睛的光線受器是經過改造的纖毛，它們的尖端不再擺動，而是伸長手臂迎接光線的到來。抓取氣味分子的纖毛負責將氣味的信息傳送到神經。我們的腎臟利用纖毛感應尿液的流動，控制腎臟管道的發育。

我們也靠纖毛聆聽。我們內耳有一萬五千個對聲音敏感的細胞，每個細胞的頂端都有一根由許多更微小的細毛所組成的纖毛。當聲波傳送到內耳，波動會牽動這些毛束，毛束的擺動又會提醒細胞向神經系統發出信號。實質的動作因此被纖毛轉化為身體的感覺。

在外形上，複雜的動物跟聚集在池塘浮渣和海水裡的細胞天差地別。然而，我們身體的活力和感官體驗的豐富性，跟為我們的單細胞遠親提供動力的細胞組織系出同源。當我們感知到聲音、光線或氣味，我們就體驗到遙遠的親族關係，那是共同的細胞傳承。

我耳朵裡毛細胞上的纖毛，排列在一片處於盤旋的液體管道之間的薄膜上。這些管道就是耳蝸，左右耳各有一套。耳蝸的大小約等於一顆圓胖的豌豆，藏在頭殼裡，就在耳膜內側。耳蝸的膜在靠近耳膜這端既窄又硬，在迴圈頂點那端卻比較寬，比較鬆軟。高頻聲音會振動狹窄的那端，低音則刺激寬的那端。於是，人類聽力範圍內的不同頻率，會個別落在這片膜上對各種聲頻敏感的不同位置上，就像我們將鋼琴鍵收捲在內耳裡似的。音樂或談話之類的聲音模式比較複雜，會在耳蝸膜的不同位置激起波動。耳蝸膜內側靠近耳蝸中心的毛細胞接收到這些波動，再經由耳蝸神經傳送到腦部。

強勁的聲音力道十足，可以撞凹耳蝸膜，刺激內部的毛細胞。可是比較輕柔的聲音力道太弱，沒辦法靠自己的力量激發神經脈衝。耳蝸膜外側的毛細胞於是給這些比較輕柔的聲波一點助力，方便內側毛細胞感知到它們。外側的毛細胞數量是內側的三倍，顯示它們的重要性。

當頻率合適的聲波觸及外側的毛細胞，有個蛋白分子會開始動作，一上一下推動毛細胞。這個蛋白分子名為高頻聽覺壓力蛋白（prestin），是已知活體細胞之中速度最快的力量生成器。外側毛細胞的上下振動讓聲波擴大，將衰弱的波動變成奔騰的浪濤。擴大的聲波激發等待中的內側毛細胞。這種內外側毛細胞的合作，讓我們能夠聽見強度差距百萬倍的聲音，從靜謐樹林中飄落的雪花，到峽谷裡隆隆作響的雷聲。

我在聽力師的螢幕上看見的，是我外側毛細胞的活動。一般說來，這些細胞振動的頻率會跟傳進來的聲波相同，但我在做的這項測試讓它們產生困惑。送進我耳朵那兩種聲音經過校準，瞄準耳蝸膜上兩個非常接近的位置。就像兩個人以略微不同的速率甩動一張小地毯，被激發的外側毛細胞帶動耳蝸膜，在這兩個驅力的怪異碰撞下晃動。這股晃動（我耳內無害的聲波扭曲）有一部分會往外傳出耳蝸。第三根尖刺正是我外側毛細胞的尖叫。

檢查結束時，聽力師敲了敲她的筆電，那尖突的線條消失了，取而代之的是另一張圖表，呈現我的毛細胞的表現。在低頻聲音部分，兩邊耳朵都表現得不錯。我右耳負責接收高頻聲音的毛細胞不是停止跳動，就是動作變慢。左耳衰退的則是負責中頻聲音的毛細胞。這些喪失活力的毛細胞並非休息或沉睡，而是凋亡。鳥類受損的毛細胞能夠再生，人類的內耳細胞只能活一回。

我的聽力師稱這項檢查為「水晶球測試」。以五十歲以上的人而言，我的檢查結果算正常。未來幾年會有更多毛細胞退場，尤其是接收高頻率的那些。

我們大多數人出生時都有健壯的外側毛細胞，生氣勃勃的遍布在耳蝸膜上。不過從此之後就是一路走下坡，我們的身體以這樣的細胞凋亡標示時間的流逝。有些情況會加速這個程序，比如槍械、電動工具、喧天的音樂或引擎室的巨大聲響。或者毒害毛細胞的藥物，包括常見的新黴素和高劑量阿斯匹靈。只是，即使不吃藥，在寧靜的地方度過一生，我們的耳朵也逃不過歲月的摧殘。

這就是擁有豐富感覺器官的代價。我們的每一次感官體驗都仰賴細胞調節，而老化是細胞必然的進程。隨著年歲增長，細胞形體和DNA的缺陷日積月累，最後減緩或停止運作。因此，在動物的軀體之中體驗時間的流逝，就是體驗感官的鈍化。這是演化所留下的代價：我們能夠享受感官體驗，但我們身體的感知能力會隨著老化衰退。只有一種生物打破這個協定，那就是水母的淡水親族水螅。水螅的身體有個囊，上方長有觸鬚。神經像一張網分布在牠的身體，牠既沒有腦部，也沒有複雜的感覺器官。這種簡單的構造只用到五、六種細胞，因此可以定期剔除並代換有瑕疵的細胞。這種生物沒有老化現象。雖然永遠年輕，卻只有最基本的感官，只靠埋藏在皮膚裡的單一細胞約略捕捉聲音與光線。我們的身體太複雜，沒辦法像水螅一樣自我更新。但我們也因此擁有發展更完全的感官，透過複雜的器官傳遞感覺。有一天我們的聽力會下降，身體機能會老化。這該怪跟魔鬼交易的祖先，他們為了豐富的感官生活放棄青春不老的身體。他們之所以被迫接受這樣的演化折讓，是基於生命似乎牢不可破的規則：所有複雜的細胞和軀體終將老化，也必須死亡。

我為漸漸衰退的聽力默哀。人們、鳥兒和樹木的話語和樂音，讓我體驗到連結、意義和欣喜。但哀傷歸哀傷，我也接受演化的贈予。這些繽紛的聲音之所以存在，只因我們擁有複雜的軀體，因此也必然短暫。

我們的聽覺細胞和器官不只將我們鎖在老化的軌道上，還扭曲了感官體驗。這並不是說我年輕時擁有完善的聽力，只是我現在無法再清晰的聽見這個世界。因為早在我的毛細胞開始凋亡以前，我聽見的聲音就已經過大幅調節。我聽見的一切都是殘缺的轉譯。內在世界與外在世界在我的耳朵裡交談，糾纏。

我的理智不認同。聲音就是聲音，不是嗎？我聽見的難道不正是我周遭的聲音，透過我毫無阻攔的耳朵跟外界連結？不是，這是錯覺。我們感知到的，是對世界的轉譯，而每個轉譯者都有各自的才能、誤解和觀點。我坐在診所裡盯著圖表上的尖刺，看見的是我耳蝸毛細胞的念叨。我親眼目睹隱形的詮釋鏈的一個環節。從外界的聲音到內在的感知，我們的身體編修、扭曲了過程中的每一個步驟。

我們腦袋兩側的耳廓是擴音器，搭配我們的耳道，共同將聲音放大十五到二十分貝。這種效果大約等於橫越寬敞的房間，走到正在說話的人身邊。聲波也會在耳廓的凹槽與皺襞之間彈跳，這種衝撞可以消除某些高頻聲音。將耳廓往前推，你會發現聲音的亮度改變。我們頭部轉動的時候，聲音的反射會改變，刪除稍有差異的頻率。我們的大腦根據這些細微變化攫取訊息，判斷聲音來自垂直面的哪個點。甚至在聲音進入耳道時，大腦已經開始進行編修。

中耳的耳膜和三塊聽骨的主要任務，是將空氣中的聲音振動轉換為耳蝸內液體的振動。這種空氣到水的轉變勢必面臨物理上的挑戰。當空氣中的波動傳到水中，大多數的能量會往回彈。正因如此，我們在水面下游泳時，才會聽不見泳池邊的談話聲。為了解決這個問題，中耳的三塊聽骨會從體積大得多的耳膜收集振動，其中比較長的鎚骨以比較短的鉆骨和鐙骨為支軸，形成槓桿作用，將振動集中到通往耳蝸的充水管道的小窗口。這種轉換既有放大效果，讓聲波的壓力增加大約二十倍，也初步過濾聲音，刪除極高與極低的頻率。

接著，耳蝸會執行更嚴格的過濾。我們聽力範圍的上下限是由耳蝸的敏感度決定。耳蝸膜的硬度、外側毛細胞的反應和神經靈敏度的調節，不但決定我們音頻感知的上下限，也決定我們分辨聲音頻率的能力。一般說來，我們能分辨的音高大約是鋼琴半音的二十分之一。舉例來說，如果我們全神貫注，原則上能在Si與Do之間聽出額外的二十個微分音。但這種能力只限於低音量。在低聲或正常交談的情況下，我們的耳朵能聽出音高的細微變化，但如果是大聲吼叫，我們對音高的辨識就比較粗略。強勁的聲波會壓陷耳蝸膜，讓聽覺神經不勝負荷。我們對低頻音的辨識能力比對高頻音來得精細。比方說，昆蟲的刺耳尖嘯即使在客觀音頻圖表上有顯著差別，在我們聽來都是同一個音高。但對於人類說話聲的低頻音，我們可以感知不同音頻的微妙差異。

神經信號和大腦的處理也會附加它們自己的詮釋。當內側毛細胞接收到刺激，耳蝸內的神經火力全開。這些內側細胞各自依據它們在高低有序的耳蝸膜上的位置，對特定範圍內的音頻做出回應。這些範圍的幅度和彼此間的重疊，構成音頻辨識的另一個限制。來自耳蝸的神經脈衝於是湧向聽覺神經，經過腦幹一連串的處理中心，而後抵達大腦皮質。在那裡，大腦依據個人的期待、記憶與信念解釋傳送進來的信號。通過意識覺知的，是詮釋，而非複本。最能貼切說明這種現象的是錯聽（auditory illusion）。聽覺心理學先驅黛安娜．朵奇（Diana Deutsch）發現她能夠欺騙大腦，讓大腦聽見不存在的字詞和旋律。她的做法是對兩隻耳朵傳送不一樣的聲音，或讓聲音循環重複播放。這些錯覺顯示，我們「聽見」的聲音，來自大腦努力想在傳送進來的聲音之中找出次序，即使事實上根本不存在這樣的次序。我們聽見的那些虛妄的字詞或旋律，有一部分是人文背景的產物。我們每個人都聽見與自己文化相關的字彙與音樂。

我們的大腦不但接收耳朵的信號，也會對耳朵發出信號，讓耳蝸適應當下的情境。在嘈雜的環境中，大腦會壓抑外側毛細胞的靈敏度，就像那隻調低擴音器音量的手。這麼一來，噪音的遮蔽效果就會降低，有意義的聲音因此能被清楚辨識。在喧鬧的餐廳裡，我們耳朵裡的毛細胞不像在寂靜的森林裡那麼敏感。

這層層詮釋導致我們對高音量的感知有所偏差。比方說，當我們走在人行道上，我們覺得自己的腳步聲大約是走在草地上時的兩倍大。這個結果跟聲音強度（傳送到耳膜的力道）增加的幅度一致。但在木工廠裡，耳朵會誤導我們。圓鋸的音量聽起來只有電鑽的兩到三倍，真實的聲音強度（也就是能量衝擊我們耳朵的速度）卻高出近百倍。這種感知偏移的幅度，同樣取決於聲音頻率。如果是響亮的低頻音，比如雷鳴，肌肉會拉扯中耳的聽骨，降低送往耳蝸的聲音強度。但如果是電動工具之類的響亮高頻音，這種反射性的保護就弱得多。

在工業社會前，這種對音量大小的主觀體驗扭曲，能幫助我們適應低音量聲響之間的細微差異。人類語言的含義，尤其情感的本質，是靠聲音強度的微小變化傳達。我們從風、雨、植物和其他動物的聲音搜集到的訊息也是如此。透過演化，我們的耳朵能專注傾聽輕柔的聲音，在持續的高音量環境中表現卻不稱職。生活在工業社會裡，被引擎、電動工具和擴音播放的音樂包圍，我們如果能對響亮的聲音有更細膩的體驗，應該是一件好事。我們不但更能品味這個新世界的聲響多樣性，也能避免我們的內耳遭受不可逆的損害。

我們對音頻的感知也有所偏誤。我們的聽覺靈敏度曲線就像一個單峰（對中等音頻最敏感，對低頻與高頻的聲音相對遲鈍），鎖定環境中與人類生存最相關的聲音，比如我們的獵物與掠食者的聲音，植被之中的流水與風的動態。當我們年華老去，對高頻聲音的敏感度會降低，所能聽到的頻率聲段也會有所波動。我們的耳朵對中等音頻的敏感度，最適合用來聽其他人的說話聲，或其他動物的聲音。不過，雖然我們能聽見許多高低音，對它們的強度的感知卻不正確。我們聽見昆蟲微弱的高頻顫音，或海邊浪濤的低頻轟鳴，感受到的強度其實相當於某個大嗓門在我們身邊說話。是我們的耳朵和神經的偏誤，壓低了我們對高頻和低頻音的音量的感受。我們的生命深陷在失真的感官之中。

在我們耳蝸感受範圍之外，還有許多聲音。我們能聽見的，最多是二十到兩萬赫茲（聲波每秒振動次數）之間。某些鯨魚和大象最低能聽見十四赫茲。鴿子能聽見〇．五赫茲的低頻。鼠海豚能聽見十四萬赫茲，某些蝙蝠的聽力更是來到二十萬赫茲。家犬最高能聽見四萬赫茲，貓則是八萬赫茲。小鼠和大鼠吱吱吱的彼此對談或歌唱的頻率，最高可達九萬赫茲。如果用我的腳來代表動物能聽見的最低頻，而我的頭頂是最高頻，我們人類能聽見的大約是從我腳掌的皮膚到我的登山靴頂端的範圍。相較於大多數哺乳動物，我們人類和我們的靈長類表親活在有限的聽覺世界裡。

雷雨雲、海洋暴風雨、大地的振動和火山都會鳴唱與呻吟，以大約〇．一赫茲的聲波對外呼喚，遠低於我們的耳朵所能察覺。這些低頻音能傳送數百公里遠，展現海洋、天空和地球的活力。但我們聽不見，因此生活在侷限的聲響世界裡，對地平線另一端的騷動一無所知。我們對高頻音那端的感知也同樣有限。高頻音在空氣中會快速減弱，只能短距離傳遞。我們錯失了許多高頻音的短程動態，比如昆蟲的歌聲、蝙蝠的叫喚、樹木的咿呀響和液體流過植物葉脈的輕柔嘶嘶聲。這種限制令人心痛：世界在說話，我們的身體卻聽不見周遭大部分的聲音。

我們的文化誤將我們劃分為「耳聽」和「失聰」兩個族群，但聽得見與聽不見之間並沒有明顯的生物學區別。我們所有人都對這個世界的大多數振動與能量無感。再者，不管耳朵功能如何，每個人的身體組織與皮膚都能感受到一部分聲音。然而，儘管大多數人類只能聽見一小部分的聲波，我們卻還要從中樹立鮮明的文化區隔。「耳聽」族群過度依賴口說語言，以致仰賴視覺和手勢溝通的人經常被排除在外。於是，日益茁壯的聽障文化合情合理的拒絕伴隨這份排擠而來的歧視與中傷，靠豐富的視覺與手勢等無聲語言建立緊密的群體。

人類聽力的限制透露出一個矛盾。演化賦予生物聽覺，讓牠／它們與其他物種連結，卻也同時築起一道感知的牆。身體的聽覺機制之所以管用，只因它們聚焦在特定任務。細胞感受到外來振動的同時，必須限制自己的能力。中耳的聽骨放大聲音，將空氣中的聲音轉譯為水中的聲音，但只限於特定範圍內的頻率。毛細胞裡的蛋白質可以上下擺動，速度卻由它們在細胞膜的環狀結構控制。毛細胞放大細微聲響時，卻會限制它們處理響亮聲音時的細膩度。耳蝸膜太短，無法接收極低和極高的音調，也太僵硬，無法更精細分辨音頻。

正如所有演化上的最高成就，特化（specialization）才能創造優勢，而特化會限制能力。聽覺和其他感官一樣，既能揭露，也能扭曲。它讓我們見識到這個世界的繁雜聲波，但我們透過它感知到的，也必然是變形的、經過編修的聲音能量。

於是，演化創造的聽覺器官經過校準，能接收的都是與每個物種的生存最相關的音頻和音量。人類的聽力範圍因此透露我們祖先認為最有用的聲音。如果我們的祖先捕食的主要是以超音波溝通的老鼠與蛾，我們很可能會像很多小型肉食哺乳動物一樣（比如貓），演化出聽見更高頻聲音的能力。如果我們的祖先在水底隔著海洋盆地鳴唱，或許會演化出能接收低頻、適應水中環境的耳朵，就像鯨魚。

感官經驗越是豐富，感知錯覺越顯得真實。我在得知聽力衰退以前，同樣活在那個錯覺裡，很少想到自身感官的侷限。在欠缺具體經驗的情況下，我從來不知道我的耳朵傳遞的，是經過主動詮釋的聲音能量。在聽力檢查診所看見毛細胞的活力，我的想法改變了。我了解到，感官經驗的代價，就是從出生後一直活在感知箱之中，裡面的空間比外在世界千變萬化的能量流動窄小得多。箱子的壁板會彎曲，過濾傳進來的聲音，捏造我的聲響感知的形狀與質感。

在聽力師的圖表看見我凋亡或即將凋亡的毛細胞的標記時，我感受到一陣哀傷。那哀傷震醒了我，讓我更懂得欣賞我的感官的限制與珍貴價值。從原始海洋附帶纖毛的細胞，到動物內耳的聽覺奇蹟，演化走過漫長路程。我的聽力讓我跟聲音產生連結，當然，也讓我承接演化在路程中敲定的交易。

第二部

•

動物聲音的繁盛

4 掠食者、寂靜、羽翼

我走在鄉間小路的一側，蚱蜢嗒啦啦的跳開，蟋蟀躲在蓬亂茂密的雜草中唧唧叫，豹紋蝶輕盈飛過。每隔一、兩分鐘，我會碰上一團蚊蚋。我揮揮手驅趕牠們塵埃般的軀體。昨天下午鳴聲還相當洪亮又堅持的蟬，在這個涼爽的清晨時分，只剩沙啞又結巴的零星嘀咕。

在小路的一邊，裸露的肝紅色岩石朝著山谷斜坡上仰。埋葬在這片岩石裡的，是在我周遭飛翔或鳴唱的昆蟲的祖先。這群化石昆蟲之中，有一隻擁有已知動物界最早的發聲構造：遠古蟋蟀翅膀上的脊脈。這塊化石是聲音通訊最古老的直接實體證據。

這裡應該建個聖壇，用來紀念我們所知地球上最古老的聲音。只是，朝聖者反而被帶離法國南部這些山區，去到低地的小禮拜堂或大教堂。西班牙朝聖之路從這裡經過，朝聖者走在道路上，沒有發現所有歌曲和語言已知最遙遠的根源，就躺在他們腳下的岩石裡。

我在法國中央高原（Massif Central）的南端。中央高原是由高山與深谷組成的複雜地形，在地中海沿岸內陸蜿蜒而後向北延伸，覆蓋法國大約六分之一的領土。有別於沿海平原，這裡的地勢崎嶇，人口稀少。火山活動、阿爾卑斯山和庇里牛斯山的碰撞，以及大陸板塊的推移，在中央高原形成混雜的岩層。在我散步的這個地點，路旁的洋紅色岩石幾十萬年前誕生在炎熱乾燥的內陸。鐵質經過風襲土壤的溶濾與氧化，在此留下它的印記。這種岩石稱為薩拉古層（Salagou formation），由半乾旱盆地的沉積物形成，以當地一條河流得名。強降雨有時會在盆地裡切割出湖泊和河谷，矮小的蕨類和針葉樹生長在這些潮溼地域，原本光禿禿的景觀因此點綴條條塊塊的鮮綠。這些岩石的形成可以追溯到兩億七千萬年前的二疊紀，當時地球所有陸地連成一整片巨大陸塊，稱為盤古大陸（Pangaea）。

一九九〇年代，當地醫生尚・拉佩里（Jean Lapeyrie）發現他住家附近那些色彩鮮豔的岩層中，某些地方星星點點散布著大量昆蟲化石。他著手搜集，並且與世界各地的科學家合作，打開一扇前所未見的時間窗口，去到現代昆蟲家族的最古老成員與已絕跡族群並存的時代。蜉蝣、草蛉、蓟馬和蜻蜓與古老的昆蟲比翼飛翔，其中包括現代蟋蟀和蚱蜢的親族。

那些化石大多是翅膀：昆蟲的軀體分解迅速，翅膀的成分卻是乾燥強韌的蛋白質。那些翅膀被風或水吹送或沖刷進入河道或泥縫之中，從此埋葬在淤泥裡。後來地質學家的鎚子將它們從墓穴中挖掘出來，它們的翅脈與輪廓清晰可見，像刻在石頭上的印記。每一種昆蟲的翅膀都有獨特的形狀與結構，因此，變成化石的翅膀能透露它死亡已久的擁有者所屬的分類學族群。

在薩拉古層的二疊紀岩石之中，有一片翅膀帶有罕見的特色。一般說來，翅脈是網狀結構，負責撐起一片薄膜。然而，在一片化石標本上，靠近翅膀根部有一簇翅脈較為厚實凸出。一條微彎的凸起主脈，周遭的側脈形成拱衛。這段匯聚的翅脈只有二、三公釐長，差不多與書頁上的英文字母等高，翅膀本身的長度則大約等於我拇指的一半。這種凸起的脊脈對翅膀的薄膜沒有支撐作用，相反的，它很可能是那隻昆蟲的發聲器官。當兩邊翅膀互相摩擦，凸起的主脈刮過另一邊翅膀的基部，製造出沙沙聲。整片翅膀的平面區域或許有擴音效果，將聲音播送出去。

現代蟋蟀也利用類似的翅膀構造發聲，只是牠們的構造精密得多。右翅上的波紋脊脈摩擦左翅的結節。這個刮片摩擦銼刀的動作被放大，投射到鄰近一片薄膜窗戶。銼刀和窗戶的形狀每個物種都不同，摩擦的旋律也各異其趣。現代蟋蟀因此能發出各式各樣的聲音，從圓潤的唧啾聲和持續的顫音，到人耳捕捉不到的極高頻嘎嘎聲。翅膀化石上的脊脈沒有銼刀上的一連串凸點，顯然也沒有擴音窗。那麼，那隻遠古昆蟲發出的聲音很可能是簡單的銼磨聲，有別於現代蟋蟀以精確校準過的構造製造出的純淨音色。

二〇〇三年，一群以奧利維耶・貝索（Olivier Béthoux）為首的法國古生物學者對外發表這個翅膀化石的研究結果，並且與最早的發現者拉佩里合作，將這種昆蟲命名為二疊振螽（*Permostridulus*）。*Permostridulus*這個字前半段取自這隻昆蟲所屬的地質年代二疊紀Permian，後半段則是代表摩擦軀體發聲的動物學名詞stridulate。二疊振螽翅脈的組成方式和現代蟋蟀有所不同。這個物種是獨立家族，如今已經滅絕，是現代蟋蟀的古代親族。

在二疊振螽存活的年代裡，牠的節肢動物同伴包括其他昆蟲、蜘蛛和蠍子。另外，臨時水窪裡有一群群小型甲殼類。我們的遠祖和牠們的親族當時也在，牠們蜥蜴般的身軀在泥灘留下足跡，變成生痕化石保存下來。這些爬蟲類是所謂的獸孔目動物，體型小至鬣蜥，大到鱷魚，雙腿直立在陸地上昂首闊步，有別於如今大多以四肢爬行的爬蟲類和兩棲動物。在接下來的五千萬年，其中某些體型會變小，長出毛皮，演化成如今我們所謂的哺乳類。可是在二疊紀，獸孔目動物披著爬蟲類外皮，有草食有肉食，有很多在陸上環境居優勢地位的大型動物。

這些哺乳類祖先很可能聽不見昆蟲的聲音，因為負責將高頻音傳入哺乳類耳朵的耳膜和中耳三塊聽骨尚未演化出來。獸孔目動物只聽得見低頻音，經由外耳的孔洞和身體的骨頭傳進內耳。牠們能聽見的，可能只有砰砰的腳步聲和轟隆的雷鳴。或許牠們也能聽見其他爬蟲類的低語，只是目前還沒有化石證實那些爬蟲類能發聲。能聽見較高頻聲音的耳朵要到更後期才演化出來，那時森林與平原充斥可食用的昆蟲，而獸孔目的身軀也變成了早期哺乳類更結實、更適合獵食昆蟲的體型。

不過，當時的節肢動物能聽得見二疊振螽的鳴聲。在牠們的小小世界裡，對高頻音的敏感度是一種利多。對於埋伏著準備偷襲獵物的蜘蛛或蠍子，土壤上的微弱腳步聲、昆蟲肢體的刮擦聲、翅翼的拍擊聲，甚至微小身軀拂過植被的聲音，都是帶牠們找到下一餐的訊息。對獵物來說也是如此，空氣或地面的振動是有用的資訊，警告牠們危險逼近。靠聲音察覺其他動物的行跡，也有助於近距離展開交配協商。昆蟲的身體與動作發出的呼呼聲、咻咻聲與沙沙聲很輕柔，只能送出幾公分遠，如果是最大型昆蟲的窸窣聲，可以傳送到一公尺外。

遠古蟋蟀腿上有發展完整的聽覺器官，是附帶纖毛的細胞，能偵測到地面的微弱振動和空氣中的壓力波。二疊振螽的時期結束後，演化在蟋蟀的前腿增加一片薄薄的耳膜，這些能力進一步拓展。這項革新大約發生在兩億年前，背後的推力必定是發聲翅膀的演化。聲音通訊的時代一旦開啟，天擇會傾向提升聽力。

我們不了解二疊振翕當初為什麼要發出聲音。現存的蟋蟀鳴唱是為了求偶和保衛領地。二疊振翕翅膀發出的聲音或許能在繁殖季節為牠們創造優勢，就像當代蟋蟀的鳴聲一樣，能吸引注意、嚇退情敵，或向潛在配偶透露自己的位置。只要繁殖的效益大於被獵食的風險，天擇就會偏好這種鳴唱聲。

不過，牠們翅膀的發聲脊脈或許也有防衛作用。突然爆發的聲音能震懾發動攻擊的掠食者，爭取時間逃命。在一個這類叫聲還算稀有的世界，聲音防衛格外有效。試想，撲向獵物的蜘蛛發現即將入口的食物驟然爆出唧唧聲，或突然聽見近身處的沙沙聲，會有多麼震撼。時至今日，振動驚嚇反應（vibratory startle response）已經相當常見。把節肢動物從牠的家拉出來，你多半會受到短促聲波的衝擊。龍蝦、蜘蛛、馬陸、蟋蟀、甲蟲和鼠婦都會祭出振動攻勢。針對黃蜂、蜘蛛和老鼠等掠食動物所做的實驗顯示，這些振動警報確實有防衛功效，能夠暫時震撼攻擊者，讓潛在獵物有機會逃出生天。

由於對聲音功能了解有限，我們的語言也遭遇難題。我們描述其他物種的聲音時，習慣將人類的名詞套用在非人類物種上。「歌聲」（song）用來指涉具有美學本質的聲音，功能在於取悅或勸服。我們將這個詞保留給某些重複性聲響。這些聲響的音質或旋律能取悅我們的耳朵。我們稱呼比較短促的聲響為「啼叫」（call），比如雛鳥乞求的啁啾聲；成群鳥類尖銳的高音；繁殖期蛙類鐘聲般的叫喊；或是猴子找到或分享食物時的呼嚕聲、嘶吼聲或嗚咽聲。動物靠叫聲召集群體、呼叫父母、示警危險或標記領地。但動物聲音的功能繁複得多，遠非我們簡略的分類所能囊括。「歌唱」與「啼叫」之間的差別通常流於武斷，而且呈現的只是那聲音對人類審美觀的作用，而非它在動物之間扮演的角色。我遵循一般用法，只是，我們對二疊振螽族群的聲音交流一無所知，對其他動物也只是約略了解，我們所用的辭彙只能傳達梗概。

不管二疊振螽翅膀的脊脈具有什麼功能，它都預告這個昆蟲族群在發聲方面的進一步發展，而且這個族群的親屬未來將會成為全世界的鳴唱冠軍。二疊振螽在分類學上屬於直翅目，這個類別如今已經有兩萬種以上的昆蟲，大多數都會鳴唱。其中某些發聲方式是摩擦翅膀上的音銼和刮片，蟋蟀和螽斯就屬於這類。蚱蜢和一種名叫沙螽、不能飛的巨型蟋蟀，則是用後腿銼磨腹部的隆起處。某些昆蟲除了以翅膀和腿發聲，還有口器的銼磨、氣管的咻咻聲和腹部的咚咚響助陣。另外，翅膀也能在飛翔時發出爆裂聲與劈啪聲。

二疊振螽是目前化石紀錄中已知最早的鳴蟲，但牠肯定不是最早以聲音溝通的動物。化石紀錄並不完整，只能幫助我們保守判斷遠古的演化新意，尤其是昆蟲翅膀上的微小脊脈這種不容易留存在岩石裡的新意。想要進一步了解化石證據以前的時代，我們可以對比現代不同昆蟲的基因，重建演化譜系圖，間接推測出當時的情景。拿這些譜系圖與已知化石的年代兩相比對，就能推測出昆蟲族群何時開枝散葉。蟋蟀家族似乎出現在三億年前。這批蟋蟀祖先的現存後代幾乎都會鳴叫，那麼，牠們的共同祖先很可能也是有聲一族。古代鳴唱一族還包括角蟬、蟬和其他半翅目昆蟲的祖先。牠們的共同祖先可能是利用聲波彼此溝通，這些聲波由身體的振動器官發出，穿過樹林或枝葉傳送出去。這些昆蟲祖先的年代跟蟋蟀一樣，大約是在三億年前。石蠅是各種水路常見的昆蟲，成蟲以溪旁的植被為食。牠們的通訊方式是在植被上拍擊二重奏，敲打出各族群專屬的旋律。牠們的起源可以追溯到將近兩億七千萬年前，因此牠們的輕柔打擊樂可能也是遠古動物的另一種聲波通訊方式。

後來其他直翅目昆蟲留下數量可觀的化石，到了二疊紀之後的三疊紀，蟋蟀已經擁有能摩擦發聲的音銼，或許還有初步的「窗子」。這些窗子是平面的膜狀組織，據了解並沒有飛行功能，而且顯然是現存縮小版的蟋蟀翅窗。現存蟋蟀利用這些翅窗聚集並擴大聲音，讓牠們的唧唧聲更為清晰、高低起伏更明顯。這些三疊紀蟋蟀的聲音可能比較悅耳，不像二疊振螽的銼磨音那般粗嘎刺耳。直翅目昆蟲發聲器官保存最完整的化石，是一對一億六千五百萬年前的螽斯翅膀，出土地點在中國內蒙古。這個化石保存狀態實在太好，前翅寬闊的粗黑條紋依然清晰可見。每一片翅膀都有一條發聲脊脈，靠近與軀體的銜接處，上面有一排大約一百顆的齒狀構造。這些鋸齒的間距漸漸拉開，這點與很多現代螽斯類似。翅膀合攏的速度是先慢後快，間距相等的鋸齒製造出的聲音會漸次升高，像指甲加速刮過梳齒：咘咿！可是當鋸齒的間距逐漸加寬，加速的效果就會被抵消，產生單一音調的聲音：咿！已滅絕昆蟲的齒狀構造可能也有相同作用。

研究這片化石的古生物學家以中國的顧俊杰和英國的費南多・蒙特萊格（Fernando Montealegre-Z）為首，他們撰文描述化石翅膀的形態，也模擬重建它發出的聲響。他們以化石本身的尺寸大小與能發聲的現存螽斯做比較，推測遠古螽斯發出的聲音大約是只有六赫茲的十六毫秒脈衝波。在人類耳朵聽來，這只是短促的純單音，有著鈴聲般的高亢音質。跟化石翅膀一起保留在岩石中的植物化石告訴我們，那隻遠古螽斯的棲地是在有著針葉木與巨型蕨類的開闊林地。這樣的棲地特別適合遠古螽斯音頻的傳遞，因此，牠的聲音跟周遭生態環境似乎格外契合。跟二疊振螽不同的是，這隻遠古螽斯的聲音可能也傳入當時的脊椎動物耳中。因為到那個時期，兩棲類、恐龍和早期的哺乳類動物已經能聽見高頻音。這隻遠古螽斯跟很多現代螽斯一樣，可能趁著夜色鳴唱，降低被掠食的風險。

昆蟲的翅膀最早是由粗短的體外骨骼演化而來。科學家研究現代昆蟲發現，翅膀的演化是由控制身體外殼的基因和打造腿足的基因齊心協力完成。第一批襟翼般的翅膀並沒有留下化石，不過，以現存物種的基因建立的演化譜系圖顯示，最早的翅膀應該出現在四億到三億五千萬年前。這些翅膀或許能減慢生活在植物上的昆蟲往下跳時的降落速度，跟現代昆蟲有親族關係的無翼昆蟲仍然有這種行為。當時很多昆蟲以植物的孢子為食，這些孢子藏在樹梢的莢膜裡。因此，在這些長著蕨類與針葉木的森林中，滑翔會是相當有用的技巧。翅膀也讓昆蟲更容易找到食物，更迅速往新棲地疏散，求偶也更有效率。現有最古老、也最完整的翅膀化石，大約有三億兩千四百萬年的歷史，那是有著前緣與後緣的翅脈，大得足以支撐飛行。化石紀錄顯示，到了大約三億年前，有翼昆蟲已經有幾十種。

昆蟲的翅膀也提供能隨時製造聲音的材料。它們平直輕盈的表面能傳送振動，是動物版的電子擴音器內部聲膜。飛行肌肉以高速的重複性動作移動，也有充足的氧氣供應來維持動作。昆蟲不飛行的時候如果喜歡重複摩擦翅膀，就可能會發聲。變厚或波紋狀的翅脈能讓聲音更響亮，更有高低起伏。

對棲息在密林或地面上的亂石堆裡的昆蟲（比如原始蟋蟀）而言，發聲或許特別有利，方便雌雄昆蟲在視線受阻的迷你叢林中找到彼此。

地球結束最初三十五億年的沉寂後，昆蟲為整個世界帶來最早的聲音。由蕨類、蘇鐵、石松和針葉木等植物組成的古老森林，被日後我們的耳朵所熟悉的聲音點亮。當我們聽見蟋蟀在都市公園的護根層、山區草地或鄉間小路唧唧鳴叫，我們就聽見了地球最古老的聲音。

♪

具有溝通功用的聲音為什麼需要這麼長的時間來演化？細菌和單細胞生物在沒有聲音信號的情況下生存了三十億年，它們雖然能夠覺察動態與振動，卻都沒有利用聲音與外界溝通。動物演化的最初三億年好像也沒有溝通信號。當時留下來的化石沒有音銼或其他發聲構造。我請教過的古生物學者都表示，在第一批類似蟋蟀和蟬的昆蟲演化之前，沒有實質證據證明動物擁有發聲構造。當然，化石紀錄並不完整，何況某些發聲構造不容易在岩石裡留下印記，比如魚鰾。因此，關於那段漫長歲月的動物聲音，我們所知有欠完整。

那段漫長的寂靜是未解之謎。聲音是傳遞信號高效率又低成本的媒介。埃迪卡拉紀（圓盤與褶襉絲帶生物演化出來的年代）結束後不久，動物軀體就演化出能輕鬆發聲的骨骼和其他構造。這些動物在海底爬行、游泳或咀嚼時，肯定會發出聲響。然而，據我們所知，最早的海洋不存在通訊聲音。或許還沒出現這方面的變異，演化因此欠缺發揮的材料？這點似乎不太可能，畢竟最早的動物充分展現了多樣性，證實演化有足夠的能力創造動物界所有已知的分類，有精密的眼睛、相連的肢足和複雜的神經系統。

目前我們還無法確定，不過很可能是掠食者潛伏的耳朵阻止演化的聲學創造力。唯有等到動物的行動夠敏捷、夠靈活，能夠逃離側耳傾聽的敵人，演化的創意才能大肆揮灑。

埃迪卡拉紀之後，動物化石的數量和種類在寒武紀出現大爆發。寒武紀大約從五億五千萬年前開始，當時的海洋存活著各式各樣的新形態動物，包括很多我們如今知道的各大類別的祖先，比如節肢動物、軟體動物、環節動物，以及狀似蝌蚪、後來演化成脊椎動物的生物。根據化石紀錄，最早的骨骼、相連的肢足、複雜的口腔、神經系統、眼睛、頭顱和腦部，都出現在大約三千萬年的時間裡。

寒武紀有許多聆聽者。動物傳承自單細胞祖先的纖毛，如今附著在皮膚和脊刺上、藏在體外骨骼之中，或分布在體內器官的表面。動物界初具規模，而這個王國原本就對水的動態（包括聲音）有一定的敏感度。

所有早期的海洋生物都能感受到水中的壓力波和振動。甲殼類和已經絕跡的三葉蟲等節肢動物的身體包覆著感受器。最早的肉食性頭足類動物與後來的頜口魚類（jawed fish）增加了海洋的危險性。早期的頭足類靠皮膚上的感受器，和頭顱裡附有靈敏細毛的平衡囊偵測水中的振動與動態，遠古魚類則利用側線系統和初期的內耳感受振動。

根據化石紀錄，海洋的危險性日益升高，尤其是寒武紀之後的奧陶紀、志留紀和泥盆紀。很多貝殼與其他獵物的化石都有被掠食者攻擊的痕跡。時日一久，位居食物鏈底層的動物發展出更繁複的防衛構造，比如突刺和更厚的殼。有的甚至會在換殼的時候鑽進泥土裡，這是根據在泥土中換殼時死亡的動物的化石推測得知。

那麼，在早期的海洋裡發出聲音，等於向掠食性節肢動物、魚類和軟體動物暴露自己的位置。水中生物在移動或進食時都不可避免會發出聲音，也難怪很多動物因為划水或咀嚼洩露行蹤而喪命。早期以聲音溝通的後果可能是死亡。

對於最早的陸地動物，發出聲音可能也會招致危險。節肢動物在陸地上行走的化石足跡，最早可以追溯到四億八千八百萬年前，這些拓荒者也許是為了吃陸地上的藻類和蟲子，或冒險上岸尋找產卵的沙地，就像現存的鱟一樣。食肉的蠍子和蜘蛛大約四億三千萬年前出現在陸地上。到了四億年前，陸地上已經有蟎、馬陸、蜈蚣、盲蛛、蠍子、蜘蛛家族和昆蟲的祖先。這些生物都能夠透過足部的感受器偵測土壤裡或植物上的振動。

那麼，遠古海洋和陸地的動物世界似乎不是適合發聲的地方。水中更是危機四伏，因為聲音引起的分子動態傳得又快又遠。即使是在陸地上，由於早期的拓荒者很多都是蠍子和蜘蛛之類的掠食動物，發出聲音的代價恐怕太過高昂。如果最早出現在海洋或陸地的動物是素食者，地球豐富多樣的聲音會更早大鳴大放。

這不只是遠古時代的傳說。有個針對現存動物的調查研究證實，掠食行為的確是強效的消音器。到目前為止，不移動或動作緩慢、身體又沒有配備武器的動物，通常不會發聲。舉例來說，蠕蟲和蝸牛之中，只有少數物種能發出聲音。日本外海深處有一種海生蠕蟲棲息在玻璃海綿裡，打鬥的時候會大口吸入海水，再猛然噴出來，發出爆破聲。玻璃海綿的鋒利結構，保護這些蠕蟲免遭過路掠食者的毒手。巴西熱帶森林有一種陸地蝸牛，被掠食者攻擊時會分泌鮮亮、可能有毒性的黏液，並附帶吱吱輕響。這種聲音或許相當於蜜蜂被激怒時的嗡嗡聲。據我們所知，其他八萬五千種軟體動物和一萬八千種環節動物都安靜無聲，唯一的例外是身體移動時的滑行聲或氣泡聲。線蟲、扁蟲、海綿和水母也是如此。這份沉寂並不是結構上的缺陷，蝸牛殼那扇圓盤似的門能發出完整的銼磨音。另外，柔軟的肌肉組織也能發聲，比如能發出爆裂音的蠕蟲、魚的鰾，以及我們人類的聲帶，都是絕佳範例。

目前能夠發聲或鳴叫的動物，大多集中在動物譜系圖上的兩支：脊椎動物和節肢動物。前者包括魚類和牠們在陸地上的子孫，以及我們人類；後者則有甲殼類、昆蟲和牠們的族親。這兩大族群通常動作敏捷又配備武器。最早發出聲音的動物必須具備一點無畏的氣魄。

在地球聲響史最初五億年或更長的時間裡，聲音來自風、水和岩石。接下來的三十億年則是細菌的輕哼和早期動物的潑濺、飛掠和咀嚼聲。在那個時期，伴隨生命而來的聲響不在少數，但據我們所知卻沒有溝通交流的聲音。那是生命世界的漫長沉寂。

變革緊隨而至。陸地上的昆蟲演化出翅膀，這或許化解了掠食者的消音作用。弱小昆蟲身上的翅膀幫助牠們逃離危險。製造聲音的代價大幅減低，音訊溝通終於有了立足點。

昆蟲擁有逃生技能後演化出發聲器官，並不能證明最早動物鳴叫聲的演化是因為有能力躲避掠食者。由於橫跨的時間太長，因果關係難以推演。不過，如果掠食者確實有消音作用，那麼我們就能略做猜測。如果化石紀錄顯示比二疊振翕更古老的生物有發聲能力，那麼牠們應該是凶猛、迅速又有重重防護的生物。或許是擁有健壯後腿或翅翼的遠古昆蟲，像是蚱蜢的遠古原型。如果是在水中，能發聲的就會是掠食的三葉蟲或甲殼類，以及善於逃生或有著防衛尖刺的魚類。

♪

我走在南法的小路旁，周遭鮮活有勁的昆蟲鳴聲撲面而來。在這條路上的任何一個地方，我都能聽見十幾隻蚱蜢的低吟，數不清的蟋蟀五花八門的唧啾聲瀰漫空中。十九世紀末、二十世紀初，偉大的法國詩人昆蟲學家尚．亨利．法布爾（Jean-Henri Fabre）描寫這個地區的蟋蟀，說牠們「單調的交響曲」填滿空中。

這裡的聲景，與遠離這條山間小徑兩旁雜蕪林地的低地農田形成對比。在農地和鄉間道路旁農業機械化的地區，昆蟲闃然無聲。經過除草劑與殷勤耕耘整飭的農地，天然植被所剩無幾。生態豐富的天然草地和森林，已經換成單一栽培的一年生作物。殺蟲劑從農用機械的噴嘴灑出來，也隨著風雨飄降。更有幾十年前殘留至今的已禁用化學藥劑，被揚起的水氣與塵土夾帶而來。

二〇一六年一份研究報告綜合了六十名昆蟲生物學家的見解，發現歐洲的蚱蜢、蟋蟀和牠們的親族都面臨生存危機。大約百分之三十的昆蟲有滅絕危機，而原本數量充足的物種大多都在減少。在北美，即使在遠離農耕和殺蟲噴霧的地區，蚱蜢的數量也在減少。短短二十年，美國堪薩斯州康札大草原（Konza Prairie）的蚱蜢數量減少百分之三十，原因跟草原植物的營養成分（氮與礦物質）銳減有關。或許是受到空氣中過多的二氧化碳刺激，過去二十年草原上的植物加倍生長。但這種生長過速的情形使得植物營養含量遭到稀釋，如今蚱蜢吃的是粗大無味的麥桿，而非營養豐富的沙拉。

處境艱難的不只是蚱蜢和蟋蟀。近期一份報告整理了一百六十項針對各種昆蟲數量所做的長期研究，研究對象包括蜜蜂、螞蟻、甲蟲、蚱蜢、蒼蠅、蟋蟀、蝴蝶、石蛾、蜻蜓等，發現陸生昆蟲每十年平均減少百分之十以上，但少數淡水昆蟲數量不減反增。這些昆蟲是陸地上大多數生態系統的基礎。在生物質量方面，昆蟲超過所有哺乳類與鳥類加總二十倍以上。至於物種數量，昆蟲至少多出四百倍。在陸地上，幾億年的演化累積而來的聲音多樣性面臨腰斬。隨著森林與草地的昆蟲越來越沉寂，我們聽見為陸地生態系統提供活力的生命正在消失。

這種感官豐富性的滅絕原因不一而足，比如各種科技帶來的毒物；二氧化碳濃度持續升高；將生產成本強加在其他人或物種身上的經濟體，也就是企業的外部影響（externalities）；人口越來越多，人類的胃口也越來越大，排擠其他物種的生存空間。這些社會與經濟因素，都來自集體的漠不關心與不懂欣賞。南法這個化石遺址，是輝煌生命演化史的重要里程碑，卻沒有得到應有的重視。這跟周遭地區生命體漸漸消音有一定程度的關係。我們的耳朵向內關注，只聽自己物種的滔滔話語。大多數學校沒有介紹周遭成千上萬物種鳴聲的課程。我們通常將人類的語言和音樂視為自然聲響，徹底與其他物種的聲音脫節。當音樂會開始，我們關上通往外在世界的門。教導我們「外語」的書籍和軟體只收錄其他人類的聲音。聲音專屬的公共紀念館相當少見，就算有，也只是懷念少數幾個人類權威作曲家，而不是地球生命的聲學史。二疊振螽的發現默默無聞，沒有得到媒體關注。

即使是激進的環保人士，討論危機時側重的也是化學物質與統計數字，比如氣體的濃度和滅絕率的預測。這些當然是了解、進而拯救世界的關鍵，但他們忽略了感官的實際體驗。生命的組成不只是化學分子和代表物種的數據，而是生命體之間的關係。這種關係——「自我」與「他者」之間的相互依存——是以感官為媒介。豐富的感官體驗具有生成力量，是未來生物創新與擴展的催化劑，而非只是演化的創意之產物。

二疊紀在兩億五千兩百萬年前的大滅絕中畫下句點。在海洋中，百分之九十以上的物種都滅絕了，而在陸地上，動物和植物的種類都減少超過半數，包括薩拉古層化石中數量最多的昆蟲和脊椎動物。關於這次全球劇變的原因沒有定論，不過可能涉及到大規模火山活動、全球暖化、海洋脫氧，以及海洋沉積物釋出的硫化氫達到毒性程度。地球也正在經歷快速衰頹，雖然到目前為止衰頹的程度比二疊紀末期的大滅絕輕微得多，卻是我們一手造成。面對這樣的快速衰頹，我們採取的對策必須是喚醒我們的感官，進而讓全體人類意識到整個生命共同體的存在。

關注聲音是一份愉悅又有啟發性的邀請，邀請我們重新覺察。由於人類的溝通絕大部分是透過聲音，我們的耳朵和頭腦因此善於聆聽與理解。當然，除了聲音之外，生命共同體還有其他的豐富珍寶，比如土壤與樹木的芬芳；鳥類、魚類與節肢動物的繽紛色彩；植物與動物千變萬化的形狀與動態；植物的觸感與口感。這所有的感官能喚起我們的好奇、關心和愛。然而，聲音跟光線不同，因為它能穿過障礙；它也和氣味與質地不同，因為它能傳到遠處。在這個危機時代，這些特性讓聆聽變得格外重要、歡欣，有時卻也令人心碎。

我坐在一片血紅色岩石上，閉上雙眼，蟋蟀的歌聲在我周遭發光發熱。我露出微笑，驚異讚嘆。

5 花、海洋、乳汁

我們的生命被花卉的贈禮所圍繞。它們的香氣、色彩和千嬌百媚的姿態為感官帶來愉悅。它們的果實、根莖和枝葉儘管不那麼顯眼，也為我們所知的生命世界帶來活力與多樣性。除了海洋的產物，我們吃的每一口食物，幾乎都來自開花植物。麥子和稻米富含澱粉，是靠風力授粉的開花植物。我們壓榨果實取得橄欖油、芥花油和棕櫚油。家禽家畜的肉是青草、玉米和其他開花植物生成。綠色蔬菜、糖、香料、咖啡和茶，也都來自開花植物。

人類的飲食如此，非農業生態系統也是如此。草原、熱帶森林、沙漠、鹽沼和落葉林地的生物，絕大部分也是開花植物。只有在極北林區的冷空氣中，或亞熱帶松樹林的乾燥土壤上，才由開花植物的旁系親屬松樹和它們的親族稱霸。凍原和山巔是苔蘚和地衣的領地，但即使在這些地方，開花植物仍然相當普遍，為食蜜昆蟲和吃種子的脊椎動物提供主要食物來源。

花朵也能增加地球的聲音多樣性嗎？二者之間好像不可能存在任何關聯。然而，無聲的綠色植物是帶來現代豐富的動物聲音的一大功臣。地球聲音演化的最初階段過程緩慢：十億年的風聲水聲；三十億年的細菌低吟聲和動物的輕聲挪移；而後是一億年的蟋蟀唧唧聲。然後，從一億五千萬年前到一億年前那段時間，地球的陸地聲響百家齊鳴，發展成如今我們聽見的驚人豐富性。這種大爆發的催化劑很可能就是開花植物的演化。等於是聲音的欣欣向榮。

植物推升地球聲響活力的事例不只這一件。最早冒出主幹與枝椏的植物（大多是蕨類和石松的遠古親族）促進昆蟲飛行能力的演化，後來翅膀進一步演化出發聲功能。於是，最早的森林為聲音的演化提供助力。第一代開花植物的作用不在結構上的增益，而在能量與生態上的豐饒。相較於蕨類微小的孢子和針葉木的種子，富含糖分、油脂與蛋白質的花朵和果實可說是動物的寶藏。這種豐富性在植物與負責授粉並散布種子的動物之間，創造出全新的生態連結。動物與開花植物的共同演化，增進這兩大族群的多樣性，形成創造性的互惠關係。這個現象部分得力於地面下的共生作用。開花植物的根系與土壤中的細菌群團結合作，互蒙其利。植物的根保護並滋養根瘤裡的細菌，細菌則製造植物能使用的氮，而氮是所有蛋白質與ＤＮＡ的化學基礎。大多數生態系統都欠缺氮，所以根系與細菌的合作提升開花植物的競爭力。動物是這地底革命的間接獲益者，因為肥料充足的植物枝葉更繁茂，果實更豐碩。

花朵、果實、全新的生態連結與肥沃的土壤：開花植物的出現改變了陸地環境，刺激了動物的演化。

科學家研究現代植物的ＤＮＡ發現，最早的開花植物出現在三疊紀，也就是兩億年前。到了侏羅紀慢慢分化，最後到了一億三千萬年前的白堊紀終於百花齊放。在地底下與吸收氮氣生產肥料的細菌的合夥關係大約始於一億年前，也進一步預告開花植物的多樣性。正是由於植物譜系在白堊紀的這番開枝散葉，我們才擁有第一批清晰的花朵化石。

對陸地上的生物而言，白堊紀（從一億四千五百萬年前到六千六百萬年前）是生態翻新的時期。開花植物進駐原本只有針葉木、蕨類和它們的親族生長的棲地，很快變成最常見的植物，即使在上層林植群依然以巨形蕨類為主的森林裡也是一樣。這段時期幾乎只占地球生命時間軸的百分之三，卻也見證了許多動物族群的源起或分化，包括現今生態系統中大多數鳴唱動物。生物學家稱這段時期為「陸地革命」（terrestrial revolution），是繼埃迪卡拉紀與寒武紀的遠古海洋演化大爆發之後，最有創造力的時期。聲音的製造也是在這段時期出現革命性擴展。

隨著開花植物增加，昆蟲的多樣性更是日新月異。科學家以化石與ＤＮＡ重建螽斯、蚱蜢、蛾、蒼蠅、甲蟲、螞蟻、蜜蜂和黃蜂等譜系圖，發現這些昆蟲大量分化的時期，正好與開花植物大規模出現的時間重疊。開花植物的繁茂改變了地球的聲音，將原有的聲音推上顯著地位，也催生了新的鳴唱昆蟲族群。這些鳴蟲的演化史就像江河流進了三角洲，長長的單一河道突然扇形開展，變成無數小水道，而後再一次分流。單一河道代表遠古的譜系，扇形開展是伴隨地球開花植物的繁盛而來的動物多樣性。

有灌木蟋蟀之稱的螽斯主導世界各地的夜間昆蟲大合唱，這個族群如今已經有七千多個物種。螽斯的鳴叫方式是以一邊翅膀基部的刮片，摩擦另一邊翅膀的音銼。這個族群的演化年代仍有爭議，某些ＤＮＡ研究顯示大約是在一億五千五百萬年前，其他研究則認為應該是在一億年前。這第一批現代螽斯的祖先，是一種最遠能追溯到二疊振翁時代的遠古蟋蟀。那是在將近三億年前，當時蟋蟀才演化不久。而後從一億年前開始，這悠久的血統蓬勃發展，出現全新形態。緊接著在六千六百萬年前的小行星撞擊與大規模滅絕之後，再出現另一波物種擴張。許多螽斯的主食是葉子，其中不少外形酷似牠們棲息的開花植物的葉子，有翠綠色身軀和葉片般的典雅翅膀。有些螽斯靠針葉木為食，更有少數獵食其他昆蟲，不過大多數完全以開花植物維生。

早在開花植物出現之前許久，蟋蟀已經出聲鳴唱。從三億年前到一億五千萬年前這段時間，牠們的聲音曾經是地球動物聲景的主要元素。當花朵演化出來，這些古老聲音也獲得一次大躍進。如今在全世界的牧草地、森林和草坪鳴叫的「真蟋蟀」(gryllidae)，是在一億年前開花植物多樣化發展期間出現的。

蚱蜢加入地球聲景的時間晚得多。蚱蜢與摩擦翅膀的螽斯和蟋蟀不同，牠們鳴叫的方式是以後腿摩擦腹部的脊脈。在蚱蜢家族裡，這個發聲技能至少獨立演化十次以上。這或許是後腿演化的結果，因為演化後的後腿十分長，收縮摺疊時正好貼近腹部，為鳴叫預做準備。雖然昆蟲譜系圖裡的蚱蜢支系早在三億五千萬年前就與牠們的蟋蟀近親分道揚鑣，卻要到白堊紀開花植物大量出現後，牠們才開始鳴唱。之後蚱蜢繼續分支，隨著開花植物持續增加，牠們的家族也陸續出現新的鳴唱成員。

現代三千多種蟬的唧唧、哀鳴或尖嘯，是出自牠們腹部側面的鼓膜發音器。發音器裡的肌肉反覆收縮形成細紋，有時速度高達每秒數百次，產生的爆裂音再經過腹部的共鳴室過濾並放大。在氣候暖和的地區，鼓膜的獨特構造就成為炎熱午後的特色聲景。如今我們聽見的蟬家族，是在開花植物大量出現後分化，大約從一億年前開始。不過，會發聲的蟬祖宗久遠得多，可以回溯到至少三億年前。這群蟬祖宗還有一支子孫活在世上，就在澳洲昆士蘭南極山毛櫸林區苔蘚密布的枝幹之間。這種「苔蘚椿」（moss bug）可算是聲音界的活化石，牠們的鳴聲是從腿部發送出來的低音嗡鳴，以振動方式傳過植群。這些譜系後來發展出現代的蟬和椿象，另外還有沫蟬、蠟蟬和角蟬。其中角蟬總共超過四千種，牠們攝食的方式類似生長在植物上的蜱蟲，以尖刺般的口器刺入植物，吸取內部的營養汁液。這些昆蟲發聲的方法通常是將振動傳送到牠們棲息的樹葉或枝條，我們幾乎都聽不見。隨著開花植物的擴展，這些來自古老族群的現代成員也分枝分脈，發展出如今的多樣性。

蟋蟀、螽斯、蚱蜢和蟬在很多棲地是人類聽覺範圍裡的主要鳴蟲。我們聽到牠們的聲音時，就是接收到被昆蟲轉化為聲音的植物能量。這種關係既在當下，由植物的糖分和胺基酸提供燃料；也在遠古，是開花植物刺激昆蟲多樣化的結果。

其他主要昆蟲的多樣化，也因為開花植物的勃發獲得助益。蛾與蝴蝶的祖先生活在三億年前，以不開花植物為食。牠們用來吸食蜂蜜的管狀口器出現在三疊紀，等到開花植物更為普遍，牠們的族群也大量分化，時間正好與開花植物的擴展同步。這是因為開花植物的葉子是牠們幼蟲的營養來源，飽含蜜汁的花朵則為成蟲提供食物。不同蛾類的細小鼓狀耳至少各自演化九次，時間多半集中在一億年前，位置依蛾的種類有所不同，分別在腹部、胸廓或管狀口器。這些耳朵能聽見超音波，最早演化可能是為了避開掠食昆蟲和鳥類的攻擊。如此優越的聽覺為蛾類打開求偶的康莊大道，很多蛾類會輕輕摩擦雙翅，發出嗖嗖沙沙聲。這聲音頻率太高，超出人耳聽覺範圍，蛾的耳朵卻察覺得到。科學家在連接蛾類耳朵的神經安裝電極，發現牠們能聽見高達六萬赫茲的音頻，遠高於人耳最高極限的兩萬赫茲。五千五百萬年前依靠回聲定位的蝙蝠演化出來的時候，蛾類因為擁有對超音波靈敏的耳朵，能夠偵測並避開蝙蝠的聲納搜索。虎蛾更進一步，在外骨骼演化出凸點，這些凸點收縮時會釋出超音波滴答聲，堵塞覓食蝙蝠的回聲定位信號，讓受驚的蝙蝠判定這次的獵物是不可口的有毒虎蛾。有了開花植物，才有這樣的空中聲波大戰。因為開花植物在現代餵養了蛾類，也在許久以前刺激蛾類大規模分化。

在開花植物演化以前，陸地上的聲景只有少數幾種昆蟲的鳴聲，比如蟋蟀和石蠅，或許還有蟬與角蟬的祖先。到了白堊紀晚期，昆蟲的鳴聲已經與現代類似，是由螽斯、蟋蟀、蚱蜢和蟬組成的混聲大合唱。白堊紀的氣溫偏高，是地質學家所謂的「溫室世界」，有高濃度二氧化碳，地表被蔥蘢的森林覆蓋，連兩極地帶也不例外。在地球悠長的歷史中，這可能是第一次出現生命以或高或低的彈撥敲擊聲互傳訊息。白堊紀晚期的森林也跟現代森林一樣日夜喧騰，有昆蟲鳴叫時的爆裂聲、嗡嗡聲、唧嘖聲、沙沙聲、低訴聲與哀嘆聲。地球終於沉浸在鳴唱聲中。

鳥類也是這個合唱團的成員，但不是如今我們聽見的模樣。現代鳥類以獨特的器官發聲，稱為鳴管。鳴管深埋在鳥類胸腔支氣管與氣管的Y形交會處，那裡有鳴膜以及由經過改造的軟骨環連接的外唇，負責將聲音送入氣流。很多鳥類的鳴管發出的聲音，會經過十多塊比米粒更小的鳴肌精密調節。這方面的化石紀錄並不完整，不過據推測鳴管應該是出現在鳥類演化史的後期。

鳥類演化出飛行能力是在侏羅紀，DNA證據顯示，那正是主要幾大類開花植物分化出來的時間點。這些鳥類多半是肉食動物，捕食剛分化的眾多昆蟲。而昆蟲的分化也得利於開花植物的豐饒多產。鳥類於是繁榮壯盛到白堊紀，在遠古森林中多樣化發展，比如移居水域、能潛水捕魚的水鳥。那個時期，森林裡主要的飛禽是「反鳥類」（enantiornithe，因肩胛骨的銜接方式與現代鳥類相反得名）。反鳥類大多體型嬌小、動作敏捷，像現代的松鴉和麻雀，羽毛和翅膀類似現代鳥類，腳爪也方便在樹上棲息。牠們有優越的飛行能力，而牠們的喙顯示牠們吃的食物種類繁多，包括昆蟲、小型脊椎動物和果實。其中少數幾種與啄木鳥相似，其他則是在泥灘上搜尋小型無脊椎動物。不過，仔細觀察就能發現牠們與現代鳥類的差異。牠們的喙有牙齒，翅膀附有爪子，儼然是鳥類演化的平行宇宙，如今已經完全絕跡。沒有任何化石證明反鳥類擁有鳴管。是因為現存化石剝蝕得太厲害，也不夠完整，所以無法保存如此精密的構造？或者這個現代鳥類旁系親族在鳴管演化之前就分化出去，走上自己的路？如果是這樣，牠們或許會跟很多爬蟲類一樣，用喉嚨嘶嘶叫或低聲哼鳴，製造不出如今我們心目中的鳥類該有的清越宛轉又悅耳的複雜鳴唱。

在六千六百萬年前白堊紀末期的小行星撞擊中，早期鳥類的多樣性幾乎完全被抹除。那次災難非但消滅了所有非鳥類恐龍，也對鳥類造成重挫。小行星撞擊的位置在現今墨西哥猶加敦半島（Yucatán Peninsula）北端，留下一個二十公里深，一百五十公里寬的大坑。這個隕石坑如今已經被新的沉積物填滿，不過地質學家根據岩石樣本和電磁類比法推測出它的規模。這次撞擊引發超級海嘯，發出的壓力波威力強大，足以讓幾百公里外的岩石扭曲變形，也導致世界各地發生火災。由於撞擊時噴發大量蒸氣與岩石，加上火災的煙霧，大氣層瀰漫著塵埃、硫酸鹽和煤灰。接下來至少兩年時間，地球陷入陰暗冰冷的「撞擊寒冬」（impact winter）。全世界的森林大多遭到破壞，原來的地方被重新長出來的蕨類、苔蘚和開花的雜草占據。原本棲息在森林裡的鳥類大量死亡，尤其是大型鳥。種類繁多的白堊紀鳥類只殘餘少數幾支。

第一件證實鳴管存在的化石證據，來自小行星災難發生前不久。那是維加鳥（*Vegavis iaai*）化石，是現今鴨或鵝的親族，以其出土地南極維加島（Vega Island）命名。維加鳥的鳴管看起來和現代水鳥類似，但複雜度不如鳴禽。牠能發出嘎嘎的單音，卻不能啼囀。既然維加鳥和現代鳥類是近親關係，那麼現代鳥類的祖先可能也擁有鳴管。在白堊紀末期的大滅絕中倖存的少數鳥類，來到後小行星世界時已經具備鳴唱的能力。這些倖存者後來分化出更多物種，造就如今世界各地鳥類變化多端的鳴聲。

那麼，我們如今聽見的鳥鳴聲出現的時機，可能要等到白堊紀末期的災難結束、森林復甦之後。在鳥鳴聲中，我們聽見大破壞而後復甦的演化遺緒。

對於青蛙、爬蟲類和早期哺乳動物等陸地脊椎動物的發聲之旅，開花植物的興盛只產生部分影響。現代脊椎動物都有喉頭，是氣管頂端被軟骨包圍的肉瓣。最早演化出喉頭的是肺魚，用來防止水流堵住充滿空氣的肺臟。如今陸地脊椎動物的喉頭依然保留這個功能，將食物與水送進食道，避開氣管。氣管頂端的肌肉組織也能發聲，現今許多陸地脊椎動物的喉頭既能防噎，也能發聲。喉頭兩側延伸出布簾般的聲帶，空氣流出時就會振動。從蛙類到人類，許多動物都是靠這種肌肉振動發出聲音。

聲帶無法變成化石，所以我們沒辦法精準判斷這些動物聲音演化的時間點。不過根據現代物種的比對，結合利用DNA和古老化石建立的譜系圖，我們的耳朵仍然可以大致聽見遠古世界。

有些現代蛙類來自發聲器官演化前的遠古世系，因此不會鳴叫，現存所有能發聲的蛙類大約出現在兩億年前。從那時開始，地球的溼地就充滿蛙類的咯咯嘓嘓。爬蟲類的發聲技能可能也是在這段時期開始精進。直到大約兩億年前，原始爬蟲類才有了耳膜，但只能聽見低頻音，大多數是從牠們的顎骨和腿骨傳到內耳。等到高頻聽覺演化出來，聲音通訊的可能性就升高了。現代海龜繁殖的時候，會發出具有調性或節奏的咻咻聲；小鱷魚對母親嚶嚶叫，求偶的成年鱷魚則是大聲吼叫。壁虎用多重和聲彼此喊喊喳喳；其他許多爬蟲類面對威脅時會發出嘶嘶聲。早期爬蟲類使用的或許是上述部分或全部聲音，加上其他非發聲器官製造的聲響，比如鱗片的摩擦、顎骨猛然閉合，以及長尾巴的鞭擊。

我們能更精確的重建白堊紀某些大型恐龍的發聲情況。體長九公尺的草食性副櫛龍的頭部有個向後延伸的長形頭冠，鼻腔的管道在這個頭冠裡盤繞，聲道因此長達三公尺以上。這個頭冠就像架在頭上的低音號，能夠放大並投射喉頭發出的聲音。副櫛龍的親族鴨嘴龍的頭骨裡也有腔室，顯示低音喇叭聲在這些大個子之間可能相當普遍。

現存的短吻鱷與大型鳥類把頸部的氣管和氣囊當成充氣號角，放送低頻聲音。鑑於這種發聲技巧的普遍性，這些大型鳥類已滅絕的恐龍親族很可能也會發出類似聲音。如果是這樣，除了鴨嘴龍的低音喇叭之外，其他恐龍的叫聲或許類似以氣囊發聲的現代鳥類，比如大小型鴿子的咕咕聲、現代麻鷺深沉男低音的隆隆聲，或棕硬尾鴨壓抑的打嗝聲。

我們在電影裡聽見的恐龍叫聲未必忠實呈現遠古的真相。那些聲音是變造現代動物的聲音檔而來，目的在激起觀眾的情緒反應。暴龍的吼聲是利用慢速版的象寶寶叫聲，在錄音室裡跟獅子的吼叫聲、鯨魚噴水孔的爆破聲和鱷魚的低吼融合而成。迅猛龍的聲音則是借用了巴布亞企鵝的叫聲。

那麼這個時期的哺乳類又是如何？過去人們認為侏羅紀和白堊紀的哺乳類像老鼠似的，在恐龍的陰影下偷偷摸摸討生活，是非鳥類恐龍絕跡後的哺乳類多樣發展的先驅。新出土的化石（尤其是在中國發現的）已經推翻這種觀點。早期的哺乳類演化創造出豐富多變的生態型（ecological form），有類似現代鼩鼱、田鼠、水鼠、鼴鼠、鼬鼠、土撥鼠、獾和鼯鼠等物種。開花植物或許也協助促成這樣的發展，但只是間接助力。有些早期哺乳類食用樹液、種子和果實，但也有不少以昆蟲為食。當時的昆蟲種類繁多、數量龐大，為動作迅速的脊椎動物提供充足的食物來源。靈敏的聽力也是一大利器。大約一億六千萬年前，哺乳類演化出三塊中耳聽骨，緊接又有了延長的耳蝸，從此開啟了全新的感知世界，聽見昆蟲獵物的高頻窸窣聲和鳴叫聲。我們不知道這些早期哺乳動物發出什麼樣的叫聲，也許是吱吱、嗚嗚、咆哮、吠叫或吼叫，就像現代哺乳類一樣。哺乳類有別於其他陸地脊椎動物，首先牠們有橫膈膜，能更精密的控制呼吸、增加氣流力道。其次，牠們的聲帶多一條肌肉，方便更準確的調節振動。

聆聽白堊紀的森林時，那種既熟悉又怪異的感受會叫人心慌。我想像自己走入那樣的世界，昆蟲的合唱類似現代雨林的聲景，蟬、螽斯和其他昆蟲齊聲嘶鳴。蛙群在池塘邊和大樹的水洞裡輕吟低顫。松鼠似的哺乳動物嘰嘰喳喳嘟嘟囔囔。大型草食性恐龍像重低音喇叭似的哮吼。其他動物像現代靈長類似的唬唬嘩嘩。鳥類在枝葉間跳躍，啄食昆蟲和果實，就跟現今一樣。有一隻鳥張開了嘴，露出成排利齒。這些羽族動物發出的不是清脆的哨鳴和裝飾性的顫音，而是嘶嘶的啼叫和粗啞的呼嚕聲。清晨時分，沒有高亢的鳥鳴聲迎接東升的朝陽。現代羽族一針一線編織在空中的旋律，在白堊紀這幕聲景中缺席。

白堊紀動物發聲能力之所以大爆發，源於開花植物帶動的生態與演化革命。對許多動物而言，這種催化效果明顯又直接：開花植物提供動物養分，而後動物攝食花草植物、為植物授粉並散布植物果實，雙方共同演化。對於其他物種，這種助力是間接的：開花植物帶來豐沛多樣的昆蟲，提供牠們食物來源。如果開花植物未曾演化，如果陸地的食物網絡依然仰賴蕨類和針葉木，整個世界的聲音會比較單調，比較貧乏。我們熟悉的鳴唱專家，比如螽斯、蟬和鳥類等，只怕不會出聲鳴唱，或者音量變小，沒有抑揚頓挫。

在當前的生物多樣性危機中，這段歷史給了我們警示。在破壞植物多樣性的同時，我們不可避免的扼殺了為現今地球創造聲景的動物。地球五十萬種植物之中，百分之九十是開花植物。儘管我們沒能掌握大多數物種的現況，但目前最可信的估計是，全世界至少百分之二十的植物面臨滅絕威脅。

♪

開花植物的分化與動物發聲能力的爆發之間的關係儘管密不可分，卻有兩個顯著的例外。一是海洋的聲音，二是你在這個頁面讀到的文字，也就是以油墨呈現的人類語音。

一九五六年，法國探險家兼導演雅克伊夫・庫斯托（Jacques-Yves Cousteau）發表一部劃時代的彩色海洋紀錄片，獲得坎城影展金棕櫚獎和美國奧斯卡金像獎。他為這部影片命名《沉默的世界》（*Le Monde du Silence*）。但海洋並不沉默，人類的生理構造是我們聆聽海洋的第一道障礙，第二道則是漠不關心。

我們的耳朵適應空氣，卻不適應水。到了水中，我們只能聽見少數巨響。因此，在沒有外力輔助的情況下，水底世界許多聲音的質地與細微差異都被我們的耳朵忽略了。雖然水下麥克風的技術早在二十世紀初就開發出來，主要用途卻是協助軍方探測船舶與潛艇。更麻煩的是，在一九六〇年代以前，生物學家研究海洋生物時，不是將牠們殺死，就是讓牠們發不出聲音。在庫斯托的影片中，龍蝦被拖出洞穴、魚被拋上船、鯊魚被屠殺、珊瑚礁被炸毀，如實反映當時科學研究的殘暴手段。水肺潛水技術的問世，讓科學家與海洋生物的接觸多點親密度，少點破壞性。可是船隻不間斷的嗡嗡噪音與潛水者耳朵旁噗噗往上冒的氣泡干擾了聽覺。

如今我們知道海洋充塞聲音。生物學家與錄音師（包括庫斯托和他的團隊後來的作品）在全世界的海洋設置水下麥克風，範圍涵蓋北極到熱帶珊瑚礁，發現海底世界隨時隨地熱鬧喧囂。美國羅德島大學的生物學家瑪麗・波蘭・費許（Marie Poland Fish）是這方面的先驅。她在海軍贊助下，從一九四〇年代開始研究水中的聲音，發現了魚類與甲殼類之間的「海洋聲音及語言」。就在庫斯托發表影片的那一年，她寫道，「海底世界跟我們的森林、鄉間和城市一樣，縈繞著動物的喧鬧聲。」如今我們知道，溫暖海域並非寂靜無聲，而是點綴著槍蝦和其他甲殼類動物嘎啦喀啦的大合唱。偶爾聚集在繁殖區的數以萬計魚類發出咚咚、噹噹、嗚嗚聲響。海豹、海獅、海象、海豚和鯨魚等海洋哺乳類，則發出敲擊聲、翻滾聲、呻吟聲和鐘聲。這些生命之聲與海風掀起的嘶嘶泡沫聲、海浪撞擊的轟隆聲，以及冰層的哀鳴與爆裂聲結合在一起。有別於在陸地上，水中的聲音傳得又快又遠，它的能量毫無阻擋的傳入動物軀體。海洋的聲音無所不在，也從深層觸動海洋生物。

就像在陸地上一樣，海洋生物的聲響奇景也發生在演化後期。即使三葉蟲、魚類和其他複雜動物演化以後，海中仍然沒有通訊聲響，至少根據目前的化石紀錄看來似乎如此。嘴裡的牙齒會喀嗒作響，魚鰭會咻咻揮動，身體的硬甲會摩擦開合。大多數海洋生物都擁有聽覺，只要側耳傾聽其他生物行動時的聲音線索，既能找到食物，也能避開掠食者。可是在遠古海洋裡，據我們所知沒有任何動物以聲音求偶、發現掠食者時尖叫示警，或對下一代低聲呢喃。

率先打破動物演化之初長達三億年的零通訊狀態的海洋生物，應該是棘刺龍蝦。棘刺龍蝦是「真」龍蝦的遠親，生長在世界各地的溫暖海域，長長的觸鬚通常帶刺，沒有大螯。牠們可以長到一公尺以上，是人類的重要食物來源，全球每年的捕獲量超過八萬公噸。下回你在超市碎冰堆上看見瞪著雙眼的死龍蝦，仔細看看牠的臉：你面對的是最早利用聲音傳達訊息的海洋生物。棘刺龍蝦的觸鬚底部有個結節，發聲時就用這個結節摩擦從眼睛往下延伸的一條平滑軌道。在現實中，這個動作會製造出短促尖銳的聲音，嚇跑掠食的魚類或甲殼類。到如今，日本或西歐海岸的棲地，水下麥克風每小時能偵測到幾十次棘刺龍蝦叫聲，體型最大的棘刺龍蝦聲音最遠能傳到三公里外。

棘刺龍蝦的防衛尖嘯是以獨特的發聲機制製造出來的。雖然結節和軌道看似平滑，當具彈性的結節滑過軌道上一片微小顆粒，那些微小結構就會產生一種「黏住又滑開」的動作。觸鬚滑向眼睛時，結節會猛的往前、黏住，再重複，製造出顫動和聲波。小提琴的琴弓摩擦琴弦也是如此。摩擦琴弦的動作看似流暢，但琴弓上塗滿松香的馬鬃從琴弦滑過時，會發生一連串快速黏著與滑開的現象，這種顛簸動作讓琴弦產生振動。

即使棘刺龍蝦剛蛻過殼，處於甲殼動物生命週期最脆弱的階段，牠的結節和軌道依舊能發出尖嘯。因此，聲音不但為棘刺龍蝦提供防衛，嚇阻潛在的掠食者，也能在牠們其他防衛機制減弱時發揮保護力。

根據以ＤＮＡ序列重建的演化譜系圖，棘刺龍蝦最早是在侏羅紀演化出來，時間大約兩億兩千萬年前，而後在兩億年前到一億六千萬年前這段時間分化。第一批明確的化石樣本來自一億年前。

化石證據告訴我們，其他有發聲能力的甲殼動物演化的時間比棘刺龍蝦晚，大約在九千五百萬到七千萬年前。胸廓和爪子有脊條的螃蟹和龍蝦，最早也是出現在這段時間，這些構造就類似現今動物用來嗚嗚或嗥叫的構造。正如棘刺龍蝦，有些物種用這些聲音防禦，但也有某些用來求偶或宣示領域。

槍蝦的聲音是海洋之中最響亮、分布最廣的聲響，但牠的演化時間至今沒有定論。根據基因證據推測，這個族群可能是從其他甲殼類分化出來，時間大約在一億四千八百萬年前的侏羅紀。最早的可閉合蝦螯化石來自不到三千萬年前，而槍蝦大多數的現代親族出現的時間都不到一千萬年。那麼，雖然槍蝦或牠們的祖先曾經出現在侏羅紀，牠們那發聲的氣泡雲團演化的時間可能晚得多。

據了解，大約有一千種現代魚類能發出聲音。這個數字可能是嚴重低估，因為大多數魚類並未受到仔細研究。已知的發聲機制式樣繁多，顯示整個魚類家族至少有三十種不同的演化創意。鯰魚、食人魚、金鱗魚和鼓魚利用魚鰾附近的高速振動肌，透過充氣的魚鰾發出嗚嗚、嗒嗒或嘎吱聲。蝴蝶魚和鯛魚以肋骨和肢帶（limb girdle）帶動魚鰾的振動。海馬的頭部和頸骨發出喀嗒聲。雀鯛會猛力叩上牙齒，導致魚鰾振動，磨牙的聲音也會增強魚鰾的呼嚕聲。鯰魚則是彈撥牠們的胸鰭。

這些都是現代魚類族群，是過去一億年演化出來的。魚類可能更久以前就開始呼喚彼此，但薄薄的魚鰾和相連的肌肉不會變成化石，因此沒有留下證據。現存的多鰭魚和鱘魚的祖先，是在三億五千萬年前從其他魚類分化出來。這些魚彼此靠近或產卵時會發出敲擊、嗚咽與隆隆聲，或許牠們的祖先也是如此。不過，牠們的發聲能力也可能是在分化後那數千年演化出來的。深時（deep time）1裡的魚類聲音不容易辨明。不過我們可以確定，目前為世界各地海洋帶來生氣的魚類聲音，都來自近期演化的族群。

在長達幾千萬年的時間裡，魚類、甲殼類和其他海洋動物似乎並沒有利用聲音彼此溝通。就算有，也極為稀少。大多數海洋聲音都從兩千萬年前開始出現，又在一千萬年前迅速增加。

有三個因素促進海洋聲音的多樣化：超大陸的分裂、溫室氣候和一場性革命。

從一億八千萬年前開始，盤古大陸這塊超大陸逐步解體，整個過程持續大約一億兩千萬年。這些分裂創造了如今我們所知的主要大陸與海洋。全新的海岸線和沿岸棲地在世界各地出現，增加海洋棲地的面積與多樣性，也帶來拓展棲地與適應的機會。能發聲的海洋動物就在這段海洋棲地擴展的時期大量分化。

長時間的溫室氣候也助長了聲音的多樣化。白堊紀大多數時間氣溫太高，南北極之間幾乎都是熱帶海域。沒有永凍的冰層，海平面比現今高出兩百公尺，海洋棲地因此比盤古大陸分裂時更

1 十八世紀蘇格蘭地質學家詹姆斯．赫頓（James Hutton, 1726-1797）提出的概念，即從地質的角度看待地球漫長的歷史。

為開闊。北美洲被一大片海洋一分為二，北歐和北非大部分地區都被海水淹沒。在這些適於生存的開闊水域，生命大量繁衍。浮游植物是海洋食物網的基礎，數量龐大，也演化出全新形態。魚類、甲殼類、海螺和棘皮動物的數量也倍數增長。在這段時期演化並分化的發聲動物幾乎都是掠食者，其中大多數都靠堅硬外殼或靈活軀體擁有強悍的防禦力。這些動物包括棘刺龍蝦、龍蝦、槍蝦和魚類。發聲能力是個奢侈品，只有位於富饒食物鏈頂端的物種才能享有。這個時期的獵物默不作聲，演化出更厚實的外殼，更有不少選擇居住在泥地或沙地裡。

交配行為似乎也助長海洋動物發聲技能的演化和多樣發展。很多海洋生物跟陸地上的動物截然不同，牠們直接把精子和卵子釋放在水中，不需要彼此靠近。蛤蜊、海螺和珊瑚等物種繁殖時也不需要親密接觸。這些生物通常不會發聲，沒有潛在求偶對象在近旁，又何必高歌？盤古大陸分裂時，用這種方式繁殖的物種沒有趨向多樣化，而繁殖時需要近距離身體接觸（互相摩擦或彼此抓攫）的動物，在這段時期分化出三倍物種。這些動物通常會發出聲音吸引配偶或斥退情敵。螃蟹和龍蝦都會追求配偶，也會摩擦外骨骼與情敵對抗。魚類發出的砰擊聲、吱吱聲、轟鳴聲和搏動聲，多半是求偶信號。

為什麼親密的交配行為有利於物種分化？以交配行為繁殖的動物，選擇的對象多半棲息在近處。這麼一來基因的交換就限於當地，物種於是能分化出地域性變種，最後成為新物種。另一方面，把精子和卵子散布在水流中的物種，擁有範圍廣闊卻出於同源的基因池。這些動物就像人類社會中規模龐大的單一企業，或許擅長自己的本行，卻沒辦法分割成特殊化、創新的子群。以在地交配為主的物種就像大批出現的新創公司，每一種都能追求自己的地區性機會，不會被從遠方漂來的基因淹沒。因此，當盤古大陸分裂、創造出新棲地，許多新物種也跟著出現。

海洋動物發聲技能如日中天的時候，有個重要群體遲到了，那就是鯨魚、海豹和其他海洋哺乳類。這是一條饒富興味的演化回頭路：喉頭這個構造原本用來防止水流進入肺魚和初期陸地脊椎動物的肺臟，如今重新回到水中鳴唱。這些海洋哺乳類會堵住噴水孔或鼻孔，藉喉頭內部聲帶的振動，將聲音透過身體組織傳入水中。以齒鯨為例，牠們的喉頭在能發出哨音的氣囊和前額集中聲音的「額隆」輔助下，將匯聚的音束往前送，像一盞聲響頭燈。當某個固體將音束反射回來，齒鯨便利用回音鎖定獵物、避開障礙物，或「看見」同伴。由於聲音能穿透軀體，齒鯨的回聲定位視覺也能透視其他生物的內部結構。聲音為齒鯨提供周遭環境的動態磁振造影。

鯨魚的祖先是類似豬或鹿的有蹄動物，牠們花了一千萬年才從陸地過渡到海洋，最早是從五千萬年前開始。海豹和牠們的親族是肉食動物，來到水中的時間比較晚，大約在兩千萬年前。鯨魚和海豹的過渡期祖先的牙齒和四肢顯示，牠們之所以進入大海，是被近海棲地豐富的食物吸引，正如現今的北極熊和海獺大部分的時間都在海裡或岸邊覓食。

魚類和甲殼類的發聲技能來自氣候、生物地理學與交配行為的創造性力量。之後飢餓的哺乳類移居大海尋找機會，也是一項助力。這些哺乳類拓荒者在陸地上演化出溫熱的血液、大容量的腦部、特殊用途的牙齒和通訊網絡，成為牠們前進海洋的優勢。於是我們聽見鯨魚足以橫渡整個海洋盆地的洪亮叫聲，或者海豹在魚類豐富的近海棲地的尖叫聲。

如今，海洋是由引擎噪音、聲納和震波轟擊組成的動盪水域。人類在陸地上的行為產生的沉積物導致海水渾濁，工業性化學物質擾亂了水生動物的嗅覺。我們正在切斷促進動物多樣化的感官連結：鯨魚聽不見鎖定獵物的回聲定位脈衝；繁殖期的魚類在噪音與渾濁中找不到彼此；甲殼類的族群連結減弱，因為牠們的化學信號和彈撥聲消失在人類的污染中。這種種問題，加上過度捕撈和氣候變遷，造成生物學家所稱的海洋去動物現象（defaunation）：大型魚類減少百分之九十；海洋哺乳類持續減少；珊瑚礁迅速消失；其他海洋動物的數量與種類都大幅縮減（儘管許多物種的數據稀缺）。目前最可信的估計是，大約四分之一的海洋生物面臨急迫的滅絕危機，有更多族群數量持續減少。

聲音是動物生命源遠流長的創造過程。庫斯托將影片命名為《沉默的世界》，恰恰凸顯我們對海洋聲音的忽視。它同時也是無意中的警告，提醒我們人類的行為對其他物種造成什麼災難。當我們變得更嘈雜、更貪婪，其他物種的聲音就被壓抑，削減海洋的物種多樣性與演化創造力。

♪

長遠來看，人類的發聲要歸功於乳汁。具體來說，是古代原型哺乳動物餵食幼崽的乳汁。在泌乳功能演化以前，原型哺乳動物的幼崽靠環境提供的任何食物養活，有時是父母為牠們找來的，更常是靠自己搜尋。牠們的食物包括種子、植株和小型動物，因此腸胃道必須能消化複雜、偶爾堅硬的食物。能量和營養素經常短缺，這些幼崽的存活率因此受限。皮膚營養分泌物的出現打破這樣的限制，大幅提升初生期的存活率。之後母親扛起捕捉並消化獵物的艱鉅任務，為幼崽提供營養豐富又好吸收的食物。哺育下一代直接牽涉到母體的力量與慷慨。雖然最早乳汁分泌如何演化依然是個謎，但現代動物ＤＮＡ研究顯示，到了兩億年前，雌性哺乳動物已經擁有乳腺和特殊乳蛋白。這種全新的哺育方式除了需要母體在生理與行為上的改變，幼崽的喉嚨也需要再造。到了更晚期，這種革新讓人類擁有說話能力。我們的語言是這些遠古母親的遺贈。

爬蟲類都沒有吸吮能力。牠們的嘴巴、舌頭和喉嚨欠缺力量，也沒有足以支持複雜肌肉的骨骼。哺乳類在演化初期就做了這方面的改變。原本是爬蟲類頸部薄薄的Ｖ形舌骨，如今轉變成結實的四指鞍狀骨。肌肉附著在四指上，強化並穩定舌頭、嘴巴、喉頭和食道。根據化石紀錄，到了一億六千萬年前，哺乳動物的舌骨和肌肉群已經出現，爬蟲類時代鬆弛、敞開的咽喉，變成了強勁又協調的吸吮裝置。

哺乳類的多樣化是建立在母親與下一代獨特的營養連結，而這個連結是由乳腺與喉嚨構造共同促成。直到如今，哺乳類出生時儘管其他骨骼還沒長好，舌骨卻已經發育完全。成年的哺乳動物也因舌骨受惠，口腔咀嚼與操控食物的能力讓爬蟲類望塵莫及。

雖然舌骨的主要功能是協助進食，演化也利用它來塑造聲音。喉頭將聲音傳送給從肺部沿著氣管往上升的氣流，而後這些聲波振動流入氣管上端、口腔和鼻腔，再任意飄向聆聽者。舌骨和附帶的肌肉方便哺乳動物改變喉嚨和口腔的形狀與共鳴，增加聲音的音質與細微變化，壓抑某些頻率，升高另一些。舌骨既能輔助口腔和舌頭，也能固定喉頭。

我們稱喉頭為「音箱」（voice box），其實小看了咽喉上部和頭部的繁複結構，而聲音就是在這些地方確立外形與特色。張大你的嘴，舌頭壓平，腦袋保持不動，用這個姿勢說話，你的發聲能力幾乎完全喪失。那麼，哺乳類發聲系統的運作模式跟很多樂器類似。喉頭是雙簧管裡的簧片，上聲道是雙簧管的主體和按鍵。

演化精心打造了各式各樣的哺乳類聲道，每一種都適合物種本身的生態或社會情境。以回聲定位的蝙蝠為例，牠們的一部分舌骨將喉頭連接到中耳底部的一片骨板，方便神經系統區別從喉頭往外發出的聲波脈衝和耳朵收到的回音。齒鯨利用牠們巨大的聲帶發出哨音，但牠們的回聲脈衝來自噴水孔下方的鼻腔氣囊。齒鯨進食時不只咬住食物咀嚼，還會把烏賊等大型獵物吸出水面整隻吞掉。為了方便吸吮獵物，牠們的舌骨非常巨大，平坦的表面方便連接肌肉。某些囓齒動物發出超音波聲音的方式，是靠喉頭將一束聲音導向一片尖銳的脊狀組織，有點像管風琴和長笛以氣流衝擊吹口邊緣發出聲音。紅鹿、蒙古瞪羚和獅子之類的哮吼動物發出的低沉聲音，是將喉頭降低到氣管裡，讓聲道變長。這種喉頭的下降有季節性，主要發生在繁殖期。哮吼過程中，喉頭會下降又彈回，舌骨和它的肌肉與繫帶共同支撐這種類似伸縮長號的滑動。由於低頻聲音通常來自大型動物，喉頭的上下滑動可能是為了加強聽者的印象。就像人類的機車騎士改造排氣管，營造引擎馬力強大的印象。

靈長類的聲道似乎特別善於配合演化的創造力。舉例來說，靈長類的喉頭比肉食動物大、演化比較快，也隨著體型有更多變化。很多靈長類有個氣囊連接喉頭，充做風箱與共鳴器。其中最極端的改造發生在吼猴身上。吼猴棲息在美洲熱帶地區，以聲傳千里的低沉咆哮著稱。牠們頸部有一對大氣囊，舌骨擴大成足以容納氣囊的杯狀物，有擴音與放送功能。

奇怪的是，人類的發聲裝備並沒有特別精巧。我們的喉頭和舌骨，差不多就是我們的體重該有的尺寸。不知怎的，我們只是操弄哺乳類的基本配備，就能達到口語的複雜度與細微差異。少了喉頭氣囊可能是早期的關鍵步驟。我們的大猩猩近親擁有球形氣囊，非常適合發出穿越森林的尖嘯與低吟，卻不太能掌握聲音的細膩度。我們不知道人類的祖先為什麼放棄喉嚨的氣球。或許早期的人類因為音量比較低、聲音細緻度比較高而受益，或者當他們變成兩足動物、在稀樹大草原奔跑或潛行時，氣囊對他們造成阻礙。不管原因如何，擺脫這些累贅或許幫人類清除了障礙，方便他們的頸部和口腔演化成現代人的模樣。

伸出手指輕壓下巴底下、下顎骨後側的柔軟部位，接著下巴稍微往前伸，手指往後摸。就在頸部和顎骨下方交接處，你的手指會找到向後包圍頸部的舌骨前端。遠古哺乳動物舌骨的四指造型依然保存著，只是其中兩指大得多，舌骨因此形成馬蹄狀。舌骨是人體唯一沒有跟其他骨頭連接的骨頭，以強韌的繫帶懸吊在頭骨和顎骨之下。你的手指繼續往後往下摸，下一個硬塊是喉頭，是加厚的氣管。聲帶就在喉頭內部手指摸不到的地方，而喉頭垂掛在舌骨下方。

我們出生時，舌骨和喉頭被往上擠，緊貼上顎後側，正如其他許多哺乳類的構造。隨著我們慢慢成長，舌骨和喉頭都會往下掉。成年以後，舌骨就固定在下顎下方，喉頭則降到頸部。很多男人頸部有明顯可見的喉結，那是因為青春期男性喉頭和軟骨快速發育，聲音也因此比較低沉。

聲波從喉頭的聲帶向上傳送，進入一段通往口腔內側的垂直氣管。聲音繼續往前移動，從喉嚨後側抵達雙唇。對著鏡子發出「啊」聲，你會看到口腔內扁桃腺後側的水平空間急遽下降。喉嚨或口腔都有自己的共鳴，可以由各自的肌肉加以調節。舌頭則勤奮不歇的居間協調這兩個共鳴空間，通行其間的所有聲音都避免不了它的干預。

人類語音清晰可辨的關鍵，在於對肺部氣流的微妙控制。喉頭裡的聲帶被拉進氣流裡，開始振動，就像氣球吹氣口洩氣時不停振動。大多數哺乳類的聲帶會乘著氣流移動，它們的彈性讓它們往返來回，製造出聲波。以貓的喵嗚聲為例，迅速搏動的肌肉會增強振動，其他的哺乳類就沒有這樣的強化作用。喉頭發出的聲音會傳向喉嚨上端，再進入口腔。到了那裡，氣道與口腔的形狀增強了某些頻率，壓抑了另一些。當聲音到了口腔，會受到舌頭、臉頰、顎骨和牙齒進一步雕塑。聲音離開口腔時，嘴唇再添加破裂音或絲音，最後，聲音終於擺脫束縛飛出去。這個互動網絡由肌肉、骨骼和軟組織構成，每個成員都不可或缺。試試肺部不送出氣流時能不能說話，再試試捲起舌頭、扭動嘴唇。不可能的。這個大工程的基石是舌骨，是來自最早泌乳的哺乳類母親和牠們擁有吸吮能力的幼崽的傳承。

只要留意母音與子音的差別，我們就能意識到聲道每一個部位的重要性。我們用喉嚨、嘴唇或牙齒阻礙氣流，嘶嘶、噴發、低吼或擠壓，將子音從嘴巴送出去：噓、吧、咯、咔。從喉頭送出母音的氣流通暢無阻，只經過舌頭塑形：噫、哦、啊。不管是哪一種情況，喉頭提供聲音素材，口腔負責塑造。呼麥歌者（Khoomei singer）將這個塑造過程發揮到極致。呼麥歌者在西方被稱為圖瓦喉音歌手，他們壓縮喉頭發出低沉聲音，再利用舌頭過濾所有聲音，只留下泛音。這是一種非常精密的發聲技藝，它的基礎建立在我們說話時都用得到的喉頭與口腔的互動。其他哺乳類也是如此。狗或狼引頸嗥叫，松鼠壓低顎骨收縮臉頰吱吱有聲，正是用發聲腔道塑造聲音。

我們說話時用到的所有構造，都不是人類獨有。我們胸腔的神經比大多數靈長類多，更能精妙控制氣流，但這只是優化，不是創新。我們的黑猩猩親族的舌骨和喉頭也往下降，只是，人類降得更低，喉嚨的共鳴腔因此更為寬闊。另外，黑猩猩外凸的臉型也意味著牠們的發聲腔道由口腔主導，幾乎不使用喉嚨共鳴，人類的喉嚨與口腔共鳴空間大約相等。人類和黑猩猩的舌頭差別不大，只是我們的比較圓，以口腔的尺寸來說相對比較大。從解剖學來看，人類的語音是以其他物種也有的結構為基礎，只是在比例上進行微調。相較之下，鳥類的鳴叫聲則是出自現代鳥類特有的鳴管。鳥類的鳴唱和人類的話語，都是多樣化聲音世界突出又新奇的擴展。鳥類憑藉的是結構上的激進創新，我們則是操弄調整。

演化對我們的腦部下了重手，創造出新的連結，賦予我們說話能力。這些連結同樣是以我們的近親也擁有的才能和素質為基礎。所有的類人猿都有極佳的學習能力。幼猿需要幾年的時間，才能學會在群體和生態環境中成長茁壯的一切技能。像這樣在社會結構中傳遞行為與傳統，便是所謂的文化。有別於人類，類人猿的文化幾乎全靠近距離視覺觀察和實質參與。雖然類人猿會發聲，但據我們所知牠們不會利用聲音傳達複雜的知識。人類的祖先將聲音的表達與文化串連在一起。發聲與社會學習是類人猿固有的能力，而人類將這兩種能力結合在一起，打造了語言的基礎。我們不知道這個變革發生在什麼時候。遠古人類的舌骨形狀與位置都跟現代人一樣，比如五十萬年前的尼安德塔人。只是，這塊骨頭的確切形狀與位置並不特別神奇。舌骨和喉頭位置比較高的老祖宗口齒或許不如我們流利，卻跟其他類人猿一樣，在結構上擁有發出複雜聲音的能力。

發聲、學習與文化三者的連結，在我們的大腦和基因留下印記。與其他靈長類不同的是，控制人類喉頭的神經，直接延伸到大腦掌管自主動作的「運動皮質」。這些連結讓我們擁有精密的控制能力，更重要的是，將發聲帶進學習的領域。我們喉頭的神經、控制聲音的詮釋和記憶的神經，以及控制與說話有關的舌頭與臉部動作的神經，與大腦之間都有廣泛且龐雜的聯繫。這些聯繫的豐富性似乎有一部分受FOXP2基因控制。人類這個基因的序列跟其他靈長類大有不同。這個基因是個控制中樞，可以刺激或壓抑其他基因的活動。受其控制的基因則能引導負責協調肌肉活動、感官輸入、記憶與詮釋的神經細胞的成長與互連。正如舌骨的情況，人類的FOXP2基因至少可以追溯到五十萬年前，與尼安德塔人和丹尼索瓦人（Denisovan）等人屬親族共有。科學家的研究顯示，尼安德塔人的耳朵與現代人的耳朵類似，他們的中耳和內耳和我們一樣，能聽見人類語音的頻率。那麼，或許這些已經絕跡的人種也有語言能力。

相較於其他靈長類，人類的大腦網絡繁複得多，我們因此能夠以其他物種做不到的方式結合發聲、詮釋和記憶。我們說話時，會展現出人類的理解力。理解的英文是comprehend，其中com意為「一起」，prehend則來自拉丁文prehendere，意思是「抓住」。人類的語言能力靠的不只是調節，還需要結合與互連。這不是我們獨有的才能。很多鳥類（或許包括鯨魚和蝙蝠等能學習發聲的物種）的發聲器官，也跟腦部掌管運動的區域有直接連結，而腦部負責記憶、感知、分析與發聲等區域之間也有複雜的關聯。

你閱讀這些文字的時候，把人類的整合能力帶向另一個層次。白紙上的黑色字形，具體呈現書寫文字發明以前忽焉消逝的語音。氣息轉變成油墨，空氣中的振動凍結在紙頁上。凝視一個單字三百毫秒之後，一道電能穿過大腦的視覺皮質。四百毫秒後，聽覺皮質激活了，緊接著是大腦負責詮釋聲音和語言的區域。注視書面文字不到一秒，默讀的動作在大腦「聆聽」的區域激發狂熱的活動。默讀於是讓我們接觸到幻影，也就是作者聲音的幽靈。手指敲打鍵盤或握筆書寫的動作，將這些聲音幻影拉出身體，投到紙頁上。

你的眼睛掃過這些字的時候，聲音已不再是空氣中傳送的聲波，而是一波波穿過哺乳類大腦溼潤、富含脂肪的細胞膜的電能反應。現在大聲念出這些字。那些反應波從肌肉跳進空氣中。聲音一向如此，從一種存在投向另一種，從一種媒介傳到另一種，居間連結，帶動轉化。

第三部

•

演化的創造力

6 空氣、水、木頭

聽！在周遭的動物聲音中，我們聽見了這個世界豐富多樣的實體。鳥類的鳴聲包含了草木的聲音特質和風的呼嘯。哺乳動物的叫聲向我們揭示，掠食者與獵物如何在森林與平原的不同地形中聽見彼此。水的各種語氣以鯨魚和魚類的歌聲表達出來。植物的內部組織展現在昆蟲釋出的振動信號。就連你閱讀時默念著的這一頁文字，內在也存活著帶動人類語言發展的空氣與植物的標記。

我站在科羅拉多州落磯山脈東側山坡的松樹與雲杉林中，就在北柏德溪（North Boulder Creek）上游，也就是這條溪在落磯山脈的發源地。時值春天，但在這個高海拔，地面依然被積雪覆蓋。周遭一片靜謐，只聽見一隻紅交嘴雀的圓潤鳴聲。那啼囀聲像細長的水彩筆輕盈掠過畫紙。一筆筆溫暖的色彩，在平滑開闊的平面上急馳飛掠。在這雪地寂然不動的空氣中，每一個音符都格外嘹亮。

我在腰包裡翻找錄音機和麥克風，拉鍊和布料的聲音惱人的響亮。而後我靜止不動，手中的麥克風舉向紅交嘴雀停棲的西黃松樹梢。接下來幾分鐘，我在鳥鳴聲中休憩。

接著，嘶嘶響和轟鳴聲。強陣風從東北方襲來，暢行無礙的橫越山巒之間的寬闊谷地。樹木的聲音透露空氣的內在生命。一陣陣強力氣流在樹冠層掀起怒浪狂濤，一波波聲響蛇行急躍。渦流從空中向下捶擊樹叢，而後消散。一段段靜寂在這團喧嚷中移動，像隨風飄過湖面的葉片，輕掠、停頓，再轉往另一個方向。錄音機上的音量指示器衝上紅色區域，我調降增益鈕。突然之間，森林在吶喊。

可是紅交嘴雀繼續鳴囀，牠的聲音不知怎的穿透噪音的濃霧。那鳴聲的細膩彩筆一枝獨秀，在風的灰色潑墨中添上幾筆鮮麗色澤。

這座山的性格包含在這支歌曲中。這隻雄紅交嘴雀貢獻出牠的春之歌，數千代祖先的共同經驗流進空中。只有能以歌聲克服林間強風挑戰的先輩，基因才有機會流傳下來。演化因地制宜塑造鳥鳴。

紅交嘴雀一直生活在常綠樹林中，四處搜尋松樹、雲杉、花旗松和鐵杉藏著種子的毬果。兩者之間的關係太長久，演化已經雕塑了紅交嘴雀的喙，方便牠啄食針葉木的毬果。牠結實彎曲的喙末端交叉，下喙鋒利的尖端扭向一側，上喙的末端彎向另一側。紅交嘴雀將喙的尖端滑進毬果的鱗片中，下喙向側邊一滑，頭部一轉，啪的撬開毬果，長長的舌頭順利取得藏在鱗片底部的種子。

紅交嘴雀對針葉木的喜愛，也在牠們的歌聲中留下印記。在風中搖曳的針葉木聲浪喧天，即使只是中等風力，也會發出怒吼。而且，除了夏季某些比較平靜的日子，這裡的風頻繁吹襲。在北美地面以上十公尺（大樹的高度）平均風力圖上清楚看見，一條強風帶覆蓋落磯山脈山脊。這裡的房屋一連幾天在強陣風下搖晃。登山健行彷彿在跟精力無窮的對手角力，尤其是從深冬到紅交嘴雀鳴唱的春季強風期裡。在歐洲和北美東部，最貼近的比喻是從海岸峭壁吹上來的暴虐強風：剛開始散步時還覺得心情舒暢，之後就會體力枯竭。

我的身體適應不良，樹木卻安然自在。它們彈性十足的枝椏順應氣流，彎腰低頭卸除風力。有別於低地的松樹，高山針葉木的針葉像鐵絲或尖刺，韌度增強，足以抵抗狂風撕扯磨損的力道。橡樹或楓樹如果長在這裡，枝椏就會折斷，樹葉會被吹落。高山針葉木強悍的針葉和柔韌的枝條在強風下發出的聲響，是這片森林所獨有，而這個聲響很可能塑造了紅交嘴雀的鳴聲。從風到樹，到鳥鳴聲。

事後我將錄音檔上傳到筆電。聲音播放時，有個圖表在捲動，呈現聲音頻率的變化。描畫在清晰背景上的細線，是紅交嘴雀的樂音結構。嘀啾啾，尖銳的上揚鳴啼，再兩個短促音符。這隻雄鳥的叫聲是比較低沉粗嘎的咘哩咘哩。一分鐘後，牠發出一連串比較短促、清脆的啾聲，收尾是非常高亢的唏。接著是急馳奔騰的音符大雜燴，三到四個音一組。突然穿插一小截喊啊咿，像山雀的叫聲。整體來說，這段歌聲包含十多種元素，紅交嘴雀啼唱時似乎以混音手法處理這些元素，組合、重新安排，加點花腔或變音。成品顯得活潑又靈巧，滿滿的歡快變化。

突然間，螢幕被一片污斑抹黑。風來了。音頻圖下半截顯示低音的區域因為樹木的聲音變得模糊，紅交嘴雀的歌聲在這片雲霧上方舞動。牠所有音符的頻率都比松樹和花旗松的呼嘯聲來得高。

當風撲進這片森林，發出的聲響幾乎都低於一千或兩千赫茲。這跟其他森林的風聲大不相同。當強風吹襲橡樹或楓樹，或穿過熱帶森林的樹冠層，產生的咻咻聲頻率高得多，大約五千或六千赫茲。那麼，山區的風是連續幾小時或數天的低吼。而在其他森林，風沒那麼頻繁眷顧，但只要一來，便是高頻的嘶鳴。這些針葉木的聲音帶著人類特質。風在它們之間製造出的聲音，頻率與人類語音相當，不像其他樹種是音頻較高的颯颯與咻咻。

以紅交嘴雀的體型來看，牠的音頻之高超出我們的預期。鳥的鳴聲跟樂器的聲音一樣，通常跟體積大小呈正比。渡鴉呱呱低鳴，蜂鳥吱吱尖叫，但紅交嘴雀篡改規則，唱出比體型相同的鳥類更高的音頻。

這片森林影響了紅交嘴雀的鳴聲，不只因為樹木與風的關係，還因為它們的毬果牽動了紅交嘴雀喙部的演化。落磯山脈紅交嘴雀的喙結實有力，適合吃西黃松和海灘松的種子。在太平洋西北地區，同種的紅交嘴雀喙比較小，適合用來打開北美雲杉和加州鐵杉的毬果。小巧的喙靈活度高，能以速度更快、音頻更高的顫音鳴囀。因此，紅交嘴雀和牠的小嘴親族白翅交嘴雀歌聲之所以不同，部分原因在於棲地樹木多樣化的毬果形狀。

在山區針葉林之中，音質高亢的不只是交嘴雀。秋天的時候，麋鹿求偶的叫聲充塞山谷，最遠能傳到幾公里外，在山坡和懸崖之間回盪。動物學家形容麋鹿的叫聲像「吹軍號」，但那音質其實更像長笛吹奏出的古怪和聲。麋鹿仰起腦袋，發出一串近乎純淨的單音，音階先往上升，持平一、兩秒，再往下滑，最後通常夾雜一點粗糙的呼嚕聲。我第一次聽見那聲音是在落磯山脈一片雲杉林中，當時無法相信體型這麼龐大的動物，發出的聲音竟是高音頻。麋鹿的體重超過三百公斤，牠的軍號穩定的主音頻率大約在一千到兩千赫茲之間，比兔子的尖叫聲高一點。

麋鹿的近親北歐紅鹿聲音低沉得多，兩百赫茲，是我們預期中這種體型的動物會發出的低頻喉音。科學家研究被獵人射殺的麋鹿的聲帶，卻仍然不了解牠們怎會發出那樣的聲音。牠們擁有大型動物該有的長聲帶，長度是人類聲帶的三倍，然而，牠們卻用這個大型樂器擠出高頻音。不過他們的喉骨和韌帶比紅鹿短，意味著牠們或許可以箝住聲帶，或用別的方法加以限制，讓聲帶變短，以便快速振動，產生特殊的叫聲。

到了秋天發情期，公麋鹿有時會彼此衝撞展開角鬥，發出喀嗒聲響。不過，牠們的對峙通常是遠距離進行，用聲音相互叫陣。我曾經坐在山坡的樹木線上方，聽見相隔五公里的公麋鹿一來一往彼此叫囂。在高海拔地區的聲音傳送上，只有飛機能勝過牠們。公麋鹿啼叫的地方通常是蜿蜒溪流旁的開闊草地，或近旁的針葉樹林。為了達到成效，公麋鹿的軍號聲必須穿越數百公尺的針葉林。公麋鹿的叫聲一來是為了向其他公鹿示威，二來則是為了向長年生活在母系麋鹿群中的對象傳情表意。秋天時這些團結的母鹿群匯聚在山谷中，發情的公麋鹿則會爭奪加入某個群體的特權。這些麋鹿群通常遠離彼此的視線範圍，只靠公麋鹿的軍號聲彼此連結。

交嘴雀的鳴聲跟落磯山脈的特有聲響似乎兩相搭配，麋鹿的軍號聲也是如此。低沉的吼叫聲會被風聲掩蓋，所以這是特殊狀況。在大多數棲地，低頻音比高頻音更適合長程通訊，因為低頻音波長較長，能繞過障礙物，也比高頻音更不容易在狂風中變調。可是在強風不斷、針葉堅硬的樹林裡，樹木的壓倒性噪音似乎抵消了這些優勢，迫使動物調高叫聲的頻率。

區區兩個例子，不足以證明環境噪音塑造了這片山區的動物叫聲。交嘴雀和麋鹿的高頻叫聲或許是基於求偶的競爭與選擇，是聲音版的彩色羽毛和誇大犄角。或者這兩種動物的耳朵對高頻音更為敏銳，以便聆聽聲音沒有被風聲遮蔽的掠食者、競爭者或同類。聽覺適應了棲地之後，社交通訊就會往更高頻率發展。除非掌握更多個別物種的歷史與社群資訊，否則這些假設不可能得到印證。不過，每回我來到這個山區總是深受震撼，因為在這片我所見過最喧鬧的樹林之中，棲息著叫聲高得出奇、凌駕樹木怒吼聲的動物。

透過對動物聲音通訊的廣泛研究，我們能夠探知有形環境對聲音的影響。棲息在岩岸地區的鳥類叫聲響亮又刺耳，以免被洶湧的浪濤掩蓋，或遭猛厲的風聲切割。海鷗、蠣鴴和濱鳥（shorebird）都揚棄輕聲呢喃和微妙轉調。相反的，牠們用強有力的重音劃破呼號的風聲和海浪的轟鳴。棲息在湍急水流附近的鳥類和蛙類，叫聲通常嘹亮又高亢，凌駕掩蔽一切的水流聲。

在森林裡，植被會讓動物的聲音變得細薄、模糊。葉片、莖幹和樹幹能吸收並反射聲音，削弱或增加殘響。在一段距離外，所有聲音都會減弱，清晰度降低。因此，相較於廣闊鄉野的鳥類，森林中鳥兒鳴唱時，大多使用比較單純的慢速哨聲或連音。比方說，北美猩紅比藍雀豐潤的高低囀鳴，切嚕嘁哩切嚕嘁，就非常適合牠們的繁殖地，也就是楓樹、橡樹和山胡桃的茂密枝葉。鶇鳥（Eurasian thrush）、嘯鶲（Australasian whistler）和世界各地繁茂熱帶森林的鳴禽單調的音符和曲折的長笛音也是如此。

相較之下，在開闊的草原與平原，干擾聲音的不是植被，而是疾風和亂流。在這些地方，細微的音調轉折會被風聲抹除。很多牧草地和岩石地形的鳥類於是啾啾顫鳴，用重複的跳音劃破風聲。澳洲的鳥草鶺鴒、北美牧草地的沙鵐（grasshopper sparrow）和地中海與西亞的草原百靈的顫音，都是開闊鄉間的鳥類高速回旋的鳴聲。

不同的是，棲息在濃密植被中的哺乳類叫聲比在開闊鄉野的同類更高，似乎是聽覺的差異所致。一項對五十種動物所做的調查發現，棲息在森林裡的哺乳類平均聽覺靈敏度高峰是九千五百赫茲，比棲息在曠野的哺乳類高出三千赫茲。這個差異的原因可能在於，森林中的哺乳類迫切需要聽見其他動物拂過葉間、低音量高頻率的細微沙沙聲。森林中的哺乳類獵物或掠食者沒有翅膀，無法快速逃逸或降臨，只能仰賴耳朵聆聽逼近的危險或機會。動物在植被之間移動的聲音通常頻率偏高，對耳朵能適應這個音頻範圍的動物有利。而這樣的聽力又有利於高頻的通訊聲，直接傳送到求偶對象或競爭者耳中最合適的位置。森林哺乳類的聲音頻率，因此多半比平原或稀樹大草原的哺乳動物更高。舉例來說，根據體型大小，亞洲金貓或山貓這類棲息在森林中的貓科動物的吼聲、嘖嘖聲或喵嗚聲，音頻高於非洲與亞洲的獰貓和亞洲的兔猻這類棲息在曠野的貓科動物。同樣的，住在森林裡的松鼠和花栗鼠的叫聲、嚓嚓聲和嘰嘰喳喳，也比寬廣草地或沙漠的地松鼠和其他齧齒動物來得高。

人類的語音和聽覺顯示，我們本質上是開闊草地和稀樹大草原的大型動物。我們的聽覺靈敏度高峰落在兩千到四千赫茲之間，而我們的語音頻率比較低，在八十到五百赫茲之間，偶爾點綴高達五千赫茲以上的絲音。我們的近親黑猩猩的聽覺靈敏度高峰是八千赫茲，而且牠們能聽見的頻率比我們高得多，達到將近三萬赫茲。黑猩猩的發聲方法花樣繁多，其中不少是高頻音。牠們的長距離嘯叫名為「嘘喘」（pant-hoot），一開始是輕聲低頻的咕噥聲，而後升高到類似人類幼兒的刺耳尖叫，大約是一千五百赫茲，比成年人大約四百赫茲的尖叫高得多。像這樣的兩相比較，很容易被體型差異（我們比黑猩猩重一點）和個別物種的生態癖好誤導。不過，人類和黑猩猩之間的差異，倒是符合哺乳類聽覺與發聲的調查研究結果。

因此，我們的聲音不適合在森林裡遠距離溝通，語句很快就模糊不清。人類族群若想在森林裡彼此通訊，會選擇使用洪亮的鼓聲或哨音。全世界有數十種口哨語（whistled language），大多出現在有濃密森林的地區。哨音不但能在植被之間順暢傳遞，只要技巧熟練，會比人類發出的所有聲音都響亮，能將訊息傳送到一公里外或更遠的地方。

食物也能塑造動物的聲音。大嘴鳥鳴叫的聲音通常音速較低，頻率範圍也比較窄，因為牠們的大嘴對發聲構成生理上的限制。這種現象在中南美洲熱帶森林的鴷雀（woodcreeper）身上更是明顯。鴷雀家族的喙大小不一，從斑喉鴷雀的粗短型到長嘴鴷雀驚人的釣竿長嘴。喙越長，鳴聲的速度和頻率範圍就越窄：短喙鳥以顫音鳴唱，長喙鳥則是拉長的哨音。南美厄瓜多加拉巴哥群島的各種達爾文雀存在類似規律，棲息在不同地形的紅交嘴雀也是如此。

科學家比對全球六到七千種語言發現，飲食似乎也影響人類語言的聲音形態。採獵維生的人通常少有唇齒音，也就是以上齒抵住下唇發出的f和v音。農耕族群使用的唇齒音比採獵者多出三倍，因為他們的食物比較軟，兒童時期的深覆咬合（overbite）常常延續到成年。而採獵者和我們的舊石器時代祖先的牙齒接觸到硬質食物後，深覆咬合現象消失，發展出強勁的對切緣咬合（edge-to-edge bite）。form、vivid、fulvous、favorite，從這幾個英文字的發音，我們聽見食物特性如何塑造我們的口形和語言。

我們或許還能聽見氣候和植物對人類語言多樣化的影響。比如熱帶森林等溫暖潮溼植被茂密的地區，子音通常比涼爽開闊的地區來得少。只是，有些語言學家認為這樣的相關性欠缺統計學上的基礎。子音的可辨識度取決於高頻率與快速變化的振幅，這些特點通常會在濃密的植被中變得模糊。在森林裡，響亮的oo和aa可能比pr和sk更容易聽懂。空氣乾燥時，喉頭發出抑揚頓挫的母音比較費力，乾燥地帶的語言因此更偏向使用子音。我用英文寫下這段話，而英文來自相對開闊的乾燥地域。歐亞大陸有許多乾燥平原和稀樹大草原，即使是在溼度比較高的區域，冬天由於溫度夠低，相對比較乾燥。我豐富的英語子音和稀少的母音，跟在熱帶森林中發展出來的多母音語言大異其趣。

地區性的環境差異好像也是人類語言多樣化的助力。比起季節變化較大、比較不可預測的地區，一年四季都有穩定植被的蓊鬱環境，語言種類通常比較多。物產豐饒的地區適合小範圍的人類族群生存，助長了語言的差異度與地區多樣性。從基本音節到複雜語音的多樣化，人類的發聲技能跟其他動物一樣，或多或少受到我們居住、賴以維生的環境影響。

空氣影響聲音傳遞，水和固體也是一樣，每一種媒介都有它自己的聲學特性。棲息在水中的動物，或透過樹木與土壤傳遞訊息的動物，都依據棲地的物理特性發展出自己的聲音。

至於生命中大多數時間都在沿岸水域活動的海洋動物，海平面和海底的反射共同削弱或掩蓋低音。因此，座頭鯨、弓頭鯨和露脊鯨這些在近海覓食的海洋哺乳類的聲音，通常比在遼闊大海的藍鯨和長鬚鯨更為高亢。

暗礁上方的水域、驚濤沖擊的海岸或奔揚的淡水溪流，都是音聲喧騰的處所。乘風而起的波濤、拍岸的碎浪或飛濺的溪水喧鬧嘈雜，排擠大部分聲響。棲息在這些地方的魚類彼此傳訊時，就用重複的短促敲擊聲、嗡嗡聲或嘀咕聲。牠們通常會選擇最不容易被泠泠泙泙的水聲掩蓋的頻率。每一段促音都包含不同頻率，有明顯的開頭與結尾。寬廣的音頻和重複的起音與尾音，確保這些叫聲能克服充滿挑戰的環境噪音，被潛在配偶或競爭者聽見。這些動物的聲音通訊通常發生在近距離，也就是配偶或情敵出現在視線範圍後。

背景噪音的響亮程度好像也左右魚類的聽力。所有魚類都利用側線系統和內耳偵測水分子的低頻動態，其中有些向高頻區域擴展，或演化出更細微的頻率辨識能力。聽力絕佳的鯰魚、鯉魚和淡水象魚主要生活在平靜水域，比如流速緩慢的江河或池塘。水流平緩的棲地沒有背景噪音，或許是牠們擁有靈敏聽力的原因。至於鮭魚、鱒魚、鱸魚和鏢鱸等棲息在奔騰激越的溪流或海岸的魚類，並沒有因靈敏的聽力獲益，因此依然承襲祖先的低頻聽力。

在人類眼中，無垠的大海看起來千篇一律。我們或許認為這種一致性向下延伸直達海底。然而，對聲音而言，海洋裡有個隱形導管，是個能讓聲音傳送數千里遠的通道。這個「深海聲道」的位置大約是在海面下八百公尺。水的溫度和密度的傾斜度（越往下溫度越低，密度越大），將聲音困在聲道內。當聲波向上或向下移動，就會被上面溫度比較高的水或底下密度比較大的水擋回來。這個液體透鏡將聲音傳過整個海盆，尤其是在水中移動不受海水黏性阻礙的低沉聲音。鯨魚善於利用這個聲道。在人類發明電報以前，牠們雷鳴般的嗚咽聲是唯一能橫越海洋的動物信號。

聲音也能藉由固體傳送，在木頭或岩石中移動的速度比在空氣中至少快十倍。我們的樂器就是運用這樣的原理。只是，這些木頭、皮革和金屬材質的薄片或弦的作用，是以振動方式將聲音傳送到空氣中。對於很多動物而言，固體卻是主要或唯一的聲音媒介。

包括昆蟲和蜘蛛在內，所有陸地上的無脊椎動物都靠外骨的神經察覺振動，尤其是足部關節軟組織的神經。不妨想像人類的腳趾、腳底和手指全都是耳朵。昆蟲的世界正是如此，牠們透過身體表面和附屬肢體內的受器，聽見周遭的振動能量，其中大多數還利用這種能力相互溝通。蜘蛛的腳會輕叩地面，向配偶和情敵傳送信號。角蟬家族等半翅目昆蟲則是利用腹部的發聲器官，將連串的複雜聲波經由腳部送進樹葉或樹枝。這些信號通常無法在空氣中被聽見，卻能迅速清晰的傳給同伴用以聆聽的腿足或肢關節。對這些動物而言，腿足就是說話和聆聽的器官。

昆蟲生活在聲音的平行宇宙，跟我們人類能聽見的空中聲響並行。我們直到不久前才認識到這種固體聲景的廣泛與多樣。科學家在植物上安裝電子感應器，才發現百分之九十的昆蟲利用植物或地面傳遞某種振動，彼此溝通。我是在為一項樹木聲音展覽收集錄音檔的過程中，初次體驗到昆蟲這個唧唧吱吱嗒嗒的奇妙世界。當時我把小型感應器掛在棉白楊樹枝上，捕捉到在風中搖曳的枝椏內部無數震顫和砰擊。在樹木本身的嘩啦聲之間，點綴著為時一秒的高頻嗡鳴，分布平均，就像手機鈴聲設定為振動模式。我將聲音檔傳給密蘇里大學的雷克斯・考克羅夫特（Rex Cocroft），因為他是探索與研究昆蟲溝通的先驅。他告訴我那的確是昆蟲的聲音，很可能是葉蟬。我們沒辦法進一步確認，因為有別於耳熟能詳的鳥鳴聲，我們對多樣化的昆蟲聲音只有初步認識，沒有完整的索引將聲音與物種配對。對於喜愛探索的博物學家，昆蟲的「振動景」（vibroscape）應該能提供豐碩的研究成果。

每一種植物、每一株植物的不同部位，都有不同的物理特性。嫩葉柔軟有彈性；成熟的枝條硬挺易脆。樹皮是一大片；但支撐葉片的細柔葉柄是質地細密的管子，中央是比較疏鬆的核心。這些材質各自以不同方式傳遞振動，也有各自偏好的頻率。這種情況類似我們在公寓裡聽見鄰居家裡傳來的聲響：樓上住戶的硬木地板幾乎隔絕掉所有高頻音，卻是中頻腳步聲的絕佳傳輸器。如果鄰居在廚房地板鋪設軟木（一種樹皮類型），那麼只有最低頻的重擊聲會傳過來。如此繁複多樣的植物材質，正是昆蟲的聲響世界。這種差異性激發了昆蟲鳴聲的豐富性，正如不同植物也塑造了飛鳥與哺乳動物的繽紛鳴啼。關於植物的不同質地如何塑造振動聲響，北美東南部的角蟬提供了明顯例證。體型比蟬親族嬌小的角蟬，用牠們尖刺狀的口器吸取樹葉和莖幹裡的汁液。頭上的尖脊讓牠們看起來像小小的棘刺。到了繁殖期，公角蟬會發出嗚咽聲與喀嗒聲，母角蟬則以比較低頻的咕噥聲回應。這段對唱完全仰賴樹葉與莖幹傳遞的振動進行。

雙斑角蟬以背部的兩個黃色斑點得名，包含多個關係親近的物種，每個物種各有偏好的植物。這樣的歧異是古代物種向新的植物拓展棲地的結果。拓荒的角蟬移居新棲地後不但找到新食物，也進入全新的聲響環境。

東部紫荊（eastern redbud，森林邊緣常見的樹種）上的雙斑角蟬鳴聲是低沉的嗚咽，大約一百五十赫茲，頻率相當於人類的喉音低吟。榆橘（另一種森林小型樹）上的雙斑角蟬鳴聲頻率高得多，大約三百五十赫茲。這兩種角蟬體型相等，即使被人移到另一種樹木，也會維持原有的鳴聲類型。每一種樹都有特別的聲響特性，方便傳送某些音頻。每一種角蟬鳴唱的頻率，都最適合牠們偏好的樹種。正如人類的製琴師熟悉並運用木頭的細微差異，這些角蟬也改變牠們的鳴聲，以適應棲地的材質特性。

棲息在多種植物上的昆蟲，鳴聲的傳遞媒介比角蟬更多樣。舉例來說，斑色臭椿（harlequin stinkbug）攝食的植物超過五十種，牠們的鳴聲是多頻率的唧唧聲，可以利用不同樹種的葉片與莖幹傳送。牠們是浪跡天涯的吟遊詩人，隨處都能傳唱，有別於從一而終的雙斑角蟬。

狼蛛和跳蛛以振動吸引交配對象，振動的頻率符合牠們獵食所在的落葉堆的傳聲特性。大象發出隆隆聲響呼叫遠方的同類，這些聲響透過地面傳送。牠們的腳密布著感應細胞，會將感應到的振動沿著腿骨傳到頸部，而後抵達內耳。這些隆隆聲頻率極低，人類的耳朵聽不見，卻最適合在土壤裡長距離傳遞。

動物界的聲音表達之所以如此豐富多樣，部分原因在於地球千變萬化的物理特性。我們聽見鳴聲或叫聲時，聽見的是那聲音演化過程中的有形情境。我們周遭也布滿人類耳朵聽不見的聲音，每一種都配合它的環境調節。我們的感官只覺知到整體的一小部分，但我們有想像力。河面以下的魚兒對彼此咚咚有聲；海岸外的鯨魚將鳴聲送入深海聲道，等著聆聽半個世界外的回應；昆蟲在樹木或花草莖幹上熱情對唱。在人類的語言中（不管是口語訴說或紙頁傳達），我們聽見棲地、食物以及空氣與植物的物理特質，對我們祖先的語言的影響。

7 喧囂之中

時間是凌晨兩點，我還沒睡，聆聽著雨林。小屋位在林間空地上，牆壁的上半段對雨林開放，只用帳子阻擋蚊蟲。我的同伴都入睡了。他們是厄瓜多亞馬遜雨林提普提尼生物多樣性工作站（Tiputini Biodiversity Station）的科學家，在泥濘小徑艱苦跋涉後累癱了。我從沉睡中醒來，耳畔響起磅礴的聲響，那是數百種動物的鳴啼狂歡曲。

一隻冠鴞吼出洪亮的嗚兒，每五秒重複一次。這是今晚森林中最低沉的聲音，以最緩慢的節拍傳唱，是慵懶的男低音。白天時一對冠鴞（體型近似烏鴉）和牠們的幼雛棲息在小屋附近矮枝上，成鳥頭上豎著一對白色耳羽，跟身上的巧克力色羽毛形成鮮明對比。幼鳥則是全身潔白。雨林裡的動物經常只聞其聲不見身影，所以這一家冠鴞成了訪客鏡頭下的最佳模特兒。

入夜時下了雨，交拱在小屋上方的植群吸飽了水分，劈啪滴答的敲響我們的錫屋頂。森林裡的樹蛙在下層植被裡鼓噪。牠們的緊繃叫聲帶著鼻音，啞噗！啞噗！每隻樹蛙的音調都不同，或許反映了牠們的體型大小。我聽見牠們的聲音來自小屋四面八方，彼此唱答。我覺得自己闖進了六隻樹蛙的球賽。左邊那隻的叫聲像彈力球拋向森林，右邊那隻將球揮向另一個方向，目標是離我頭部不遠的另一位歌者。聲音就這樣在我上方往返來回。

昆蟲的聲音不像冠鴞和樹蛙那麼容易被我的耳朵定位。我只能鎖定幾隻蟋蟀和螽斯的方位，大多數時候我都深陷在牠們的聲響迷霧中。但那一團團聲音迷霧各有不同，幾十種或更多的音調、音質和旋律並存。我的耳朵習慣了溫帶世界相對一致的聲響：夏季的落磯山脈或緬因州森林裡安靜單一的蟬鳴；葳蕤草地中活力充沛的田蟋蟀（field cricket），最多只是五、六個物種的大合唱。即使在夏末時節，田納西州和喬治亞州森林螽斯持續不歇的衝擊耳膜，也是由單一物種主導，其他五、六種只是偶爾客串。而在亞馬遜雨林，物種多樣化的程度在十倍以上，是聲音的壯麗匯聚。

在低頻音域，一隻螽斯發出短促的顫音。這聲音被比較高頻的閃爍音覆蓋，像米粒流瀉而下落入鋼碗。在此同時有個弓形手鋸的規律聲響，像鋸齒切割金屬。悅耳的顫音飄在上方，每一秒出現一次。另一道顫音以更快的節奏追趕上來，音調更高，也更乾澀。另外三個物種持續唧唧鳴叫，音調相當接近，其中一個清晰明亮，另一個稍微模糊，第三種非常乾澀，像木棍拖過沙地。類似鐵屑滾動時所發出的不規則叮鈴聲，從那唧唧聲與呼呼聲上方掠過，如此清晰明亮，我彷彿看見了銀色閃光。還有更多頻率更高的規律聲響，有些每秒噴發一次，也有些是不間斷的流淌。

這裡還有更高頻的聲音，但受到人類耳朵排除。我們稱之為「超音波」，但它事實上並沒有「超越聲音」，只是超越我們的感知能力。同樣逃過我的耳朵的，是眾多半翅目昆蟲的鳴聲，比如蠟蟬、角蟬和盾椿等，牠們透過葉片和莖幹的固態材質，將啁啾、顫音和純單音組成的歌曲傳送出去。這裡棲息的角蟬分屬角蟬科至少三十屬，至於有多少種就不得而知了，比如蠟蟬就有四百種以上。

在聽力範圍內，昆蟲的聲音好像占據兩個頻段。其中一個跟高頻鳥鳴聲相近。大多數的昆蟲都屬於這個頻段。只要在公園或熱帶地區以外的森林聽過蟋蟀或螽斯的唧啾聲，對這個頻段就不陌生。另一個頻段高得多，是細緻晶透的聲音。除了最低頻的蟲鳴與冠鶚和樹蛙的叫聲，這裡好像比較少有最低頻音和中頻音。

我躺在潮溼的小屋裡，汗水從我的臉和頸子往下流，蓄積在我的鎖骨。這場聲響體驗叫我迷惘。聆聽昆蟲的方法有兩種，我只能擇其一。我可以全面收納所有聲音，或選擇單一物種，專注品評它的模式與音質。這裡的聲音太豐富，我沒辦法像在溫帶森林那樣仔細聆聽多個物種。在北歐或北美山區森林，我能夠暢意聆賞幾個不同物種的鳴唱，就像品味料理之中幾種香料的融合。在熱帶森林裡，聲音的數百種滋味與香氣同時存在，感官的極限轟炸震昏我的品味能力。

這種美妙中帶點攪擾的體驗，與聆聽人類的音樂有天壤之別。不管是民謠、爵士即興或交響樂，人類巧妙打造聲響層次，層次之間緊密關聯，都是由相輔相成的樂器發出。樂曲本身由個別或少數幾位作曲家創作。人類的音樂含有複雜、多歧，甚至不和諧的表述，來源卻是屈指可數：一是作曲家的心靈，二是人類耳朵的癖好。雨林中沒有單獨的作曲家，也沒有公定的調性或旋律規則。各種審美觀和表述法在這裡並存。在雨林裡聆聽，既富挑戰性又愉悅。我們能同時聽見許多故事，每段故事都以符合個別物種審美觀的聲音呈現。這些故事被生態與演化上的親族關係連結在一起，每一種卻又被自己的歷史、需求與背景推動並塑造。在我聽來，演化的無差別平等（沒有主控的中央階級）傳遞的聲音豐沛喜人，也讓我在尋找它的內部規律時感到謙卑。在這裡聆聽是一種解放，少了我們人類喜歡對聲音的流動施加的嚴密控制。

在小屋裡，我聽見的只是森林這個角落的聲音，是季節與晝夜規律週期中的單一時刻。昨天晚上我跟幾名研究人員走到河邊，而後進入一條穿越溼答答雨林的小徑。聲音的迷霧大約每十公尺改變模樣，不同昆蟲出現，靠近河邊時則是各種蛙類的爆破聲、彈撥聲和震顫聲。隨著黎明接近，夜間鳴唱的物種一個接一個退場，被破曉前的聲音取代。接著是白天的聲音，漆黑的天空轉成藍灰色，吼猴為森林填滿低沉的轟鳴與咆哮。曙光初露時，幾隻鳥兒加入，破曉時分發展成大合唱。旭日光輝灑遍雨林樹冠，滲漏到下層林。一對對金剛鸚鵡從頭頂上飛過，喀啊喀啊的叫聲填滿聲景。另外還有鷚鳥嘖嘖般的驚嘆。在新一天的清晨，夜間擔任主唱的昆蟲也沒有缺席，以數十種節拍與音調引領風騷。

在這裡，晝夜的交替是以聲音組合的變化為標記，每一種動物在自己偏好的時段鳴叫。雨和太陽會修改這個聲響週期。傾盆大雨降下時，很多鳥類、靈長類和樹冠層的昆蟲都會消音，但蛙類和地面的昆蟲堅持不懈，或伴隨雨聲加速鳴叫。豪雨過後陽光燦爛，激發一波歡鬧的鳴聲。即使平時只在黎明時分高歌的動物，都會趁機獻唱一曲。晴天的午後是脊椎動物最安靜的時刻，甚至很多蟋蟀也緘默無聲，只有蟬是最活躍的。

雨林內不同地帶的聲景差異極大。我們走在小徑上或爬上通往樹冠層的梯子時，會穿過一片片、一層層的聲景。每個位置的聲音都不一樣。這跟溫帶和極北森林天差地別。夏天在落磯山脈的雲杉或冷杉林漫步幾小時，我聽見的始終是那五、六種鳥兒、兩種松鼠和兩種蟬的合唱曲。沒有人知道究竟有多少種昆蟲棲息在提普提尼河周遭的森林裡，可能有將近十萬種，其中有不少是鳴蟲。我們對蛙類和鳥兒的了解比較多。這裡大約有一百四十種蛙類，將近六百種鳥兒。等於棲息在北美不同地形的所有鳥類與蛙類，全都擠在幾平方公里的範圍內。這裡的聲音群體因此擁擠又豐富多變。

雨林動物鳴叫的力道與多樣性，展現了聲音的溝通力。這裡的每個物種都在宣示自己的存在、洩露自己的身分，向遠方的其他動物傳遞訊息，卻沒有被發現的危險。夜幕低垂時，黑暗掩蔽一切。白天裡，雨林繁盛濃密的葉簇幾乎就像斗篷。這是地球上視線阻擋最嚴重的棲地，大約只有成長期的極北森林、光線無法穿透的濃密灌木，或江河出海口的滾滾水流可堪匹敵。難怪聲音在這裡蓬勃發展。個別動物可以躲在茂密的枝葉間彼此溝通，不必擔心被依靠視力覓食的掠食者發現。每一公頃有數百種植物，擠在苔蘚和藻類之中，創造出無比複雜的棲地。基於這種視覺複雜度，加上許多昆蟲和其他動物本身隱祕的色澤紋路，在雨林裡想看見動物是難上加難，即使熱忱又老練的生物學家也不例外。但我們能聽見牠們。

在古生代晚期（兩億七千萬年前）的乾旱平原，只有二疊振螽和牠的親族的單薄銼磨聲劃破寂靜，如今光是一個地方就分化出數千種密集交織的聲音。不過，這些森林的壯麗聲景卻也面臨挑戰。奮力發聲的代價由個別鳴唱者承擔，卻也威脅到整個群體聲音通訊的效能。這些危機推動雨林聲音的多樣化，激發演化的創造力。

鳴唱的第一種代價，跟阻止遠古動物發聲的可能原因一樣：發出聲音等於冒險向掠食者宣告你的存在和所在。如果是持續性的鳴聲，危險就更高，比如蟋蟀長達數小時的唧唧聲，鳥兒反覆啼囀的旋律。在二疊振螽的時代，解決這個問題的方法是敏捷逃離。如今也是一樣，靜止不動或行動遲緩的動物大多不發聲。在雨林中發聲的動物多半有翅膀、強勁有力能跳躍的腿，或二者兼備，比如鳥兒、蛙類、猴子、蟋蟀、螽斯、葉蟬、蟬，以及牠們能飛能跳的親族。只是，從古生代至今，掠食和寄生動物的技能也精進了，彈跳脫逃不再萬無一失。

舉例來說，熱帶地區的鳴蟲飽受寄蠅騷擾。寄蠅身體下方有一對耳朵，就在頭部後側，方便母寄蠅鎖定產卵對象。牠的耳朵能聽見牠偏好的鳴蟲宿主的特定音頻和節奏，引領牠降落，將細小的幼蟲灑在宿主體表。大量幼蟲聚集在宿主身上，挖穿外骨骼往內鑽。幼蟲在宿主體內定居後，會待上幾週，而後爆出來，殺死宿主。

每一種寄蠅都有偏好的聲音，有些喜歡短促顫音，也有些喜歡快速的唧啾聲，每一種也都對特定範圍內的頻率特別靈敏。對於獵物，這種專一性意味著鳴聲跟其他昆蟲不同是一種有利條件，天擇因此偏好聲音多樣化。只要聲音跟別人不同，就能避免被成群寄生蛆蟲襲擊，這是非常強烈的生存動機。寄生生物的專一性聽覺，能讓宿主的鳴聲和寄生生物的聽覺偏好產生地區性歧異。此處雨林樹種多樣化的形成，也是經由類似的過程。任何一種樹木只要生長得太普遍，數量就會遭到菌類植物、草食昆蟲或病毒削減。稀有性可以換取一定程度的平安。時日一久，更多樣性的群體應運而生。

寄蠅只鎖定少數幾種宿主的聲音特徵，其他靠聽覺獵食的動物偏好的聲音和口味大多比較廣泛。這裡的大型夜鳴昆蟲向冠鴞的耳朵洩露行蹤；鳴叫的蛙類會遭到潛伏在小溪旁的石板色老鷹獵捕。狼蛛能在空氣中或透過腿腳感受到昆蟲鳴叫時的振動。飾冠鷹雕在樹冠上方翱翔時，耳朵、眼睛和利爪鎖定哺乳類和鳥類，從鴿子到金剛鸚鵡，從松鼠猴到針毛林鼠（spiny woodrat），都是牠的目標。

這些來者不拒的掠食者也會塑造獵物的聲音。如果你曾經偷偷接近正在鳴唱的樹蛙或螽斯，就應該體驗過掠過的影子或植物的沙沙聲如何讓周遭驟然靜寂。但危險降臨時獵物不只會停止鳴唱，還會出聲示警。這種反應看似矛盾，卻能讓掠食者知道自己的企圖已經暴露。掠食者發現失去突襲先機，通常會選擇離開，另尋警覺性較低的獵物。示警叫聲也能凝聚動物群體的合作網絡。鳴叫的動物相互示警，能夠裨益自己的後代與親族、累積敦親睦鄰的社交資本，在其他族群消逝時，確保自己的族群興盛發展。

示警的功能預先植入牠們的聲音結構裡。當掠食鳥類的老鷹在森林中衝刺，小型鳴禽通常會發出薄細的高頻唏聲。其他鳥類會在十分之一秒內做出反應，緊急俯衝找掩護。老鷹撲向獵物的速度最高可達每秒五十公尺，因此，獵物如果想躲避攻擊，及時示警和瞬間反應都是必要的。那一聲唏的結構向其他羽族傳達緊急狀態，也將示警者的危險減到最低。高亢純粹的音調，開頭尖細結尾隱祕，像聲音的迷彩，讓掠食者無法從中獲知示警者的位置。這些鳴聲之所以不容易追蹤，是因為它們沒有顯著的起始點來提供關於位置的立體聲線索，而且夠尖細，正好在老鷹聽覺的邊緣。高音在植群之中也很容易減弱。

如果掠食者徘徊不去，突襲的震驚感消失，鳴禽就會換成頻率較低的重複「噗噓！噗噓！」這種強勁刺耳的聲音，這種聲音能傳送到遠處，也明白宣告鳴叫者的存在。這些叫聲可以將附近聽得見的鳥類集結起來，組成跨物種鳥群，一起圍攻掠食者。鳥類通常從背後俯衝轟炸老鷹或貓頭鷹，高速穿越枝椏，再靠靈巧的翅膀轉向飛離。遭受這類圍攻的掠食者通常不戀戰。

示警聲有其獨特性，它的作用不只是通知危險逼近。有些鳥兒能辨認配偶和親族的聲音，聽見熟識者的聲音時，反應速度比聽見陌生鳥類的示警快得多，儘管這兩種聲音在人類的耳朵聽來並無二致。鳥類和哺乳類的示警聲，還能傳達掠食者的種類和距離等訊息。蛇、小型貓頭鷹、掠食鳥類的小型鷹、大型老鷹或鷲，都會讓獵物發出不同示警聲。掠食者還在遠處，或隨時可能出擊，情境不同信號有別。群體網絡高度發展的動物，例如烏鴉、渡鴉、草原土撥鼠和猴子等，也用示警聲傳達掠食者的身分，以及這個掠食者帶來何種威脅。用聲音表述掠食者的身分，展現出成熟的認知能力。這些動物能辨識個別動物，記住每一種動物的顯著特徵，而後利用夾帶資訊的聲音傳達出去。十七世紀法國哲學家笛卡兒將人類與其他動物劃分開來，說道，「牠不說話，所以牠不思考。」如果笛卡兒打開耳朵和想像力，聽聽窗外鳥兒的示警聲，他的邏輯可能會反過來：牠能說話，所以牠能思考。

編寫在示警聲裡的資訊，是一種跨越物種界線的語言。鳥類和哺乳類聆聽其他物種發出的信號，就能獲知究竟是哪一種掠食者到來。被掠食的物種緊密交織成溝通網絡，互相傳遞代表危險與掠食者身分的細微訊息。人類只要用心關注其他物種的示警聲，也能加入這個網絡。如果有隻鳥兒用一聲唏刺向空中，不妨抬頭看看老鷹是否低飛穿過樹木、企圖偷襲牠的獵物。一大群鳴鳥連聲喝斥，很可能有一隻小貓頭鷹被牠們包圍。響亮示警聲不斷重複，代表危險迫在眉睫。松鼠或鳥兒重複發出刺耳叫聲，並且緩慢穿梭在低枝之間，很可能正在追蹤狐狸或其他哺乳類的動向。多年來我努力訓練自己的耳朵，適應了這個聲音網絡後，竟能看見過去看不見的動物：公園邊緣灌木叢裡的郊狼、躲在冷杉枝葉深處的鵂鶹，或急速掠過森林下層林縫隙、一秒內銷聲匿跡的老鷹。

示警行為提供了欺騙的機會。風平浪靜時發出示警聲，能夠分散競爭者或掠食者的注意力，讓牠們調頭離開。如果雄燕懷疑牠的另一半正在跟鄰居偷情，就會唧唧啁啁打亂這場幽會。澳洲的雄性琴鳥有時會模仿一整群鳥兒高聲示警，藉此吸引路過牠領地的雌鳥暫作停留，雄鳥也因此能跟潛在配偶多一點時間相處。有些毛毛蟲被鳥類啄食時會發出類似鳥類的示警聲唏，趁攻擊者受驚嚇時逃逸。靈長類和幾十種鳥類都會在激烈爭食時發出欺敵的示警聲。牠們會尖叫，奪下竄逃的競爭者的食物。非洲叉尾烏鶲是這方面的一流高手，能模仿四十五種動物的示警聲。烏鶲模仿的通常是受騙動物的示警聲。不過這種招數只在第一次有效，為了避免受騙對象經一事長一智，牠們再次遇見同一種動物時，會換一種示警聲。

示警聲是個窗口，允許我們感受到人類以外的動物鳴啼聲的複雜性。有別於動物覓食、繁殖或跟下一代溝通時的各種鳴叫聲，示警聲出現的情境相對單純，因此比較容易研究。將蒙著布匹的貓頭鷹標本帶進樹林，而後掀開布匹，松鼠嚇得驚聲尖叫。在田野上空拉一條鐵線，用滑輪在上面掛一隻填充老鷹。這隻冒牌掠食者呼嘯飛過時，鳴禽四散逃逸尋找掩蔽時唏唏啼叫。在樹上安裝擴音器，播放預錄的示警聲，仔細觀察鳥類和猴子的反應。動物的覓食與求偶行為涉及群體與空間上的諸多細節，相較之下，示警是比較簡單明瞭的狀況，容易在實驗中操控。有關這方面的研究，二十世紀曾經出現少數先例，但直到過去二十年來，科學期刊上才出現有關示警聲複雜結構的研究成果。如果示警聲就包含這麼廣泛的意義，那麼接下來幾十年，科學家又能從其他更豐富的社交信號發掘些什麼？有充足的證據顯示，鳥類和哺乳類的鳴叫聲夾帶各種資訊，包括鳴啼者的體型、健康狀態與身分。除了透露自身的資訊之外，這些鳴聲是不是像示警聲一樣也陳述外在事物，目前還沒有定論。我們對聲音的細微意義的研究，是不是也能進一步擴大，納入昆蟲、魚類和蛙類？我們知道其他這幾個物種個別都有可辨識的聲音，卻不太清楚這些不同聲音之中是不是夾帶更多資訊。

我在雨林中聽見的聲音之所以豐富多樣，部分原因在於掠食者和寄生生物的虎視眈眈。少了牠們，昆蟲的顫音會比較單調，鳥類和哺乳類的鳴啼也會欠缺音頻變化與細緻度。鳴啼動物面臨的另一種威脅，是聲音的較勁。在這個響亮又擁擠的雨林裡，其他動物的鳴叫聲一個掩蓋另一個，構成潛在的嚴重問題。這些聲音競爭者或許不會在你身上拋下蠕動的寄生幼蟲，或用牠們彎曲的嘴喙撕裂你的腦殼，可是如果你的聲音被淹沒在這片嘈雜中，沒辦法被聽見，你的基因終究避免不了泯沒的命運。

同一時間在雨林中鳴啼的動物至少有數百種，有時甚至數千種，這麼一來，聲音的覆蓋作用更是嚴重。這裡的動物面臨的挑戰跟其他氣候區的動物不同。在落磯山脈，昆蟲大多數時間都靜悄悄，只在盛夏時發出疲弱的唧唧聲與喀嚓聲。這些昆蟲和其他山區動物幾乎從來不用聲音掩蓋彼此。山區主要的聲音競爭者是風。即使在美國東南部的蓊鬱森林，或世界各地物種最龐雜的溫帶森林，一整年也鮮少出現激烈的聲音競賽。春天的鳥兒免不了嘰嘰喳喳，但牠們不會喧譁鬧騰、蓋過其他動物的聲音。只有在盛夏的大熱天，蟬才會發出響徹雲霄的嘶鳴。如果牠們在工廠裡，這樣的聲音強度勢必會超過法定的聽力防護門檻。同一座森林到了夏末夜晚，螽斯齊聲發出低頻脈衝聲，音量之大足以讓交談的人類拉高嗓門。這些合唱出現時，鳥類和蛙類繁殖期已經結束，其他想透過聲音傳訊的昆蟲卻會遭遇聲音障礙。在溫帶地區最多持續數週的挑戰，到了雨林卻是時時刻刻無所不在。面對這樣的難題，演化可能會有不同對策，大多數都離不開聲音的多樣化。

在嘈雜的環境中溝通，抬高音量是一個解決方法。這樣的調整也許會在當下進行，也可能出現在演化過程。鳥、哺乳動物和蛙類在喧鬧的地方都會大聲鳴啼，配合背景音量調整牠們的啼叫聲。昆蟲是不是也會這麼做，目前還不得而知。生活在持續嘈雜環境中的動物，演化出能不間斷高聲鳴啼的能力。科羅拉多州山區不擁擠不嘈雜的松樹林之中，普特南蟬（Putnam's cicada）獨自在枝頭發出輕柔的嘀嘀聲。相較之下，田納西州林地的週期蟬（*Magicicada*）則是幾千隻聚集在一起重砲轟擊。普特南蟬比較溫和，聽起來像指甲輕敲乾樹枝；週期蟬的轟炸在近距離內幾乎難以忍受，像是剛聽完搖滾音樂會的後遺症，耳朵嗡嗡響，彷彿被什麼東西堵塞。雨林之所以這般吵雜，部分原因在於每一種動物都想比別人大聲，經常性的挑戰音量的生理限制。

熱愛在寧靜環境用餐的人都知道，只要換個時段，就能避開餐廳的喧鬧。向餐廳預約下午五點或十點的時段，會比七點去吃晚餐安靜得多。但一天只有二十四小時，卻有幾百個物種爭奪時段，這個策略在動物界成效有限。不過，有幾種動物確實調整了時間表，避開吵鬧時段。巴拿馬的錐頭螽斯通常夜間鳴唱，一旦新棲地出現叫聲類似的鳴蟲，牠們的鳴叫時間就會換成白天。當科學家實驗性的移走牠的對手，錐頭螽斯就恢復夜鳴習慣。但這是特例。大多數昆蟲群體每天鳴唱的時間高度重疊。不過，即使動物都在白天鳴唱，還是可以更精密的劃分時段。有些鳥兒和蛙類會在鳴唱之間留出間隔，避免聲音重疊。利用其他動物的鳴唱間隙發聲，可以避免自己的聲音被掩蔽。只是，必須所有動物以同樣的節拍鳴唱，這個方法才能奏效。因此，音質類似的鳥類有時會聆聽彼此的時間分配，適時穿插自己的鳴聲。然而，喧鬧雨林中的其他動物鳴聲卻不間斷，尤其是黃昏的昆蟲，不是相互重疊的合唱，就是幾乎連綴不斷的顫音。

時間是分食聲音大餅的方法之一，另一個則是頻率。在樹蛙頻率稍高的吱吱聲和昆蟲的刺耳嘶鳴中，冠鶉低頻的咕咕聲脫穎而出。以不同的頻率鳴唱，動物或許就能避開聲音競賽。

我聽著亞馬遜的夜間聲響時，一開始動物的鳴聲似乎確實頻率各自不同，所有物種都在頻譜上占有一席之地。從貓頭鷹到蛙類到螽斯到蟋蟀，我聽見的聲音頻率高低頗為分散，彷彿演化創造了和諧的整體，避免你爭我奪。想要證明聲響空間爭奪戰導致鳴唱頻率的分散，執行上有點難度。動物的音頻主要取決於體型。森林中鳴聲頻率的多樣化，反映的或許不是聲音的競爭，而是針對不同生態角色演化出的不同體型。貓頭鷹的叫聲比蜂鳥低沉，是因為牠們的發聲膜比較大。這兩種動物鳴聲的差異，反映的是牠們各自的生態（貓頭獵捕大型昆蟲，蜂鳥吸食花蜜），而非競爭衍生的頻率區隔。清晨在枝頭低吼的紅吼猴體重大約六公斤，牠的身體習慣攝食從雨林樹冠層摘取的樹葉和果實。而在河邊的潮溼林地，倭狨以高頻聲音彼此嘶啼。倭狨是世上體型最小的猴子，體重大約只有一百公克。牠們進食的方式是在樹皮上鑽出小洞，舔食滲出的汁液。倭狨在樹上鑽洞時，會嘰嘰吱吱彼此呼應。正如小提琴的聲音不可能像低音樂器一樣低，倭狨受體型限制，也發不出跟吼猴一樣低沉的聲音。

物種繁多的雨林有著豐富多樣的鳴啼聲，並不能證明聲音的多樣性來自鳴聲之間的競爭。我們需要設計更嚴謹的實驗，以便探索在同一個地方鳴唱的物種，音頻是不是比我們預期中更多歧。

一項針對亞馬遜雨林清晨鳥鳴聲所做的實驗做了這方面的探索，結果否決了競爭導致聲音歧異的論點。研究人員在九十多個地方收錄到三百多種鳥類的晨間合唱曲，分析發現，亞馬遜的鳥類傾向以最適合在濃密植群中傳遞的頻率與速度鳴唱，音頻比溫帶鳥類低，速度也更慢。有這麼多種動物在這麼窄的頻率範圍內鳴唱，音域的爭奪難免激烈，或許也讓同時間鳴唱的動物選擇用不同頻率發聲。如果是這樣，比起研究人員為了建立資料庫隨機挑選並刺激鳴啼的「鳥群」，在同一時間同一地點鳴唱的鳥類，聲音應該比較少彼此重疊。可是鳥類的鳴聲顯示事實並非如此。

一起鳴唱的鳥類彼此的鳴聲，比我們預期中更相近。科學家測量各種聲音結構，比如鳴唱速度、鳴聲的最高頻率，每一段鳴聲的頻率範圍或頻寬，也證實了這點。

亞馬遜雨林的個別鳥兒偶爾會精密調整牠們每秒的鳴唱，避免跟別人重疊。至於規模較大的群體，沒有證據能證明聲音競爭導致動物鳴啼聲結構的歧異。相反的，鳴聲似乎依據形態集結成一個個群組。這種聲音群組的形成可能有兩個因素：首先，親緣接近的物種通常有類似的棲地偏好與鳴聲結構。嬌小的鷚鳥喜歡森林中飛蟲最密集的區塊。大塊頭鸚鵡聚集在結實纍纍的樹林，蟻鵖則在大量昆蟲出沒的地方覓食。基因相近的蜂鳥在同一棵樹的花朵吮蜜。來自相同譜系，對食物與棲地因此也有相同偏好，將近親物種的聲音吸引到同一個區域。其次，不同種類的鳥兒可能會在同一個通訊網絡中產生連結。當相互競爭的物種鳴唱聲相同，或能互相理解，就能迅速又明確的彼此溝通。這方便牠們有效調解食物與空間引發的爭奪，外來者入侵時也能迅速察覺。於是，共同的鳴聲特徵看似矛盾的將競爭者納入合作網絡。在亞馬遜雨林，當不同種鳥類之間的領地爭奪越激烈，鳴聲信號的結構與時間安排似乎就越近似。競爭者之間需要共用通訊頻道的現象並不是鳥類獨有。莫斯科和華盛頓之間有熱線聯繫；商場上的競爭對手就品牌和零售據點的某些美學慣例達成共識；個別行業的內部競爭也有共同的行話居間斡旋。

有關亞馬遜鳥類以外的動物的聲音競爭，我們的研究結果略有分歧。巴拿馬森林裡數量最多的十八種蟋蟀，確實區分音頻避免重疊。另一項對十一種蛙類的調查發現，其中三種的鳴聲競爭確實導致頻率歧異，其他八種卻沒有這樣的現象。溫帶森林鳥類的音頻廣泛重疊，但牠們利用時間分配與鳴唱間隔解決問題。那麼，關於我們在自然情境中聽見的音頻多樣性，聲音競爭頂多只是偶然因素。亞馬遜雨林鳥兒的清晨大合唱，可說是地球上聲音最擁擠的地點。不同物種在這裡齊聲鳴唱，牠們的聲音其實是匯集，而不是歧異。

然而，聲音只是溝通的一環，另一環是聆聽。演化針對嘈雜環境採取了對策，那就是強化聆聽者的耳朵和腦部。棲息在喧鬧環境的動物非常擅長鎖定同伴的聲音，忽略其他物種。牠們的耳朵能穿透混亂的聲音，找到牠們需要聽見的。

科學家研究祕魯亞馬遜森林的箭毒蛙發現，每一種箭毒蛙的聽覺辨識力，與其他鳴聲類似的蛙類的數量有相關性。嬌小的箭毒蛙在落葉堆中的隱密繁殖地嗶嗶嗶重複鳴叫，卵孵化後，雄蛙背上馱著蝌蚪，將牠們送到附近的水域。每一種箭毒蛙的叫聲之間雖然存在大範圍的重疊，各自卻有不同的節奏與頻率。相較於擁有獨特嗶嗶聲的箭毒蛙，聲音彼此近似的箭毒蛙耳朵的辨識能力優越得多。某些雨林蟋蟀也是如此，牠們的聽覺神經能精準接收自己族群的頻率，在幾十種昆蟲齊聲鳴唱的雨林中找到自己同類的聲音。相較之下，在物種不稠密的西歐草地上，蟋蟀的神經靈敏度比較寬鬆，能對大範圍的頻率產生回應。那麼，聲音競爭塑造的好像不是鳴叫聲，而是聆聽者的神經與行為。

同樣的，聚居在嘈雜環境的鳥類也能從吵鬧聲中提取聲音細節。歐椋鳥能辨認出同一聚集地的個別同伴。在實驗室裡，牠們能在四種以上同時鳴唱的鳥兒之中找出同伴的聲音。企鵝幼雛也有類似能力，即使其他成年企鵝的聲音響亮得多，牠們仍然能夠從中辨認出自己父母的叫聲。在數千隻企鵝聚居的棲地，這樣的技能無疑能確保幼雛的存活。演化在這裡展現了雙重壯舉：首先是賦予個別動物聲音特徵；其次是讓聆聽的一方能在龐雜聲音的掩蔽與干擾中抽絲剝繭，提取微細的模式。在群聚的鳥類和哺乳類之中（當然包括人類），聲音個別化與聽覺辨識力是普遍現象。新生兒能在人群中找到父母的聲音，成年人能在熱鬧的雞尾酒會上鎖定個別對話。腦部掃描顯示，在吵鬧的環境中聆聽聲音相當費力。我們在嘈雜的場所聆聽時，腦部多個控制與注意力中心會啟動。在寧靜的環境聽別人說話時，腦部這些區域並不特別活躍。

森林結構複雜，發聲動物懂得善用這個特點。從高枝發出的聲音，比在地面上的聲音傳得更遠。樹冠頂端是鳴聲放送的好地點，尤其是在寧靜的破曉時分。森林的結構也方便鳴聲類似的動物協調社會競爭。動物們各自分布在森林的複雜結構裡，藉此降低聲音覆蓋與競爭。在印度南部西高止山脈（Western Ghats）的熱帶森林中，蟋蟀與螽斯的黃昏大合唱似乎也存在這樣的運作。那裡有十四個物種齊聲高歌，年度繁殖期相互重疊，每天日落時出聲鳴唱。然而，細心觀察牠們的空間分配與聆聽能力，會發現個別動物的聲音極少重疊，即使音頻與鳴唱時間類似的物種也不例外。只要彼此間鳴唱時的所在位置距離夠遠，個別動物就能擁有自己的發聲空間。乍聽之下似乎鋪天蓋地的密集聲響，其實存在空間結構，像聲音的微地理。

人類的音樂大多將聲音混合交融，形成單一體驗，只隨著時間進展而有音高與振幅的差異，在空間上通常沒有區別。森林和其他棲地的動物鳴聲卻有豐富的空間樣式。如果我們要用符號將這些聲音謄寫出來，就需要六維度樂譜紙來記錄頻率、音量、時間，以及空間的三條軸線。在提普提尼的小屋裡，我的夜未眠漸漸轉為淺眠，直到黎明前一小時被手錶鬧鈴喚醒。該出發了。蜿蜒小徑遍布爛泥和水窪，植物根鬚把地面拱得凹凸不平。頭燈的光束隨著我的腳步晃盪，光澤樹葉的溼濡表面閃耀而後消逝，數十種圖形朝我的方向席捲而來，又悄悄溜走。潮溼的空氣飽含氣味：辛辣的樹根與落葉堆、油膏似的泥土，以及被地衣包覆的溼葉的水藻味。我經過一群鳴叫的蛙類，咯咯。而後闖入密集的蟲鳴聲中，十多種蟋蟀的純淨音調層層堆疊。我被蟋蟀的叫聲團團圍住，彷彿置身叮鈴響的金屬鈴噹裡。幾分鐘後，昆蟲鳴聲的音質改變了，在相對單純的音符中添加幾個比較粗糙的刮擦聲和呼呼響。

頭燈的光束穿梭跳躍時，體型有我拳頭大的毛茸茸蜘蛛出現在前方小徑上。一隻灌叢蟋蟀猛的衝撞我的橡膠靴，喀嗒，砰，轉身跳進漆黑的植被裡，橙色腹部在潮溼的空氣中油亮亮的。我周遭到處掛著粗大藤蔓，晃盪的氣根像精美裝飾，在黑黝黝的背景中被人工光源照得鮮明清晰。一根藤蔓盤繞扭曲：是一條鈍頭樹蛇，比我的食指細，將近一公尺長，正在穿越糾結的藤蔓。兩隻大眼睛在牠腦袋凸起，光芒閃現後溜進暗處。前方小徑上，另外兩隻大眼睛像幽暗的水塘，在一處低枝盯著我。那是一隻壁虎，一面吞嚥食物，一面凝視我，而後腦袋快速擺動。我通過一棵巨樹的拱壁，拱壁的上方消失在黑暗中。在兩座拱壁之間的裂縫中，五隻鞭蛛在強光中靜靜端坐。細線般的腿從杯托大小的背甲向外伸展，有些附帶鉗爪。我知道牠們對我無害，但當牠們突然出現在我的頭燈光線裡，我的身體還是竄起一波腎上腺素。

頭頂上方一陣尖嘯嚇了我一跳。是金剛鸚鵡察覺夜色開始退場？接下來那半小時，隨著破曉微光灑向最高枝椏，一張聲音的網交織在森林上層。我站在林中暗處，聽著晨曦激起吼猴的咆哮、鸚鵡的聒噪、蟬的第一波刺耳拉鋸聲，以及鶲鳥不停歇的尖鳴。

我在黑暗中走著，覺得自己縮成老鼠大小，在雜亂的落葉堆奮力穿行。夜間的森林以密密匝匝的聲音與氣味將我包裹。愉悅與焦慮並存：紛雜多樣的感官體驗令我欣喜，不預期闖入聽覺或視線範圍的動物製造一波波驚嚇。這是雨林激發的敬畏：敬佩與畏懼。不是事不關己的概念，而是具體化的感官經驗。森林將我的身體拍醒。我感受到的不只是生命多樣性的展現，更親身體驗到生命持續不歇的創造力。聽覺與其他感官令人無法招架的壓迫感，是演化最強大的創造力。

8 性事與美

我在一公里外就聽見了，那聲音像幾千個黃銅小鐘同時響起，通過冬天的光禿森林後更顯圓潤。清脆的叮鈴聲穿透來自小鎮外環道的隆隆車聲和一架小型飛機的啪嗒轟鳴。我站在伊薩卡（Ithaca）近郊。這裡是紐約上州一座小鎮，時間是三月下旬，我聽見了春天的第一波聲響：春雨樹蛙的合唱曲。

三十年前我第一次造訪這片樹林，當時剛從北歐移居過來，冬天似乎漫長得叫人沮喪。我習慣在一月份迎接輕快的鳥鳴和花朵的綻放，而後春天的饗宴陸續登場，直到五月。在這裡，寒冷灰暗的天氣牢牢禁錮戶外生命，直到三月下旬才解封。遷徙的鳴禽和春天的野花直到四月下旬才熱情奔放。如果少了無休無止的引擎噪音，此處深冬的音量可能是全世界最低的。無風的日子裡，只有山雀輕柔的嘮叨聲，或遠處啄木鳥的咚咚敲擊聲帶來蓬勃朝氣。

此時此刻，一場溫吞吞的三月小雨後，春雨樹蛙鳴聲歡騰，將牠們的慾求吼向空中。我走近森林，在一段距離外模糊一氣的聲音變得清晰，化成數以千計的個別鳴叫。每一隻樹蛙發出尖銳的單音嗶，音量漸強，持續大約四分之一秒。另一個比較持久的刺耳叫聲嘽摻雜其間。我沿著木棧道緩步穿越沼澤樹林，刻意放慢腳步，以免鳴唱的動物受驚嚇而噤聲。這支合唱曲的聲壓位準（sound pressure level）跟音量調高的收音機一樣響亮。春天聆賞兩棲動物的鳴唱已經變成一種儀式，幫助我甩脫冬季的消沉。我沐浴在春雨蛙的鳴聲裡，身體每一個細胞都被那聲音的力道震醒，甦醒的地球將滿滿的能量注入我的身體。我們熬過來了，又一個冬天結束了。謝天謝地。

聽見蛙類的叫聲，我偶爾會流下如釋重負的感恩淚水。這或許顯示我的感官多麼不適應北美的生態節奏。我內心隱隱擔憂那漫長陰冷的冬天永無止境，那是客居異地附帶的焦慮。即使已經在這片大陸迎接過三十個春季，每年到這時還是會露出放鬆的笑容。我也學會聆聽蛙鳴的微細之處。北美東部茂密的林地棲息著三、四十種蛙類和蟾蜍。這些森林豐饒多產，到處都是蛙類的昆蟲食物，是繁殖期大展歌喉的活力來源。每一種蛙或蟾蜍都有自己的棲地和節奏，從林蛙在冰凍池塘裡的嘓嘓聲，到夏季雨後灰樹蛙叫人耳鳴的喧嚷，季節的變化展現在牠們的鳴聲中。蛙類的合唱對時節的劃分，比人類的「春」或「夏」這類粗糙計時法精密得多，也讓我們得以一窺其他物種如何體驗季節變化。美洲巨蟾蜍哨聲般的悅耳顫鳴來得比春雨樹蛙晚，有時會持續整個夏天。東方鋤足蟾哇哇哇的爆破音只在雷雨過後唱個兩、三天。

我們聆聽其他物種的聲音時，體驗到的不只是時節的更替。外出旅行時，我們還能從蛙類、蟾蜍、鳥兒和昆蟲的鳴叫聲中學習到生命複雜的地理學。人類似乎努力在大地上創造一致性，然而，在停車場後側或邊緣鳴叫的樹蛙和北美歌雀，卻訴說了我們設法壓抑的複雜度。每個森林或溼地都有特定的物種組合，甚至，每個物種之中的個體的聲音也隨著地點而異，展現不同地區的細微差異。

當然，兩棲類的鳴聲並不是為了取悅或啟發人類而演化。令我們心生愉悅的，是每個物種表現出來的群體交流與繁殖等動態。聲音可以調節繁殖和領域，以及動物群體中的友好結盟與劍拔弩張。每個物種都有自己的生態與歷史，因此形成特有的行為與聲音。那麼，這個世界的聲音多樣性，大多源於動物變化多端的群體生活。

我站在木棧道上，打亮小手電筒，放進紅色透明塑膠杯裡。蛙類夜間視力良好，我們看上去灰濛濛的光線，牠們能辨識出綠光與藍光。但牠們對紅色光比較不敏感，手電筒的微弱光線掃過四周糾雜的溼濡植被時，牠們繼續鳴唱。我周圍兩公尺內至少有十隻蛙在鳴叫，但我只看見一隻。牠站在一根半淹在水裡的枯枝上，兩條細瘦前腿往前伸，腦袋上仰。牠下巴底下半透明的薄膜鼓起，像個擺動的球體，幾乎跟牠的身體一樣大。我看著聽著，牠的脅腹往內縮，不到一秒後，那個囊袋鼓脹，發出一聲嗶。牠的身體大約和我的拇指指甲一樣長，可是那聲音在這麼近的距離衝擊著我的耳朵。根據測量，春雨樹蛙的鳴聲在半公尺外是九十四分貝，跟強健的鳥鳴聲一樣響亮。牠的脅腹再次內縮，鳴聲再度傳來，大約兩秒一次。

春雨樹蛙的發聲方式，是從肺部抽入一陣氣流送向氣管內的聲帶，喉囊收到爆衝而來的聲音和氣流鼓脹起來，將聲音向四面八方播送出去。緊接著彈性十足的氣囊把空氣送進肺部，春雨樹蛙因此不需要打開鼻孔吸氣，就能夠再叫一聲。兩棲動物沒有肋骨和橫膈膜，所以牠們靠核心肌群推送空氣，這些核心肌群的重量占雄蛙體重的百分之十五。

為什麼要這麼大費周章？一隻春雨樹蛙的叫聲可以傳到至少五十公尺外，方圓大約七千八百平方公尺內都聽得見。而牠的體長只有二．五公分，占用的地面也只有四平方公分。透過叫聲，春雨樹蛙將自己在森林裡的存在感放大將近兩千萬倍，這還沒算上聲音往上傳送到枝頭聽眾的耳朵。聲音讓動物在複雜的環境裡找到彼此，促進物種繁衍，否則物種的傳承將會面臨考驗。從陸地上的蛙類、昆蟲和鳥類，到大海裡的魚類、甲殼動物和海洋哺乳類，聲音通訊帶來諸多益處，間接幫助發聲動物完成各自在生態中所扮演的角色。

春雨樹蛙不只宣揚牠的存在與所在，還透露牠的體型大小、健康狀態，或許還有個別身分。這些資訊是遠距社交的媒介。相互競爭的雄蛙在沼澤區彼此保持距離，降低面對面衝突的危險。雌蛙不只藉此找到伴侶，還能評估對方，不需要冒著受傷或感染疾病的風險接近對方。因此，聲音增加了動物行為中身體距離與意思表達的細緻度，取代爭奪領域時的直接戰鬥，對潛在配偶的觀察也比耳鬢廝磨時更全面、更仔細。

當雌春雨樹蛙從落葉堆裡的冬季藏身處出來，一面等待充滿防凍糖分的身體回溫，一面根據聲音線索獲知繁殖沼澤的位置。她或許也還記得這片土地的輪廓與氣味，因為她已經在這處森林裡棲息兩年以上，吃著蜘蛛和昆蟲，才長成有繁殖能力的成蛙。春雨樹蛙或許也是如此。雌蛙在記憶有極佳的空間記憶和找路的能力，尤其擅長尋找繁殖地點。春雨樹蛙或許也是如此。雌蛙在記憶（當然還有聲音）的引導下，出發前往溼地。在她生命旅程的這個階段，聲音引導她前往潛在對象的所在。繁殖鳴聲最原始的功能，可能就是為了在廣大的環境中找到伴侶。對於森林裡的嬌小動物而言，聲音方便牠們在幾分鐘內找到伴侶。如果漫無目標以肉眼搜尋，恐怕要花上幾星期。某些物種也靠氣味軌跡覓偶，留下線索讓嗅覺靈敏的追求者跟隨，但聲音能傳得更遠，也更容易追蹤。物種特有的聲音也增加尋覓配偶的準確度，降低被獵食的風險。尋找潛在配偶的過程也可能遇上掠食者。聲音遠距離表明身分，尋找配偶的危險性因此大幅降低。但有些掠食者會利用獵物的求偶信號，增加獵物誤認配偶身分的危險。例如澳洲的掠食螽斯會模仿母蟬的求偶聲，讓多情的公蟬自投羅網。

當雌蛙橫越森林地面抵達溼地，聲音的功能就改變了。現在她聆聽隱藏在個別聲音裡的資訊。雄蛙彼此相隔十到一百公分，所以她或緩行或游泳，穿過各種洪亮的鳴聲和鼓脹的喉囊。大多數的叫聲是嗶，但如果雄蛙彼此距離太近，就會用粗嘎的哩對決，以聲音爭奪領域。有別於人類只有一片耳膜，雌春雨樹蛙的內耳跟所有蛙類一樣，有三簇對聲音靈敏的毛細胞。其中一簇毛細胞對應雄蛙的音頻，另一簇接收的頻率比較寬，可能是為了偵測森林的各種聲響，第三簇只接收低頻振動。有趣的是，雄蛙的耳朵聆聽的音頻比牠們自己的叫聲來得高。也許是為了適應漫漫長夜的噪音，或者偵查更高頻的窸窣聲，辨識逼近的危險。另一種可能是，雄蛙的耳朵在尋找聲音結構的細微差異，藉此辨識周遭動物的身分。牛蛙能辨認熟悉的叫聲，對陌生蛙類的反應比較強悍。雄春雨樹蛙能記住鄰居的攻擊性格，如果對方突然來勢洶洶，牠們就會哩哩喝斥。牠們也會跟鄰居輪唱，同步調整鳴叫的時間，變成一隻蛙帶頭，其他立即跟上，嗶，嗶嗶，嗶。這種同步對唱有時會擴大為群體活動，每組最多五隻雄蛙，節奏幾乎一致。至於春雨樹蛙能不能辨認個別聲音，現階段我們還不清楚。

雌春雨樹蛙偏好響亮、快速重複的叫聲。演化於是依據這種偏好塑造嗶聲的強度和速度，從豌豆大小的肺臟激發出最大的聲響。在比冰點略高的溫度裡，雄蛙每分鐘大約叫二十聲。而在溫和的夜晚，牠們嗶嗶叫的速度提高到每分鐘八十聲。不過，無論夜風沁涼或溫暖，總有某些雄蛙的叫聲比別人快上兩倍。雌蛙察覺這差異，於是朝叫聲比較快的那些游或跳過去，選中沼澤地裡最健康的雄蛙。

鳴叫是費力的活動，有些雄蛙一個晚上叫了一萬三千聲，每一聲都靠肌肉收縮提供力道，這些肌肉裡儲存的脂肪，供應了百分之九十鳴叫所需的能量。肌肉脂肪存量不足的雄蛙耐力比較差。相較於軟弱無力的鄰居，叫聲迅猛的雄蛙通常比較重、比較年長，心臟比較大，血球裡的血紅素含量比較高，肌肉也儲存更多用來燃燒脂肪的酵素。牠們通常每晚出現，而不是整個春季偶爾露個臉。

她做出選擇，主動接近雄蛙，拍拍牠。在連串肢體動作後，雄蛙爬上她背部，前腿緊抱她頸子。雌蛙划過水面，把胡椒粒大小的卵黏附在水中的植被上，再以背上雄蛙的精子為每一顆卵子授精。大多數蛙類把成團的卵堆在一起，春雨樹蛙卻不然，牠們一顆一顆安置，或許是為了避免被掠食者找到、一口氣吃光。將受精卵安置好以後，雌蛙和雄蛙轉身離開，放任受精卵自生自滅。蝌蚪從父母身上得到的，只有卵黃的營養素和ＤＮＡ。雌蛙偏好極高速叫聲，可以讓她的基因跟強健雄蛙的基因結合，對她的後代有實質好處。短期內她自己也可能得到好處，也就是避免生病的雄蛙趴在她背上時把疾病傳染給她。

整個繁殖季當中，雌春雨樹蛙的產卵量高達上千枚。她消耗自己辛苦儲存的脂肪和營養素，給每一顆卵留下一份卵黃。早春食物匱乏，所以這些東西是在昆蟲繁多的溫暖秋天儲存下來的。卵黃提供胚胎發育和蝌蚪孵化時所需的營養素。雄蛙的鳴叫也勞神費力，既消耗牠儲存的能量，也容易被掠食者察覺。牠的付出沒有為下一代提供食物或其他實質好處，卻讓雄蛙與雌蛙之間的溝通多了點真誠。只有健康雄蛙的鳴叫能響亮、快速又持久。任何雄蛙都能輕鬆鳴叫，但這樣的叫聲音不會隱含有關體格與狀態的可靠訊息。

既然鳴叫的成本如此高昂，那麼春雨樹蛙的叫聲必然攜帶有價值的資訊。雌蛙利用聲音挑選配偶，藉此確保她選中的雄蛙的基因品質對她的後代有利。由於鳴叫附帶成本，雌蛙的偏好和雄蛙的鳴聲因此成為春雨樹蛙繁殖活動的核心。

這並非成本影響演化的一貫模式。春雨樹蛙身體（從趾端的吸盤到捕捉昆蟲的黏性舌頭）的構造沒有浪費能量和原料。但對於牠們的叫聲，成本卻是信號功能的關鍵。少了這些成本，整個溝通網絡就會瓦解。

那麼，鳴叫的成本有兩個相對的影響。對於行動緩慢又欠缺防衛力的物種，發出響亮聲響可能是自取滅亡。不管那聲音能傳遞多少有關鳴唱者的健康資訊，這樣的成本對所有聲音傳訊系統都太高昂。但如果是能跳躍或飛離危險的物種，發聲的成本確保聲音有意義，因此受到演化偏愛。演化賦予春雨樹蛙的信號不至於極端到為牠們招致死亡，卻會讓春雨樹蛙費勁展現自身的活力。

成本是溝通信號極為重要的一環，整個動物界都是如此。鳥類羽毛和蜥蜴喉嚨的鮮豔色彩，以及鹿的沉重犄角，都顯示動物本身的健康與活力。這些構造的成本太過高昂，羸弱的動物承擔不起。這些信號大多都跟動物的體型大小密切相關。舉例來說，蛙和鹿的肺臟與喉嚨的容量，展現在牠們叫聲的厚度與力度。對於嬌小的動物，模仿大型動物叫聲的成本太高，並非良策。羚羊逃離掠食者時，偶爾會暫停奔跑往上彈跳，這樣的騰躍是為了展現自己的速度，向掠食者示意追逐只是徒勞。以植物來說，色澤濃豔的大型花瓣和飽含彩色營養素的果實，忠實的向授粉與散布種子的動物傳達這株植物的狀態。即使秋天珍貴的紅葉，也在展示樹木的品質。蚜蟲在這些火紅的樹木上生存不易，因此會盡可能避開。

聲音信號的成本有各種不同形態。鳴叫的春雨樹蛙消耗了儲存的能量，將肌肉和肺臟運用到極限，還會向掠食者洩露行蹤。鳴唱耗掉卡羅萊納鷦鷯每天能量預算的百分之十到二十五，在牠日常的所有活動之中，只有飛翔需要的能量比鳴唱多。鳴唱的鷦鷯還得付出機會成本，因為鳴唱的時間越長，覓食與整理毛羽的時間就越少。條紋鷹等掠食者會按圖索驥，根據鳴唱聲找到隱藏在紛雜植被之間的鳥兒，正如寄蠅也是這樣找到螽斯。在巢裡對父母嘰嘰喳喳的雛鳥也會吸引掠食者的注意。葉蟬將振動信號透過肢足傳入植物莖幹時，能量的消耗飆升十二倍。雲雀一面鳴叫，一面逃離隼的攻擊，耗用的是珍貴的呼吸與時間。不管哪一個例子，聆聽者都從聲音接收到鳴叫者的資訊。鷦鷯根據聲音推測彼此的健康狀態；成鳥聽懂孩子的活力與飢餓；葉蟬傳達身體狀況；隼聽見雲雀不停歇的鳴叫，理解到獵物的敏捷度，選擇放棄追逐。

我們在住家附近散步，聽著周遭各種動物的聲音，等於參與了資訊交流網絡。只要用點心思，我們就能理解隱藏在那些聲音裡的含義。在昆蟲或蛙類的大合唱中，最健康的個體往往聲音最洪亮，也最持久。繁殖期的鳥類之中，鳴唱技巧最豐富的個體，下一代的存活率可能最高。以北美常見的北美歌雀為例，能以各種哨音與顫音鳴唱的雄鳥，留下的孫輩比鳴聲比較簡單的雄鳥多。

博物學家受過訓練，學會靠耳朵辨認動物的種類。這個能力讓我們見識到周遭生物何其豐富多樣。我第一次辨認出住家附近的蛙類和鳥兒的叫聲時，覺得自己的感官界限擴大了。突然之間，我接觸到幾十種動物的交談。只是，一開始我關注的重點以物種名稱為主，忽略了每個物種的鳴叫聲隱含的細節。知道那是哪種動物的叫聲之後，我沒再深入探索。然而，每個聲音都夾帶意義。只要花幾分鐘專心傾聽，就能輕鬆辨識出某些個別差異，比如北美歌雀的鳴聲在旋律與節奏上的差異。有些則比較困難，比如烏鴉和渡鴉的叫聲那彷彿無窮無盡的複雜度，或者蛙類鳴聲的微細差別。只要花點心思關注住家附近的動物，就能聽懂牠們叫聲中的含義。

有個依然神祕的領域可供未來研究人員進一步探索，那就是動物的鳴叫聲與性事多樣化之間的關係。目前針對動物鳴叫聲所做的田野調查，幾乎都以未經驗證的二元論與異性戀本位的假定為依據，將動物的性別冠在個體身上。這些觀念認定所有的動物不是雄性就是雌性，而所有的伴侶都由雌雄兩性組合而成。這兩種假定都不正確。很多物種都有非二元性別的個體，有些以物種內的第三或第四「性」存在，有些則是單一個體擁有雌雄兩性的細胞、體型和行為。以脊椎動物來說，這種雙性個體的比例依物種而有不同，從百分之一到百分之五十都有。比方說，很多「雄」蛙的睪丸裡也有產卵細胞。我假定我觀察的那隻喉囊鼓脹的春雨樹蛙是雄性，但牠體內的荷爾蒙和細胞或許雌雄並存。有些蛙類有兩種雄蛙，一種會鳴叫，另一種是沉默的「衛星」。那些沉默的雄蛙通常體型比較小，而且多半會待在鳴叫的雄蛙近旁。我在木棧道上聆聽蛙鳴時，那些鳴叫的雄蛙之中，很可能大約百分之十的個體身旁都有個衛星。衛星雄蛙不會費力鳴叫。從人類的觀點來看，這樣的潛伏行為似乎鬼祟又依賴。但雌春雨樹蛙有自己的擇偶標準，有時會選擇與這些沉默的邊緣類型交配。在春雨樹蛙的族群中，這種鳴叫者與衛星的角色並非一成不變，當情況改變，個體身分也會改變。至於其他蛙類和某些昆蟲和鳥類，通常整個繁殖季或終其一生都固定一種性別。

再者，很多物種的雌性也會鳴唱。然而，關於動物繁殖期鳴叫聲的科學研究，絕大多數以雄性為重點。這種不關注、不研究雌性動物鳴叫聲的偏誤做法，有其文化與地理上的根源：我們將自己先入為主的觀點投射到「大自然」。在維多利亞時代的博物學家眼中，雌性安靜溫馴，雄性則大嗓門、充滿征服欲。一九八〇年代，美國總統雷根和英國鐵娘子柴契爾夫人執政期間，生物學家認為鳴聲是兩性之間經濟戰爭的結果。在個體互爭高下的自由市場中，沉默的女性權衡哪個滔滔不絕的男性更符合她的利益。如今，女性本質上比較恬靜的觀念已經被推翻。

直到不久以前，研究動物行為的科學家大多居住在北歐與北美東北部的溫帶地區，那些地方的動物特有的習性因此也造就了雌性動物鳴叫聲研究的偏誤。在那些地方，雄鳥和雄蛙主導庭園與森林的聲景，然而，熱帶和南半球高溫地區的雌鳥通常跟雄鳥一樣聒噪。那麼，歐洲和北美溫帶地區的鳥兒並非通則。一項針對全世界鳥類所做的調查顯示，百分之七十以上的鳴禽家族中的雌鳥會鳴唱。而科學家重建的鳴禽譜系圖則顯示，所有現代鳥類的共同祖先之中，可能已經有鳴唱的雌鳥。在鳥類胚胎期，雌雄兩性的大腦鳴唱中心都會發育。因此，所有成鳥的鳴啼都有演化與胚胎學的依據。在蛙類之中，鳴叫行為明顯偏向雄性，但雌蛙也會在社交互動時鳴叫，其中有些叫聲似乎能代表個體身分。至於昆蟲在植物上彼此溝通時的振動聲響，雌雄兩性通常是對唱，沿著莖幹或樹葉來回傳遞顫動。公鼠和母鼠在繁殖期的互動中都會發出超音波叫聲，那是牠們社交網絡中眾多聲音通訊的一部分。

達爾文在《物種起源》（*On the Origin of Species*）中寫道，雌鳥「做為旁觀者守在一旁」，可能會選擇「鳴聲或外形最優美的雄鳥」，導致演化進一步雕塑雄鳥的鳴聲與毛羽。他說演化塑造動物的性徵，這點沒錯，但他的文化背景限制了他對性別多樣化與可能性的想像力。

我們這個時代的障蔽也讓我們的眼界變狹隘，因此更有必要質疑對性別角色的假定。我們可以延伸達爾文的見解，肯定發聲動物不分性別（雄性、雌性、非二元性別），都利用聲音進行社交互動。這個更為開放的觀點既是邀請，也是挑戰。當我們傾聽住家附近的動物鳴叫聲，能不能拋開既有成見，聽見大自然裡豐富多樣的性別？我周遭春雨樹蛙那聲勢喧天的合唱，上演的不只是一段雄性向雌性旁觀者炫技的簡單戲碼。每個個體有其獨特的性別，其中很多「雌」「雄」同體，每一種都具有代表性。那些為我驅散冬季鬱悶的鳴叫聲，是這個複雜的性別網絡裡隱含豐富資訊的行為媒介。

♪

繁殖期動物的鳴叫聲有兩個重大謎團和驚奇。首先，動物為什麼耗費精力發出響亮又持久的聲音，向掠食者昭告自身的存在？這個行為看似浪費又危險，卻能讓鳴唱者跨越廣大地域找到交配對象，在某些情況下，還能準確傳達有關健康的訊息。第二個謎團是，求偶展演時的聲音形態為何如此豐富多樣？只需要重複洪亮的咕噥聲，就足以宣示任何動物的所在位置與體能狀態。然而，即使親緣相近的物種，聲音的質地、節拍和旋律的多樣性都令人驚豔，遠超過傳達鳴唱者位置與力量所需。

比如春雨樹蛙的親族高地合唱蛙（upland chorus frog）叫聲粗嘎，像指甲刮過塑膠梳齒。另一個親族北太平洋樹蛙的叫聲是漸強的兩段式呱閣。其他親緣較遠的樹蛙叫聲包括北蝗蛙的硬石快速敲擊聲、歐洲樹蛙有如發狂摩斯密碼機的斷斷續續嗶嗶聲，以及地中海樹蛙呻吟似的哇。如果這些物種的叫聲只是為了展現精力與脂肪存量，所有樹蛙的叫聲就會雷同，也許只是一聲嗶，再依體型大小而有音頻高低之別。這些蛙類都在類似的棲地鳴叫，所以如此豐富的叫聲，不可能是為了應付不同的傳遞條件而來。

不妨再想想落磯山脈的紅交嘴雀和亞馬遜雨林的動物。紅交嘴雀鳴唱出抑揚頓挫的繁複旋律，其間點綴短促的啁啾與花腔，如果只是為了穿透雲杉林呼嘯風聲的屏蔽，並不需要如此精緻華麗的啼囀。夜間的唧唧蟲鳴、清晨的喧騰鳥囀、亞馬遜的猴子叫聲，都有著驚人的歧異性。這些物種適應了森林棲地的傳聲條件，牠們的聲音也反映出跟掠食者和生態競爭者之間的長期搏鬥。然而，對棲地植群和生態條件的適應，或傳達肺臟、血液和肌肉健康狀態的需求，都不足以解釋動物鳴叫聲的多樣性。

動物們的性事具有創造力，塑造了多樣化的鳴叫聲。這種生產力主要以三種方式運作，彼此兼容並蓄。首先是每個物種的感官偏誤；其次是避免與親緣接近的物種繁殖；最後，也是最有創意的一項，是審美偏好。

每一種聽覺器官都能接收特定的聲音頻率，這些頻率通常最能可靠的傳達危險或食物的訊息。兼具這些功能的性別展演最有機會被注意到，並受到物種採納。比方說，水蟎腿上的聽覺器官就能聽見小型甲殼動物游泳動作的頻率。當水蟎察覺到這種獨特的嗡嗡聲，會立即抓住獵物。雄性水蟎以同一種頻率向雌性示意，利用感官系統的既存偏誤求偶。

小型哺乳類和昆蟲比鄰而居，通常是在濃茂的植群裡。牠們的聽覺範圍擴大到人類所謂的「超音波」，因為這些高頻音透露有關近處環境的有用資訊。因此，這些動物的社交與繁殖信號也是以超音波傳送。比方說，在人類聽來，大鼠和小鼠好像幾乎不發聲，但牠們其實有著豐富的聲音表述，比如玩耍、幼鼠呼叫母鼠、警示和求偶等。這些高頻音不容易在空氣中傳送，所以這種聲音方便齧齒動物近距離溝通，不會暴露牠們的所在位置。對於人類或鳥類這些在更廣闊地域交流的物種，低頻音更適合長程通訊。這些物種的耳朵（以及求偶時的鳴唱與叫聲）能接收低頻音。因此，聲音表達的多樣化，反映出每個物種的不同生態。

演化全力防範跨物種雜交，可能也是多樣化的強大推力。如果兩個親緣相近的物種或族群所處棲地彼此重疊，那麼跨物種雜交產生的混種後代可能會畸形，或者難以適應父母之中任何一方的棲地。在這種情況下，演化會優先選擇與其他物種明顯不同的求偶展演，避免不被看好的配對。

舉例來說，我在紐約上州溼地聆聽的那群春雨樹蛙屬於春雨樹蛙的東部族群，而西部俄亥俄州和印第安那州的春雨樹蛙體型比較大，音頻比較低，速度也比較快。另外四個族群（一個在中西部，三個在墨西哥灣沿岸）的體型和叫聲也都不同。這六種春雨樹蛙的譜系至少在三百萬年前就分化完成，之後一直存在少數雜交與基因混合的情況。「春雨樹蛙」這個名稱在人類分類學者眼中似乎指稱單一物種，事實上卻是分化出六個不同基因譜系的大家族，求偶聲也略有不同。如果這些春雨樹蛙家族在重疊的棲地會合，演化就特別強化牠們的叫聲和偏好，減少跨族群的基因混合。

那麼，繁殖期動物的叫聲，能強化族群之間的壁壘。這麼一來，分化的族群就會漸行漸遠，徹底分離。這種分裂是生物多樣性的基礎之一：一個物種分化為兩個。

人類社會存在某些反對所謂「異族通婚」的種族歧視法規或文化偏誤，前面的例子絕不能解讀為支持這樣的論點。春雨樹蛙的基因傳承走上不同的演化道路已經至少三百萬年。人類的物種卻沒有這樣既深且廣的基因分化。所有現代人類都有相同的祖先，最多只有二、三十萬年的傳承。相較於其他物種，人類族群之間的基因地理學差異十分微小。甚至，即使父母來自不同地區，孩子的基因疾病並沒有增加的趨勢。恰恰相反，親緣相近的族群的結合，反而容易催化潛藏的基因問題。最後，我們致力捍衛全體人類的平等與尊嚴，不容許任何形式的區別存在，包括那些以生物模式為基礎的區別。其他物種的行為不能做為人類道德的準繩。

對於某些物種，避免跨物種雜交可以促進求偶鳴聲的歧異，但這個模式只適用於部分物種。至於其他物種，沒有證據顯示混種後代健康不佳，或者親緣相近的物種棲息在同一地點就會出現多樣化的求偶鳴聲。演化袖裡另有乾坤，那就是擇偶標準衍生的巧妙變化。

一九一五年統計學家羅納德・費雪（Ronald Fisher）苦心鑽研動物在繁殖期間的審美觀。達爾文認為，性裝飾（sexual ornament）的演化是為了滿足配偶的偏好。但費雪好奇動物為什麼對「看似無用的裝飾」如此執迷？他提出的解答是，物種的成功演化不只取決於下一代是否存活，還在於這些子孫日後尋找配偶時有多少吸引力。

費雪的理由是，審美觀主要是為了判定潛在配偶的健康狀態，這些偏好是個別物種的生態塑造出來的。他寫道，麗蠅喜歡腐肉的味道，但哺乳類的口腔如果散發這樣的味道，就代表牙膿瘍。演化因此傾向發展物種獨有的審美標準，賦予動物他所謂的「概略指標」，藉以評估潛在配偶的「活力與健康」。接著他提出自己的見解：偏好一旦確立，就會讓求偶展演進一步朝「壯麗與完美」的方向發展，吸引力變成推動自身演化的力量。求偶展演達到或超越物種審美標準的動物，將會留下許多後代，因為牠們吸引到的對象數量更多，或者基因更優。審美偏好與誇大的求偶展演透過演化建立連結，彼此正向增強，形成自力循環的模式。

即使求偶展演不再是「活力的指標」，誇耀炫技的現象依然會持續。這麼一來，求偶展演之所以受到演化偏愛，只是因為它具有吸引力，而非它代表健康。費雪預言，求偶展演的樣貌會繼續趨向繁複，直到有一天因為掠食或生理限制畫下休止符。

費雪曾經寫信給達爾文的孫子查爾斯・高爾頓・達爾文（Charles Galton Darwin），用數理概念演示他的理論。現代理論家認同他的見解，特別是一九八〇年代的羅素・蘭德（Russell Lande）和馬克・柯克派屈克（Mark Kirkpatrick），以及一九九〇年代的安德魯・波米安可夫斯基（Andrew Pomiankowski）和巖佐庸（Yoh Iwasa）等人。這些生物學家認為，費雪提出的共演化與繁複化有扎實的數學與邏輯基礎。他們說，審美偏好與求偶展演的演化，確實會讓原本含蓄的求偶信號爆發為極致的展演。英國生物學家理察・普魯姆（Richard Prum）甚至指出，這個模式的理論架構「極為牢靠」，應該被視為性演化「智識上合宜的假設模型」（intellectually appropriate null model），亦即用來測試其他觀點的預設模型。

費雪和眾多當代生物學家都認為，這個模式是雌性的偏好驅動雄性的展演。但演化超越這種侷限性的性別角色觀點。不論什麼性別，任何承襲而來的展演，都能與任何承襲而來的偏好共同演化。如果傳承是透過文化管道習得，也就是動物從上一代習得偏好（研究顯示昆蟲與脊椎動物正是如此），那麼費雪的誇耀模式也能開展。不管怎麼說，是偏好啟動並引導整個模式。動物鳴叫聲的多樣化，源於聆聽者的感官覺知與偏好，而這些感官覺知與偏好又在偏好與展演的共演化中趨於繁複。

生物學家柔菲亞．普洛考普（Zofia Prokop）等人針對動物求偶展演的當代田野調查進行研究，得到的結果為費雪的模式提供佐證。他們探討了九十項研究（對象包括蟋蟀、蛾、鱈魚、田鼠、蟾蜍、燕子等等），發現吸引力的傳承比身體活力的傳承普遍得多。如果這個結果適用整個動物界，那麼上一代的求偶偏好確實能增加下一代的吸引力，即使這種吸引力唯一的作用是提高求偶的成功率。

費雪推測，他的模式的起點，是以繁殖期動物健康狀態為主的偏好。但求偶期的任何偏好，都可以是這個模式的根源。如果感官系統特別對應某個頻率或節奏的聲音（或許是為了尋找獵物），那麼這個範圍內的聲音就特別有吸引力。在規模較小的族群，偶發的改變也可能啟動審美觀與展演繁複化的共演化。舉例來說，當某個物種的少數族群被大多數同類孤立，比如棲息在島嶼或與主要族群接觸不到的邊緣地帶，牠們的求偶偏好在整個物種裡就不具代表性。這些小族群的非典型求偶偏好，來自從大族群中選出小型子群的隨機性。遺傳漂變（genetic drift）會促進這個現象。所謂遺傳漂變是指基因從上一代到下一代出現頻率的隨機升降，這種波動在小族群格外明顯。漂變也會影響行為，例如某些鳥類鳴聲形態的代代相傳靠的不是基因，而是社會學習。任何突然的變化都會帶動費雪的模式往特定方向發展，而這個方向取決於求偶偏好最初的特質。

只需要幾個世代的時間，漂變就能將小族群中原本罕見的求偶偏好拉抬到主導地位。比方說，一小群雀鳥棲息在加拉巴哥群島一座島嶼後，鳴啼聲很快發生變化，從略微模糊下降的簡單音頻轉為更明顯的兩段式連音。短短十年內，這些鳥兒的鳴聲幾乎已完全有別於另一座島上的母群。澳洲西部外海的羅特尼斯島（Rottnest Island）上常見的紅頭鴝鶲、西噪刺鶯和鳴唱吸蜜鳥（singing honeyeater）的鳴聲，跟本土鳥類的聲音大不相同。雖然許多本土鳥類族群的鳴聲即使橫跨幾千公里也沒有差異，這些海島鳥兒卻以牠們專屬的節拍與韻律鳴唱。海島上的鴝鶲和吸蜜鳥的鳴聲比本土同類來得簡單，但海島上的噪刺鶯歌聲類型比較豐富，有著本土所沒有的韻律。這些邊緣小族群與母群隔絕，不像本土鳥類因為基因與文化交流導致鳴聲的統一。這跟人類社會的文化變遷頗為類似。套用作家兼媒體撰稿人蕾貝嘉・索爾尼特（Rebecca Solnit）的話，邊緣是「權威失勢、正統沒落的地方」。那麼，島嶼和其他邊緣棲地是新意與改變的孵化器。

審美觀與展演的共演化，能夠加速聲音的多樣性和物種形成的模式。小差異被放大，動物求偶展演因此變得豐富多樣。只是，儘管變化多端，求偶展演的差異並不是隨意產生，它們反映每個物種特有的歷史與生態，並且隨著時間慢慢擴大。

費雪的模式帶有即興特質。音樂家即興演奏時，會取用音樂的概念與元素，來回穿梭於這些概念與元素之間，在聆聽與回應中演繹與探索。演化也以類似的方式運作，只是它是透過塑造ＤＮＡ的腳本與動物習得的經驗來創作。每個物種都有不同的素質與弱點，兩者都會在偏好與展演的共演化中趨向繁複。

相較於以規律或實用性來解釋聲音的多樣性，這種聲音演化觀點能接納新意與不可預測性，令人一新耳目。沒錯，森林或海岸的聲音有規律可循，揭示這個世界的物理與生態法則。但演化的運作也存在不可預測的創意。當我傾聽鳥兒的多樣化鳴聲，或蛙類和昆蟲的各種叫聲，我聽見了繁盛的龐雜無序，那是演化沉醉在自己的美學能量裡。不過，其他人更欣賞動物鳴叫聲的規律與和諧，並且拿來與交響曲和管弦樂做比較，這類音樂的美與創意都來自協調的、階層式的關係。可預測的規律和善變的奇想，共同創造了這個世界的聲音奇觀。隨著口語與音樂的發展，我們在演化途徑上建立的審美觀，似乎偏愛這種規律與紊亂、單一與多樣之間的張弛。

物理法則對動物聲音的影響，比個別物種獨一無二的即興創作更容易測量與記錄。費雪的模式像個幻影，它的創造過程沒有留下聲音的化石供我們挖掘。然而，這個幻影留下了它自己的足跡，比如基因的微妙排列，以及親緣相近的物種的鳴聲模式。

在費雪的模式中，審美觀和聲音展演的形式共同演化，審美觀的改變激勵展演的繁複化，複雜的展演進一步刺激審美觀的誇大。審美偏好與求偶展演之間於是產生基因相關性。擁有極端展演基因的動物，也會擁有極端偏好基因。現今數量有限的基因證據（來自對不到五十個物種的研究）顯示，就大多數物種而言，展演與求偶偏好的基因確實具有相關性。這些研究的對象大多是昆蟲和魚類，也就是求偶聲（顫音、低吟聲和唧唧聲）相對容易測量的動物。鳴聲複雜的物種的審美偏好基因則有待探索，譬如北美隱士夜鶇的開場音緩慢圓潤，相較之下後段則是高低起伏的快速音；座頭鯨旋律感十足的鳴聲；老鼠那具有微妙節拍與速度的超音波顫音細節。這些野生動物在個別美學領域的行為基因學仍然有待研究，現階段我們能夠確定，目前某些物種的有限證據符合費雪的見解。

費雪的模式提供的證據，也比基因之間統計學上的相關性更容易被我們的感官所理解。細聽周遭的動物。春雨樹蛙、合唱蛙、林蛙和蟾蜍，同樣都在美國春天的池塘裡歡唱，但牠們所發出的聲音類別，卻遠遠超過辨識身分或讓聲音穿透植被傳遞的需要：鐘聲般的嗶嗶聲、有節奏的粗嘎聲、壓抑的呱呱聲和悅耳的顫音。亞馬遜雨林的螽斯嗒嗒、啁唧、輕敲、呼呼與鳴哨，使用各種節拍與表現方式，其中的多樣性帶有審美誇耀的印記。鳥鳴聲驚人的多樣性也超過傳達體能狀態的實用需求。

透過以ＤＮＡ推演出的演化譜系圖，不難對這些日常體驗進行更正式的分析。每一個譜系代表物種的源起與分化，是該物種的族譜。只要將聲音的形態或其他求偶展演畫在譜系圖上，我們就能追蹤聲音在時間上的演變。在這些譜系圖上，我們可以看到生理限制預期中的標記，也看到歷史的反覆多變。動物的體型大小，從鳥喙的長度到唧唧響的昆蟲翅膀，大幅影響鳴叫聲的頻率和速度。一般說來，體型較大的物種音頻比嬌小物種低，鳴囀的旋律與速度也比較慢。同樣的，周遭植群的濃密度、掠食者與競爭者的存在等環境與生物情境，也會塑造鳴聲的形態，讓每個物種契合周遭環境。除了這些因素之外，關於節奏、旋律、變調、音質、音量、漸強漸弱和速度（在人類的情境中，我們稱這些元素為音樂的形式或風格）在演化上的變異，還有個幽靈般的不可預測性。

將鳴聲繪製到譜系圖之後不難看出，隨著時間演進，鳴聲會出現不明原因的擴張或收縮。它們的高低起伏和音質的變化，似乎沒有可供依循的規則或方向。生物學家公布新發現的物種時，利用演化譜系圖和新物種的體型與棲地等資訊，就能大膽猜測這個物種的鳴聲最基本的特徵，比如頻率或節奏。但他們沒辦法猜測鳴聲的其他特質。這些演化模式不能證明費雪的模式導致聲音的繁複化，卻符合他的觀點。再者，以現階段來說，也沒有任何已知的演化模式能夠做出解釋。

我們從周遭的鳴叫聲中聽見演化力量的大會合，像滾滾江河的匯流：費雪難以捉摸的模式；防止與不適當的物種雜交的基因禁令；忠實昭示健康狀態的好處；動物身體的各種外形與大小；物理環境的導引牆；以及動物在競爭者、盟友和掠食者組成的複雜社群中，為自己鳴聲尋找位置的多樣化策略。這個大會合的結果，是從至少已有三億年歷史的發源地傾瀉而下、燦爛輝煌、創意十足、騷亂動盪的水流。

♪

忠實的信號；感官偏誤；偏好與展演的共演化。演化的這些操作對現存動物具有什麼含義？每個物種都有自己的審美觀。春雨樹蛙的內耳聽見周遭同伴的嗶聲，牠們的內耳適合接收的，是求偶展演的音頻。這種聽覺是春雨樹蛙審美路徑上的第一道閘門，所有靠鳴聲尋找並選擇配偶的動物都是如此。每個物種的耳朵的構造和靈敏度，建構了這個美感經驗門戶。

下一道門比較狹窄，那是個別動物對鳴聲的速度、音質、振幅與旋律結構的獨特偏好。雌春雨樹蛙的耳朵能接收很多聲音，有時甚至包括親緣相近的蛙類的鳴聲。但只有一個聲音能讓她採取主動，過去拍拍那隻鼓著喉嚨高歌的雄蛙，展開交配活動。她對聲音的辨識力有幾個作用：擇選健壯的配偶；遠離傳染病；避免跟其他族群跨種雜交；確保下一代成年時擁有吸引異性的歌喉。然而，對於那隻春雨樹蛙，這段有關偏好如何形成的漫長背景故事濃縮成當下的經驗。空氣中的振動如果是對的模式，就會喚醒深植在春雨樹蛙基因、身體和神經系統裡的知識。她聽見了，也了解了。

於是，美感經驗變成外在世界與所有動物內在知識的遇合。遇合的結果是主觀的，取決於每個物種與物種內的個體的感官能力和偏好。只有春雨樹蛙真正理解那一聲嗶。

這樣的經驗在春雨樹蛙的主觀體驗上如何呈現，我們不得而知。即使在人與人之間，我們也無法將自己的體驗投射到別人身上。聲音對我而言有時是聽覺感受，有時則是光與動態的體驗。同樣的聲音在其他家人或朋友聽來，或許會聯想到色彩，每個音調都有專屬的顏色。我們的感官存在於由各種關係交織而成的網絡中，每個人的網絡略有不同。因此，我們很難設想別人對聲音的感受，設想其他物種的感受難度更高，最好的辦法是採用含蓄的推測模式。春雨樹蛙的大嘴大鼻對氣味非常敏感，所以牠們體驗到的聲音或許是附帶氣味的水氣或氣體的噴發。或者那嗶聲在牠們的胸腔喚起一股動感，跟聲音的製造相互回應，正如我們聽見人類的音樂時，有時會意識到身體的律動。蛙類生理結構的研究顯示，傳送到內耳的聲音不只經過耳膜，還經過前肢和肺。因此，蛙類的聽覺或許更像魚類的全身體驗。我們俯仰其間的，是個「異於我」（otherness）的撩人世界。眾多經驗共同存在，是想像力與謙遜的養分。

我們人類可以透過科學、移情作用和想像力去接觸其他物種，但這些仍然是主觀的，來自我們的感官偏誤與品味，以及我們必然有所偏好的審美觀。因此，求偶展演的科學研究始終堅守每個時代的價值觀。我們透過自身的濾鏡聆聽其他動物的鳴啼，這濾鏡會判定何者為美，何者為醜。

但主觀不代表我們感知不到真實。美感體驗如果源於與世界的深度連結，就能讓我們超越自我的界限，更完整的理解「他者」。外在世界與內在世界相遇，主觀性多了點客觀洞見。每個對美或醜的體驗，都是學習與有所提升的機會。

生物學家鮮少討論美學或美，即使這麼做，也只限於少數求偶展演行為的演化，比如我們人類覺得迷人或有趣的行為，像是響亮刺耳的鳴啼或鮮豔奪目的色彩。在美學的生物學理論之中，幾乎看不到比較安靜的性徵美。即使演化可能會讓雄鳥高度關注雌鳥平靜的啾聲和掩護用的橄欖色羽毛，我們卻會忽略這類性徵美。再者，無論什麼時空背景，所有動物都對社會關係、食物、棲地和牠們在時空中的活動節奏做出成熟的選擇。這些選擇都由整合內部知識與外在資訊的神經系統調節，由此產生動機，再採取行動。個別物種的神經構造都不相同，但所有物種都有同類型的神經細胞和神經傳導物質。除非演化為人類打造的美感體驗與其他物種完全不同，否則美學就是所有非人類動物理解牠們自己的世界、做決策的重要依據。否決這個論點，就等於認定人類與其他動物之間隔著一堵經驗之牆。但這樣的分隔並沒有神經學或演化上的依據。

想想我們生活中的許多美感經驗的展現，幾乎所有人類生命中的重要決定和關係，都受到審美觀的影響。

住在哪裡？我們對居住地有極深刻的移動反應（moving response），包括屋子本身和周遭環境。對於某些地方，我們覺得非常美麗或極為醜陋；對於其他地方，我們的審美觀判定為平淡的就那樣。這些判斷會驅使我們投注大量資源，定居在我們接觸到的選項之中最美麗的那一處。

如何判斷環境的改變？我們透過美感反應評估周遭環境。如果我們對某個地方累積多年的居住與感官經驗，這種體驗更是深刻。看到河流、森林與周遭環境遭到掠奪變得醜陋，我們會感到哀痛。但我們發現某個地方出現符合當地生物學特質的新生命，也會覺得這是多麼美好又恰當的事。美學是環境倫理的根源之一，具有強大的啟發性和驅動力。

誰來做對的事？工藝、藝術、創新、勤勉和堅持都有美的存在。我們在其他人的勞動中看見這點，我們內心也懷著渴望，對勞動的成品和過程都有美感反應。

該如何表現？我們生活在關係的網絡中，可以立即判別這個網絡內的行動是美麗或醜陋。我們深深感受到這點，我們的美感反應引導我們的行為和我們對其他人的回應。人類行為的道德評判與關係的美學緊密相連。

我們是否有所成長？我們也在新生兒的笑聲與笑容、長者睿智慈愛的忠告、兒童和青年技能的驚人發展、未來的可能性之中看到美。

在這些情況下，美學判斷來自感官與智力、潛意識和情感的整合。深刻的美感體驗結合了基因的傳承、過去的經驗、文化的學習和當下的切身體驗。透過這樣的整合，美感經驗能夠展現真實，能驅動我們，那股力量遠比感官、記憶、思考和情感各自獨立運作更為強大。當我們體驗美，大腦許多區域會啟動，這些區域是由不同神經中心連結而成的網絡。大腦掌管情感與動機的區域啟動了，運動中樞也是。感受與行動。難怪美感體驗將人類聯繫在一起，形成伴侶、家族和文化，也激勵我們根據美感經驗的學習採取行動。美啟發我們彼此連結、關愛與行動。

為什麼必須如此？我在《樹之歌》（*The Songs of Trees*）提到，經由對美的深刻體驗，套用愛爾蘭作家艾瑞斯．梅鐸（Iris Murdoch）的話，我們進入「無我」（unself）的狀態。我們將內心所感與其他人類與非人類物種連結，也與他／牠們的集體經驗連結，這種開放心態讓我們得以超越自我的窄牆。所有的生命都始於關係與連結，跳出我們的大腦與身體，才能了解整個世界。因此，美是演化設計的獎勵與引導，幫助我們注意到重要的事物。美感經驗有許多形式，因為這個世界有太多事物需要關注，而且每一個情境都需要擁有專屬的美學。

我們的基因來自我們的祖先。他們在許多地方看見美，比如安全肥沃的土地、良好的伴侶關係、完善的工作、創意的成果、愛人的身軀和嬰兒的咯咯笑。這些美感經驗帶領他們進入關係，展開行動，因而存活下來。當我們跟不同的人們、動物、植物、景物與觀念有所連結，美讓我們體驗到內在的光輝，藉由伸向客觀世界的觸鬚，餵養並鞏固主觀經驗。美學（對感官覺知的鑑賞與思索）是引導，也是動力，讓我們超越自我，找到真實。

在我們這個無根的工業化世界，美也可能有所欺瞞。我們經常拒絕感受自己行為的後果，創造愉悅經驗的泡泡。這些愉悅經驗犧牲了其他地方的美，如果我們能夠直接去感受，或許會三思而行。這種現象在國際貿易最為明顯。我們享受到的美麗物品或食物，有時來自遭到剝削的地域。就連聲景也可能誤導我們。在近郊外圍，昆蟲和樹上鳥兒的輕柔鳴唱撫慰我們。但我們能享有這樣的體驗，只因繁忙的公路將我們和我們的貨物送到這個聲響綠洲。另外，有嘈雜的礦場和工廠來建造廣泛的公共建設，低密度近郊才能存在，並得以維持。為了追求感官的平靜，為了與其他物種建立連結，我們自相矛盾的增加人類的噪音總量。化石燃油的移轉力量，是導致我們的感官與行為後果脫節的主要原因。

那麼，我們這個時代的危機之一，是我們能在暗藏分裂、破壞與錯亂的事物中體驗到令人滿足的美。演化讓我們臣服於美感經驗的力量，我們無法逃脫這樣的天性，也無法輕易脫離我們的生命深植其中的工業結構。但我們可以盡力聆聽，將我們的美感根植在生命共同體中。如果能感受到這些根系的分支，從中學習，會是何等樂事。

於是我回到春雨樹蛙的寒冷沼澤，凝神諦聽。我來這裡接受牠們鳴聲的洗禮，一場春之祭儀。我想聆聽森林的聲音，滋潤我挨過一季寒冬後乾渴難耐的耳朵。除了這份即時的愉悅，我也以不知名的方式接納其他物種的生命，允許牠們進入我的身體與心靈。這樣的開放與接納，可能帶來更多知識和連結，但我聆聽的主要目的，是享受此情此景。這是演化送給我們的贈禮。搜集並整合知識是動物生存與壯盛的根本，卻也是件愉快的事。美的體驗帶來即時的報酬。我們獲得當下的滿足感的同時，也為演化的長遠工程盡一分心力。在這個擾攘混亂的世界，我們能接受先祖的遺贈，靜心傾聽嗎？

9 發聲學習與文化

盛夏，豔陽高照，空氣卻冷冽有如冰雪。陣陣強風和腳下鬆動的岩石讓我步履蹣跚。我大口喘氣。空氣稀薄，我的大腿在缺氧狀態下奮力邁進，又熱又痛。再過一小時，我就會舉步維艱，開啟「四步、停、呼吸，四步、停、呼吸」的模式。這裡是落磯山脈高聳山脊之中的一座嵯峨山峰，想要攻克這座四千公尺高峰的低地登山客，都免不了落入這種節奏。

在這座科羅拉多州山巒東側的高原上，大草原的枯黃野草已經結籽，羽翼未豐的草地鷚張著嘴啼叫，緊緊跟隨父母。對草原植物和動物而言，餵養下一代的夏季已經到了。但在這高山上，春天才剛開始。少數積雪固執停留，已經融雪的地方卻是花團錦簇。熬過九個月的冰封雪埋，陽光和水在礫石遍布的地面催生出繁花，每一朵都是對冬季漫長桎梏的反抗。

在這片凍原上，沒有任何植物高過我的膝蓋。高山向日葵和無莖雛菊綻放手掌大小的金黃和檸檬色花朵，花梗卻只有我的手指長。我往前走十步，就經過幾百朵爛漫的花兒。在這些花朵之間，無莖蠅子草（moss campion）的深綠色細長葉片團團簇簇，像鬆軟的海綿。上面細細密密散布著幾十朵粉紫色小花，每一朵都只有雨滴大小。高山匐雪草（alpine sandwort）也開出類似尺寸的白色花朵，底下鋪滿一公分高的細小厚實葉片。在這些匍匐花草上方，山蕎麥（mountain buckwheat）的花朵迎風搖曳，細長的花梗頂著數百朵迷你小花，狀似火炬。在此地幾十種野花之中，高度及踝的山蕎麥像個巨人。水楊梅（avens）、紫苑、水葉草（waterleaf）和天藍繡球增添深淺不一的紫色調。大多數植物的莖都密布著銀色細毛。這些細毛保護植物免受寒風和紫外線的傷害，也能跟深色葉片一起捕捉熱能，在短暫的生長季節裡加速植株內部的化學作用。花朵也能捕捉熱能，暖化它們的蜜汁，為來訪的昆蟲獻上幾口香甜的高山蜜酒。

這片迷你花草鋪就的地毯之中，散落著低矮的高山柳和雪柳。這些高度及膝、邊緣平滑的小樹像一簇簇緊密的灌木叢，像是流過沼澤似的填滿眾多小盆地，據守這山區最低矮潮溼的地域。這些高山柳樹的枝幹跟野花一樣毛茸茸，每一棵都掛著尖形的綠色小飾物，裡面是生長中的種子。雪開始融化的時候，這些柳樹的新葉還沒抽芽，就會先開花。在氣溫回升的日子，用花粉和蜜迎接這年第一批螞蟻、蜜峰和蒼蠅。

在海拔比較低的地方，亞高山冷杉能長到二十公尺以上。它們也在這裡派駐了一批被強風吹得屈身蹲伏的哨兵。每棵樹都被壓得貼向地面，樹幹朝水平方向生長。濃密的枝葉從橫臥的主幹冒出來，每棵樹因此都變成水平延伸的矮樹叢，人類的腿腳無法穿行。少數幾棵矮樹會長出一公尺高的垂直枝椏，在空中略做試探，想要擺脫匍匐的命運。但這些嫩枝都死了，被夾帶冰雪的暴風摧殘，像廢棄旗杆般豎立著。它們殘破的棕色枯枝彎向下風處，記錄了盛行風的方向。

觸手可及的範圍內生長著數千朵花，視線所到之處則有幾萬朵。這是植物版的烈酒，高山草本香甜酒，百卉千葩高度濃縮，只剩幾公分高：蓮座般的葉叢；荷葉邊的花瓣；莖幹結構的優雅節奏；幾十種葉形。我看慣廣大世界的雙眼懇求我躺下來，湊近去暢飲。但整個人躺平勢必會壓垮嬌弱的花兒，或被尖銳的岩石刺穿，於是我蹲在坎坷的山徑上。缺氧讓我頭暈，這春季凍原的繁花盛景則令我目眩。這裡的嬌小植物很多都是老株，最老的已經活了兩百年，深埋在地底下的結實根系每年為地表換上鮮嫩的綠意。

我們稱這個地方為樹木線（treeline），是個分界線，卻沒有明顯的邊界。木本植物的生長到此為止，只有拼貼地毯般的各色花草在這裡生機勃發。少數植物會往更高處發展，接近山頂。但大多聚集在一起，一叢叢冷杉和柳樹錯落分布在開闊的凍原上。上山以後，大約只需要一小時，就能把這個區域走遍。但這片狹窄的高山生長區無法呈現這個棲地的真正規模。這裡的植物散見於落磯山脈高處，整個北半球廣大的無樹凍原都有它們的蹤跡。以無莖蠅子草為例，它們在這裡只出現在山徑的一小段，卻能在北美、歐洲和亞洲的高山生長，在北極圈的廣闊凍原也相當常見。

這裡的主要聲響來自風，有時在我耳畔嘶鳴或拍擊，有時從較低海拔席捲而上，在冷杉、雲杉和白松（limber pine）之間咆哮。強陣風止息的平靜時刻，動物的聲音見縫插針。熊蜂翅膀的呼呼聲；乘著強風渦流飛越山脊的渡鴉呱呱啼叫；「啞！」是在附近岩堆出沒的鼠兔；黃腹鷚劈劈劈連聲叫喚，飛越凍原搜尋昆蟲，為自己儲存產卵與求偶的能量。一陣更繁複的旋律從冷杉參差不齊的末梢傳來，闖入這些相對單調的聲音之中。先是一個穩定的開場音，再來是偏高的啾啾聲，而後囀音，最後是三個下降音，整串樂句歷時短短兩秒。同樣的旋律重複一遍。有個聲音從二十公尺外的矮生柳樹叢發出回應，緊接著下坡處的冷杉叢傳來另一聲回應。這些鳴聲複雜卻不混亂。那純淨的音色和精心調配的結構明亮又優雅，是聲音的花式滑冰選手：兩個長滑，往上跳躍旋轉扭身，落地時快速掃腿。控制、速度、優雅。跟失序的風形成強烈對比。

鳴聲的主人是白冠帶鵐，正在這個高海拔地區劃定領域，以便迎接為時甚短的繁殖季。這些鳥兒大部分時間都留在低海拔山區的冬季棲地，有些時候是在更南邊的新墨西哥州和德州的矮樹叢。牠們的背部有棕黑色線條，前胸則是灰色，能夠隱身在植被裡。牠們的頭部圖案卻格外突出，顯眼的白底黑色斑紋往後延伸，覆蓋整個腦袋，是綠與灰之中的明燈。即使隔著一百公尺凍原放眼凝視，在視覺辨識力的邊緣，還是能看見牠們跳躍飛翔時的斑紋腦袋。

對於鳴禽，這裡似乎是極端環境。但站在牠們的角度，這片山坡結合了幾個優點。短暫的夏天帶來大量昆蟲，卻少有其他物種與牠們爭食。這裡的野花野草很快就能生產足夠的種子，吸引黃雀和燈草鵐等林鳥從低海拔上來共享夏季盛宴。飲水並不匱乏，因為融化的雪水匯成小溪向下流淌，是這乾旱內陸少有的奢侈享受。牠們站在高枝上啼唱時雖然非常顯眼，但只要看見覓食的蒼鷹，就會迅速往下鑽進密度不輸低地荊棘叢的植被。這些植被也能保護牠們的巢，避免被渡鴉發現。

人類的肉眼無法區別白冠帶鵐的性別，牠們頭部的搶眼圖案是雌雄兩性共有的社交與性別信號。那黑色條紋透露牠們的所在位置與健康狀態，高突冠羽的細微差異則能顯示情緒：尖頭代表激躁，平頭代表警覺，圓頭代表放鬆。在繁殖期引吭高歌的，多半是各據一方的雄鳥。某些雌鳥也會用鳴聲守護自己的覓食區塊，或驅離對手。

我蹲在崎嶇山徑上聆聽鳥鳴，震驚的發現每一段鳴囀都有獨特的音高與結構，個別性瞬間浮現。第一隻鳥兒腳爪抓著枯死的冷杉枝，起調高亢。事後我的錄音器材會測定那音頻是四千五百赫茲，剛好超越鋼琴的最高音。而後這純淨平穩的起音翻轉為相同音頻的啁啾聲，緊接著是金屬顫音。結尾的三個音從五千赫茲向下俯衝到三千赫茲。咿、咘哩、咕咿、丟丟丟。來自柳樹上的回應起音低得多，三千赫茲，所以牠一出聲就聽得出來。啁啾聲拔高，之後直接轉成兩個急掠音。嗶、咘哩、丟丟。下坡處那棵冷杉上第三隻鳥兒的編曲另有新意，趁著另外兩隻的鳴聲空檔發聲，起音在三千五百赫茲，緊接著是音頻升高的啁啾聲，再一個生硬的斷音，一個顫音，最後五個急掠音。咿、咘里、喊、咕咿、丟丟丟丟丟。接下來那幾分鐘裡，三隻鳥兒你唱我和，有時似乎相互回應，有時則彼此重疊，但牠們始終各唱各的調，重複自己獨有的音頻與編排。

側耳傾聽個幾分鐘，我就認識了凍原上這方土地的住民。

♪

加州莫里角（Mori Point）位在舊金山市區南邊，撞碎從太平洋湧入的浪濤。在大海中毫無阻攔暢行幾百公里的波浪，在這裡碰了壁。海水的能量化為衝向峭壁的怒吼，翻騰的碎浪撲上礫石海灘。在朦朧水氣之中，一排鵜鶘映入眼簾，整齊劃一鼓著翅膀飛向北方，方向與海岸平行。

一隻白冠帶鵐在郊狼灌木（coyote brush）半人高的濃密樹叢間啼唱。我聽出那純淨的起音和緊追在後的啁啾與急掠，曲式卻和我在山區聽見的大不相同。起始音分割為兩個音，顫音不見了，結尾多出幾個緊湊的重音。咿、咿、咘哩、丟丟、啁啁。另一隻鳥給出回應，同樣是兩個音符的起音，第二個音略高，急掠音和結尾斷音比較少，咿、噫、咘哩、丟丟、啁啁。這兩隻鳥兒跟山區那些一樣，也會重複牠們的曲調，堅守自己特有的音調變化和樂句排列。這裡的鳥兒好像對某些曲式元素達成協議，起音一分為二，結尾多點裝飾音，卻也創造出個別差異。

同一天稍晚我在舊金山金門公園的一號公路（Crossover Drive）聆聽，這裡的位置在莫里角北側。這條六線道穿越公園，車輛的煞車聲、喇叭聲和無所不在的引擎聲包辦了此地聲景。緊鄰這條交通動脈的遊民聚集地旁的矮樹叢裡，一隻白冠帶鵐在鳴唱。一聲長音，而後是七個急掠音，沒有裝飾或啁啾。咿、丟丟丟丟丟丟丟。我沿著人行步道朝西邊走去，遠離交通噪音。另外兩隻在幾處雜亂草地之間的灌木啼唱，跟第一隻鳥兒一樣以一聲長音開頭，沒有輕快啁啾，有大量急掠音，都在十聲以上。牠們還把連串的急掠音分成兩部分，第一部分的「嘶嘀！」比第二部分的「丟」音頻更高，重音更強。其中一隻的「嘶嘀」重複比較多遍，另一隻則重複「丟」。

回家以後我打開筆電，藉著幾千名配備麥克風的賞鳥專家搜集的成果，探究北美白冠帶鵐鳴聲的差異性。我造訪的網站主要有兩個，都收集了熱心人士上傳的戶外錄音，組成龐大聲音資料庫。康乃爾鳥類學實驗室（Cornell Laboratory of Ornithology）所屬麥考利鳥鳴聲圖書館（Macaulay Library）的科學家，從一九二〇年代開始收集建檔。經過他們和志願者的共同努力，網站累積的戶外錄音已經超過十七萬五千筆。Xeno-canto是一群荷蘭鳥類學家在二〇〇五年建立的網站，收集世界各地賞鳥人士和科學家上傳的檔案，目前已經擁有五十萬筆以上的資料。在這兩個資料庫裡，數十億個微晶片電容器與電晶體的電荷儲存了片片段段的鳥鳴聲，只要隨手點選，我的耳朵就能飛越記錄在矽晶記憶體裡的生命對話。

在麥考利圖書館的第一回合搜尋結果來自阿拉斯加迪納利公路（Denali Highway），錄製時間是二〇一五年六月十四日。上傳者鮑勃・麥奎爾（Bob McGuire）錄製到的白冠帶鵐有兩個起音，第二個音平穩的音調中夾帶兩個快速波動，結尾是三個啾鳴，頻率先高後低。咿、咦、嘀哆、嗚咿、嗶、吐。沒有急掠，也沒有顫音。相較於科羅拉多州和加州的白冠帶鵐，這是曲式的重組，最突出的地方在於創新的嘀哆。我放大Xeno-canto網站上的阿拉斯加地圖，點選連結資料庫聲音檔的彩色圓點。我想像錄音的人置身阿拉斯加的涼爽夏日，一面呼吸著柳樹、冷杉和雲杉的氣味，一面聆聽鳥鳴。每一段錄音捕捉並分享的，都是人類主動去理解、讚揚其他物種的那一刻。這些錄音檔裡的鳴聲都跟麥奎爾錄製的那段不同，每一隻鳥兒的起音和啾鳴的頻率各具特色，但整體模式大致相同。我捲動地圖，從西邊的諾姆（Nome）逛到東邊的育空（Yukon），手指輕輕一撥跳過山脊，聽見同樣的整體格式，只除了諾姆某些鳥兒把第二個音符變成囀音。

而後往南到奧勒岡州，咿、嘀哆、啾、丟。另一種混音。啾聲出現得比較早，尾聲多了個急掠。奧勒岡州其他鳥兒也遵循這個結構，只是增加更多急掠。稍微往北來到西雅圖附近，白冠帶鵐鳴聲增加一個啾鳴和幾聲曲折的急掠，比奧勒岡州的鳥兒多點裝飾音。

白冠帶鵐的繁殖地遍布北美北端所有地區、極北森林和凍原的灌木叢，南邊的西部山區和整個太平洋沿岸的低地植被和草地，都能找到牠們的身影。這個遼闊的區域面積大約三百萬平方公里，棲息著將近八千萬隻白冠帶鵐。牠們鳴聲如此多樣，呈現這個龐大族群生活、階層與組織的複雜度。

我聽著自己外出錄製的聲音，以及其他人在野外搜集的電子贈禮，從中領悟到，人類嗓音儘管在不同文化與個體生命中是如此豐富多樣，卻只是物種聲音創造力的一種展現。

♪

遷徙性帶鵐在冬季時會來到美國南部，將凍原和極北森林的一抹趣味帶到田納西州的田野與果菜園。在休耕的棉花或玉米田邊緣的灌木叢，白冠帶鵐搜尋著前一年夏天的野草與青草的種子，或啄食土壤裡的昆蟲。牠們是候鳥，陰暗的冬天降臨時才會停留在這裡，之後就回到北方的繁殖地。牠們的親族白喉帶鵐也在這裡過冬。白喉帶鵐的外形特徵是喉部有一片白色羽毛，眼睛上方有一抹黃，頭部的條紋不像白冠帶鵐那麼鮮明。白冠帶鵐喜歡田野，白喉帶鵐則偏好森林邊緣和鄉間果菜園的濃密植被。這樣的喜好與牠們繁殖的棲地相呼應：白冠帶鵐喜歡空曠的矮樹地帶，包括北極圈北部的無樹區；白喉帶鵐則是在北極雜木林、沼澤和森林邊緣。牠們在田納西州過冬通常只是隨性為之，那裡氣溫多半在冰點之上，還有昆蟲在活動。寶蓋草（henbit）和碎米薺（bitter cress）最早在二月底開花，美味的種子很快隨之而來。對於吃苦耐勞的北方鳥兒，這裡的生活輕鬆愜意。

隨著白晝變長，鳥鳴聲也陸續出現。陽光照耀鳥兒的腦殼，滲入深藏在牠們腦部的受器。受器受到刺激，為血液注入荷爾蒙，示意腦部神經節啟動肺臟和鳴管。鳥兒感受到春日的澎湃活力，仰起腦袋盡情鳴唱。冬天裡帶鵐以至少九種不同的短鳴相互溝通，每一種各自因應不同情境：呼，代表單獨棲息或飛翔；遇見其他鳥兒時短暫顫鳴；彼此追逐時厲聲怒斥。偶爾才能聽見一聲鳴囀。春天則是鳴唱的熱季，雄鳥尤然。

帶鵐的鳴囀令人心曠神怡。如果我在花園刨土，就會停下動作；如果在鄉間小路散步，就會駐足微笑。帶鵐幼鳥在練習啼唱，正如人類嬰兒稚嫩的無意義語音，牠們混亂的試驗不無新意與戲耍。

一隻稚齡白冠帶鵐發出兩聲哨音，類似成鳥的起始音，但牠的哨音略微顫動，似乎還沒辦法保持穩定。另一隻發出一聲哨音，同樣搖擺不定，緊接著是三個粗糙的急掠音。帖、咿、嚕，而不是成鳥的丟。第三隻的起始哨音比較穩定，緊接著是五個急掠音，一開始相當清晰，之後潰不成軍，斷斷續續。牠們各自重複自己的鳴聲，時間分配略有不同，有時在哨音後暫停，或縮短結尾的急掠音。每一隻鳥的鳴叫聲一聽就知道是白冠帶鵐，只是，跟成鳥的鳴聲比較起來，幼鳥的鳴啼在素材編排上比較混亂，音調比較不穩定，每一回重複的樂音並不一致。

白喉帶鵐幼鳥的鳴唱也一樣紊亂結巴，成鳥的歌聲則是連串清晰音符，兩個長音，再三個三連音，喔嗚、嘶嗚咿、喀吶噠、喀吶噠。通常第一個音符頻率較低，但某些鳥兒起音比較高亢，而後下降。第二個音有的穩定，有的則是略微結巴。白喉帶鵐的巢築在北美東部偏北的森林，在南方各州過冬。由於白喉帶鵐足跡所至地域廣大，鳴聲又相當純淨，因此成為那個地區最知名的鳴禽。牠們的歌聲在南邊代表冬天的結束，在北邊則宣告夏季的來臨。

喀吶喀吶喀。白喉帶鵐幼鳥在生命中的第一個春天鳴唱，歌聲比成鳥多點拖曳與不穩定。牠們的遲疑、創新與失誤，與人類嬰兒的牙牙學語極為相似。喔、嘶嗚、嘶嗚咿。嘶嗚咿、喀吶。我聽見了學習、玩耍、嘗試與成長。這些聲音令我歡欣，因為它們代表了這些鳥兒此刻的健全與未來的可能性。喔嗚、嘶嗚咿、咿、咿。

在田納西州，我們只聽見白喉帶鵐幼鳥後期的發聲練習。牠們在北方的繁殖地剛離巢時，發出的是極為破碎的哨音，就算近距離都很難聽見。牠們呢喃的時候會陷入恍惚狀態，眼皮下垂，身體低伏，像在沉睡。在這個階段，牠們很可能沉浸在快樂荷爾蒙催產素裡。根據研究，這種荷爾蒙能驅動並調節鳥類和哺乳類的發聲練習。幾個月後，這些初試的啼聲音量會變大，也更有組織。那種恍惚狀態也從此遠離牠們的生命，或許變成幼年時期的甜美夢境，偶爾在成年後的睡眠中浮現。

帶鵐跟人類一樣，透過聆聽學習發聲。牠們的歌聲代代相傳，靠的不是ＤＮＡ的編碼鏈，而是幼鳥傾聽長輩歌聲時專注的耳朵。落磯山脈帶鵐的鳴聲之所以跟加州帶鵐不同，主要不是因為牠們的基因演化出不同鳴聲，而是因為透過學習傳承的鳴聲發生歧異。

動物界以社會學習方式練習發聲的情況並不多見。很多昆蟲在下一代發育至成蟲以前就停止鳴唱，或死亡已久。再如其他物種，無論是在開放水域產卵的魚類，或把卵產在土壤裡的昆蟲，下一代都在遠離父母的地方成長。但即使是世代重疊的物種，聲音也多半由基因塑造。蟾魚在父親的住處孵化、度過最初幾個星期，被牠們低沉的呱呱聲包圍。然而，在實驗室裡孵化成長的蟾魚沒有父親相伴，同樣發展出正常叫聲。單獨生長的小公雞長大後也能啼叫，跟有成年公雞陪伴成長的公雞沒有差別。人類畜養的鶲鳥在實驗室裡接觸其他物種的鳴聲，照樣啼唱牠不曾聽過、屬於自己物種的聲音。即使研究人員刺破牠們的耳膜，牠們照樣唱出自己物種的歌聲。失聰的松鼠猴仍能正常發聲。週期蟬無須教導自會鳴唱，即使牠們父母的鳴聲最後一次在空中回盪已是十七年前的事，這是昆蟲界所有鳴蟲基因傳承的極端例子。某些物種的耳朵能辨認其他動物的聲音，比如蛙類能聽出對手的鳴聲，靈長類則是學習聲音含義的專家。然而，鮮少有物種藉由聆聽與模仿學習自己物種的聲音。

到目前為止，已知的例外都是鳥類和哺乳類。蜂鳥、鸚鵡和某些鳴禽學習鳴唱，這些物種在鳥類譜系圖上的位置彼此相隔數千萬年，因此各自代表三種創新的發聲學習。對於大多數的哺乳類，社會學習的主要內容是躲避掠食者、覓食、調節群體動態和選擇配偶。這些物種的發聲技能多半與生俱來，但有不少物種學會因應不同的社會情境，改變這些天生的鳴叫聲的運用方式。其中的例外包括蝙蝠、鯨魚和人類這幾個物種。黑猩猩、倭黑猩猩和大猩猩這些人類近親有成熟的文化，卻不是建立在聲音的溝通上。這些學習發聲的哺乳類親緣並不近，而且在發聲學習上很可能各自獨立演化。由於鳥類比鯨魚、大象和海豹更容易在野外觀察，並在實驗室裡操控，所以我們是從白冠帶鵐這類物種了解非人類動物的發聲學習。

令人困惑的是，很多鳥類和某些哺乳類是發聲學習的高手，為什麼牠們的親族和其他大多數動物卻多半靠與生俱來、非經學習的聲音溝通，就連擅長學習多種技能的物種也不例外？可能的原因在於，當聲音傳達的訊息有明顯的世代差異，物種才會偏向發聲學習。另外，只有少數擁有複雜社會網絡的物種有這個現象。當聲音可以傳達個體的身分，並且透露氏族與其他社會組織變動不居的本質，習得的聲音或許能讓動物更有效的適應社會動態。至於其他物種，聲音的意義相對侷限，多半用於宣示領域，示意找到食物，以及遇見掠食者時示警。聲音的學習因此沒有多大效用，反而可能對下一代的成長造成代價高昂的延遲。

幼鳥的雞同鴨講之所以帶給我親切感，原因在於一份相似度，而不是因為擁有共同的祖先。鳥類與人類的學習在細節上有所不同，凸顯我們與鳥類的發聲學習各自循著不同的演化路徑發展而來。然而，二者之間卻有某些驚人的相似點，是相異發展軌跡上的一致性。

我在花園和野外聽見的幼鳥，是在嘗試發出牠們半年多前的夏天第一次聽見的聲音。牠們還是雛鳥或羽翼初豐時，聽慣了父母和鄰居的鳴聲。那時牠們只在恍惚呢喃的狀態下鳴唱，卻也會尖聲啼叫討食，或發出各種不同的唧唧與顫音。去年夏天留在牠們腦海中的成鳥鳴聲記憶現在成了範本，用來評斷牠們自己的鳴聲。幾個星期的時間裡，牠們嘗試不同的組合，彙聚出最後版本，成為今後屬於牠們自己的鳴聲。這是記憶的輝煌成就，跟人類學習發聲的過程大不相同。人類的嬰兒在說出正確詞語前就能聽懂許多聲音的含義。儘管如此，我們卻是在聽見聲音的當下學習發聲，透過來回不斷修正，發出正確的語音。

聽聽人類父母和他們仍在學步的孩子互動：幼兒發出可愛的咿呀聲，父母笑著重複正確發音。孩子堅持的咿呀，父母再次重複。這樣的對答延續些許年月，幼兒的咿咿呀呀慢慢轉變為成年人的語言。對於帶鵐，聆聽與發聲之間有著廣大的時空距離。六月份在魁北克北部聽見的聲音，在幼鳥的腦部度過一個冬天，直到歲末年終才在田納西州與幼鳥遲疑的嘗試相遇。幾個月前的記憶是幼鳥主要的老師，引領牠發出漸趨成熟的鳴聲。

並不是所有的白冠帶鵐的聆聽與鳴唱學習時間都相隔遙遠。加州海岸的白冠帶鵐不會遷徙，而是大量聚集在穩定的群體裡，一整年守護著領域。在這些族群裡，剛建立領域的幼鳥會學習鄰居的鳴聲，發聲的依據是這個新棲地的鳴聲，而不是孵化時聽見的聲音。對於有固定棲地的鳴禽，像這樣將鳴聲的學習延伸到接近成年期是常見現象，方便幼鳥緊密融入棲地的聲響背景。比鄰而居的鳥兒協調領域爭議的方法，通常是在你來我往的鳴啼競賽中有唱有答，藉此宣揚自己多麼精通在地鳴聲的變化。如果你的鳴聲與眾不同，就沒有競爭力。

在所有學習發聲的物種之中，基因間接引導學習過程，塑造出熱衷學習、也有能力學習的腦子，讓每個物種更容易學會自己的聲音。這些稟性靠群體的連結啟動。在實驗室裡獨自成長、依賴擴音器傳送鳴聲的帶鵐也能學會鳴唱，但學習的時間只限於孵化後數週。在群體中生活、社交互動頻繁的帶鵐，卻可以持續聆聽學習幾個月。

然而，睪固酮會終止學習。白冠帶鵐度過第一個春天時，體內的睪固酮滲入血液後，年幼時期的歡騰試音就會固定下來，變成最終版成鳥鳴聲。人工移除睪固酮，不管是以物理方式去勢，或以化學藥物中和，都能延長學習階段。睪固酮可以激發領域宣示，卻是個枷鎖，沉重得壓垮創造力。

個別的白冠帶鵐和白喉帶鵐只會鳴唱一種曲調，一生中重複數萬次。這些重複的鳴聲存在些許差異，重音出現在不同段落，音符也會隨著情境而變化，但以人類對聲音的分類法來看，鳴聲的基本形式只有一種。這種一致性有助於溝通。每一隻鳥都熟悉鄰居的鳴聲，如果所有鳥兒都在自己的領域內鳴唱，那麼大夥都能相安無事。如果有個陌生的聲音冒出來，或者有個熟悉的聲音來自不同的領域，鳥群就會怒氣騰騰，展現攻擊性。

某些鳥類會學習多種不同鳴聲。比如北美近郊和鄉間常見的歌雀，牠們能唱出八到十種重音與顫音的活潑組合，每一種重複幾次，再切換到另一種。每隻鳥兒都有自己的全套曲目。只要細心聆聽，我們人類也能畫出住家附近的帶鵐分布圖，以稍縱即逝的鳥鳴聲油墨塗畫天空。牠們曲目的豐富性正好挑戰人類記憶的極限。我在田納西州花園的一角聽見五隻雄鳥的鳴唱，總共約有四十種變化。我用心留意，想記住每隻鳥兒的曲目，心情無比歡暢。

不過，褐矢嘲鶇卻打敗了人類的耳朵。每隻鳥兒的顫鳴之中最高含有兩千個樂句，這些樂句兩兩一組，連續迸發幾小時。牠們靠近配偶或剛長好羽毛的幼鳥時，也能低聲輕吟。牠們的某些鳴聲變化是模仿其他物種而來，意味著牠們的聲音學習可能持續一輩子，不過大多仍出自牠們自己的創意。眾所周知，鸚鵡和歐椋鳥的發聲學習可以延續一生。這樣的靈活度或許能幫助長壽的物種適應複雜的社會生活。然而，儘管人類教導籠中鳥說人話已有數百年歷史，我們對這些鳥兒在野外習得的鳴聲的音調差異與含義仍然所知有限。

♪

社會學習是通往文化的門戶。所謂社會學習，指的是動物聆聽並觀察其他動物，從中獲得知識，藉以塑造自己的行為。父母將基因傳遞給子女，每個物種有各自的節奏，這個節奏依據的是世代時間的長度，也就是胚胎發育到成為有繁殖能力的成熟個體所需的時間。文化傳承的動向卻不受親緣限制，它的速度只有一個限制，那就是動物彼此關注相互模仿所需的時間。那麼，學習發聲的動物為聲音的細膩化、精緻化和多樣化打開創新的可能性，擺脫基因傳承的刻板與遲緩。

白冠帶鵐琢磨自己的成年鳴聲時，並不是全盤複製牠們上一代的聲音。相反的，牠選定的鳴聲既能符合周遭環境的規範，也有自己的特色，或許是獨特的變調，或起始音的頻率。這種個體性與一致性之間的平衡，對於帶鵐鳴聲的功能極為重要。異於在地慣例的鳴聲無法吸引潛在配偶，爭奪領域時也容易被視為弱者。然而，依樣畫葫蘆模仿別的鳥兒，卻會擾亂群體的秩序。

任何傳承的變遷，即使程度不大，都會開啟通往演化的大門。在基因演化方面，變遷來自DNA的突變與重組，而這突變與重組則發生在生殖細胞分裂與結合的和諧共舞中。這些基因變異會在族群之中大量增減也許純屬偶然，也或許是基於達爾文所謂的天擇。當白冠帶鵐聆聽、記憶，而後鳴唱出牠所聽見、不算忠實的複本，牠就促進了文化演化。

文化變遷的速度，取決於學習行為墨守成規或創新的程度。白冠帶鵐也可以傳統守舊。長期棲息在加州海岸的某些族群之中，同樣的鳴聲已經傳唱了至少六十年。如果未來的文化變遷也依目前的速度進展，那麼北美沼澤帶鵐鳴聲的某些變異將會延續數百年。相較之下，棲息在美國東部森林邊緣的靛藍彩鵐則比較不穩定，與時俱變。靛藍彩鵐循環鳴唱牠們的六種鳴聲類型。正在建立領域的年輕雄鳥向已經坐擁領域的在地雄鳥學習鳴聲類型，而後對那些年長鄰居鳴唱。不過，這些後來者會在鳴聲中添加裝飾。經年累月下來，隨著老一輩逝去，新世代陸續抵達，新的曲調會不斷增加。短短十年，任何一個棲地的鳴聲類型就完全翻新。巴拿馬的黃腰酋長鸝所經歷的文化變遷速度更快。饒舌的黃腰酋長鸝羽毛黑黃相間，象牙色的喙狀似匕首，群居築巢，一棵樹上會有多達幾十個巢。在群體裡，黃腰酋長鸝的鳴聲有五到八種，牠們會相互模仿，卻也會創造新的變調。繁殖季初期最流行的曲調，有三分之一會在一年內消失。黃腰酋長鸝自創鳴聲（哨音、叮噹聲、啷啷聲），也會模仿蛙類、昆蟲和其他鳥類的聲音。這個物種的文化演化之所以如此迅速，主要是因為牠們專注傾聽社會情境，複製棲地成員和周遭物種的鳴聲。緊接著，專注的傾聽就變成聲音創新的燃料。

發聲學習不但讓聲音能隨著時間改變，不受ＤＮＡ變異牽制，也能創造地域多樣性。每個群體的黃腰酋長鸝都擁有一套專屬鳴聲，依據成員的品味增刪整理而成。群體成員以共同曲目相互叫囂吵鬧，協調彼此間的結盟與爭執。當某隻鳥兒離開出生地，加入鄰近的聚落，牠會迅速拋棄舊有的曲調，學會新家的鳴聲。對於這些鳥兒，每一棵樹都是獨特的文化單位，群體成員必須學習並使用同樣的鳴聲，群體的邊界於焉形成。

白冠帶鵐鳴聲的地域差異視牠們的遷徙行為而定。比如加州海岸的白冠帶鵐，牠們常年棲息在固定領域裡，因此各個小社群會擁有不同的鳴聲，有時這些社群也只分布在幾個領域裡。相同社群裡的所有鳥兒使用類似的哨音、啁啾和急掠音結構，不過每一隻雄鳥會為自己的鳴聲添加標記。如同黃腰酋長鸝以樹木為中心的文化世界，白冠帶鵐鳴聲細密的地域劃分，是後到者行為的產物，它本身就是雌鳥的求偶偏好和雄鳥的地域爭奪規則的結果。年輕的雄鳥第一次建立領域時，必須調整鳴聲格式，讓它符合社會規範，這是融入社會的強大壓力。每個社群的形成，很可能是一場大火燒光一切，驅逐原本棲息的白冠帶鵐，之後植被重新長出，新的拓荒者來到這個新生棲地，帶來牠們特有的鳴聲。這些聲音成為每個小區塊特有的文化變遷，代代相傳。那麼，加州海岸的小型文化單位，源於某些小規模干擾，創造出五花八門的小區塊鳴聲類型。在沒有火災和其他災難的年分，每個區塊之內的鳴聲差異，就靠白冠帶鵐群體之內循規蹈矩的發聲學習維持。

山區或極北森林邊緣的白冠帶鵐每年冬天遷徙到南方，不會定居在穩定的群體裡。牠們的鳴聲因地而異，但基本範圍是數百公里，而不是幾十公尺。這是分布極廣的候鳥的典型。旅行的趣味之一，就是聽見每一種鳥類的地區性差異。一旦離開熟悉的地域，我們在住家附近聽熟了的鳴聲，也會出現新的變調或增加特殊元素。根據個別物種創造力與一致性之間的特殊平衡，聲音的地域性會有規模與結構的差異。較少遷移、下一代定居在原生棲地附近的戀家一族，地域分布通常比較緊密，比較狹隘。清晨我在舊金山灣區散步時，就會經過幾個白冠帶鵐社群。但如果想聽見同樣數量的帶鵐社群，我們就得開車走幾百公里的路。白冠帶鵐沒有明顯的地區性方言，不過，過去二十年來有個新的鳴聲變異橫掃整個美洲大陸，原本的喔鳴、嘶鳴咿、喀吶噠、喀吶噠變成了喔鳴、嘶鳴咿、喀吶、喀吶。白冠帶鵐的長距離遷徙行為助長了這個變異的迅速散播。

姑且不論規模大小，鳥類鳴聲的地域性差異通常被稱為方言（dialect）。方言這個詞或許隱含太多人類的語義，以致妨礙我們聽見發聲學習的鳥類的多層次文化變異。黃腰酋長鸝每星期創造並改變鳴聲，每棵樹的群體都有專屬的流行曲調演變，與其說是方言，不如說是排行榜前四十名的歌曲。加州白冠帶鵐在單一小區域使用的方言之多，就連結構最複雜的人類語言都自嘆不如。白喉帶鵐的鳴聲在整個分布區裡如此一致，如果出現新的變異，多半等同於某個單一概念或流行語的傳播。

那麼，文化能夠以每個物種特有的形式促進鳴聲的多樣化。這麼一來，文化的力量就與基因演化的力量兩相結合。以白冠帶鵐為例，啼囀的速度一部分是文化產物，一部分是鳥喙尺寸基因演化的結果。鳥類會在啼囀盛行的地方啼囀，否則就會以哨音與急掠音為主，這是習得的行為。大嘴鳥（基因適應當地食物的結果）啼囀速度不快，因此牠們的鳴聲某種程度上反映了喙的大小，而這種特徵多半由基因塑造。

聲音文化也可能回歸基因演化的途徑。加州海岸的白冠帶鵐出生後的第一個秋天，就會在固定的社群裡安頓下來，而且多半在此終老，因此必須迅速融入這個棲地的鳴聲。然而，山區的白冠帶鵐離開父母築巢的地點往南過冬，隔年春天北返卻不會再回到孵化地點，而是另尋無從預知的繁殖地。牠們會隨著變動莫測的機運或偶然，在白冠帶鵐廣大的繁殖範圍內找個地區定居。每個族群的白冠帶鵐的腦部都演化出符合牠們生命歷程的學習機制。海岸的鳥群學習鳴唱起步較晚，而且延長到秋季，配合新領域調整鳴聲。牠們的學習集中又準確，挑選出最適合所屬社會情境的最佳曲調。山區的鳥群比較早學習鳴唱，利用孵化到遷徙那短短數週選出多種適用的鳴聲。牠們把這些花樣繁多的曲調記在腦海裡，等時機成熟就練習各種變化，等牠們抵達繁殖領域時，就選定自己的鳴聲。實驗室中的鳥兒也展現出這種學習上的時機與廣泛性的差異，顯示演化塑造了牠們的神經系統，以利因應牠們鳴唱的社會情境。來自不同族群的白冠帶鵐在基因影響下，會傾向留意並學習自己區域的鳴聲。這樣的偏好可能是演化而來，幫助牠們彙集最相關、最有用的鳴聲。基因為動物的身體提供藍圖，讓牠們有能力學習，也渴望學習，文化因此產生。文化一旦發展出來，就會以最適合文化背景的藍圖塑造基因。

文化影響基因演化最戲劇性的手段，是促成物種分化。繁殖期的鳴聲既能連結擁有相同偏好與鳴聲的鳥兒，也能排除品味與聲音表現相異的。這樣的生殖動力正如基因演化，當擁有相似偏好與鳴聲的鳥兒聚在一起，族群就會分化，創造出兩個或更多基因庫。時日一久，這些差異就能衍生出新物種。這些偏好與鳴聲的傳承究竟是透過基因或文化並不重要，重要的是，鳴聲表現的形式和相應的求偶偏好之間是不是發展出連結。如果有，族群就能分化出內部自行繁殖的小圈子。

鳴唱學習能不能促進物種形成？這是過去五十多年來科學家持續探索的問題。他們發現，鳥類鳴聲類型的文化差異十分普遍，但在各族群之間，這種差異與基因異化的相關性並不常見。白冠帶鵐是最明顯的實例。加州海岸的留鳥與來自太平洋西北地區的候鳥，在加州北部和奧勒岡州南部相遇，雙方有各自的鳴聲「方言」，北方的鳥兒哨音比較長，急掠音和囀音比較短。再現實驗（playback experiment）的結果顯示，鳥兒回應自己方言的鳴聲時活力更旺盛，意味著共同的鳴聲能凝聚族群，也跟其他族群保持距離。只是，在族群交會的廣闊區域，這種行為上的差異就沒那麼明顯。這可能顯示，儘管鳴聲的文化差異似乎確實是族群之間的壁壘，但在密集接觸的區域，這樣的力量可能會減弱。

在連結相異族群方面，發聲學習也容許一定程度的彈性，藉此延遲物種分化。雌鳥有時會偏好棲地的鳴聲類型，但這種偏好並非必然，只要接觸其他不同鳴聲，就會改變。舊金山附近某個社群的鳴聲類型相當一致，雌鳥因此可能會順應環境，偏好熟悉的鳴聲。到了更北邊的奧勒岡州邊界，雌鳥聽慣了不同的鳴聲，品味更為廣泛靈活，有可能選擇來自其他區域的雄鳥。在雄鳥方面，文化也能消弭地域性差異。年輕雄鳥第一次建立領域時，會配合在地風格塑造鳴聲，或多或少脫離來自親代的傳承。牠的基因無法改變，卻能透過學習找到新的鳴聲。

鳴聲文化除了促進或延緩演化導致的族群分化，也可能讓瀕危物種更容易滅絕。一旦族群密度降得太低，動物很難找到彼此，幼鳥也因此學不到自己物種的完整鳴聲。澳洲藍山山脈羽色黑黃、以花蜜為食的王吸蜜鳥（regent honeyeater）目前只剩下數百隻，近年來開始鳴唱非典型曲調，甚至唱出其他物種的鳴聲。跟過去幾十年的錄音資料兩相比對，現存鳥兒的鳴聲似乎簡單得多。在沒有合適指導者的情況下，幼鳥只好學習別種鳥類的鳴聲，或者自行創造。啼唱這種變形或殘缺曲調的雄鳥吸引不了雌鳥。因此，當物種瀕臨絕種，鳴聲的社會學習可能變成不利的條件。夏威夷考艾島（Kaua'i）上的蜜旋木雀（Hawaiian honeycreeper）數量減少的同時，鳴聲的多樣性也驟減。很可能是因為喪失了社會連結，過去維繫鳴聲學習的文化底蘊不復存在。瀕臨絕種的鯨魚也是如此，當族群規模縮小，文化多樣性也會消失。據說數量銳減、瀕臨絕種的抹香鯨和虎鯨都有這種現象。只是，我們沒有二十世紀前鯨魚聲音多樣性的相關紀錄，因此無法評估損失的程度。物種數量如果僅剩過去全盛期的百分之十或更少，聲音多樣性的下滑想必更加嚴重。

在具備發聲學習與文化演化的非人類物種之中，我們對白冠帶鵐的了解最深。白冠帶鵐鳴聲的地域性變異極為明顯，就連不擅長分析鳥鳴聲的人類耳朵也能聽得出來。目前絕大多數發聲學習物種都沒有經過科學研究，白冠帶鵐為我們打開一扇窗，方便我們想像那些物種可能的文化面貌。只要發聲學習存在，文化演化就能展開，背後的驅力或許是動物本身的創造衝動，或單純只是每個世代在向上一代學習的過程中、複製誤差（copying error）的累積。這種文化變遷導致鳴聲在時間的長河裡產生變異，並且在結構繁複的地域扇形開展。

鳥類只是研究得最透澈的例子，事實上地域性變異普遍存在其他發聲學習的物種，比如海洋哺乳類。以座頭鯨為例，新出現的鳴聲變體幾個月內就能遍及整個海洋盆地。這些變體通常來自棲息在澳洲外海的創新地區（鯨魚鳴聲創意的育成地）的鯨魚，而後散布到世界各地。我們不清楚那片海域為什麼能孕育如此多種新的鯨魚叫聲，也不知道為什麼某種鯨魚鳴聲變體會突然散布開來，其他的卻不會。正如抹香鯨、虎鯨和海豚，齒鯨鳴聲的文化差異透露物種內部微妙的從屬關係：從親子到宗族到廣大地域。比如抹香鯨就生活在範圍超過幾千公里的母系族群裡。這種母系結構延續數十年穩固不變，可能是靠同樣的鳴聲模式維繫，而這些鳴聲則是族群內年幼者向年長者學習而來。抹香鯨以短促響亮的喀嗒聲進行溝通。當牠們彼此靠近，這些喀嗒聲就像人們週末和朋友聚會時激動的交談，興奮的話語相互重疊。每一隻鯨魚好像擁有獨特的嗓音或聲調，以獨一無二的方式編排喀嗒聲。這種個別性深植在更大的空間與社會結構裡。不同的母系族群有專屬的喀嗒格式，本身就是地區「方言」的一部分。在太平洋之中，這些方言群體在地域上會有所重疊，但生活在裡面的鯨魚卻不會彼此聯繫，彷彿鄙視喀嗒方式「不對」的鯨魚群。而在大西洋，每個方言群體的鯨魚都留在海洋裡屬於自己、互不重疊的分區。當抹香鯨發出喀嗒聲，其他鯨魚應該能夠立即辨識出牠的區域、家族和個別身分，正如我們人類能根據別人的說話聲推測對方的身分與經歷。

某些時候，文化演化會跨越物種界限。鸚鵡、琴鳥、嘲鶇和其他多種鳥類會擷取其他物種的鳴聲片段，編進自己獨創的鳴聲裡。澳洲琴鳥還會透過文化管道讓這些鳴聲代代相傳。一九三四年，琴鳥被人類帶進澳洲東南外海的塔斯馬尼亞，即使這個新家並不是綠嘯冠鶇的棲地，牠們卻還記得並重複綠嘯冠鶇的鳴聲，成為牠們模仿表演的一部分。三十個世代之後，移居的琴鳥後代依然唱著綠嘯冠鶇的曲調，是最早的琴鳥所傳承下來。

非人類動物的鳴聲也越過藩籬，進入我們的文化。比如座頭鯨叫聲的錄音便催生了一個世代的生態保育人士；西貝流士（Jean Sibelius）和平克・佛洛伊德（Pink Floyd）等音樂家將鳥鳴聲納入他們的創作；我們的擬聲詞「呱呱」、「啁啾」和「吼叫」；警笛聲引起狼嗥。其他動物的叫聲進駐人類的想像力，擴散到我們聆聽、記憶與回應的網絡。

文化演化將動物（單一物種或跨物種）納入學習的網絡，這個網絡比親子之間的傳承更為廣闊。這種網狀資訊流動，喚醒了脊椎動物的ＤＮＡ一度遺失的演化靈活度。幾十億年前，我們的細菌祖先透過周遭水域任意交換基因，這樣的往返交換帶著一個細胞的ＤＮＡ進入另一個細胞，再回來。後來複雜動物的基因遺傳受到生殖細胞分裂和親代遺傳等規則控制，細菌的基因交換卻沒有這樣的束縛。文化演化打破基因遺傳的規則，重新找回演化一度喪失的速度與流暢性。這麼一來，透過學習，行為就能從某個個體跳到另一個個體。但當然也有所限制。基因與結構上的限制，為動物關注與模仿的內容設定界限。帶鵐不會向渡鴉學習，鯨魚也不會模仿蟾魚。在這些界限內，文化演化取樣、重新混合，再連結，找回一丁點屬於我們細菌祖先的演化靈活度。

♪

鳴禽和人類的共同祖先在兩億五千萬年前分化。那次分道揚鑣後，鳥類和哺乳類的腦部分別走上自己的路，從此各自活在感官與體驗的平行世界裡。鳥類腦殼裡的神經密度高於哺乳類，小小腦袋的細胞數量跟體型大得多的靈長類一樣多。兩者前腦的皺襞與分層各依不同方向排列，哺乳類的依層級層層堆疊，鳥類的則是密集堆積成一簇簇。雖然彼此的譜系已經分離許久，我們和鳥類在發聲學習上卻有著類似過程。社會學習具備某些普遍存在的特質。

第一個相似點顯而易見，那就是人類的嬰兒和鳥類的幼雛都有牙牙學語的階段。我父母告訴我，半世紀前我的舌頭和嘴唇發不出cat和chocolate這樣複雜的語音，因此，在我幼兒時期的語言裡，貓是vuff，巧克力是clockluck。白冠帶鵐成鳥的鳴囀同樣超越幼鳥的能力，於是幼鳥抖著聲音吱吱叫，慢慢熟練精通。但動作控制不是熟練的唯一面向。幼鳥和幼兒聲音的次序、速度和形式比成鳥和成人更繁複，成串的迸出來，不受傳達意義所需的規則限制。成長會將這些雜亂無章的童言稚語修剪成精準的成年形式。當鳥類和人類年歲增長，發聲學習的難度會升高。年長的白冠帶鵐不再學習新鳴聲。儘管幼兒時期的我們能迅速掌握接觸到的語言，成年後學習新語言的基礎內容卻是挫折連連。

鳥類與哺乳動物在學習發聲的過程中經歷的剔除與刪減，也會依據不同時程，塑造不同生命體的生長與成熟。樹木的嫩枝縱橫交錯，朝無數方向萌發，只有少數能長成結實的枝幹，其他的都斷裂掉落，成為蟲子的食物。動物身體發育的歷程部分來自早期的擴大生長，而後以細胞的程序性凋亡進行調整。天擇的演化先恣意揮灑各種可能，而後慢慢收攏。也就是說，基因的變異在生殖與突變的作用下，等身體和社會環境選出勝利者，就收縮減少。這頁的文字也是淘汰大量語詞後僅剩的少數，敘述方式和比喻更是經過數百次的置換。英國作家亞瑟・奎勒・庫奇（Arthur

Quiller-Couch）給作家的忠告經常被引用：「謀殺心之所愛（Murder your darlings）。」這句話無意中點明了生命的創造歷程。

無論鳥類或人類，聲音的製造、感知與記憶都是由腦部的不同區域控制。聆聽、記憶與行動各自隱藏在專屬區域，它們在人類和鳥類大腦中的活動並沒有太大差別。腦部的感知中心以不知名的方式調節，能覺察各自物種最相關的聲音。這些感知中心將聲音資訊傳送給腦部控制肌肉和神經的部位。而腦部這些反饋迴路的基礎，是負責建構腦部的基因。FOXP2基因對人類語言至關緊要，對鳴禽腦部發聲學習路徑的早期發育也同樣重要。

當帶鵐和人類幼兒咿呀學語，我們聽見了深埋其中的一致性。雖然人類和鳴禽的成熟大腦形態截然不同，但發聲學習所需的神經網絡，有一部分是靠同樣的基因所打造。同樣的，二者學習的模式與歷程也相似。那麼，聽見幼鳥跌跌撞撞初試啼聲的莞爾一笑，就不只是情感的觸動。那份油然而生的喜悅，是因為回想起超越歧異的親緣。

系出同源，卻不失特殊性。我們是特殊的物種，在與我們親緣最接近的靈長類之中，沒有任何物種比我們更擅長發聲學習。其他靈長類複雜的行為與文化，是建立在視覺與觸覺的觀察，而非發聲學習。這些非人類靈長類的腦部功能好像也與我們殊異。人類大腦掌管發聲學習的區域，對其他靈長類的聲音製造作用不大。這裡存在著獨特性，而想要在自然世界中開創特殊地位的人類，眼明手快搶下這份獨特性。只是，鳥類、鯨魚和其他發聲學習物種的文化演化告訴我們，人類的發聲學習與其說是絕無僅有，不如說是平行存在。在動物界之中，通往發聲學習與文化的路徑不只一端。

正如蝙蝠、鳥類和昆蟲翅膀的演化，演化透過身體構造的差異創造發聲學習。在這類型的趨同演化（convergent evolution）中，每個獨立作品都有專屬的特點。認定某一個優於其他，無疑是荒謬的。然而，人類喜歡認為「語言」是我們獨有。其他動物會發出聲音，但只有我們擁有語言。這彷彿在說蝙蝠會飛翔，而鳥類和昆蟲只會拍擊、急衝和振翼。這種區分的依據是什麼？不管是學習、意向性（intentionality）、發聲文化、長時間的文化演化、為聲音附加含義，或用語言表達外在事物或內在狀態，這些都不是人類獨有。每個物種的聲音製造都有邏輯，有語法。沒有人知道為什麼只有某一種語法夠格稱為語言，我們也看不出來哪一種語法堪稱精粹，可以做為衡量標準。比方說，鳥類比人類更擅長辨識個別聲音之中的細微差別，相較於連串音節的編排，牠們似乎更善於理解個別音節隱藏的規則和條理。如果這種能力是衡量語言的標準，那麼我們遠遠比不上帶鵐。科學家研究恆河猴和歐椋鳥發現，就連據說人類語法中特有的遞回性（recursion），亦即利用有限的元素創造並理解大量（或許無限）措辭，也不是人類獨有。

對於其他物種的聲音與發聲學習，我們只有初步了解。至於牠們複雜的聲音世界，我們也只做了模糊而不完整的窺探。然而，即使處於無知的迷霧中，我們也清楚看見，我們的物種只是眾多能交談、有文化的生命體之一。或許人類的特質不在登上其他物種達不到的狀態（不管在語言或文化上），而是能力的整合。很多動物學習發聲，藉此找到配偶，解決爭端，傳達身分、歸屬和需求，在群體之中成長茁壯。很多動物也學習身體與生態方面的實用技能，以利繁衍昌盛。這些知識一代傳一代，通常不是靠繁複的聲音，而是近距離的觀察。幼小的脊椎動物通常會花幾年時間觀察父母，學習如何尋找並處理食物、移居到什麼地方、如何建造巢穴、掠食者出現時該如何應對，以及如何在合作競爭並存的群體中生存。少了這些知識，牠們便無所適從。在非人類動物的文化中，聲音溝通和實用技能的學習這兩個面向多半各自為政。而在人類世界，聲音的文化與其他知識的文化兩相結合。對於我們，習得的聲音是一種美感經驗，是社會關係的媒介，也提供我們通行並操控這個世界所需的詳細資訊。其他物種以各種方法運用文化，但我們以動物界前所未見的方式，將它們整合在一起。

過去五千五百年來，我們跨出另一步。我們在陶土上雕刻、在紙頁上印刷，或者手指在螢幕上敲擊，捕捉凍結短暫易逝的語音，賦予話語歷久不衰的有形實體。書寫文字的發明，打破聲音溝通的所有束縛。當我誦讀古代詩詞，亡者的心靈在我體內重生，說出話語。當我專注閱讀在另一片大陸上書寫的著作，我跨越了時間與空間，聽見作者的聲音。書寫文字大幅增進知識的累積與相互連結，遠非口說語言的力量所能比擬。書寫記號對人類的音樂也有相同作用。擺在我譜架上的樂譜，帶著旋律跨越幾個世紀。

文本是聲音的具現，如果口語是氣態碳，它就是鑽石。如此璀璨的寶石，賦予我們無比強悍的力量。在書寫文字的某些產物面前，例如機器、大氣層的改變、人類奪取與控制的欲望，其他動物的文化正在衰頹。比方說，一九六〇年代以來，白冠帶鵐的總量減少將近三分之一。這種減量並不平均，下降最明顯的區域是加州與科羅拉多州，多半是因為牠們偏愛的矮樹叢棲地漸趨破碎削減。落磯山脈北側和加拿大紐芬蘭的白冠帶鵐卻有增加趨勢，原因不明。

至於其他文化傳承物種，由於棲地消失、污染和狩獵等因素，數量更是面臨災難性縮減。全世界所有種類的鸚鵡有半數都在減少。過去五十年來，北美鳥類數量減少三分之一，大約三十億隻鳴禽消失。其他大陸也有這種現象，農業區更是嚴重。全世界的鯨魚和海豚之中，有三分之一瀕臨絕種。任何土地只要被農耕、森林開發和採礦等人類活動占據，鳴禽數量就會急遽下降，森林大火和土地沙漠化帶來更大危害。

鳥類學習鳴唱的時間可能至少有五千五百萬年之久，從牠們和鸚鵡擁有共同祖先的時代開始。哺乳類的學習時間可能也一樣久，可以上溯到蝙蝠和鯨魚出現的時代。在這段時間長河裡，發聲學習與文化演化是聲音多樣化成長與躍進的土壤兼肥料。在人類世界，這些過程卻轉而侵蝕生命的多樣性。這是意外改變，畢竟學習與文化原本鼓勵擴展。這種從繁盛到毀滅的變化，或許部分原因在於我們的漠不關心。人類沉迷於新獲得的力量，注意力轉而向內，幾乎遺忘了該如何向其他動物的聲音學習。如果真是這樣，那麼只要重新喚醒對其他物種鳴聲的關注，我們就能削弱破壞的衝動，重拾聆聽與學習的力量。

10 深時的印記

我帶領學生練習專注聆聽時，會要求他們靜靜坐著，注意力鎖定耳畔聲音的細微變化，將耳朵往「外」送到周遭世界，搜索聲響體驗。我們從中學習到，我們疲憊的現代心靈多麼難以排除內在的雜音、專注在感官體驗上。但反覆練習能打開一片空間，在那裡，內心的紛擾沉寂下來，周遭世界的豐富聲響得以顯現。短短十五分鐘，每個人都聽見從不同地方傳來的數十種、甚至數百種聲音，而這些聲音我們平常最多只能注意到五、六種。在同一個地點聆聽幾個月之後，我們發現這樣的練習不但挖掘出數量驚人的聲響，還能辨別它們之間的模式與關係。這些都是大地之音的片段，有豐富的層次與節奏。

這種隱而未顯的複雜度清楚告訴我們，寥寥數語根本不足以概括某個地方的聲景。如果要充分描述每個音質、節奏與空間的變化，短短一小時的聲音就足以寫成一本書。不過，即使只是速寫，不管多麼不完整，或許都能讓我們一探聲音如何活在此時此刻，又如何被歷史塑造。

我們最容易辨識出的聲景差異，通常來自迥然不同的動物叫聲或人類噪音。激浪沖刷的海岸，聽起來有別於樹木叢生的谷地，郊區街道的聲響特徵也與機場不同。我們認為這些差異都是不言可喻的。現存動物的聲音之間，卻沒有這麼表淺的差別。我們的耳朵如果對昆蟲、鳥類和其他發聲動物的聲音不夠靈敏，就不容易察覺它們的相異之處。

海浪和機械引擎的聲音明確透露它們的來源，動物的鳴叫聲也是。差異最顯著的鳴叫聲，通常來自本質懸殊的物種。蟬的波紋鼓膜銼磨或嘀咕，蟋蟀摩擦的翅膀唧唧有聲，鳥類胸腔的薄膜吹哨或囀鳴。藉助DNA和化石的幫助，我們還能在這每一類聲音裡辨識出每一組物種的演化史，推測牠們的源起，以及牠們有哪些親族。在每個地方的聲景之中，我們聽見眾多物種的聲音，因此也聽見許多生命故事。這就等於在繁華的都市漫遊，聽見各式各樣的語言和南腔北調。這些聲音類型透露說話者的出生地與遷徙狀態，有些時日不久，也有些已經歷數萬年。對於非人類的聲音，我們能聽見更久遠的過去，有時穿越幾億年。

當我們坐下來聆聽動物的聲音，我們允許自己體驗的不只是當下這一刻，還有板塊構造的標記、動物的遷移史，以及演化變革的回音。

♪

三處森林邊緣，分別位在三塊大陸，各自的緯度都跟赤道相差將近三十二度。它們聲景的結構、韻律與節奏各有不同，在這歧異之中，我們聽見了深時的印記。

斯科普斯山（Mt Scopus）就在耶路撒冷舊城外，地中海岸以東五十公里。我漫步走在希伯來大學的植物園裡。布滿灰塵的石灰岩步道穿過依照棲地分門別類栽種的植物，代表當地許多不同生態區之中的二十二種。時間來到七月，初夏的降雨已經結束，這裡的植物卻依然鮮綠。一來是因為這座石灰岩山脊的氣候溫和，二來則有灌溉管線徐徐輸送養分和水。樹木和灌木似乎直接從象牙色的碎石片之間長出來。步道周邊滿是卵石和小石塊。兩千年前直接在岩壁鑿出的墓穴進一步暴露山體。如果沒有園藝家照料，這裡大多數植物都會因為土壤太少而枯萎。周遭都是建築物和道路，校園裡更有引水灌溉的草坪，在如此乾燥的地點，這景象相當驚人。這裡的植物園是日益擴大的都會區裡的世外桃源。鳥兒和昆蟲在這些受到妥善照顧的多樣性原生種植群裡如魚得水。

一陣嘰咕聲從一棵敘利亞梣樹的鋸齒狀葉片間傳出來，像軟木塞被旋回紅酒瓶。我看不到聲音的主人，但那緊密的摩擦聲可能來自石紋灌叢蟋蟀（marbled bush cricket）的翅膀。在地面上，在柏樹、松樹和紫荊根部周遭的亂石堆中，地中海蟋蟀唧唧有聲，甜美悅耳活力十足，每秒送出二到三聲。這兩種昆蟲通常夜間鳴唱，但在盛夏的繁殖高峰期，牠們的鳴聲持續到清晨。這天的第一聲蟬鳴從橄欖樹和橡樹的枝椏間傳來，粗嘎的鳴聲音頻比其他昆蟲低，像時鐘的棘輪或發條每秒被轉動一次。牠們的聲音才屬於這夾沙帶塵的空氣和酷烈無情的豔陽。在午後濃重的熱氣籠罩下，通常只有牠們還在鳴唱。此刻，早晨的溫度慢慢升高，昆蟲為聲景添加立體感。唧唧的蟋蟀鳴聲像閃亮的雲朵飄浮在地表上方，灌叢蟋蟀標記出高一點的空間，為牠們所在的樹木周圍劃出鮮明範圍。蟬將樹梢編織成一片劈啪響的樹冠層。

鳥兒的聲音穿梭在這蟲鳴矩陣中。一隻金翅雀的金邊翅膀在松樹彎曲枝椏的暗處閃耀著，牠先發出高亢的囀音，旋即換成連串快速哨音，再回到囀音，而後是接連不斷的啁啾與急掠哨音。如同牠的金絲雀親族，牠的歌聲有甜美的連奏，也有高頻的顫動。無論是個別樂句，或樂句之間的切換，都以亢奮的速度送出。

同一棵松樹上有一隻麻雀一面用牠結實的喙撕扯毬果，一面發出連串的單音喊，得到地面上的親族回應。根據考古學家挖掘出的麻雀骨骸，這些鳥兒已經跟人類一同居住在這個區域幾千年之久。中東地區農業興起之後，麻雀就進駐最早的城市，啄食遺落的穀物，在建築物的裂縫築巢，而後跟隨人類的腳步前往世界各地的都市。我們在全球都市街道聽見的喊聲（包括這座植物園裡的），是一份人與鳥的關係的延續，始於中東這些石牆。

歐亞烏鶇（Eurasian blackbird）圓潤的顫鳴，與麻雀持續不歇的斷音形成旋律與音調上的對位搭配。那清晰、偶爾下滑的高低音符邊緣帶點憂鬱的顫音，像哀愁的民謠曲調。那聲音是烏鶇家族的特色。這個群體長笛般的鳴聲在歐亞大陸、非洲和美洲的樹林相當常見。我在北歐的花園和城市聽慣歐亞烏鶇的鳴聲，但在這裡，那隻烏鶇在橄欖樹枝葉間張開牠黃橙色的喙，盡情鳴唱。到了秋天，烏鶇會將注意力轉向橄欖樹油脂豐富的果實。歐亞烏鶇和其他烏鶇不管棲息在哪裡，都擔負散布種子的職責，是植物的好夥伴。這樣的合作關係維繫鳥兒的生存，也確保植物的生機。在地中海地區，歐亞烏鶇和其他烏鶇是野生橄欖樹最早的散布者。過去八千年來這個角色遭人類奪取，因為人類選擇栽植果實碩大的樹種。我們得到了便利，鳥兒的咽喉卻面臨挑戰。

四隻白眶鶇結伴同行，在樹林間穿梭。牠們的音質比較尖銳，樂句比較短促，穿插在彼此的吱吱喳喳交談中，是一場歡欣的交流，有別於烏鶇更為肅穆的獨吟。我在牠們的鳴叫聲中聽見鮮活的互動，每一隻鳥兒時不時呼喚同伴，是由聲音的亮麗絲線編結而成的流動網絡。

一隻斑鶲從橡樹枝頭出擊，捕獲一隻小蜻蜓，再返回原來的棲位。牠拆掉蜻蜓的翅膀，吞掉身體，而後繼續警戒，挺直站立，腦袋忽左忽右轉動，尋找其他飛蟲。牠盯著四周的同時，嘴裡發出輕聲的唧。有點粗嘎，像灌叢蟋蟀的聲音。鶲科類鳴聲輕快活潑，捕食昆蟲維生，在歐洲、亞洲和非洲都不難見到。

一隻冠小嘴烏鴉嘟嘟囔囔的在植物園小徑邊緣戳著啄著。雖然烏鴉、渡鴉和松鴉這些鴉科族類以牠們粗啞喧鬧的呱呱啼叫聞名世界各地，牠們其實也有豐富的曲調組合，比如柔和的哨音、嘎吱聲、咯咯聲和呢喃聲。有時牠們用這些聲音調解配偶或家族之間的互動，但正如這隻冠小嘴烏鴉此刻的表現，即使在我們看來牠是單獨行動，卻依然會發出聲音。對於鴉科鳥類，聲音似乎既適合溝通，也適合沉思冥想。

一隻敘利亞啄木鳥站在枯乾的橡樹枝椏上，為這片鳥鳴聲添加打擊樂元素。牠的喙來回啄擊，在乾枯的木頭上敲出連串鼓聲。那震波一開始激昂清晰，後來慢慢衰頹。啄木鳥的足跡遍布非洲、亞洲、歐洲和美洲，擁有絕佳聽力，能分辨領域內的木頭和其他固體的聲響特性。其他鳥類用身體發聲，不靠外力，啄木鳥則是利用中空的樹木、屋舍的外牆、排水管和煙囪蓋，來放大並傳播牠們宣示領域的信號。牠們對敲擊的地點頗為挑剔，會先測試一輪，了解周遭各種材質的聲響特性，從中選出共鳴效果最好的。在斯科普斯山，由於園藝家的管理，可供挑選的死木並不多，但樹木枝椏橫生，枯枝的數量還算夠用。

我在春天造訪斯科普斯山，雖然昆蟲還沒開始鳴唱，這兒的聲響特質卻跟夏天類似。枝頭的嫩葉陸續舒展，黑頂林鶯的鳴聲韻律感十足，穿插在巴勒斯坦太陽鳥（Palestine sunbird）的喧鬧與鳴囀、大山雀的活潑音符和棕斑鳩舒緩的竹笛聲之間。這片聲景相當柔和，或者說在人類聽來是如此。鳥兒的輕聲敲擊、顫鳴與啼囀，被蟋蟀悠揚的唧唧聲烘托得格外清亮。蟬鳴聲為這片聲景帶來些許不和諧，尤其到了夏末，牠們的嘶鳴和紅領綠鸚鵡或歐洲松鴉的吵鬧聲打破這一方寧靜。我來這裡五、六次，從沒聽見過兩棲動物的聲音。在遠離城市的溼地，綠蟾蜍發出顫鳴、樹蛙咕噥著，大合唱卻很少見。

美國東南部喬治亞州海岸的聖凱瑟琳島，位置在耶路撒冷以西一萬零三百公里、以南十六公里處。清晨我站在碼頭上，先前我在這裡放置水下麥克風，讓自己沉浸在槍蝦與蟾魚的滋滋響與哇哇聲中。時值盛夏，汗水沿著我的後頸滴落。空氣的溼度將近百分之百，到了下午三點左右，氣溫會飆升到鬱熱的攝氏三十八度。

這大自然溫室裡的植物痛快酣暢。在厚重的溼氣中，它們敞開葉片上的呼吸孔，悶熱的空氣加速光合作用。它們盡情享受陽光與二氧化碳，生長速度是中東和南歐未受灌溉的植物的四到十倍。這裡的海岸每年的雨量是斯科普斯山的二到三倍。一年四季都有充足的降雨，不像地中海大部分地區集中在冬季。我站在碼頭上，視線越過島嶼邊緣的龍鱗櫚，望向一片裝點著松蘿鳳梨（Spanish moss）的常綠橡樹林，樹林間摻雜著高聳參天的火炬松和長葉松。儘管這裡的沙質土壤不如內陸土壤那般肥沃，那些樹木依然蓊鬱蒼翠。小松樹只要不受阻擋，每年至少能拔高一公尺。

動物的響亮鳴叫聲也是這片沃土的產物。對於不習慣豐饒地域聲響的耳朵，這裡的昆蟲、蛙類和鳥類聲勢極為驚人。在豔陽孕育下，多達三十一種蛙類與蟾蜍在喬治亞州的溼地和水窪鳴叫。

每一種蛙類都有偏好的季節與棲地，因此，每個月、每個地點都有獨特的合唱曲。在常綠橡樹林邊緣的灌木沼澤地裡，我聽見七月海岸溼地的特有聲響，是節奏與音調的多樣化組合。有豬蛙無序的洪亮轟鳴，有東部狹口蟾（eastern narrow mouth toad）哀怨的哇哇聲，有蝗蛙一陣陣的叮噹聲，還有綠樹蛙雁鳴般的昂昂昂。樹蛙的鳴聲會漸次增強，直到蓋過其他所有聲音。牠們察覺到我的動靜，立刻噤聲。我蹲低身子躲避大批蚊子的攻擊，靜靜等待，樹蛙的鳴聲再次壯大。這些樹蛙跟斯科普斯山的蟋蟀一樣，通常在夜間鳴唱，但在暖和的日子裡也能歡唱到天明。

昨天晚上螽斯的鳴聲如瀑布般響亮，牠們的合唱由普通螽斯步調一致的嚓嚓嚓主導，間或點綴角翅螽斯（angle-winged katydid）含糊的粗嘎聲，以及名稱恰如其分的演奏家螽斯（virtuoso katydid）那盤繞的高頻喀嗒聲與顫音。這時太陽升到樹冠層高度，蟬築起一片嘶嘶響的細碎音牆。蟬和螽斯不同，牠們在森林裡呈塊狀分布。我往前走著，偶爾遇到幾處比較安靜的林間草地，那些地方的蟬鳴被蟋蟀的高頻顫音與啁啾聲取代，聽在人類耳裡和緩得多。此處昆蟲的音質和節奏與斯科普斯山類似，不過在這座茂盛的美國森林，物種多樣性和動物數量比較高。

在這陸地與沼澤交會、煉獄般的泥濘地域，全身羽毛閃耀著虹彩的紫黑色船尾鷯哥在棕櫚樹和橡樹上喧鬧。牠們的叫聲像被叮鈴噹啷的金屬飛輪聲覆蓋的電子嗡嗡聲，這聲音既能凝聚群體，也傳遞有關掠食者或食物的新消息。紅翅烏鶇棲息在蘆葦叢生的水邊，一面伸展緋紅臂章，一面發出領域信號孔喀哩。強有力的鳴聲，重音放在最後的悅耳囀音。鷯哥的高亢叮鈴聲和黑鸝的喉音是擬黃鸝科的特色，家族的成員包括美洲烏鶇、酋長鸝、鷯哥和牛鸝。這個家族其他一百多種鳥兒的鳴聲結構複雜，通常是滑音、哨音和刺耳叫聲的華麗並置。

北森鶯的歌聲從一棵常綠橡樹舒展的枝椏間傳來，牠的唧啾聲漸次拉高，最後以含糊的下降音快速收尾。牠的巢可能藏在松蘿鳳梨垂掛的面紗裡。北森鶯屬於林鶯科，是黃鸝科的姊妹家族。林鶯科鳥類又名American warbler（warble意為鳴囀），這可能是最不貼切的鳥類科名，因為這個家族一百多種鳥兒的叫聲是緊繃、有力的含糊鳴聲與喊喳聲，通常組成短促的重複樂句，卻不囀鳴。有三十多種林鶯在這座島上築巢、過冬，或遷徙時路過此地。牠們多變的鳴聲是此地季節變換的主要標記。春天是領域鳴聲，而後是過境時進食的喊。

一隻褐矢嘲鶇站在小松樹末梢，送出連串喧騰的自創曲和模仿周遭聲景的片段，向對手和潛在配偶炫技。嘲鶇跟牠的近親反舌鳥一樣，善於聆聽與創新，能編造出連珠炮似的流暢組曲。這些鳥兒被稱為擬聲鳥，但這個名稱委屈了牠們的高明技能。牠們並不模仿，相反的，牠們取樣、混音，再增添新意，遠比單純的複誦更有創意。一棵長葉松上的舊啄木鳥洞附近傳來喧鬧的呼咿，那是大冠蠅霸鶲的叫聲，棲在同一棵長葉松低枝的綠紋霸鶲附和一聲噴噓似的劈咋！這兩種鳥兒都屬於霸鶲科，牠們簡單有力的鳴聲是這個多樣化美洲鳥類家族的特色。

一隻旅鶇在附近另一棵橡樹上鳴唱牠單調的樂句，四或五聲哨音為一組。兩隻魚鴉從頭頂上方飛過，對彼此呱呱啼叫。家燕追著飛蟲疾飛或盤繞，發出吱吱喳喳的聲音。這些聲音示意哪裡有食物充沛的區塊。一隻卡羅萊納鷦鷯躲藏在高度及膝的鋸棕櫚（saw palmetto）枝葉間，反覆唱著啼喊陀、啼喀陀。牠的配偶以斥罵聲回應，叱叱。鷦鷯跟這裡其他許多鳴禽不同，牠們會對唱，可能是為了維繫伴侶關係，歌聲則是連串急墜的清亮音符。

這種龐雜的鳴聲組合是北美東部潮溼森林的特色。其中許多鳴聲讓我們得以在北方體驗美洲熱帶的風情，尤其是在這樣的森林裡，遠離以飛機噴灑藥劑的農田，以及被殺蟲劑消音的工業化人造林，那嘹亮鳴聲就像出自南美洲或中美洲的雨林。溫帶森林的物種數量永遠無法比擬熱帶地區，但夏日喧騰鳴聲的勁道卻是毫不遜色。這裡的鳴聲之中有某些節奏與音質也出現在歐亞地區，比如蟬、蟾蜍、樹蛙、鶇鳥和鷦鷯等，卻也有某些是這片大陸所獨有，尤其是鳥類。鳴聲短促緊繃的美洲霸鶲與林鶯是鳴禽界的極簡主義者，牠們的活力和語義壓縮成反覆的驚嘆與短句。黃鸝科的鳥兒像實驗電子音樂家，將鳥鳴聲變成變調的咻咻聲、嗡嗡聲和鏗鏘聲，博物學家一聽就知道那是美洲的特色聲響。在人類的耳朵聽來，這些聲音結合了電子音樂在音頻與音質上的瘋狂跳接，讓人聯想到美國作曲家米爾頓．巴比特（Milton Babbit）的作品《為合成器而作》（*Composition for Synthesizer*），以及電子舞曲的重複與跳躍。例如褐頭牛鸝的音頻能在不到一秒內升高一萬赫茲（大約是鋼琴音域的兩倍），牠們得花兩年的時間才能學會這樣的神技。擬椋鳥（oropendola）、酋長鸝和鶇哥也能發出這樣的急掠音，夾雜刺耳的吱喳聲或鈴聲般的音符。這些鳥兒熟練這種發聲技巧後，一生中會重複鳴唱數萬次。

澳洲新南威爾斯州的克勞迪灣（Crowdy Bay）位在斯科普斯山以東一萬零三百公里處，與另一邊的聖凱瑟琳島有著相同距離。此地的緯度跟耶路撒冷和聖凱瑟琳島相同，只是位在南半球。天剛破曉，我走在高大的桉樹林和開闊的荒地之間，就在離太平洋海灘不遠的內陸地區。雖然是八月的冬季，我卻穿著短褲。這裡的季節在溫暖與炎熱之間交替。通常全年有雨，夏末達到高峰，但乾旱和洪水經常打亂這樣的規律。這裡的植群是常綠木，大多數植物有強韌的葉片，適合這裡的夏季高溫、貧瘠的土壤和難以預測的乾旱。

黑喉鐘鵲（pied butcherbird）一家四口聚在一棵黑桉樹（blackbutt eucalyptus）的枝椏上，牠們的頭頂和翅膀是黑色的，背部和腹部是白色的，強烈的對比在桉樹墨綠色的葉簇間成為鮮明的視線焦點。其中一隻發出三聲格外富麗的慢板音符，在溫暖陽光照耀下，像流動的金光。牠重複一次，最高音下滑模糊，而後以一聲純淨穩定的尾音終結。牠的同伴延續牠的笛音，以高亢的鳴聲回應，同樣緩慢而清晰。牠們於是開始你唱我答，第三隻也加入，用牠高低起伏的反覆五連音掩蓋另外兩隻的聲音。牠們就這麼鳴唱幾分鐘，透過鳴聲保持密切聯繫，或許也傳遞關於危險和食物位置的訊息，以及群體內瞬息萬變的動態。這時第四隻發出刺耳叫聲，像人類吹動捏在手上的厚片草葉。四隻鳥兒一齊飛進相鄰的荒地，消失在灌木叢裡。

黑喉鐘鵲醇厚的鳴聲十分美妙，節奏也相當輕快，人類的耳朵就能聽出每個音符與轉折。牠們的旋律彷彿沒有完結，像在等待同伴接唱，用更多轉折與鋪排彼此回應。我大腦的美感中心閃閃發亮，在豐富的音質、創意的旋律與展現鳥類靈活關係網絡的聲音刺激下，全力運轉。對牠們而言，這些聲音就像全世界其他鳥類的鳴聲一樣，能協調牠們的家庭生活，幫助牠們與鄰居溝通。對於我的耳朵，那絕美的聲音也是這片大陸的標誌，它的音色與力度，是我在美洲、中東或歐洲不曾聽見的。

我走在沙質泥土路上，遠離那株黑桉樹，進入荒地的佛塔樹（Banksia）灌木叢裡。佛塔樹皮革般的葉片相當濃密，這裡的鳥鳴聲音調變化沒那麼明顯，卻同樣令人驚豔。一對小垂蜜鳥咯吱咯吱啼叫，像柵門的老舊鉸鏈在擺動，巧克力蛋糕色的羽毛裝點著白色條紋滾邊。牠們在惱人的咯吱聲之間穿插雁鳴般的嘎嘎聲，好一陣喧鬧的噪音。一隻白頰吸蜜鳥飛進佛塔樹叢，小垂蜜鳥的喙於是發出喀嗒聲，像在恫嚇。吸蜜鳥跳到鄰近的枝幹，站在佛塔樹末梢，憤怒的發出連串丟丟丟，像玩具雷射槍擊發的聲音。牠離開的時候，烏黑摻雜金黃的翅膀閃現光芒。

一隻噪吮蜜鳥（noisy friarbird）從我背後急速飛掠而來，翅膀一陣拍擊後停棲在同一株佛塔樹上。牠殷紅的眼睛在光禿無毛的黑色腦袋上猶如火焰。比起啼唱，牠好像更熱衷把短劍似的喙刺進枝葉間，卻也喋喋不休叫個不停，從尖叫跳轉到粗嘎的咕嚕聲，再到洪亮的啊。四隻黃尾黑鳳頭鸚鵡從上方飛過。牠們一面振翼、一面咯咯有聲，而後鳴咿啊、鳴咿啊的嘀咕著。在我前方的小路上，一隻纖巧的鶺鴒扇尾鶲蹬蹬跳跳的追逐昆蟲，尾巴往兩側輕拂，急切的反覆鳴啼，音頻由低到高，像手指頭在乾淨的溼玻璃上摩擦。牠在高頻吱吱聲之間加入喀嚓聲，像相機快門連續不斷的開闔。

我在克勞迪灣的體驗，正如同我在澳洲東部溫帶灌木叢與森林裡的典型體驗。來到這裡請打開車窗，你會聽到澳洲喜鵲美妙的頌歌。當陽光照上樹梢，又會聽見多種吸蜜鳥在斥罵爭吵。吸蜜鸚鵡（lorikeet）和鸚鵡在空中注入帶刺的研磨聲，音量之大足以淹沒人類的交談聲。幾十隻裸眼鸝一起在掛果的樹木上大快朵頤，對彼此叫嚷，爆出華麗的哨音。在地勢較高的溫帶雨林裡，綠嘯冠鶇一唱一答。其中一隻發出絕對穩定的單音，持續整整兩秒，而後以一聲貫破耳膜的急降音終結。牠的伴侶立刻以悅耳的啾啾聲回應。綠貓鳥（green catbird）的鳴聲是帶鼻音的壓抑顫音，像心情極度沮喪的貓咪或人類嬰兒。

琴鳥的叫聲或許是世界上最複雜、音質也最豐富的鳥鳴聲。牠們會模仿其他物種的聲音，也會添加自己的笛音、哨音、爆裂音和囀音。一整套表演延續數小時，音量之大，可以傳到三公里外。法國作曲家奧立佛．梅湘（Olivier Messiaen）花了幾十年時間聆聽並回應鳥鳴聲中的樂章。他寫道，琴鳥的節奏與音色如此新鮮奇特，驚世絕俗。他在歐洲聽見的鳥鳴聲都無法比擬。琴鳥、吸蜜鳥和鐘鵲的鳴聲，為他最後一部管弦樂作品《黃泉之光》（*Éclairs sur l'au-delà*）的某些段落提供靈感。這部作品在一九九二年由紐約愛樂交響樂團首演，就在梅湘去世半年後。琴鳥的鳴聲是如此絕美，能夠從法國傳送到紐約林肯中心的舞台上。

在克勞迪灣漫步時，我沒有聽見蛙鳴，蟋蟀則只聽見一種，在灌木深處輕柔的鳴唱。不過，到了夏天，蟬足以跟鳴聲最響亮的鳥兒抗衡，螽斯和蟋蟀也加入戰局。在森林比較潮溼的地帶，窪地和溝渠蓄積雨水，東部侏儒樹蛙（eastern dwarf tree frog）和條紋沼澤蛙（striped marsh frog）盡情鳴唱。相較於斯科普斯山和聖凱瑟琳島，克勞迪灣的昆蟲在音質和節奏上比較相近，就像蟋蟀的啁啾與蟬的刺耳哀鳴，一聽就能辨別出來。這裡的蛙類發出的彈撥聲、震顫聲和爆破聲也類似其他大陸的蛙類，卻沒有美國蛙類大合唱那喧囂的氣勢。

此地聲景之中的能量與紋理是以鳥類為主。灰胸繡眼鳥和壯麗細尾鷯鶯等少數鳥類發出輕柔的顫音與鳴囀，但這些聲音都匯入更為喧嚷強勁的音串裡。鐘鵲、喜鵲和吸蜜鳥等鳥兒的鳴聲匯聚成名家樂曲，有層次豐富的和聲，也有刺耳的無調性爆衝與迸發。一邊是天使吹奏著木管樂器，一邊是非音樂的工業聲響。驚世絕俗。

澳洲鳥類的活力與音調的多樣化，震撼許多十九世紀的殖民者。一八五四年博物學家湯瑪斯．哈維（Thomas Harvey）寫道，「幾隻鳥兒啁啁啾啾，幾隻呼嘯吹哨，許多在尖叫、嘶鳴與吶喊，卻沒有鳥兒在歌唱。」根據蘇格蘭人類學者安德魯．懷特豪斯（Andrew Whitehouse）對新外僑所做的調查，聽慣歐洲鳥鳴聲的人覺得澳洲鳥兒「新奇」、「擾人」或「可憎」。有些人被迫搬回歐洲，因為無法接受鋪天蓋地的鳥鳴「衝擊心神」。這種反應部分原因在於，我們都偏好成長階段接觸的聲音。英格蘭心理學家伊蓮娜．芮克里芙（Eleanor Ratcliffe）和她的同事研究發現，我們對音質與旋律的熟悉度，可以預測鳥鳴聲帶給我們的療癒效果。懷特豪斯調查發現，住在英國的澳洲人懷念故鄉的聲音，有時會播放錄音檔喚醒聽覺記憶。鳥鳴聲竟能強烈激發我們的疏離感或歸屬感，一定程度上反映出不同大陸的聲音差異有多大。這些感覺也提醒我們，其他物種的聲音深植在我們心中，成為我們潛意識裡的聽覺羅盤，帶領我們的心飛向舊家園。

♪

描述並比對整個區域或大陸的聲音，或許流於以偏概全。概述會錯失內部的複雜度，畢竟每個棲地都有許多聲音變化與紋理。在任何森林裡步行一、兩公里，你的耳朵就會聽見龐雜的音調與節奏，那是數百個物種的鳴聲齊聚一堂。然而，除了這種細緻的在地聲紋，每個大陸的聲音也存在基本差異。

聲音之所以豐富多樣，部分原因在於地球的樣貌原本就千變萬化，有各種形態的風、山、雨、浪、海灘與江河。亞馬遜天空降下的雨點比北美來得大。北方的海岸線留有冰河沖刷的痕跡，那裡的岩石岬角發出的聲響，比未經冰河洗禮的亞熱帶沙土海岸更為篤定。蜿蜒流過內陸地區的河水，聲音比沿著山坡往下奔騰的溪流更為渾濁無力。地球的地質史創造了千奇百怪的地表與水流，供恆常不變的物理定律戲耍玩鬧。

演化為全球聲音多樣性添加兩股創造力量。歷史的偶然性在各地繁衍出分屬不同譜系的物種，每個譜系的起源、遷徙、物種分化與滅絕各自不同。綜合之下，這些因素促成了聲音的多樣性分布。除此之外，個別物種也踏上自己的美學創新之路，讓鳴聲適應地區特性。由於引導這些演化途徑的力量通常變化多端或即興發揮，每個物種的聲音於是以無法預料的方式分化。長達數百萬年的時間裡，聲音的歧異化節節攀升，以致整個地區的聲音特性全然改觀。這些歷程，與水聲、岩石聲和風聲的塑造有所不同。同樣大小的雨滴，不管是落在美洲、以色列或澳洲的岩石上，發出的聲響並無差別。但這些地方的動物即使體型和生態極為相似，牠們的鳴叫聲也無法以物理定律推演。歷史和動物通訊的癖好，為生物的聲音增添有趣的意外與變化。

在地球上的每一個地方，我們都能聽見本地種與外來種動物的聲音並存。其中有些是近期的事，比如歐椋鳥與短嘴鴉在整個北美齊聲鳴唱，但大多數的動物生物地理學都由來已久。當我們回顧過去幾千萬或幾億年，會發現每一種動物目前的分布，都是因為某些物種堅持留守家園，而其他物種決定探索新地域。每個物種於是都有少數分化出新物種，創造出地理與動物類別之間剪不斷、理還亂的關聯。

最古老的鳴唱動物，也就是蟋蟀與牠們已然滅絕的親族，是在盤古超級大陸演化出來。那麼，如今各個大陸的蟋蟀如此雷同，也不值得驚訝。每個地方傳承下來的蟋蟀，都來自後來分裂的同一塊陸地。可是蟋蟀的生命力也夠頑強，能乘著漂流的植株橫渡大海。我們聽見的相似鳴聲是比較近期的散布結果。田野、庭園和公園的熟悉唧唧聲，來自蟋蟀「亞族」田蟋蟀。除了南極之外，所有大陸都有牠們的蹤跡，包括很多海島。

其他鳴蟲的分布，也不乏這種既有遠古統一血統、又有近代移居行為的情況。又名灌叢蟋蟀的螽斯很可能來自南方超級大陸岡瓦納（Gondwana，盤古大陸分裂後形成的陸塊），而後在各陸塊之間移動，創造出在不同大陸擁有近親的大家族。我在耶路撒冷聽見的石紋灌叢蟋蟀所屬的家族，是從澳洲進軍歐洲的溫帶地區，而後去到北美。在聖凱瑟琳島的夜色中鳴唱的普通螽斯，來自另一個從非洲移民美洲的譜系。蟬也遍布世界各地，牠們目前的形貌至少可以追溯到盤古大陸分裂的時代。從那時起，牠們不停在大陸間移動，在相距遙遠的陸地都有近親。例如北美的週期蟬，在分類學上是某些澳洲蟬的表親。

大多數現存蛙類的祖先也起源於岡瓦納，有兩支主要支系在那裡形成。其中一支分化出林蛙、雨濱蛙和狹口蟾，最早來自岡瓦納分裂後變成現今非洲的陸地。另一支在南美，是美洲和歐洲所有樹蛙、蟾蜍和澳洲龜蟾的祖先。如今的南美和非洲是大多數蛙類的故鄉。在這些發源地以外的地方，我們聽見的大多是少數成功橫渡大海移居新大陸的家族。沒有人知道這些蛙類如何勇渡遠古海洋，可是成功案例只有少數（約占南美與非洲所有蛙類的百分之十），顯見在汪洋大海中泛舟的情況並不多見。

鳴禽的故鄉在澳洲太平洋地區，這個區域如今劃分為澳洲、新幾內亞、紐西蘭和東印尼各島。大約五千五百萬年前，有個遠古鳥類家族在這裡一分為二。其中一系演化為現代鸚鵡，另一系則是現代鳴禽。這兩大族群都有高度發聲技能，其中某些物種擁有發展完善的發聲學習與文化。這兩大譜系的鳥類合併起來，占現存近萬種鳥類的半數以上。在許多聲景裡，牠們跟昆蟲共同扮演主導者。

這麼說來，我在克勞迪灣聽見的非凡聲響，源自鳴禽演化的故鄉。鳳頭鸚鵡和鸚鵡是澳洲四處可見的尋常鳥類，自從牠們的祖先跟其他鳴禽分道揚鑣後就在此地定居。鐘鵲、澳洲喜鵲和鶲鴿扇尾鶲都來自澳洲太平洋地區鳴禽譜系上歷史悠久的支系，是離開該地並演化為現代烏鴉的遠古鳥類的近親。琴鳥是從將近三千萬年前的譜系分化出來，牠的複雜鳴聲證實，遠古鳴禽已經是老練的歌者。垂蜜鳥、吮蜜鳥和吸蜜鳥屬於另一個古老支系。這個家族的後代如今都定居在澳洲太平洋地區，是當地最嘈雜、最多樣化的鳥類。

從譜系學的角度來看，地球其他地方的鳴禽都是澳洲太平洋地區多樣化鳥類的子群。我們在其他地方聽見的鳴聲，是依據少數移居鳥類的傳承發展而來，那些鳥類的子孫在世界各地創造出繁複多樣的聲景。只是，在我聽來，沒有哪個大陸的鳴禽能跟澳洲太平洋地區的鳴禽一樣，擁有如此豐富多變的音色、節奏形態和力度。澳洲太平洋地區的鳴禽多次外移，但其中兩波對全世界鳥鳴聲的分布留下長遠影響。第一波先落腳亞洲，而後美洲，但在中東和歐洲並沒有現存後代。聖凱瑟琳島的大冠蠅霸鶲和綠紋霸鶲就屬於這一波。第二波的後代涵蓋半數以上的現存鳴禽。亞洲、非洲、歐洲和中東人們耳熟能詳的鳥鳴聲，絕大多數來自這組移民，比如鶇科、百靈科、燕科、雀科、織布鳥科、歐亞與非洲的麻雀、歐椋鳥，以及「舊世界」的林鶯科和鶲科。其中少數也移居美洲。但美洲鳥鳴聲的特色，主要來自這第二波移民之中的單一支系。美洲烏鶇、林鶯、唐納雀、麻雀和北美紅雀（cardinal-grosbeak），都是這個家族的後代。

科學家之所以判定澳洲是全世界鳥鳴聲多樣化的熔爐與輸出源頭，是根據最新的鳥類DNA分析而來，推翻了某些傳統演化觀點。長久以來，生物學家一直認為澳洲的動植物來自亞洲，都是某個他們深信根植在歐亞大陸的譜系的旁支。澳洲生物學家兼作家提姆·洛（Tim Low）深入探索澳洲鳥類，發表了《鳴聲來處》（*Where Song Began*）一書。他在書中強有力的闡述他的開創性觀點，認為包括享譽世界的達爾文和恩斯特·麥爾（Ernst Mayr）在內，十九、二十世紀的生物學家都相信澳洲是「無主地（terra nullius），而這片空曠的土地填滿來自北半球的好東西」。這種生物地理學的殖民觀點，如今仍然存在某些分類學名詞上，比如「舊世界」，以及歐洲人用來指稱澳洲、紐西蘭的辭彙「新世界」、「東方」、「對蹠地」（antipodean）。彷彿地質時間與生命譜系的源頭都在北歐。

鳥鳴聲並不是禽鳥聲景的唯一元素。蜂鳥殺氣騰騰的啁啾聲和瘋狂的鼓翅聲，是美洲特有的聲響。但在三千萬年前，蜂鳥生長在歐洲，有德國出土的化石為證。這些遠古蜂鳥後來移居南美洲。歐洲的蜂鳥絕跡了，南美的蜂鳥卻找到舒適的家園，跟開花植物相互搭配，迅速分化。

遠古時代的每一次遷移中，一小群鳥類從澳洲太平洋地區抵達移居地，為日後的興盛繁衍撒下種子。當我們側耳傾聽，我們聽見的是千百萬年前某些偶然事件的後續影響。如果當初是另一群鳥兒從新幾內亞北部海岸被吹往亞洲，或跨越後來變成白令海峽的白令陸橋抵達美洲，鳥類聲景的地理分布會呈現截然不同的景象。除了這些歷史上的變異與偶發事件之外，影響鳥類地理分布的還有個別譜系的物種形成與適應方式。每個物種都發展出自己的繁殖與環境適應之道。兩相合併，就成了演化創造聲音多樣化的歷程。

有關物種移居與親族關係等理論，都來自對現代物種DNA的分析，輔以化石提供的佐證。這些研究也透露了與人類的感官和偏好相關的細節。我們目前掌握的基因資訊之中，鳥類比昆蟲多出一百倍，為鳥類歷史的重建打下更廣闊、更扎實的基礎。昆蟲的DNA資訊並不匱乏，我們欠缺的是研究經費與系統性的關注。

鳥類是科學研究的熱門主題，部分原因在於牠們吸引我們的目光。鳥類的繽紛色澤令我們著迷，體型也夠大，足以撩撥我們的想像力。帶著伊卡洛斯（Icarus）[1]逃命的翅膀，使用的是鳥類的羽毛，而非昆蟲的外甲。基督教聖靈降臨的形象是鴿子，而非蟬。鳥鳴聲的頻率、音色和節奏，跟人類的語言和音樂比較接近，因此也更能觸動我們的感官和美感偏好。如果昆蟲也跟鳥類一樣鳴聲悠揚、色彩斑斕，我們會願意多花心思研究牠們。

動物的求偶展演通常根植於配偶既存的感官偏好，同樣的，我們對鳥類的喜愛也透露我們的感官偏好。那是來自我們的靈長類血統：喜愛紅色，是為了看見成熟的果實和健康紅潤的皮膚；欣賞優雅動作，是為了判斷別人的生命力；耳朵則渴望聽見隱藏在人類聲音裡的訊息。鳥

1 希臘神話人物，使用其父代達羅斯（Daedalus）以蠟和羽毛製成的翅膀逃離克里特島。

類扮演詩歌、宗教和國家的象徵，是專門迎合人類的眼睛和耳朵的產物。如果我們跟老鼠一樣以超音波溝通，或跟很多蠑螈一樣以氣味傳遞訊息，我們的錢幣和聖典裡就會出現齧齒動物和蠑螈。我們的感官偏好也為許多鳥類帶來危機。全世界有五分之一的脊椎動物被捕捉販賣。擁有人類喜愛的羽毛與歌聲的物種特別受歡迎。有些昆蟲被捕捉飼養，尤其是亞洲某些地方的蟋蟀。不過，對於大多數物種，野生動物買賣的威脅不算嚴重，不像鳥類般循著演化途徑走向吸引人類的悲劇下場。然而，伴隨危機而來的，是刺激改變的動力。人類的美感反應激發道德關切。知更鳥兒籠中囚，天界怒火難罷休。[2]我們的感官同時啟發我們的購買和保護欲。賞析這些帶給我們愉悅的神奇事物，了解牠們的起源與脆弱，或許我們會願意調整欲望與行為，致力保護野生動物之美。

斯科普斯山、聖凱瑟琳島和克勞迪灣的聲音似乎短暫又輕盈，一現蹤便消散。儘管倏忽消逝，它們仍然是層次豐富的歷史紀錄。每個聲音都隱含家族的來源與移徙，因此，每種聲景都是數千萬年的累積。我聆聽的時候，經常沉浸在聲景的瞬間旋律與音調層次裡。鳥兒起伏跌宕的哨音；昆蟲鳴聲的質地；動物相互應答的不同力道與音質，以及競爭對手或配偶的你唱我答。聲音除了帶來當下的欣喜，也邀請我們去聆聽演化的故事。這些動物移徙和板塊構造的歷史，通常比我腳下這方土地來得久遠。聖凱瑟琳島是由更新世的沙地和更晚期的沙丘沉積物組成，這兩種地質的時間都不超過五萬五千年。克勞迪灣的沙土跟聖凱瑟琳島一樣年輕，底下則是有兩億年歷史的熔岩。斯科普斯山的石灰岩是升高的海床，是六千五百萬年前海水消退後的殘餘。這裡的聲音的年代，通常比這些土壤和岩石多出幾千萬或幾億年。

聲音由氣息組成，瞬間消失，卻可能比岩石更古老。

2 摘自英國詩人威廉・布雷克（William Blake, 1757-1827）的詩〈純真的預言〉（Auguries of Innocence）。

第四部

•

人類的音樂與歸屬

11 骨頭、象牙、氣息

四萬年前，在現今德國南部的冰河時期洞穴裡，一種新的聲音橫空出世。這聲音不複雜，只是連串哨音，相較於洞穴外的鳥兒與昆蟲鳴聲的複雜度與廣度，似乎毫不出色。但那是革命性的聲音。在它創造出的那一刻，地球的創造力向前躍進，背後的力量是文化演化。

聽，靈長類的嘴唇吹奏塑形後的鳥骨和長毛象牙。假想的怪物顯現，獵人的氣息為獵物的骨骸注入生氣。空氣隨著旋律與音色振動，那發出聲音的，是地球前所未見的物品：樂器。

♪

時間為蒼白的骨頭和象牙添上蜜色。在塵土與礫石之中埋藏數千年，它們又暈染了松木色澤。在某個陰暗房間，那些東西靜靜躺在玻璃櫃裡的黑布上，在柔和的聚光燈下閃耀。我在德國南部的布勞博依倫史前博物館（Blaubeuren Museum of Prehistory），凝視將近四萬年前以鳥類翼骨和長毛象牙打造的笛子。

那些笛子易碎的模樣令我震驚。為了來這裡參觀，我事先做足功課，讀了不少技術文獻，也研究過相關照片。照片裡的笛子看似結實，像餐盤或動物學實驗室裡常見的堅硬骨頭。不過，此刻我站在實物面前，為它們的古老與薄脆深覺不可思議。那老舊的色彩、薄如紙張的壁板和細小的裂縫，讓我充分感受到何謂遠古。我的身體和情感終於明白我的心企圖理解的東西。

在我面前的，是人類最久遠的文化根源。這些笛子是已知最古老的人類樂器，比人類從事農業的時間久遠三倍，比油井和汽油的年代古老兩百四十倍。雖然極少數物種也有類似行為，卻沒有其他物種能真正製造出樂器。有些樹蟋在葉片上切出孔洞，藉此擴大牠們翅膀的顫音。螻蛄挖的地道有喇叭效果。樹蟋和螻蛄只是放大現有聲音，不是創造新的。紅毛猩猩會把樹葉壓在嘴上，發出親吻的聲音。但據我們所知，牠們並沒有為此改變樹葉的形狀。棕櫚鳳頭鸚鵡會將植物的種莢或樹枝啄成理想形狀，用來敲擊空心枝幹，是非人類動物使用工具的奇妙例證。

兀鷲翼骨一端切出V形凹槽，像現代的竹製或木製直笛。微彎的翼骨凸起那面有四個孔洞，在斷裂、沒有凹槽的另一端可以看見殘缺的第五個洞。這些孔洞的間隔正好方便人類的雙手輕鬆按壓。每個孔洞都呈傾斜狀，石器留下的精準刀痕仍然清晰可見。孔洞的斜面剛好形成與人類指尖吻合的凹陷。每一刀都經過思量。這塊骨頭的雕刻，是為了貼合人類的手與口。

製笛者使用的是橈骨，是兀鷲前翼兩根骨頭之中較細的那根。這根笛子因此細得像樹枝，直徑只有八公釐。但它幾乎跟我的前臂等長。兀鷲四處翱翔尋找腐肉，翼幅極為壯觀，比老鷹更寬，牠們的翼骨因此成為舊石器時代製笛師的最佳材料。

細細的裂縫將骨頭的平滑表面分割成十多片。這些碎片是從洞穴沉積層裡挖掘出來，經過圖賓根大學的考古學家尼古拉斯・柯納德（Nicholas Conard）、瑪莉亞・麥林納（Maria Malina）、蘇珊・孟澤爾（Susanne Münzel）和他們的同事重新組合與詮釋。笛子右側有一道裂口，就在指孔上方，它告訴我們這根壁板纖薄的骨頭如何短暫易逝，而這根笛子從舊石器時代來到現代，又是多麼難以置信的旅程。

這是從這個地區的洞穴挖掘出來的四根鳥骨笛之一，都出自奧瑞納文化（Aurignacian）早期的沉積層。所謂奧瑞納文化，是指解剖學意義上的現代人最早出現在現今西歐這塊土地後的時期。另外兩根笛子只剩附有殘缺指孔的碎片，最後一根以天鵝橈骨製造，同樣不完整，但有三個明確的指孔，是以二十三個碎片拼湊修復。

布勞博依倫史前博物館裡還典藏一根比較粗短的笛子，就在兀鷲笛旁。弧形笛身的凹面有三個斜向指孔，一端似乎刻意雕出深深的凹槽。一塊碎片從第三個指孔往下延伸，顯示這根笛子原本長度更長。跟鳥骨笛不同的是，這根笛子被兩道縱走裂縫貫穿，裂縫兩端又有不少橫向細紋，像手術切口的縫合痕跡。

這根笛子是用長毛象牙製成，身為現代人的我不曾見過這樣的材質。兀鷲橈骨不難看出是鳥骨，是巨無霸版的雞或火雞骨頭。長毛象牙在現代卻沒有尋常的對照物。它的表面帶點老舊皮革的質感，薄薄的壁板宛如硝製過的獸皮，進一步強化這種視覺效果。不過，指孔和兩端看起來又像在硬實的骨頭上刻鑿出來的。這根笛子是我見所未見的物品，但對於舊石器時代的人類來說，長毛象是主要的食物與器物來源。他們的洞穴散置形形色色的長毛象牙和骨頭製品，有工具、裝飾品、烹煮過的骨頭和各種象牙器物半成品。長毛象用途甚廣，根據洞穴裡的遺跡看來，其中大部分都遭到丟棄或遺忘。這些器物或許可說是舊石器時代的塑膠製品，只不過是從各種動物身上就地取材。

鳥骨是中空的，拿在人類手裡大小合適，是製造笛子的好材料。長毛象牙卻是堅硬又不易雕刻，那根象牙笛的製造者想必費了幾天工夫。

現代考古學家和修復專家仔細研究象牙笛上的刻痕，也做過相關實驗，模擬出冰河時期工藝師的作業流程。首先，他們使用鋒利的石刀從偌大的象牙上切下一部分，削成圓棒，亦即毛胚。洞穴裡另有數以千計的工具殘餘物，顯示他們也使用這種技法切出馴鹿角毛胚，用來製作狩獵用的彈丸。象牙不容易製成中空的管子，那個時代也沒有鑽孔器，於是他們把毛胚削成圓柱體，縱向劈成兩半，中央各自挖空再重新組合，變成管狀。製作的時候他們善用象牙的生長形態。長毛象牙外層是牙骨質，內部則是較厚的象牙質。工藝師細心的沿著內外層之間的接縫，製造出半牙骨質、半象牙質的棒子。內外層的接縫比較脆弱，可以利用刀鋒和小鍥子分開，沿著圓柱體的縱軸將它剖為兩半。將兩半各自挖空倒是需要耐心，而從成品看來，要將硬實的半片圓柱體挖成壁板夠薄的中空半成品，需要高超的技巧。

他們將象牙剖開以前，會先在兩側切出等距的凹槽，跟圓柱體的縱軸垂直。等到管子的兩半都挖空後，這些刻痕就成為兩半拼接時的參照點。接合兩半的黏膠，可能是以樹脂和動物的筋製成。嚴絲合縫，可以開始挖鑿斜面指孔和一端的吹口。即使斷裂並掩埋四萬年，這根笛子精密的製作工藝仍然令人驚豔。兩半精準密合，凹槽整齊排列。薄薄的壁板讓人誤以為它是天然的管狀物，比如鳥骨之類的物品，製作者付出的心力於是被忽略。這裡展出的這根笛子，是這個區域出土的四根象牙笛之中最完整的。其他三根的碎片不難看出是以類似技法製造而成。

這些已知最早樂器的製造者生活必然艱辛。他們居住的地方南邊就是冰河覆蓋下的阿爾卑斯山脈，北邊則是冰雪皚皚的北歐。那個時期留下的動物殘骸多半屬於凍原、冰冷草原和山區的生物，包括毛茸茸的犀牛、野馬、野山羊、土撥鼠、北極狐、北極兔和旅鼠。洞穴裡的花粉和木材遺跡顯示，那時候的植物多半是青草、山艾和少數極北灌木和樹木。每一口食物、每一根柴火和每一片衣物，都得費盡辛勞從冰封雪埋、天寒地凍的大地摳挖出來。然而，這些人卻用他們最精湛的技藝製造音樂。那些笛子，尤其那根象牙笛，是那個時代最成熟工藝的產物，展現出對材料特性的深刻理解，以及對工具的熟練運用。動物無聲的堅硬牙齒，被人類的雙手和想像力轉化成中空、多重音高的管樂器。以石造工具精準挖出空間，方便人類的氣息流入，為死物注入生命。

那麼，樂器的出現，並不是為生活不虞匱乏的美學家增添光采。相反的，生活困頓、朝不保夕的人製造出這個世界已知第一件樂器。當現代學校刪減音樂課時數，來自各方陣營的辯論家聲稱藝術讓人頹廢，是需要修剪的無用之物。學術家貶低音樂，認為人類文化基本上不需要音樂。那些人不妨看看冰河時期洞穴裡精心雕刻的笛子，重新思考。

我在展覽室陪著那些笛子坐了幾小時，前後有二十個人走過去，其中三個看了笛子，其他人直接走向安裝了按鈕的那面牆。每個按鈕都連接擴音器，能播放復原版笛子吹奏的一小段旋律。我無比錯愕，笛子本身並沒有引起人們太多驚訝和興趣。

說句公道話，那些笛子並不是一枝獨秀的工藝品，博物館裡還收藏了精美的小雕像，比如大噴鼻息的野馬，收攏翅翼急速俯衝的鳥兒、直立的獅人等幾十種，都是由人類雙手打造出來，讓拇指大小的牙齒或骨頭幻化為栩栩如生的動物。這些洞穴裡保存的人類藝術不只有音樂。考古學家耐心的用刷子和靈敏的探針挖掘出數十件動物與獅人雕像。洞穴的沉積物裡也有飾品，比如象牙和鹿角製作的墜子和珠子。住在這些洞穴裡的人頗具創意，將尋常的骨頭和象牙轉變成我們如今所謂的藝術。

最知名的雕刻品就在笛子展示櫃往前不遠的地方。它有獨立的展示間，裡面光線昏暗，正中央擺著一件被燈光照亮的物體。來這裡參觀的人可能都在新聞報導或博物館的介紹影片、海報和網站看過它的照片，難怪他們總是腳步匆匆的經過笛子。這座博物館的故事，都圍繞著某件被神聖化的物品。

基座上立著一尊象牙雕像，是極為豐滿的女性軀體，頭部以一個精工雕刻的小圓圈取代。這個圓圈可能是穿繩孔，而這尊巴掌大的六公分高雕像可能是墜飾或護身符。圓圈內部顯然被繩子磨得光滑。雕像的手腳偏短，左臂殘缺不全，乳房、臀部和外陰部偏肥厚，而且左右不對稱。腰部有曲線，腹部平坦。手部端正的擱在髖部上方。雕像軀體刻有不少橫向刀痕，或許代表裹布或其他蔽體衣物。只不過，這個時期的動物雕像表面也常有類似痕跡。

這個雕像也跟其他洞穴出土的小雕像一樣，在博物館和考古文獻裡被稱為「維納斯」，比如一九〇八年出土的「維倫多爾夫的維納斯」（Venus of Willendorf）。只是，其他的舊石器時代「維納斯」都比它晚至少五千年，因此，它們跟這尊雕像就算有關聯，也肯定相當遙遠。在現代人看來，這個雕像明顯誇大了性徵，但沒有人知道舊石器時代的創作者想表達什麼。宗教、聲明、色情、幽默、自我描摹、棋子、玩具、畫像、工藝習作、祈福或禮物？我們沒有充足的背景脈絡可供判斷。將兩千年前的羅馬神祇的名稱「維納斯」投射到將近四萬年前，呈現的只是我們的文化，而非古人的意向。

黑暗中的人們圍著燈光下的小雕像。這塊象牙雕像是已知最古老的具象雕刻作品。二〇一九年印尼蘇拉威西島（位於婆羅洲東方的島嶼）出土一批將近四萬四千年前的洞穴畫像，在那之前，這尊小雕像是已知最古老的具象藝術作品。

在洞穴裡，這個雕像埋在現今地表下三公尺深處，離那根兀鷲笛只有一臂之遙，跟洞穴在同一個沉積層裡。在考古學領域，沉積層是時間流逝的紀錄，每個世紀都疊加薄薄一層塵土或岩屑。分層的塵土告訴我們，笛子和雕像是同一個時代的作品。

那些笛子的年代有多久遠？碳定年法顯示，那根兀鷲笛和其他象牙笛碎片至少有三萬五千年的歷史，比較完整的那根象牙笛和那根天鵝橈骨可能有三萬九千年之久。至於最底層的人類定居遺跡，距今大約四萬兩千年。這些年分分別經過放射性碳的衰變和動物牙齒裡隨時間變化的晶體確認。未來的新技術或許能更精準測定年分。德國這些洞穴裡的笛子可能不是最早對世界奏出音符的樂器。以木頭或蘆葦製造的樂器許久以前已經腐爛，湮沒在悠悠歲月裡。或者它們還埋在某個地方，等待被挖掘。現階段，德國這些洞穴提供最早的物證。

人類的音樂比任何樂器都古老。早在我們雕刻象牙或骨頭之前許久，肯定已經使用聲音戲耍出旋律、和聲與節奏。現代人類所有族群都會唱歌、演奏樂器和舞蹈。這種普遍性意味著我們的祖先早在發明樂器以前，已經是音樂的愛好者。如今所有已知的人類文化之中，音樂都出現在類似情境裡，比如愛情、搖籃曲、治療和舞蹈。這麼說來，人類的社會行為通常少不了音樂。

化石證據同樣顯示，五十萬年前的人類已經擁有能發出現代口語和歌聲的舌骨。因此，在我們製造樂器之前幾十萬年，人類的喉嚨就已經能夠說或唱出語句或歌詞。

口語和音樂何者先出現，目前還無從確定。其他物種也具有感知語言和音樂所需的神經組織，顯示我們的語言和音樂能力只是原有能力的精緻化。人類以左腦處理口說語言（其他哺乳類或許也是在同樣的部位處理同類的聲音），其他聲音則是傳送到負責處理音樂的右腦。或許左右腦共同處理，左腦利用聲音在不同時間呈現的細微差異理解語義和語法，右腦則用音頻的差異來捕捉旋律和音色等細節。但這個劃分並非絕對，顯示語言和音樂之間沒有明確的分隔線。語言的抑揚頓挫和音韻會啟動右腦，歌曲的語義內容卻是點亮左腦，那麼，歌曲和詩文讓我們左右腦的運作相互交織。所有的人類文化都有這種現象，都將文字融入歌曲裡，而口說語言的意義有一部分來自語言本身的音樂性。在嬰兒時期，我們根據母親聲音的速度和音頻辨識她。成年以後，我們用音頻、拍子、力度、音質和音調傳情表意。在文化的層面，我們結合音樂和語言，將最珍貴的知識傳遞下去：澳洲的歌行（song line）；中東與歐洲的禱文吟誦、聖歌和詩篇；桑族（San）入神舞的「呼喊敘事」；以及全世界不同族群各異其趣的詠唱方式。

這麼說來，器樂（instrumental music）性質特殊，跟歌曲和口語有所區分。它是一種完全脫離語言的音樂。最早的製笛師也許研究出如何創造超越語言特性的音樂。在這方面，他們或許跟其他動物找到了共通性。昆蟲、鳥類、蛙類和其他物種的聲音也許有自己的文法和句式，卻肯定不屬於人類語言的範疇。如果器樂確實讓我們感受到超越語言或先於語言的聲音，那麼這是一種矛盾的體驗。人類對工具的使用為時不久又獨一無二，透過這樣的活動，我們超越語言，體驗到聲音的含義與細節。我們的動物親族或許仍然這樣體驗聲音，演化成為人類之前的祖先肯定也是。器樂或許帶領我們的感官回到工具和語言出現之前的體驗。

打擊樂的出現可能也早於口語或歌曲。由於鼓的材質多半是生活中常見的皮革或木頭，不耐久存、容易腐朽，考古學上的證據因此相當稀少。已知最早的鼓只有六千年歷史，出現在中國，但人類打鼓的歷史應該久遠得多。在非洲，野生黑猩猩、倭黑猩猩和大黑猩猩都使用鼓聲做為社交信號。這些猩猩表親使用雙手、雙腳和石頭敲擊身體、地面或樹木的板根。這意味著我們的祖先可能會擊鼓，或許用來傳達身分或領域訊息，在此同時凝聚成團結合作、節奏一致的群體。相較於其他類人猿，人類鼓聲的節拍更有規律，也更精準。有趣的是，對許多黑猩猩族群而言，用石塊敲擊樹木可說是一種儀式。黑猩猩會選擇特定樹木，在選定的每個地點疊出石堆。牠們不但把石頭存放起來，還會將它們拋或扔向樹木，發出砰或喀嗒聲。牠們敲擊樹木時，通常一面發出洪亮的「噓喘」，一面用手腳擊打樹幹。那麼，黑猩猩和人類都會將敲擊聲、嗓音、社會展演和儀式結合在一起。這個現象告訴我們，人類音樂的這些元素，歷史比我們的物種更悠久。

人類音樂最古老的根源究竟從什麼時間點開始，目前還是個謎，器樂與其他藝術形態之間的關係卻比較清楚。世上已知最古老的樂器，就埋葬在已知最古老的具象雕像旁，二者都來自洞穴裡人類遺跡的最底層。它們底下的沉積層已經看不到人類的痕跡，而後，在更深處是尼安德塔人的工具。在地球上的這個位置，器樂和具象藝術同時出現，就在解剖學意義上的現代人最早抵達歐洲冰雪大地的時刻。

樂器與具象雕刻品有個共通概念，那就是物質經過三度空間的修改，可以變成活動的物件，刺激我們的感官、心靈和情感，如今我們稱之為「藝術的體驗」。笛子與雕像的並置告訴我們，在奧瑞納文化時期，人類的創意不只展現在單一活動或功能上。工匠的技藝、音樂的創新與具象派藝術彼此連結。

最早期的人類藝術也為藝術形式之間的相關性提供佐證。已知最早的繪畫是抽象的，而非具象。這些繪畫來自七萬三千年前，掩埋在南非布隆伯斯洞窟（Blombos Cave）的沉積層裡。在那個洞穴裡，有人用赭石筆在易碎的岩石上畫出交叉陰影圖案。這個圖案所在的沉積層還有其他創意作品存在，比如貝殼珠子、骨錐、矛頭和赭石鐫刻的作品。

只是，現階段的紀錄顯示，德國南部洞穴立體藝術品製作工藝發展的速度，可能與使用顏料的具象藝術不一樣。笛子和小雕像似乎沒有經過刻意著色，它們所在的洞穴也沒有壁畫裝飾。在這個地區，要等到更後期的馬格達連文化（Magdalenian，大約這些笛子出現後再經過兩萬年），才有明顯以赭色顏料塗畫的岩石裝飾。歐洲另一個奧瑞納文化遺址、西班牙北部的埃爾卡斯蒂洞窟（El Castillo），發展軌跡卻是不同。洞穴裡的圓盤壁畫時間超過四萬年，在同一面牆壁上有個三萬七千年前的手掌圖案。不過，據我們目前所知，這個時期在這個地區並沒有立體藝術創作。同樣的，蘇拉威西洞穴的具象壁畫也跟任何已知雕刻作品無關。這些差異透露的，是考古紀錄有欠完整，而不是人類藝術的發展歷程。目前看來，立體藝術作品（雕像與笛子）最早發展的時間和地點似乎與繪畫不同。

這段悠久的歷史重塑我們對更近期藝術的體驗。望著舊石器時代的笛子和小雕像，我想到大英博物館、紐約大都會藝術博物館和羅浮宮的人潮。有時我們會排隊幾小時，只為了看一眼人類藝術與文化的重要時刻。但在德國鄉間這座小博物館裡，我們見識到藝術更深遠的根源。

我張開雙臂。假設我雙手之間的距離是已知人類音樂與具象藝術存在的時間，冰河期的笛子和雕刻品的位置會在我左手指尖，跟蘇拉威西的洞穴壁畫一起。各大博物館裡的主要藝術品的位置則在我右手伸直的指尖，是過去一千年來的產物。這絕不代表過去幾百年來的藝術創作不重要，相反的，紀錄遠古人類精湛藝術的遺址和博物館既與更近期的作品相得益彰，也為人類的藝術創作尋根溯源。藝術在與每個地區的動物和環境的關係中誕生，又藉著舊石器時代人類的高超技藝與想像力向上提升。

♪

我拿著兩塊鷲骨，打算依照遠古兀鷲笛的比例做幾根笛子。這兩塊骨頭原本屬於一隻路死的紅頭美洲鷲，牠的遺骸被搶救下來，目前已經是田納西州塞瓦尼南方大學的動物收藏品。對於奧瑞納文化的工藝師，兀鷲骨頭應該不難取得。兀鷲搜尋被獵人殺死的動物，就在人類居住的洞穴附近築巢，牠們的骨頭在洞穴沉積層相當常見。天鵝卻不然。天鵝骨頭需要刻意尋找，或許是在遠離洞穴的溼地。

在實驗室裡，我從紅頭美洲鷲的紙板骨甕裡取出兩根前臂骨，一是橈骨，一是尺骨。這兩根骨頭的長度比翅幅寬大的兀鷲短三分之一，不過形狀和比例大致相同，長度是我拇指的兩倍，比鉛筆還細。

骨頭在溫水裡浸泡一夜之後，在乾燥的房間裡存放了十年，我拿起那根橈骨，用原始的燧石刀動手切割。我的石刀來回鋸著，想要切掉橈骨的圓頭。為了打造這把小小石刀，我用堅硬的卵石猛擊一塊燧石，敲出薄片。成品非常鋒利，可惜我技巧有限，發揮不了多大用處。我大費周章，卻只在骨頭表面劃出淺淺的刮痕。鳥骨出乎意料的堅硬，表面也相當光滑。儘管我穩穩將刀子捏在手裡，刀鋒仍然不停滑動。

我愧為大師級石匠的後代（我們都是），連截除鳥骨末端這麼簡單的任務都辦不到。我用不慣陌生工具是一個原因，另一個原因是我製作工藝品的技術不夠純熟。發現笛子的那個洞穴的沉積層裡，有數以百計的石頭、獸角和骨頭工具：匕首、刮刀、錐子、解剖刀般的刀片、鑿子、刀子、鑽孔器和雕刻刀。從他們製作的工藝品看來，這些工具十分精良，顯然運用了相當成熟的技巧。我花了一、兩個小時擺弄我的原始石片，才明白他們的工法多麼巧妙，我的手藝又是多麼粗陋。

我宣告放棄，轉而求助現代弓鋸的鋸片。我拿著歷經採礦冶鍊而來的精鋼鋸片，切開那根鳥骨。先截掉一端，而後另一端，分別切除連接肘部與肩部的圓球。骨頭出乎意料的堅硬，我得使勁將鋸片往下壓，才能切得進去。兩端的圓球截除後，鳥骨拿在手上的感覺立刻不同。重量變輕了，也更均衡。它不再被沉甸甸的圓球牽制，重量平均分布在整根骨頭上，容易旋轉，方便我的雙手探索。

鳥骨吸收了我手指的溫度，釋出喜人的淡淡光芒。這隻美洲鷲的遺骨如此熱切的吸收並散發熱力，讓我體會到一種矛盾的生命性（animacy）。骨頭表面平滑，卻有程度上的差別。其中一面略微粗糙，像覆蓋一層細沙。有些微小的脊脈上下貫通，其中一條一分為二，創造出一塊平面。鳥骨對我的手無所隱瞞，片刻間就透露出我的目光忽略的細節。最可喜的特色是骨頭本身的弧度，接近S形，肘部那端的曲度比腕部那端大些。兩端的橫切面也不相同。肘部那端是不規則五邊形，腕部那端則是明確的D形。

我用手捻弄撫摸，將鳥骨捏在指間，輕輕按壓，而後略微施力。鳥骨彈性下陷，卻沒有碎裂的跡象。我將鳥骨放在掌中，上下輕拋，意外感受到它的輕盈。隨著這個動作，我的心思轉向這隻美洲鷲的飛翔。我們都是有骨骼有肌肉的生物，身體知道何謂移動，知道如何在地面或天空使力。我的雙手了解這種共同語言，但此刻它們獲知的訊息對我而言異常陌生。這輕得不可思議的鳥骨，令我困在地面的哺乳類身軀深受震撼。我的雙手驚嘆：原來這樣才能飛，原來需要如此絕妙的輕盈力量。事後我再次回想，重新思考那段經歷，又遲疑了，不信任雙手獲知的訊息帶來的狂喜。我的心靈安坐在頭蓋骨裡，我如此堅持。然而，我走到房間另一頭，打開美洲鷲的盒子。那些骨頭就躺在裡面。我拿起骨頭，內心再度歡欣鼓舞。我的雙手再次體驗到這些氣流專家如何飛翔。

只是，我把鳥骨舉到唇邊時，卻得不到喜悅。

一開始我只吹出氣流遇上阻礙時的粗糙咻咻聲，像對著鉛筆一端吹氣。我噘著嘴唇測試鳥骨橫切面的不同角度，想找出一個最佳接觸點，讓氣流順利通過笛子邊緣，變成清晰的聲響。紅頭美洲鷲的骨頭比吸管更纖瘦，細得叫人喪氣。我的嘴唇像兩塊粗陋的枕頭似的緊貼它窄小的末端。我只吹出嘈雜的呼氣聲，沒能召喚出遠古器樂誕生時刻的感人景象。

隔天我再度嘗試，終於找到正確的點，吹出哧哧的高頻哨音。那聲音尖銳、集中又響亮。

我還做了另一根笛子，用的是美洲鷲的尺骨。這根長度一樣，直徑卻是另一根的兩倍，幾乎跟我的食指一般粗。骨頭一側有十個骨瘤由上至下排列，是與翅膀羽毛連接的部位。我的嘴唇比較適應這根骨頭，很快找到一個音調。一股強勁氣流從我嘴裡噴出，一個響亮的單音隨之而來，頻率頗高。我繼續摸索，又找到另一個音，頻率略低，隨著比較柔和的氣流衝出來。不過這個音符有點滑溜，不容易捕捉固定住。這兩個聲音的頻率都在現代笛子的音階高處，沒有渾厚的低音。

這是預料中事。笛子的發聲原理在於管徑內一種看似矛盾的現象，亦即駐波。笛身裡的這股氣壓波有點類似凍結在時間裡的海浪，將它波峰和波谷的形態傳送到整片海洋。在笛子裡，這些波峰與波谷是空氣分子，在笛子兩端振盪，在管身的中間部位卻是靜止不動。在這個靜止點上，兩端流過來的壓力完全平衡。只要吹奏者持續吹氣，振波就保持穩定。在管身末端振盪的空氣分子會推擠外面的空氣，將聲音傳送出去。管身裡的聲波長度與頻率，取決於笛子的長度。像我的美洲鷲短笛製造出的聲波比較短，在我們聽來便是高頻音。

那麼，每一根笛子都是容器，捕捉人類的氣息與空中的聲波這類短暫易逝之物。很多文化將氣息視為生命的基礎。遠古人類發現笛子的特性的那一刻，想必驚嘆不已：靈魂被短暫拘留、塑形，再送到外面的世界。在那個沒有機器的年代，埋藏在洞穴裡的笛子可能也是奧瑞納文化時期的人們所聽見最響亮的聲音，它的力量令人敬畏。

我的紅頭美洲鷲骨笛的長度和寫字的筆不相上下，只有十三公分。長笛的長度是它的五倍，短笛也有它的兩倍多長。我把這些尺寸數據輸入相關方程式，我的笛子能發出的最低音大約會是一千兩百赫茲。長笛的最低音是兩百六十二赫茲，亦即中央Do。紅頭美洲鷲骨笛的聲音尖銳刺耳。

只是，管樂器未必順應簡單的推算方程式，尤其是將它們視為普通管子的方程式。旋轉振動的氣流是笛子本身的細部結構和吹奏方式塑造出來的，笛子吹口邊緣的角度和銳利度接觸到我們吹出的氣，改變聲音的清脆度與頻率。笛子任何一端呈喇叭形擴展、管身彎曲或內部瑕疵，都可能堵塞、擠壓或擴大內部的聲波。指孔邊緣的敏銳度和指孔本身的配置也會重塑聲音，吹奏者的身體和技巧則會跟樂器互動。玩具哨笛和八孔直笛附有哨口，可以將嘴裡吹出的氣流導入笛子，橫笛或豎笛卻沒有，這時吹奏者利用嘴唇、舌頭、臉部肌肉和牙齒，將細緻的氣流精準的導向笛子的邊緣，還能以細微的口腔變化雕塑聲音。這些嘴形變化和吹奏者的肺部與橫膈膜的韻律和力道互動，創造出音樂。如果笛子是基礎物理教科書裡描述的那些簡單管子，音樂家就不需要經年累月的磨練他們的演奏技巧。

我不是長笛手，只能用門外漢的嘴形變化與氣流吹奏我製作的笛子。專業長笛演奏家會如何吹奏舊石器時代的樂器？

音樂藝術家安娜·費德烈克·波坦戈斯基（Anna Friederike Potengowski）曾經寫道，她之所以吹奏遠古笛子的複製品，是因為她在演奏現代音樂的過程中感到迷惘。她想尋找音樂的根源與發端。藉由舊石器時代器物復原專家菲德奇·席柏格（Friedrich Seeberger）與沃爾夫·海因（Wulf Hein）複製的骨笛和象牙笛，她著手探索舊石器時代骨頭與象牙的聲音潛力。席柏格和海因的技術與研究成果，讓我們知道那些笛子是如何製造出來的，波坦戈斯基將他們努力的成果帶向聲音的領域。

我戴上耳機，進入聲音的想像空間。我們沒辦法知道遠古笛子吹奏出什麼樣的聲音，但這些錄音引領我們的感官進入可能的領域。聲音發揮它的力量，將想法與情感從一個心靈傳遞到另一個。波坦戈斯基的演奏並不是時光之旅，而是架起一座實驗性橋梁，跨越我們和遠古人類之間的距離。她吹奏的幾十個聲音樣本和曲子，都來自現代的想像力，但其中必定有少數觸摸到遠古音樂創意的邊緣。

我們的眼睛看不出笛子該如何吹奏，但嘴唇、臉部肌肉和肺臟的體驗，能教導我們眼睛所觀察不到的東西。波坦戈斯基覺得有兩種可行的吹奏方法。使用第一種方法時，她抿著雙唇吹出一陣緊繃氣流，讓它橫越骨笛頂端，幾乎像在吹口哨。為了避免嘴唇妨礙對氣流的引導，她以傾斜的角度握住笛子，有點像中東奈伊笛（ney flute）的握法。第二種方法只適合凹槽式笛子。她將笛子直拿，下唇抵住沒有凹槽的那一側，以雙唇微啟的嘴形對著笛子末端與凹槽吹氣。這種嘴形適合用來吹奏凹槽式木笛或竹笛，比如安地斯竹笛（Andean quena）。

凹槽在現代笛子已經相當常見，她認為第二種方法比較可行。笛子的凹槽形成銳利的邊緣，切割細小的氣流，導致氣流震顫，迅速輪流衝擊兩側邊緣。這種氣流衝擊邊緣的方法，也廣泛用來吹奏管風琴、直笛和多種哨子。但波坦戈斯基發現，利用凹槽吹奏舊石器時代的笛子，最多只能發出模糊的聲音。長毛象牙笛的凹槽製造出的聲音溫暖卻模糊。至於兀鷲骨笛的凹槽，儘管她費了不少工夫，仍然吹不出清晰的聲音，只有咻咻的呼氣聲。那麼，這些笛子上的凹槽或許只是工藝品的破損之處。或者這些笛子的破碎狀態，扭曲了我們對笛子原本造形的判斷。

不過，斜吹法卻適用所有笛子。波坦戈斯基第一次用這種方法吹奏天鵝橈骨笛，就同時吹出兩個音符。兩個力道相等的聲波並存在笛子裡，其中一個是另一個的泛音，產生的結果就是一個飽滿的聲音，是一種和諧的音調，而非單一音頻。以笛子來說，這並不尋常。笛子通常同一時間只奏出一個主音。波坦戈斯基一開始覺得，會吹出這樣的聲音肯定代表她的方法「出了差錯」。不過她很快轉念，學會欣賞那個雙重音，覺得它「很美妙，適合用來表達音樂」。多重音或許是舊石器時代音樂的基本要素之一。

這些笛子發出的單一音調也有著難以理解的特質。天鵝橈骨笛發出清脆的哨音，接著波坦戈斯基讓哨音往上滑出完整的八度音階，再下滑，頻率的變化和緩流暢。那聲音有點像現代的活塞哨笛，音階能夠快速升降。但這些笛子沒有滑管來調節音高，所以她吹奏時只能使用她的舌頭、臉部肌肉和嘴唇，她稱這種技巧為口腔滑奏法。這種滑奏只適用於斜吹法，笛子的末端抵住噘起的嘴唇。波坦戈斯基發現，滑奏比笛子本身的指孔更便於改變音高。

那根長毛象牙笛如果對著凹槽吹奏，發出的是可憎的刺耳尖嘯，短短三十秒的音檔，我聽到中途就忍不住把音量調低。不過，改用斜吹法吹奏，發出的聲音何其美妙。低頻音聽起來像遠方的火車汽笛，高音則像鳥兒悅耳的鳴聲。

這些笛子跟所有管樂器一樣，只要增強送氣的力道，就能吹奏出超越原有音域的聲音。波坦戈斯基發現她輕易就能讓這三根笛子突破限制，將它們的音域擴大到二．五個八度音。對她來說，最高音最難吹奏。那聲音接近鋼琴琴鍵的最高音，當她用氣息將笛子推向高音極限，那惱人的刺耳聲會開始顫抖。

波坦戈斯基的研究成果顯示，我們探索時必須拋開現代人的先入之見。遠古鳥骨和長毛象牙笛在我們看來或許近似於現代木笛和錫笛，但這視覺上的相似度只是假象。現代笛子音高的改變主要來自指法。氣息為聲音提供能量，塑造聲音，卻不是旋律的主要來源。在這方面，波坦戈斯基發現舊石器時代笛子的複製品恰恰相反。指法對音高影響不大，但透過口腔與氣息的變化，她幾乎可以吹出笛子音域內的所有音調，因此可以在任何音階裡演奏。

進一步探索舊石器時代笛子的複製品，我們還能學到些什麼？我閱讀了相關資料，聽了吹奏錄音檔之後，跟海因和波坦戈斯基聯絡。我們一致認為，用新的方法嘗試複製另一根長毛象牙笛，會是有趣的研究方向。海因製造、波坦戈斯基吹奏的那根複製品，是模仿洞穴出土的遠古笛子而來。但那根舊石器時代笛子有一端明顯斷裂，意味著它原本長度更長。有一根狀似笛子毛胚的未雕刻圓棒，跟這些笛子一起埋在洞穴裡，它的長度比遠古笛子來得長（圓棒三十公分，笛子只有十九公分），這同樣顯示洞穴出土的笛子只是原始笛子的一部分。海因參與過歐洲許多博物館的古文物修復工作，手邊正好有一塊過去的工作留下的長毛象牙。他同意用這塊象牙打造一根長度與舊石器時代圓棒相等的笛子。

從海因製作象牙笛的影片中，我們可以看出長毛象牙的材質特性。長毛象牙極其堅硬，人類徒手很難劃出刮痕，更別提切開它。可是燧石工具的鋒刃卻是輕易就能辦到，可以在表面雕刻或鑿出薄片，就像金屬刨子滑過軟木。看著他忙碌的雙手，我意識到這些石器不但讓舊石器時代的人工作更迅速精準，也方便他們打造我們徒手時莫可奈何的物質。我們石器時代前和石器時代的祖先之間工藝上的差距，似乎比舊石器時代的工具和現代金屬工具之間的距離遙遠得多。

海因製作出來的笛子有七個指孔，指孔間距與那些比較長的鳥骨笛相符。與其說這是複製品，不如說是加長假設版的長毛象牙笛。笛子完成後，海因將它交給波坦戈斯基進行聲音探索。正如其他象牙笛，斜吹法最適合這根笛子，將一陣緊束的氣流送向笛子的頂端。音色與音頻範圍跟其他笛子類似，但低音部分向下拓展。最令我驚訝的，是她述及吹奏這根笛子時遭遇的困難。她說，身體或精神上的任何緊繃，都會對聲音造成干擾。天氣溼冷時難度會升高，某些日子笛子能即時回應，有些時候卻得慢慢哄勸。後來我親自嘗試，只能偶爾吹出哨音。我的笨拙不足為奇，波坦戈斯基卻是經年累月與笛子為伍的人。

或許奧瑞納文化時期的演奏技巧已經高度發展。冰河期洞穴的漫長冬日，讓當時的人有充裕的時間練習琢磨。或者那個時代的嘴形法不同，也比較簡單。遠古採獵者的門牙有強勁的對切緣咬合，有別於農耕者力道不足的深咬。或許因為這樣，舊石器時代的人更善於控制臉部肌肉與氣流？另一個可能的原因是，我們在洞穴裡找到的笛子並不完整。剝下的草葉或樹皮都可以用來充做簧片，如果是這樣，那麼這些樂器並不是笛子，而是單簧管或雙簧管。植物的碎片不太可能留存幾萬年之久，所以洞穴裡的樂器沒辦法告訴我們原本是不是附加了這類配件。有了簧片，就算是生手也能吹奏管樂器。比起難以捉摸的笛子，這是學習調性音樂更便捷的途徑。我把現代雙簧管簧片放在笛子的斜面頂端，立刻吹出響亮的哨音。如果舊石器時代的孩子們也跟現代兒童一樣，熱衷用草莖吹出吱吱聲，那麼他們的想像力只要往前跨一小步，就會將這些振動的植物碎片附加在中空的管子上。

海因與波坦戈斯基先前的努力成果與後來這些實驗告訴我們，遠古音樂必須透過身體的投入，才能真正理解。這根笛子艱難的嘴形法、多變的音調、口腔的滑奏和飽滿的效果，都只能透過身體的參與去發現。這些實驗打開我們對遠古音樂的想像空間。

有趣的是，舊石器時代遺址的發現，對當代音樂的創作並未產生太大影響。相較之下，舊石器時代視覺藝術的出土，卻啟發了二十世紀初的藝術家與藝術策展人。一九三七年，紐約現代藝術博物館（MoMA）推出「歐洲與非洲史前岩壁畫」展覽，展出的作品包括岩壁畫的照片或水彩複製畫，此外也有保羅・克利（Paul Klee）、漢斯・阿爾普（Hans Arp）和米羅（Joan Miró）等當代藝術家的作品。倫敦的當代藝術中心（Institute of Contemporary Arts）在一九四八年跟進，舉辦「現代藝術四萬年」展覽。一般認為舊石器時代的藝術對現代藝術有一定程度的貢獻，跟當代藝術作品有著重要關聯。這樣的關聯鮮明呈現在二〇一九年巴黎龐畢度中心（Centre Pompidou）的「史前時代，當代之謎」展覽。在這項展覽中，塞尚（Paul Cézanne）、畢卡索（Pablo Picasso）和恩斯特（Max Ernst）等幾十位畫家的作品，充分展現舊石器時代藝術品對現代藝術的正面影響。我去參觀的時候，看見遠古象牙雕刻品和亨利・摩爾（Henry Moore）、米羅與馬蒂斯（Henri Matisse）等人的雕塑品並置，深受震撼。那些作品造形上的相似度十分令人震驚。

舊石器時代聲音的缺席同樣叫人詫異。遠古的視覺藝術與現代藝術生動對話，然而，在我們的權威性文化機構裡卻聽不到來自遙遠過去的聲音。

部分原因在於原始樂器發現的時間不夠久。德國南部舊石器時代笛子的發現時間，比第一批小雕像和洞穴壁畫晚了一百多年，而法國西南部伊斯特里茲洞穴（Isturitz cave）舊石器時代沉積層的笛子碎片，則是在一九二〇年代才出土。或許是因為這些樂器出土時都呈破碎狀態，引不起當代作曲家與音樂家的興趣？

音樂也不容易跨越深時。經過千年萬年後，象牙小雕像以視覺藝術形態呈現在我們眼前。看見石器時代的雕刻，現代雕塑家可以立刻將他們看見的元素融入現代作品。尤其是二十世紀的現代主義藝術家，他們看見了舊石器時代藝術與立體派、極簡派和抒情抽象派之間的共通點。雖然原始創作者的文化情境已經消失在過去，那些作品依然直接與我們對話。但從洞穴裡發掘出來的象牙笛沉默無聲：器樂需要音樂家來喚醒它的藝術。音樂向來短暫易逝，建立在關係上，藉著樂器與演奏者之間的連結展現生命力。它的本質與形態無法被捕捉、變成藝術品加以陳列並展示。書面形式的樂譜是相對近期的發明（最早的樂譜出現在西元前十四世紀的烏加列〔Ugarit〕泥板文獻），而且無法完整呈現聲音的細微處。二十世紀電子音樂的出現，可能也是作曲家與演奏家對舊石器時代樂器不感興趣的原因之一。電子音樂賦予音樂家無限的全新力量，相較之下，幾根外表與全世界的笛子相似的骨笛出土，對音樂家的想像力產生不了多大的刺激。

只是，舊石器時代的樂器為跨越時間的生動連結提供絕佳機會。音樂的短暫性，讓活生生的音樂家變成遠古音樂發現的核心。音樂的產生，需要有藝術家在場，以實質形體與離世已久的前輩留下的藝術品和概念展開積極對話。在形式上，舊石器時代音樂的實驗永遠會是不完美的複製品，因為我們無從得知遠古音樂真正的音調與旋律。但這些實驗確實喚醒在洞穴瓦礫堆裡埋藏千萬年的創作過程。

12 共鳴空間

春天造訪了德國南部，我在林木稀疏的山坡曬太陽，背對石灰岩崖壁上的洞穴入口。我面前是陡降的斜坡，空氣中滿是怒放的野花、青草、楓樹與山毛櫸樹葉的香氣。遮蔭的樹冠不多，溫和的午後陽光因此得以照射下來。山坡從我坐的位置開始下降，直達一條小河。小河蜿蜒流淌在田野、濃密的灌木林，和散落在平坦谷地的幾間房舍之間。

洞穴坐落在石灰岩壁底部，呈口袋狀，大約像個挑高的大房間。考古學家在這個洞穴的沉積層挖掘出三根笛子，包括兩根天鵝骨笛，以及一根保存得最完善的長毛象牙笛。笛子出土的坑已經以粗大石塊回填，座標也以從天花板垂掛下來的繩線標記，保存並繪製示意圖，方便日後探索。有個格狀鋼柵謝絕訪客進入。

我坐在洞穴入口的白堊土上，一隻歐亞黑頂林鶯為我上了一堂聲響學課。這隻嬌小鳥兒飛到幾公尺外一處低枝，釋出一串旋律，是十個快速又清晰的音符，每個音符都往上或往下轉折。停頓片刻後，牠唱出另一個版本。這回多了兩個急掠音。接下來五分鐘，牠將這些樂句與休止拆解開來，在不同版本之中切換。這支曲子音色圓潤，笛聲般的音符快速流轉。野外指南手冊對牠的表演大加讚揚，譽為歐洲最優美的鳥鳴聲。但今天最令我震撼的，是牠的歌聲在這個空間似乎有了生命。

黑頂林鶯選擇停棲在一個天然碗狀空間邊緣，對聲音而言是個半封閉空間。石灰岩拱壁從洞穴入口兩端向外延伸，是抗拒侵蝕的岩脈，凸伸的懸崖也在高處形成半邊屋頂。洞穴本身是石灰岩壁上的凹陷，它的前庭是被高牆圍起的石灰岩院子。這個洞穴的現代名稱蓋森克羅斯特勒（Geißenklösterle，意為山羊禮拜堂）或許是因此而來，牧人可以將他們的山羊圈圍在這裡。我的視線穿過拱壁上的一處裂縫，才能看見底下的谷地。這個小天地想必為冰河期的人類抵擋寒風和來意不善的訪客，聲音在這裡也會轟隆作響。這個空間將黑頂林鶯的每個音符兜住，牠的鳴聲因此餘音繚繞，圓潤醇厚。

黑頂林鶯的鳴聲從石灰岩壁反射回來。折返的聲音抵達的時間，大約是我聽見鳥嘴發出的聲音之後十五毫秒。由於聲音回來得如此迅速，我的大腦將它們視為原始聲音，而非回音。這些回音聽起來極為清晰厚實，設計現代演奏廳的建築師與聲學工程師稱這種回音為「早期反射音」，且特別重視。在舞台上方與兩側安裝大型反射板，可以將早期反射音直接導向觀眾。即使在寬闊的空間裡，仍能感受到聲音的親近感與神韻。有些天然場景也有相同效果，最著名的是丹佛市附近落磯山山腳下的紅石露天劇場（Red Rocks Amphitheater）。在那裡，古生代的沉積岩形成碗狀地形，與高聳的牆壁兩相結合，打造出壯觀的表演空間，是德國這個洞穴入口處的放大版。「鞋盒」演奏廳的牆壁也有類似效果，將聲音從坐在狹長盒子另一端盡頭處的演奏者所在位置反彈出來。蓋森克羅斯特勒岩洞和它的拱壁組成反射板，放大黑頂林鶯的鳴聲，或許還有許久以前的天鵝笛或長毛象牙笛的樂音。

封閉空間也能增加殘響，聲音變得更深沉、更厚實。喜歡在浴室裡高歌的人都明白這個道理。浴室牆壁光滑的硬質磁磚是最佳的聲音反射板，每個音符都會反覆再三彈跳。這些回音融合成為殘響，延長每個音符的生命。洞穴入口的效果不如浴室那麼明顯，也許有歷時半秒的薄弱殘響，但已經足以為黑頂林鶯鳴聲的音調增加亮點。

從蓋森克羅斯特勒岩洞往南快走半小時，會來到另一處名為赫勒菲爾（Hohle Fels，意為空心石）的洞穴。這個洞穴的入口像位在山坡底部的黑暗咽喉，寬度與高度足以容納一部小貨車通行。過去農夫將乾草存放在洞穴裡，第二次世界大戰時，這裡也用來藏匿軍用車輛。如今洞穴有一道金屬閘門保護，上面掛著標明參觀時間的告示牌。洞穴前方一條小溪緩緩流過草地，草地上數以千計的蒲公英花朵光芒閃耀。洞穴的入口在一片平滑石灰岩懸崖的底部，崖壁約莫六層樓高。

在洞穴入口內側，過了放置路線圖與工藝品的櫃子之後，有一條通道可以直接回到山坡。我走在裡面時，牆壁和天花板將我包圍。潮溼的石灰岩粉塵與藻類味道取代了樹木與草地的香氣。步行大約一分鐘後，洞穴地面陡然下降，一段金屬步道帶我往前走。我腳下是一個大約四公尺深的坑，被分散的聚光燈照亮，坑壁以沙包防護。這個考古遺址從一九七〇年代開挖至今，沙包是用來保護底下還沒開挖的沉積層，預計下半年會繼續挖掘。

我站在金屬步道往下看。沙包上擺著護貝紙張標示，說明每個沉積層相關文化的名稱與年代。最深層是「尼安德塔，距今五萬五千年到六萬五千年」；而後沿著洞穴側壁往上，是「奧瑞納文化，三萬兩千年到四萬兩千五百年」；「格拉維特文化（Gravettian），兩萬八千年到三萬兩千年」；「馬格達連文化，一萬三千年」。緩慢升高的沉積層捕捉並保存了長達六萬五千年的居家工藝品。最早是尼安德塔人，而後是冰河時期解剖學意義上的現代人不斷更替的文化。記憶的碎片一層層埋入地球。在最深、最古老的人類遺址（亦即奧瑞納文化），埋藏著那尊女性小雕像和兀鷲骨笛，目前在離這裡十分鐘車程的布勞博依倫史前博物館展示。

我腳踩金屬網眼，俯身望著底下的開鑿坑，凝視人類生命的紀錄。意外的是，我閱讀舊石器時代或其他遠古時代文獻時，內心浮現的是敬畏或短暫的迷惘，此刻我卻感受到平靜。近距離接觸人類悠久的史前時代，某些深埋的焦慮似乎消散了。我的生活幾乎完全遵循現代節奏，分秒必爭，全副精神集中在某幾個小時，有時是某幾年。住的房子很可能這個世紀內就會瓦解，使用的電動工具壽命或許不到十年。依照目前的發展軌跡，我們的文化會在世紀末以前改造它自身和地球的大部分面貌。我們的感官、想像力和抱負，對事物最多只有幾年的關注。當我們思考千萬年後的事，很難想像從現在到那遙遠的未來之間，人類的歷史會如何延續。過去對我們而言也是陌生的，脫離了感官範圍，於是也難以透過身體去理解。數萬年人文的實體證據告訴我的身體，還有另一個更長遠的故事。

人類這個物種生存在地球上的絕大部分時間裡，都是用跟我們一樣的身體和大腦在體驗著、生活著，有時透過他們與彼此、與土地的關係繁榮壯盛。這些關係的形式各大陸互有差異，但不管是在非洲、歐亞大陸、澳洲或後來的美洲，相關紀錄都呈現出一份跨越時間的堅持。這份堅持與我的日常生活經驗並不相符。這狩獵、採集與農耕的漫長生涯，是我們身分與傳承的一部分，如今幾乎完全被科技與當下的思緒淹沒。在短暫的片刻裡，重新嗅聞古老地球的氣味，我覺得安然自在。這並非懷舊之情，我並不渴望回歸虛幻的伊甸園。相反的，這個坑重新校準我內心身為人類的感受。在那悠遠、幾乎被遺忘的數萬年裡，埋藏著我們大部分的歷史，關於身分的些許真相在這裡揭露。這點我當然早已知悉，但人類的過去卻顯得抽象，像是一組虛無縹緲的概念。這個坑、這段重見天日的時間，傳達的不只是人類的觀點，還有過去曾經存在過的實質經驗。

我徘徊逗留，細細品味這個壓縮無數生命於一處的遺址，而後往坑洞深處前進。我踩在金屬格網上的鏗噹聲從隧道的牆壁反彈回來，是被圈限住的刺耳聲響。不過前方的聲音趨於柔和，有種吸引我的耳朵的寬敞感。我在走道盡頭彎下身子，通過一個低矮洞口，踩上沙土和礫石，來到開挖區外的洞穴地面。

我抬起頭，倒抽一口氣。這是一處巨大的山洞。幾盞聚光燈照亮壁面，揭示這空間的大小，但透露更明確的線索的，是水滴聲。水滴從高高的天花板滴落水窪或潮溼的石頭。落地時的每一聲嗒填滿整個空間，輕柔又乾脆，振動超過一秒。就連我鞋底的拖曳聲和嘎吱聲也被放大。這個洞穴裡的聲音聽起來像身在羅馬教堂或未經雕琢的圓形大廳。

這裡沒有啼唱的鳥兒，所以無從得知哨音會如何表現，於是我用我的聲音和雙手展開探索。我拍一下手，傳送回來的聲波變長又變弱，一開始相當響亮，一、兩秒後漸漸減弱。之後我在洞穴外拍掌，聲音來得急促，又轉瞬消失。我在洞穴裡吹口哨時，在我停止後，原有的哨音強度會持續一、兩秒。這種效果是聲音的生命性，彷彿洞穴賦予聲音另一段生命。

那延長的振動是壁面硬實的寬敞空間的聲學特徵，比如大教堂、空曠的工廠或大型水槽。牆壁會反射聲音，當聲音從封閉空間的一端彈向另一端，振動會延續。只是，即使是岩石這樣優良的聲音反射物質，同樣也會消耗聲波的部分能量。在寬大的空間裡，聲音在空中移動的時間拉長，跟牆壁撞擊造成消耗之前，幾乎不會變薄變細。當聲音在寬大空間的遙遠牆面之間傳遞，在空中逗留的時間就會延長，有時持續幾秒，尤其如果那個空間裡沒有諸如厚重窗簾等吸音材質。赫勒菲爾洞穴容積約六千立方公尺，就像個大教堂。

這個洞穴的回音效果持續的時間，比蓋森克羅斯特勒岩洞長得多，這麼一來，速度極快、細節豐富的聲音很快就會變模糊。只要我跟其他參觀者的距離拉開幾公尺，他們的談話聲就會變得柔滑含糊。這絕對不是發表演說的好場地。同樣的，在這裡演奏複雜的小提琴曲，結果會是一場災難，快速轉換的音符會彼此糊成一團。但比較單純的旋律聽起來卻非常美妙。我從來沒聽過自己吹出這麼悅耳的口哨聲。在洞穴外的草地上，我的拍掌聲和口哨聲聽起來像細薄的乾麵包。而在洞穴裡，這兩種聲音會膨脹擴張，變成香醇美味的蛋糕。笛音在這裡聽起來會十分悠揚。

在洞穴的某些地方，我的聲音找到絕佳接觸點，產生共鳴，將波長適合這個空間的聲音頻率放大。尤其是兩側的小隔間，我最低頻的嗓音大幅膨脹。這種共鳴是封閉空間常見的聲響表現，從葡萄酒杯、浴室到大廳都是如此。每個空間依大小不同，各自擴大特定的聲音頻率。在洞穴裡，這種共鳴跟回音結合，創造出遼闊感，算是聲響的亮度。

舊石器時代的人們選擇居住在赫勒菲爾和蓋森克羅斯特勒兩處洞穴，必然是為了遮風避雨，而不是看中洞穴的聲響特質。但除了居住功能之外，這兩處洞穴都有豐富的聲響效果。我參觀赫勒菲爾洞穴那個下午，在內側的大山洞看著幾十名遊客來來去去。成年人一踏進那個空間都立刻壓低說話聲，孩子們卻發出歡呼聲和口哨聲：玩鬧性質的聲音炮彈。這些地方毫不遲疑展現它們非凡的聲音特性。

已知最早的笛子是在適合它們聲音的地方製作出來的。或者，在現代人聽來是如此。如今許多笛子的現場演奏和錄音都使用電子設備增加殘響，將聲音放在仿造的洞穴或房間裡。洞穴音聲回盪的特質是否催生了最早的笛子？我想像孩子們吸食鳥骨的骨髓，開心的聽著吸吮聲在洞穴裡擴大。他們技藝高超的父母或許就拿起熟悉的工具，著手實驗探索。鳥骨笛也許是個開端，孕育了製作長毛象牙笛所需的成熟工藝。

這些都是臆測。我們只知道豐富的聲響效果和已知最早的樂器出現在同一個洞穴裡。思及南歐其他舊石器時代洞穴裡的實物，這樣的巧合就變成一種模式。

在一九八〇年代的法國，音樂學者伊果爾．雷茨尼科夫（Iegor Reznikoff）與考古學家米歇爾．多瓦（Michel Dauvois）攜手合作，用嗓音探索知名舊石器時代壁畫所在的洞穴。他們唱出簡單的音符或吹口哨，記錄他們對洞穴音效的感知。他們發現，壁畫所在的位置通常共鳴特別好。在共鳴良好的小洞穴和製造最多殘響的地方，動物壁畫相當普遍。他們爬過狹窄的隧道時，發現許多紅色圓點正是畫在共鳴最好的地方。這些隧道的入口也以壁畫標示。牆壁上共鳴極佳的凹陷處也有著繁複繪畫。

在二〇一七年一項研究中，十多位聲學家、考古學家和音樂家共同探測西班牙北部洞穴內部的聲響特質。這個團隊由聲響科學家布魯諾・法贊達（Bruno Fazenda）帶領，利用擴音器、電腦和一系列麥克風，測量精密校準過的聲音在洞穴裡的表現。他們研究的洞穴壁畫橫跨舊石器時代大部分時間，從四萬年前到一萬五千年前。那些壁畫包括掌印、抽象的點與線，以及舊石器時代的動物集錦，包括鳥、魚、馬、牛、馴鹿、熊、野山羊、鯨魚和狀似人類的形體。經過數百回合的標準測量，研究人員發現那些紅色圓點和線條（最古老的岩壁標記）集中在某些特定位置。那些位置通常低頻音共鳴比較好，或者因為殘響適中，聲音格外清晰。這些是發表演說和演奏複雜音樂的絕佳地點，因為聲音不會被過多的殘響攪混。動物壁畫和掌印也可能出現在聲音清晰度較高、整體殘響較少、低頻音共鳴較佳的地方。這些都是我們在現代表演場地追求的特質。

洞穴視覺藝術與聲音特質的會合，意味著當時的人已經發現洞穴是聲學空間並做出反應，而非只將其視為住處和畫布。如果是這樣，那麼人類的音樂形式部分來自它的聲音背景，就像其他動物的聲音受到棲地的聲學形式塑造，比如角蟬的聲音會配合牠們棲息的植物，鳥類在山區強風中歌唱，鯨魚的叫聲在深海聲道中傳遞。

最早的樂器非常適合它們的家。不管是有意或幸運的巧合，那些鳥骨笛和象牙笛都適合在創造出它們的石灰岩洞穴裡吹奏。

是那些笛子配合洞穴，而非反過來。沒有證據顯示，舊石器時代人們改變洞穴的形狀來調整它們的聲學特性。正如其他動物，人類製造聲音時也全盤接收既有空間提供的限制與潛力。但這種單向關係可以改變。我們是少數刻意雕塑發聲空間的物種。在這方面草原螻蛄是我們的同伴。瀕臨絕種的草原螻蛄生長在北美大草原，求偶期的雄螻蛄會在地底下開鑿一個球形空間，連接一條通往地面的地道。雄螻蛄在球形空間裡嘎嘎有聲的摩擦翅膀，牠們背對地道，將聲音送進球形空間，再從地道傳出去。雄螻蛄在草原上群聚，將牠們的大合唱轟向空中。這場節肢動物號角齊鳴秀，藉由草原土壤雕塑而成的喇叭向外播放。雄螻蛄沒有飛行能力，飛在空中的雌螻蛄能鎖定牠們的聲音。在草原所剩不多的螻蛄棲地上，這樣的合唱有時能傳送到四百公尺外。

人類是巨型的螻蛄。我們建造的不是小小地洞，而是音樂廳、禮拜堂、演講廳和耳機，每一種都契合內部聲音的特殊需求。這種調節聲響空間的能力激發出創造力三元素：人類的音樂創作、樂器的形式，以及我們創作並聆賞音樂的空間。在這個作曲、發聲與空間的三合一組合裡，沒有任何一個居主導地位。相反的，領先者與追隨者的角色會隨著時間改變。這段故事始於舊石器時代，到了現代的音樂廳、耳機和網路音樂串流服務依然活躍，且不斷加速發展。

♪

建築物磚造外牆上，壁畫家艾利・薩德布瑞克（Eli Sudbrack）所畫的彩色火焰與漩渦在舞動。在街道另一頭，紐約市東河（East River）反射的光線在新建公寓大樓的玻璃與金屬建材上閃耀。附近大多數建築物都還搭著鷹架，或已經升格為豪華辦公室或零售商店。不過，這棟建築是布魯克林拆遷重建熱潮的少數倖存者之一，是這地區的工業時代過往寄託在建築物上的堅持。雪白的印刷字體高掛在新壁畫鮮豔色彩上方：國家木屑廠（National Sawdust Co.）。一九三〇年代，木頭在這裡磨成粉屑再打包，送往屠宰廠吸收動物血液，到酒吧吸收潑灑的液體，或包裝儲存的冰塊。許久以前擺放在此的鋸片與鼓風機已不復存在，如今透過常駐表演者與節目，木屑廠已成了表演空間，是新音樂的催生地。我來這裡觀察聲學空間與音樂之間的古老關係展現何種新風貌。

時間是二〇一九年九月，木屑廠第五季開幕夜。節目表上列了十多組表演者，涵蓋各種音樂類型，從室內樂到實驗電子音樂，從獨唱到大合唱，從古典鋼琴到當代器樂演奏。但這個夜晚的魅力不只來自多樣化的節目安排。表演空間本身也為每位表演者呈現不同的聲響形式，從寬敞到溫馨親密，到緊密與喧鬧。我們體驗的是在空間中塑造聲音的新方法。

我們上方懸掛著十六支麥克風。牆壁和天花板的一百零二個擴音器將整個空間包圍，有些在明處，有些隱藏起來。這個系統是幾週前由梅爾音響公司（Meyer Sound）所安裝，塑造這個場地的聲音，帶著音樂家、聲學空間和樂器這個遠古創造力三元素進入下一段旅程。

在筆記型電腦上創作的音樂或音量極小的樂器，都需要音響系統來擴音，但音響系統的作用卻不只如此。它可以讓表演者和音效設計師操控聲音在場地內的表現，為創作與表演開創新的發展方向。只要碰觸電子輸入板的按鈕，表演場地的聲音表現就能切換成洞穴、演講廳，或任何意想不到的空間。牆壁可以前後移動；聲音的來源可以在空間裡變化；殘響可以擴大再收縮。

我聆賞音樂表演時，被帶領著轉換場域。女高音娜歐蜜・露易莎・歐康奈爾（Naomi Louisa O'Connell）的聲音盤旋在頭頂上方，我們彷彿置身溫暖陽光下的中庭，眺望開闊的遠景。紐約青年合唱團（Young People's Chorus）沿著牆壁站立，將我們圍繞，每個人歌聲明顯不同，卻又融合壯大。牆壁似乎被他們青春洋溢、充滿希望的能量撼動，微微震顫。吉他手拉菲克・巴蒂亞（Rafiq Bhatia）和鼓手伊恩・張（Ian Chang）在舞台上，我們卻置身吉他、打擊樂和電子樂取樣的聲音之中，沉浸在它們糾結、湍急的敘述裡。長笛演奏家伊蓮娜・平德胡斯（Elena Pinderhuges）的旋律一部分來自她的雙唇，一部分來自她的長笛，最後它們飛向表演廳另一端，是短暫幻化為鳥兒的聲音。木屑廠表演者的音樂直接從他們的樂器發出，卻在空中逗留一瞬間，就像在傳統的朗誦廳一樣。接著是一小段廣播，整個空間的聲音有著大學階梯教室的清晰度。

之所以有這樣的轉移效果，是將舞台上的動態向整個空間播放，對聲音進行微調，比如增加或改變殘響的時間；讓音調變亮或變暗；改變空間裡的聲音來源。這個系統的作用就像音樂廳裡的反射板、擋板或布幕，差別在於，反射的聲音是經由麥克風和擴音器傳出來，而不是從木頭、石材或布匹彈回來。

以電子方式塑造表演場所的音效，至今已經有七十年歷史。一九五一年，倫敦新建的皇家節慶音樂廳（Royal Festival Hall）的殘響和低音響應（bass response）效果欠佳，音樂顯得虛弱無力，夠清晰，卻沒有豐富的音色。音樂廳沒有破壞內部裝修來補救聲音的過度吸收，而是加裝麥克風和擴音器，方便工程師在不明顯擴大音量的前提下，強化殘響和低頻音。這種「輔助共鳴」只是補救措施，而非增進音效設計。到了二十世紀末，世界各地的音樂廳都安裝了類似的音效強化系統，補足音樂廳本身的音效，演講或插電樂器演奏時，音量也能擴大一倍。如今有了更高品質的麥克風和擴音器，搭配模擬與操控聲音的軟體，木屑廠的音響系統本身就成了創造性的樂器。

這種經過電子儀器塑造的聲音會不會只是花招，污損了大提琴或長笛等「傳統」樂器的光采？我們為表演廳的音效添加些許電力，會破壞聲音體驗的純淨度嗎？《紐約時報》（*New York Times*）的音樂評論家安東尼·托馬席尼（Anthony Tommasini）寫道，「天然的聲音向來是古典音樂的光輝所在。」一九九九年，紐約市歌劇團和芭蕾舞團所在的紐約州立歌劇院安裝電子控制系統時，他十分「驚愕」，「一條界線被跨越了，我擔心情況會更糟。」一九九一年，美國奧勒岡州尤金市的席爾瓦音樂廳（Silva Hall）更早添購電子器材調整音效，指揮家馬林·阿爾索普（Marin Alsop）表示，「依靠音效技師維持聲響平衡，完全背離了指揮家的角色。」

只是，所有的音樂都是場景的產物。我們在演講廳聽見的人類嗓音或小提琴琴音，並不是沒有經過任何調節、直接出自聲帶或琴弓琴弦。相反的，那聲音有一部分是數百年來「技師」對室內空間音效的分析與測試的成果。如果我們在現代音樂廳欣賞音樂，我們體驗到的，是價值數十萬美元的建築巧思將聲音送到我們耳畔。比方說，紐約愛樂在林肯中心的音樂廳演奏，那個音樂廳建於一九六二年，又在接下來的二十五年裡整修五、六 次改善音效。目前該廳正在改裝，全面翻新音響效果，預計耗資超過五億美元。在這些表演場地，「天然的聲音」代價不菲。

人們對音樂與聲學空間的操縱由來已久，而梅爾的音響系統（以及其他公司的同類產品）就是建立在這樣的傳統上。說句公道話，二十世紀末之所以出現托馬席尼和阿爾索普等人的質疑，是因為相較於我們如今聽到的效果，早期的設備確實較為粗糙。二〇一五年《紐約時報》音樂評論家艾列克斯．羅斯（Alex Ross）以讚賞的筆調評論電子音響系統的發展潛力：「再多的電子魔法，都比不上貝多芬或馬勒的管弦樂曲在大型表演廳震顫出的磅礴氣勢。儘管如此，梅爾的系統可能是音響史上最接近真實聲音的產品。」不管以電子器材增強的聲音是不是比音樂廳裡的其他聲音更「真實」，在改造建築實體的耗時工程中添加便利速效的電子設備，確實翻轉了聲音與空間二者關係的發展。梅爾音響公司目前已經在許多音樂廳安裝音響系統，從維也納到上海到舊金山都有，多半是對殘響效果進行微調。音樂廳建築改造過程中增置主動式電子增強設備，已經是普遍現象，一九九〇年代的埋怨聲從此沉寂。

這些電子系統最明顯、最快速的好處，是大幅提升空間的功能性，既能因應社區的各種需求，也提升場館的財政穩定度。專業歌劇院或其他單一用途的場館的「天然聲音」是一種奢侈，只有收入較高的地區才享受得起，多半都位在大都市裡。以電子方式調整表演廳的音效，有利於將聲音藝術帶向更廣大的觀眾，原本因為音效欠佳、彈性不足，用途受到限制的空間，如今都變成多樣化的在地文化中心。

短短一星期內，木屑廠舉辦了歌劇、爵士、電影與講座、古典樂團、鋼琴獨奏和電子搖滾等表演。每一種表演都有獨特的聲學需求，其中某些不可能同時出現在同一個場地。以歌劇來說，我們需要殘響與清晰度的均衡。古典樂團需要反射效果優越的牆壁。中世紀的教會音樂是專為悠長、洞穴般的殘響而鋪寫。對於電影原聲帶，絕對的無殘響最為理想，在最少反射的情況下讓聲音在空間裡流動。搖滾音樂需要擴音，只需要一點殘響，當聲音從場內彈回舞台上的麥克風時，不會產生古怪的頻率爆衝或反饋。輕微的殘響可以讓演講者的嗓音更為豐富，卻不致模糊不清。電子調整設備讓單一場地能因應以上所有需求。當然，麥克風和擴音器沒辦法打造音樂廳的其他感官體驗，比如歌劇院的雄偉場景、大教堂古老的岩石和焚香的氣味、一步步走上圓形劇場階梯的愉快感受，以及酒吧地板黏答答的啤酒汁液。但精心設計的電子音效，能讓空間的聲音品質更為廣泛多樣。

開季音樂會之後幾個月，某個白天我造訪木屑廠，進一步了解那裡的新音響系統是不是能符合該機構的目標。我坐在空蕩的表演空間正中央的小圓桌旁，同桌還有共同創辦人兼藝術總監寶拉・普瑞斯帝尼（Paola Prestini）、技術總監兼音訊總工程師賈爾斯・麥卡利維（Garth MacAleavey），以及負責節目策劃及藝術家駐村事務的荷麗・杭特（Holly Hunter）。

我們談話的時候，麥卡利維碰了碰小型電子輸入板的螢幕。敲一下。我們在演講廳，話聲清晰又豐富。敲一下。共鳴絕佳的大教堂。敲一下。延續五秒或更久的殘響，像站在空蕩的大型油罐車裡。敲一下。無殘響，我們說話聲的溫度降低，突然覺得需要費力讓對方聽見。系統的殘響關閉了，這個房間的壁板後面藏著布簾，吸走聲波，吞掉我們的聲音。敲一下。演講廳，我們的聲音突然變得清晰有活力。我們尷尬的笑了笑。這突然的轉變叫人困窘。我們覺得一切自然，但只要按個鈕就改變了聽與說的感覺。學了一課：我們的嗓音來自喉頭，但它的聲音和給人的感受，卻來自它與周遭的關係。敲一下。一條小溪從側面往下流淌，四隻鳴鳥棲息在我們對面的天花板上。敲一下再滑一下。小溪移到正中央。敲一下，我們回到無殘響空間。更多驚訝的笑聲。

千萬年來，音樂隨著空間演化。這種密切關係幾乎已難以察覺，因為我們都在經過操縱的相應空間裡聆賞音樂。在歌劇院聽歌劇，在電影院聽電影配樂，在夜店或用耳機聽搖滾樂，在石造教堂裡聽葛雷果聖歌（Gregorian chant）。只要調換其中任何一組配對，音樂就會含糊、渾濁，或失去活力。

這種密切關係透露空間與音樂史上的創新之間的對等互惠。舊石器時代晚期洞穴出土的樂器（笛子、銼板和牛吼器〔bullroarer〕），非常適合幾十人的聚會。隨著人類的群體擴大，聲音需要傳遞得更遠，音量更大的樂器於是出現。鼓聲和號角聲召喚人們打仗、狩獵或參加宗教活動。紀錄上最早的鼓來自中國東部耕種稻黍的大汶口文化，時間大約是西元前四千年。已知最早的號角則來自古埃及強盛的第十八王朝，時間是在西元前一千五百年。當社會規模夠大，階級制度也確立，政治與宗教領袖能夠建造大型空間，許多樂器同時演奏的和諧樂音便會充塞這類建築。西元前三千年，美索不達米亞的皇室陵墓中就有豎琴和七弦琴。埃及皇族陵墓中陪葬的樂器，經常多得足以組成樂團。這些墓穴和神廟的壁畫，也描繪幾十名樂師一同演奏管樂器或弦樂器的情景。西元前五世紀，中國的曾侯乙墓有個特別壯觀的樂器，是一套上下三層的半音音階編鐘，共有六十五件裝飾華麗的大型青銅鐘，以聲音標記雄厚的財力。同一個時代的偉大思想家墨子不滿的指出，上位者「撞巨鐘、擊鳴鼓、彈琴瑟、吹竽笙」1，消耗社會的時間與資源。最早的管風琴出現在西元前三世紀的希臘，很快散布到古希臘、羅馬和亞歷山大城的富人家庭與公共表演場所。

人類透過樂器探索聲音，是受到新物質（陶器、絲弦、黃銅、風箱和活塞）與新技術的音調與音質啟發。每個文化以它最成熟的工藝打造新樂器，就像舊石器時代的象牙雕刻師所做的。聲音響亮度的增加，是這些技藝衍生的結果。

現今樂器種類如此繁多，顯示聲學空間引導文化與技術居功厥偉。最明顯的例子，是空間的改變會激發新的可能性和對新樂器的需求。十九世紀歐洲出現大型公共音樂廳，需要的音量比貴族的小朗誦廳來得大，樂器於是配合演化。相較十六世紀的舊式鋼琴，現代鋼琴聲音洪亮。隨著音樂廳的規模變大，新的冶鍊術也製作出更強韌的鋼琴線，琴音的力道也跟著增強。現代鋼琴琴弦的張力是舊式鋼琴的十倍，這要歸功於十九世紀出現的金屬內琴框。更緊實的金屬纏繞琴弦在十七世紀晚期問世，小提琴的音量隨之擴大。到了十九世紀，小提琴琴弦的材質已經大幅改變，於是低音梁、琴橋和指板都需要調整。琴弓也重新設計，長度增加，也多了點弧度，既能繃緊馬毛，也更便於演奏者操控。長笛也在十九世紀經歷巨大變革，主要得力於德國長笛演奏家特奧巴爾德．貝姆（Theobald Boehm）的改造。貝姆放大長笛的音孔，改良按鍵、笛頭和吹口。雖然德國作曲家華格納埋怨新版長笛力度太強，像「大口徑槍管」，貝姆所做的改造卻奠定了長笛在現代管弦樂的地位。活塞和按鍵的改良，也提升其他木管或銅管樂器的音量與聲音穩定度。交響樂演奏廳的恢宏雄偉，因此體現在樂器的形式上。管弦樂團也擴大了。巴洛克時期的演奏者通常幾十人，到了十九世紀後期，華格納和馬勒的作品動輒上百人同時登台。

電子擴音也改變了樂器與空間的關係。吉他原本是適合客廳、營火晚會和小規模聚會的樂器，如今只要輕輕撥弦，聲音就能填滿整個體育館。原本極少出現在大型場合的吉他，如今幾乎是西方流行音樂表演不可或缺的樂器。人類嗓音的本質也隨著電子擴音設備改變。只要對著麥克風輕聲細語低聲吟唱，不需要牽動或推擠橫膈膜，千萬年來靠肺活量填滿教堂、宮殿和音樂廳的表演形式從此改變。廣闊的演奏廳催生了現代鋼琴的琴音，同樣的，有了發電廠的熔爐，才有現代流行音樂的氣音和低吼的存在。

我們只要在智慧型手機或家裡的CD播放器按下「播放」，就創造了聲音空間。由於我們有許多選擇，音樂專輯和單曲於是進入競爭模式，爭取我們的注意力。即使我們覺得自己不喜歡喧鬧，但音量最大的通常是贏家，因為人類的大腦固執的認定響亮的音樂「比較好」。甚至，我們的大腦也偏好和緩段落音量放大的音樂。這種心理學上的怪癖引燃了音量戰爭。這場戰爭始於一九九〇年代，延燒到現今。音樂製作人調升樂曲的振幅，整支曲子的可變音量於是形成所謂的「磚牆」，也就是每個段落的音量都升到最高。這樣的聲音檔呈現在電腦螢幕上時，會是一片強度

1 出自《墨子．非樂上》。

一致的高牆，不像大多數現場演奏的音量有高有低，而且給人的整體印象會是音量比較大，比較有臨場感。但這種處理方式消除了小鼓等打擊樂器的突出效果，造成一種侷限的生硬感。在極端的情況下，音質會因為白噪音而變模糊。

製作人通常不屑在唱片裡修築磚牆，音樂創作者和行銷人員卻會向他們施壓，要求調高音量。最知名的兩個例子分別是搖滾樂團嗆辣紅椒（Red Hot Chili Peppers）的專輯《加州淘金夢》（*Californication*），以及重金屬樂團金屬製品（Metallica）的《致命吸引力》（*Death Magnetic*）。這兩張專輯引發眾怒，粉絲紛紛要求重新灌製，消除極端的磚牆現象。數位音樂串流服務（另一個新的聲響空間）努力化解部分壓力。這些平台主動調整音量，避免曲子和曲子之間出現惱人的音量差距。這有助於打消唱片公司調高音量的念頭。如今很多專輯以兩種方式製作，一種專供數位串流平台使用，另一種則是ＣＤ。數位版本通常彷彿「黑膠唱片專用」，重回鑽石針頭在旋轉塑膠盤上刮出錄製音樂的舊時代。黑膠唱片的刻片設備應付不了磚牆音量，因此需要更精心的製作。

耳塞式耳機和輕量耳機也創造新的聲響空間。實體空間和原聲樂器共同演化，耳機和可攜式音樂播放系統也是一樣。證據此刻就躺在我書桌的抽屜裡：金屬薄片製成的頭箍，連接兩個包覆泡棉的迷你擴音器，再接上一部一九八〇年代的口袋型卡式放音機；白色耳塞式耳機插在火柴盒大小的ＭＰ３播放器；黑色頭戴式耳機的傳輸線跟另一組紅黑互搭的塑膠耳塞式耳機纏繞在一起。這些聆聽裝置分別屬於已經成為過去式的三個世代智慧型手機。每個系統都十分便利，能隨身攜帶，幾十年來為我提供個人專屬的音樂與歌聲體驗。這些裝置音質欠佳，傳送的是音樂的輪廓，而非細節。高低頻通常缺席。環境噪音穿透薄薄的泡棉或塑膠，掩蓋掉較輕柔的聲音。於是，在我一九八〇年代的蹩腳耳機裡，朋友反覆拷貝過的卡式錄音帶傳來的音樂，聽起來跟原版差別不大。後來ＭＰ３播放器和智慧型手機問世，在平價耳機裡，ＣＤ品質的音樂跟高壓縮的數位音樂也沒有明顯差別。

卡式錄音帶的盜拷文化，以及後來早期高壓縮數位音檔的盛行（很多也是盜版），部分原因在於耳塞式耳機和小型頭戴式耳機低劣的聲音品質。我們塞進耳朵或貼在耳朵外的裝置創造出新的聲響空間，而且一如既往，音樂隨著空間的特殊需求和發展潛力改變。科技會干預音樂與空間之間的關係，就像在類比音樂的世界一樣。到如今，抗噪耳機和高性能耳機改善了「私人」聆聽空間，更豐富的音樂透過更廉價、更快速的數據傳輸，傳入我們的耳朵。

耳機的親密感也改變了音樂與聆聽者之間的關係。通過耳機，歌手直接對我們低聲吟唱。拿二〇二〇年和一九七〇年的葛萊美獎年度最佳歌曲做個比較。美國新生代女歌手怪奇比莉（Billie Eilish）的〈壞蛋〉（Bad Guy）是竊竊私語。她就在近旁，嘴唇對著我們的耳朵。美國鄉村歌手喬．索斯（Joe South）的〈人間遊戲〉（Games People Play）則是餘音回盪，距離遙遠。他跟樂團在舞台上，聲音似乎流入了觀眾席。在我筆電裡錢幣大小的擴音器聽起來，怪奇比莉歌聲背後那明快閃爍的樂器效果絕佳，索斯曲子裡的深度卻被抹除，小提琴、管風琴和鼓聲的音調變化也都模糊了。二〇二〇年的音樂在廉價便攜式耳機裡音色優美，一九七〇年的錄音必須仰賴比較精密的音訊設備，才能展現出優越音質。我們耳道裡的塑膠耳機改變了音樂的形式。

以電子器材塑造表演場地（比如木屑廠）的聲音，等於將數位革命帶進人們齊聚聆賞音樂的三度空間。科技弱化了形式與空間聲響特質之間的連結，這是漫長音樂演化史上前所未見的現象。

影響之一會是拉近觀眾、音樂家和作曲家之間的關係。當表演者在一個與他們的音樂不協調的場地演出，他們等於在對抗那個空間的聲學效果，彷彿帶著他們的聲音和以聲音傳達的感受與觀點逆風前進。配合音樂的特殊需求調整空間條件，就能啟動表演者與觀眾之間的連結。

空間的聲學彈性將原本固定不變的條件（某個場地的聲響），轉變為樂器的一部分，成為作曲家塑造聲音的另一個手段。這將立體音響、四聲道或「五・一」聲道（以兩個、四個或六個擴音器打造身歷其境的聆聽體驗）延伸至全新領域。在那個領域裡，聲音有著紋理細密的空間結構，它的位置和動態能以電子輸入板即時控制。我在平德胡斯的長笛演奏中聽見聲音在飛翔，就是一個例子。她在舞台上演奏，笛聲卻在整個表演空間遊移飛撲，藉此敘事抒情。

美國作曲家兼電子音樂先驅蘇珊・希雅妮（Suzanne Ciani）在穆格音樂祭（Moogfest）使用梅爾音響系統後接受訪問，具體描述這些可能性。她說，一九七〇年代四聲道剛出現時，「並沒有適合的音樂，也找不到使用那些設備的必要理由。」如今「有了玩電子音樂的新世代，他們的音樂想要任意飛翔，想要被塑造、被挪移。」她強調音樂的空間設計在情感上的重要性：「強而有力……除非你親耳聽見，否則永遠無法體會。」

空間音訊技術與舞蹈有本質上的相似性，因為舞蹈原本就是在三度空間移動。正如參與性的舞蹈（而非讓觀眾靜靜坐在台下觀賞），這種新的音訊系統允許音樂隨著人體移動。從舞廳到夜店，如今的作曲家和表演者可以真正做到讓音樂起舞。藉由佩戴式觸覺感知裝置將低頻聲音輸入我們的皮膚和身體組織，身體動作和音樂之間的界限模糊了。我們之所以能體驗這樣的效果，是因為幾億年前我們的魚類祖先演化出能偵測動態與聲音的內耳。我們和其他所有脊椎動物都承襲到這個結構。

這些科技在電子舞曲上的應用不言而喻。聆聽者的動作是電子舞曲體驗的一部分，表演者和參與者都迅速擁抱這種新技術。但空間化的聲音技術也引導我們以新方法理解傳統樂器。當我們聆聽小提琴、吉他或雙簧管，我們接收到的，是來自樂器本身的全部面積與體積、經過整合的聲音。它的目的是以協調的音調與紋理在空中注入生命力，但如果你的耳朵靠近樂器，你會發現它的聲音擁有地形地貌。那麼如今我們成為樂器的一部分，能不能暢遊小提琴腹腔的不同地域、長笛的內徑或鋼琴的表面？那時我們體驗到的音樂，就會是充滿張力與諧波的三度空間物體，就像樂譜一樣。樂器的形式和音樂的形式，於是能在空間的三個維度裡交談，而非只在時間這個單一維度裡。

我們的耳朵也能獲得現場音樂表演者擁有的東西，亦即舞台上的一席。跟中提琴家並肩而坐，在對的時刻飛向銅管樂器。或者欣賞藍草音樂會（bluegrass concert）時，在貝斯和五弦琴之間稍做停留，而後配合音樂的要求，快速移向小提琴，緊接著往後退，納入全景。

這樣的作品會改變聆聽音樂會的體驗，讓人感受到類似走在森林中，或欣賞聲音裝置藝術時的空間動態。在生態環境中移動時，體驗到的是在空間裡擁有形態與紋理的聲音。當聲音在藝廊或戶外被當成雕塑品，情況也是一樣。以紐約現代藝術博物館為例，鋼琴家大衛．都鐸（David Tudor）的作品《雨林變奏》（*Rainforest V*）的電子聲音來自懸掛在空中的日常物品，比如木箱、油桶和管線零件。我們在那個空間裡移動時，聲音會呈現不同的韻律與色澤。不過，都鐸用的這些東西有別於雨林裡活生生的物種，它們彼此之間沒有經過討價還價與交易妥協的漫長共演化歷程。相反的，都鐸的聲音裝置裡的工業產品是靠電力驅動。當這些物品內部的感應器偵測到參觀者製造出的聲音，發出回應，這種差別更是明顯。在電子設備協助下，這種呈現微妙空間變化的作品也能進入音樂廳。

人類聆賞的音樂，絕大多數都從聲音場域裡的某個點向外流瀉，短暫易逝。我們坐在音樂廳裡，或拿起耳機覆蓋耳朵。即使耳朵裡塞著耳機走在路上，那聲音並不會追蹤我們的動作，而是以一種沒有任何生物知曉的方式傳來：從看似靜止的聲音來源傳到動態的軀體。作曲家如今可以在作品裡添加更多空間動態，整合聲音與動作。這個作品是傳統作曲與表演方式的延伸。列隊行進時唱頌的聖歌，或軍隊的進行曲，都在空間裡敘事，置於演奏廳或禮拜堂的樂器和人聲也是如此。

音樂是一種關係，它連結人與人，也讓我們投入所在空間。於是，每一種樂器、每一種形式的音樂，有一部分來自它的聲學背景。在這方面，人類的音樂與其他動物的通訊聲音並沒有差別。透過演化與學習，每個物種的聲音都在這個世界找到自己的位置。

不過，人類能主動塑造聲學空間，其他物種幾乎都沒有這種能力。鳴禽無法修改森林的殘響；槍蝦沒辦法轉個鈕來提升牠們爆裂音大合唱的亮點；雨林裡的螽斯沒辦法調整牠周遭十多種昆蟲鳴聲的振幅與頻率；就連螻蛄也不會改造地道來配合牠的聲音。人類創造的音樂在作品、樂器和聲學空間之間產生創造力的交互作用。我們耳朵裡的耳機或音樂場館的電子裝置，為這些成果豐碩的關係開創全新的可能，而這樣的進程，始於舊石器時代音響洪亮的洞穴。

13 音樂、森林、軀體

紐約林肯中心的廣場看不到任何非人類的生命跡象。黑色與棕色地磚對比鮮明，排列出幾何圖形。正中央是三百一十七道噴泉，強力水柱由下往上打，燈光也從池底往上照射。這種建築設計既是為了推崇並提升精緻藝術，也為了排除，強力宣示這個地方全然由人類的力量與智巧掌控。除了三十棵懸鈴木，其他的生命群體都被抹除。那些樹木的位置遠離主廣場，像士兵般整齊排列，站在鋪了碎石的矩形水泥地上。一九五〇年代七千個黑人與拉丁美洲家庭在這裡生活的記憶也抹滅了，整個社區被夷平，建造了這個地方。人們被迫遷離，沒有任何補助。這個地方似乎屬於某些自詡為maestro的人。maestro這個義大利文源於拉丁文的magister，意指「比較偉大的人」。這個地方為人們帶來了美、藝術和有意義的連結，卻也隱含斷裂與清除。

我們走進演奏廳，美國歷史最悠久的紐約愛樂交響樂團就駐紮在此。不管是表演場地、演講廳、博物館、電影院或禮拜堂，舉凡人類聚在一起品嘗文化果實的地點，都以建築設計傳達支配與主宰。厚厚的襯墊，金屬欄杆，平滑光亮得像塑膠製品的木板。演奏廳的門扉緊閉，隔絕外在世界的聲音。舞台上，演奏家整齊劃一裹著黑色襯衫、長褲和洋裝。這裡的美學鄭重其事，示意著富裕。

觀眾走進這座音樂廳的過程中，會覺得自己甩開了城市的紊亂與一切，擺脫生命的群體，甚至遠離人類的軀體。他們坐在陰暗處，與演奏者有所區隔，肌肉與神經抗拒著融入或參與音樂演出的衝動。在這裡體驗聲音，感覺彷彿超越了此時此地。我們的注意力集中在聲音的體驗，從地球的束縛裡解脫，感受到創造力、藝術性與美。這樣的放鬆感恍若與神靈同在（以宗教音樂而言），或進入人類概念與情感的領域。

但這樣的出離只是假象。我們可以在有生命的土壤上鋪設地磚，驅離人類或非人類生命，阻隔凝視人體的視線，關起隔音室的門，最後卻是回歸人體，重回有生命世界的多樣化。演奏廳傳遞一份強有力的體驗，那是生命的體驗，是人類世界與超越人類的世界兩相結合。這種身體的親密度與生態關係的豐富性，幾乎史無前例。在人類的文化裡，儘管我們從不以外顯方式歌誦這樣的融合，卻很少有哪些地方像這樣徹底抹除「人」與「非人」的界線。也許正是因為這種彼此交融的感官力量，我們才需要鋪設磁磚的地面、密封的房間和包裹的身軀？出席音樂會的種種裝飾，成為音樂的大地力量進入我們身體與心靈的媒介，消除這種敞開、脆弱、動物性的結合帶來的不自在。

燈光變暗。節目單翻動的窸窣聲，像強風吹過乾燥的橡樹葉。觀眾的腦袋和身體轉向舞台，交談聲沉寂下來。今晚的樂團首席雪柔・史泰伯斯（Sheryl Staples）走上舞台，手裡拿著十八世紀的瓜奈里（Guarneri）小提琴。她來到指揮台底下的位置，向這場音樂會的主要雙簧管演奏者雪莉・希拉爾（Sherry Sylar）示意。希拉爾舉起她的可可波羅木（cocobolo）雙簧管，發出一個La音。那個音符從雙簧管的出音口飛向整個演奏廳，帶領其他樂器送出一串音符。接下來全場寂靜無聲：觀眾的期待與專注來到最高峰，兩千七百人集體屏息以待。指揮家梵志登（Jaap van Zweden）大步走出來，掌聲爆起，結束那一刻靜謐。梵志登抬手朝觀眾席和樂團一揮，登上指揮台。另一段期待的靜默，指揮棒落下。打擊樂在震顫中漸次增強，銅管與弦樂加入，史蒂芬・史塔基（Steven Stucky）的〈哀歌〉（Elegy）奏起。

雙簧管響起的那一刻，森林和溼地的生命力在舞台上躍然顯現。在這個展演人類精緻文化的地方，我們感受到的喜悅與美，部分歸功於其他生命的聲音。我們的感官沉浸在植物與動物的形質裡。

雙簧管聲音的根源，是西班牙與法國海岸溼地的植物。振動吹奏者氣息的簧片，是從地中海西岸鹹性沙灘的原生種蘆荻削下來的。這種巨型蘆荻最高能長到六公尺以上，中空的莖幹直徑只有二到三公分。這植物長得比建築物還高，莖幹卻似乎比我的拇指還細，它的聲響特質來自這看似違常的結構。相互連結的細胞壁組成強韌的纖維，支撐起細長的莖條。微小的細絲密集整齊的排列，增加莖條的硬度，在強風中只會微微彎腰。想要削下製作木管樂器的簧片，需要使用如手術刀般鋒利的工具。唯有被刀片削成半透明的薄片，才可能在人類的手或唇上展現些許彈性。於是，我們在雙簧管、單簧管、低音管和薩克斯風等樂器，聽見了更極端的植物構造：一個細瘦的巨人，提供無比輕盈卻極其堅硬的材料。印度、東南亞和中國的簧片樂器，使用的是質地類似的植物，可能是巨型蘆荻、棕櫚葉或竹子。以其他小型草本植物或木頭削製的簧片聲音偏軟或偏粗糙，音調也不穩定。比如英國的威特宏（whithorn）和法國的布蘭姆維（bramevac），這兩種圓錐形木製號角都使用柳樹皮簧片發出尖銳聲響，聲音的操控性和可預測性都比蘆荻和竹製簧片樂器來得遜色。雙簧管樂手使用的是品質最好的簧片。我與希拉爾聊起她的演奏，她告訴我，雙簧管演奏者跟簧片的關係有點像木器的製作，是操縱植物素材的精準工藝。雙簧管演奏者既是簧片製作者，也是音樂家。

雙簧管的內徑和指孔塑造管身內部的壓力波，形成振動，而後將聲音往外推，傳送到整個演奏廳。它錐形內徑的平滑度、出音口的擴大、指孔的開口和邊緣的大小與銳利度，結合木頭的共鳴特性，共同塑造它的聲音特質。任何彎曲變形、坑洞、表面不平整或比例失準，都會降低聲音品質。那麼，即使沐浴在溫熱潮溼的人類氣息中，雙簧管等木管樂器也需要維持穩定的形狀、表面光澤、邊緣與比例。這就需要使用密度高、紋理細緻的木頭。現代雙簧管和單簧管的前身蕭姆管（shawm）和舊式雙簧管（hautboy），都是用黃楊木、蘋果等果樹或紋理緊緻的楓樹製作。這些樹木生長緩慢，每年長出薄薄一層，逐年累積。中亞和西亞的嗩吶則偏好同樣密度高又平滑的杏樹，日本的篳篥則使用竹子。

十九世紀以前，簧片樂器的材料主要取自本地。如今我們聽見的聲音，製作材料經常來自其他大陸。舉例來說，專業演奏家使用的雙簧管和單簧管，大多是以東非黑木（mpingo，又稱grenadilla），或者可可波羅木和花梨木等熱帶樹木製造。非洲、南美和亞洲成為殖民地後，歐洲樂器製造者陸續取得這類材料。木管樂器反覆接觸人類氣息，溼了又乾，使用其他木頭容易龜裂變形。這些木頭優越的穩定度、高密度和平滑度，是最合適的材料。這些運送至歐洲的熱帶森林產品，搭配十九世紀發明的金屬指孔和連桿，共同建立了樂器製造業的許多傳統，至今依然是主流。

大都會藝術博物館與林肯中心相隔一座中央公園，距離不遠。博物館裡收藏的樂器，透露當地生態、殖民貿易和樂器製造工藝之間錯綜複雜的關係。一開始，展覽室給人的感覺像聲音的陵墓。寂靜的樂器端坐在玻璃櫃裡，被燈光照亮，像安放在聖物盒裡、靈魂早已消逝的音樂遺骸。那玻璃櫃、上過蠟的木地板和狹長的展覽空間，與音樂廳開闊的暖意相去甚遠，腳步聲和說話聲在這裡活潑嘈雜，進一步擴大與音樂聲響之間的距離。不過，等我想到這並不是直接體驗聲音的場所，那最初的印象就消失了。相反的，在這裡我們可以探求材質本身的故事、人類的智巧，以及不同文化之間的關係。

舊石器時代的長毛象牙笛是以當時最純熟的工藝製成，同樣的，大都會藝術博物館展出的樂器告訴我們，各個文化與時代的人們如何運用他們最精湛的技藝創造音樂。殖民時代以前南美祕魯莫切文明（Moche）的喇叭和口哨陶罐（whistling jar），展現高超的製陶技藝。長達幾百年的時間，管風琴一直是西歐最複雜的機械。阿爾及利亞的弓弦樂器列巴布琴（rebab）和烏干達的拱形豎琴（ennanga），也呈現對木頭、皮革與弦的精準操縱。中國的古琴是一種長形弦樂器，可以放在桌上或腿上彈奏，它的製作結合了絲綢生產、木雕、亮光漆與裝飾性鑲嵌等技藝。到了二十世紀，工業化產品出現了，比如電子吉他和塑膠巫巫茲拉大喇叭（vuvuzela horn）。

殖民時代以前的樂器通常使用在地材料。走過一間間展覽室，就能學習到人類如何運用不同方法讓周遭的物體發聲。陶土塑形後燒製，再將人類的氣息和嘴唇的振動轉化為擴大的聲響。礦石變身為鐘與弦，昭示冶金術與土地之間的連結。雕刻的木頭、拉伸的棕櫚葉和編織的纖維，都是獲得聲音的植物素材。各種動物透過繃緊的皮革和經過塑形的牙齒和獠牙歌唱。每一種樂器都來自在地生態場景。南美管樂器使用兀鷹羽毛。非洲的鼓、豎琴和魯特琴（lute）取材自木棉樹、蛇皮、羚羊角和豪豬刺。歐洲雙簧管使用黃楊木和黃銅。中國的瑟、石琴和雲鑼等弦樂器和打擊樂器，使用了木頭、絲線、青銅和岩石。音樂就這麼從人類與非人類世界的互動中產生，它在世界各地的不同聲音透露的不只是人類文化的不同形態，還有岩石、土壤和生命體鏗鏘有力、餘音繞梁的聲響。

然而，人類的音樂在生態與文化上儘管擁有輝煌精緻的根源，卻從來不侷限於狹窄地域。音樂連結的力量，遠遠不只是凝聚當下的聆聽者。原本看似相距甚遠的文化，因為音樂的創造，彼此生態、創造力和技術的歷史從此結合。從器樂誕生開始，各種概念和材料就在不同地域之間流傳。為舊石器時代工藝提供製笛材料的天鵝，並不是棲息在洞穴周遭凍原的物種。是運輸或交易帶著天鵝翼骨前往將它們製成樂器的地方。從那時起，人類的欲望便促成了樂器製造的交易。聆賞者追求令自己愉悅與感動的聲音。音樂家要求樂器的穩定與一致。我們的眼睛欣賞樂器的造形、色澤和表面裝飾，是附加在聲響美學上的視覺效果。這些品質都需要最優良的材料，這便是貿易的誘因。

這龐大的貿易網絡連結了中國、印度、西亞、北非和歐洲。西元第一個千年的「絲路」，將非洲的象牙往東帶進亞洲，中國絲弦往西送抵波斯，南亞的熱帶林木去到了溫帶地區。樂器造形的創意隨著製造樂器的材料移動。雙簧片樂器和弓弦樂器從非洲和西亞來到歐洲。魯特琴、鼓、豎琴和喇叭從中亞和西亞傳到中國。

十八、九世紀的殖民地占領、奴工、鐵路和運輸網的建立，將新的材料帶到歐洲樂器師手上。當現代管弦樂團、民謠樂團或搖滾樂團走上舞台，植物與動物振動的聲音為空氣灌注生命，那是森林與原野的聲音透過人類的藝術找回活力。但我們也聽見了強制占領與資源榨取的後遺症，這些如今都轉變成國際貿易。優美的旋律從雙簧管和單簧管中空的東非黑木流瀉出來，那是來自東非大草原的聲音。電子吉他手腰部緊貼桃花心木打造的樂器，手指滑過馬達加斯加花梨木指板，以雨林高大樹木的木板演奏音樂。弦樂器演奏者拉著以南美蘇木（pernambuco wood）綳緊的馬毛琴弓。許多琴弓末端鑲嵌象牙或玳瑁。這些歐洲樂器都有悠久的殖民史，植根於當地的土壤與材料。如今它們呈現的當代面貌，部分來自從殖民地輸往歐洲的材料。在大都會藝術博物館的展示品中，殖民主義帶動的變化，為不同時代的歐洲樂器創造出驚人的視覺差異。在十八和十九世紀，深色熱帶木頭和象牙被大量使用，取代了更早期歐洲樂器質地較輕的黃楊木、楓樹和黃銅。

十八、九世紀的歐洲殖民者精心挑選出他們覺得最動聽、對樂器工坊也最有用的材料。即便

「異國」木頭和動物材料越來越容易取得，少數歐洲材料因為合乎標準，也被保留下來。特別是雲杉和楓樹，至今仍然是製造弦樂器琴身與鋼琴響板的優先選擇。定音鼓的小牛皮也是如此。跟這些歐洲材料搭配的，有操作方便、穩定性高的象牙，以及密度、平滑度、彈性和音調都符合音樂需求的熱帶樹木。比如東非黑木絲滑的質地；蘇木非凡的強韌度、彈性和靈敏度；花梨木的溫潤與穩定度；紫檀的共鳴度。這些熱帶樹木在分類學上都屬於同一個家族，是豆類的樹木表親，生長緩慢，紋理緊密細緻。大多數都需要生長七十年以上才能採收利用。在音樂會上，我們聽見老樹的聲音。

產業經濟以同樣的步伐向前邁進，從世界各地採收原料與能源。埋藏許久的藻類從油井裡被鑽探出來，提煉後聚合為塑膠琴鍵。擴音器連接上電力網，電力的產生則靠煤礦的燃燒、流過水壩的河水，或鈾礦的衰變。

樂器製造業最喜愛的熱帶樹木和象牙，如今大多面臨威脅或瀕臨絕種。十九世紀的開採成了二十一世紀的禍根。然而，樂器製造業所需的材料卻不是導致這些問題的主因。雖然十九世紀晚期到二十世紀初期的鋼琴琴鍵耗掉幾十萬磅象牙，但相較於餐具柄、撞球、宗教雕刻品和各種裝飾品的需求量，小提琴琴弓和低音管的象牙環使用的象牙是小巫見大巫。巴西蘇木大量消失，禍首卻不是小提琴製琴師，而是為了利用它的紅色心材製作染料而過度砍伐的商人。巴西（Brazil）這個國家的名字來自brasa，葡萄牙語意為「餘火」，指的是蘇木火紅的色澤，因為蘇木的貿易是巴西建國的重要基礎。

東非黑木的林地也在減少，一來是樂器與木地板原料的出口需求，二是當地人雕刻所需。東非黑木的樹幹盤曲糾結，不容易切割出雙簧管或單簧管所需的筆直木條，合用的木塊通常不到十分之一，過度砍伐的問題因此雪上加霜。吉他指板常用的花梨木大多出口製作家具，一張床架或櫃子使用的木料，通常超過一整間樂器行的吉他。雖然目前國際法令限制了多種花梨木的貿易，但這種木材價值太高，不少投機商人和奢侈品製造商聯手建立非法市場，每年市場總值高達數十億美元。

因此，現代音樂的聲音是過去的殖民主義與當前的貿易的共同產物。除了少數例外，樂器製造並非物種滅絕危機的推手。事實上，演奏者與樂器長達數十年每日貼身接觸，這樣的關係會是一種啟發，教導我們該如何與森林共存共榮。一支雙簧管或一把小提琴使用的木料少於一把椅子或一疊雜誌，但樂器帶來的美感體驗與實用價值卻能延續數十年，有時甚至數百年。反觀我們對待物品和物品來源的方式，多半是過度開採、用過即丟。舉例來說，二〇一八年整個美國丟棄了超過一千兩百萬噸家具，其中百分之八十送進掩埋場，其他大多焚毀，只有百分之〇．三回收再利用。這些家具的木材大多來自熱帶森林，在亞洲的生產中心製作，運送到美國。這樣的貿易持續成長，世界野生動物基金會（World Wildlife Fund）指出，「地球的自然森林應付不了全球市場對木材節節攀升的需求。」如果其他各領域的經濟體也跟演奏家一樣細心呵護木製品，森林砍伐的危機會大幅減輕。

部分演奏者和製琴師為了表達對自己接觸的樂器的崇敬，率先採取行動尋找替代品，減少使用木頭、象牙與其他取自瀕危物種的材料。如今這點更為重要，因為樂器的製造量比過去幾個世紀成長許多。目前每年生產的吉他超過一千萬把，小提琴則有幾十萬把。稀有木料不足以供應這樣的市場需求。因此，只要用心，就能在市面上找到經過認證、以永續模式生產的木材製造的樂器，比如美國森林管理委員會（Forest Stewardship Council）就認可了幾項新樂器的生產。坦尚尼亞東南部的黑木保護與發展組織（Mpingo Conservation and Development Initiative）則是推動以社區為基礎的森林管理，當地居民擁有並管理黑木和其他林木，從中獲取收益。以永續方式管理森林，支持在地經濟。樂器製造者也致力開發新材料，解除樹種的滅絕危機。二十世紀晚期以前，大多數的吉他、小提琴、中提琴、大提琴、曼陀林和其他西方弦樂器使用的木料，取自大約二十種樹木。如今用來製造樂器的木料已經有一百多種。除了天然材料的多樣化，業界也漸漸使用碳纖維與層壓板等製品代替實木。

未來幾十年內，除非我們改變做法，否則製造樂器所需的動植物材料，難以取得的就不只是特殊珍貴的物種了。相反的，整個森林生態系統的破壞，會重塑人類音樂與大地的關係。目前提供我們最珍貴材料的森林正在消失。本世紀最初十多年，森林面積減少的速度，是增加速度的三倍，全球淨損失在一百五十萬平方公里以上。熱帶森林的境遇最為悲慘，而後是雲杉林和北方的針葉林。未來幾十年裡，越來越多的森林火災、清理林地種植農作物和氣候的變遷，都會加速森林的消失。未來的地球仍然會有音樂存在，自古以來都是。音樂會透露生態系統與人類藝術之間的古老關係，也會訴說滅絕、技術變革，以及人類欲望如何征服森林。

在音樂家精心照料下，現存為數不多的古董樂器讓我們回想起已經消逝或衰頹的森林。在林肯中心的舞台上，我們聽見過去數十年或數百年的木頭的聲音。希拉爾吹奏的雙簧管，是以二十世紀初砍伐的木頭製成，已經有幾十年歷史。她的每一根雙簧管都有一本「護照」，登載木料的來源，證明並非取自近期砍伐的瀕危樹種。她告訴我，她的同事在全國各地尋找古董雙簧管，想買到過去的年代以好木料製造的樂器。希拉爾的同事小提琴家史泰伯斯的音樂來自瓜奈里名琴，琴身的木料至少已有三百年歷史，是取自工業時代前的雲杉與楓樹林。雖然製造樂器的木料仍然來自義大利北部提供瓜奈里和史特拉第瓦里（Stradivarius）小提琴原料的費米河谷（Fiemme Valley），但跟過去幾百年比較起來，那裡的春天提早了，夏天氣溫變高，冬天的積雪也減少，樹木材質因此不像幾百年前那般緊實，共鳴也減弱。再過一百年，由於高溫、乾旱和降雨的改變，那裡的山坡可能再也看不到高山森林。如今的音樂來自地球的過去，而非現在，是刻寫在木頭紋理之中的記憶。

我坐在林肯中心的觀眾席，與全世界森林（它們的過去與未來）和人類貿易的歷史展開親密接觸。管弦樂團的聲音來自這個世界，讓我沉浸在生物多樣性與人類歷史的美麗與破碎之中。音樂並非超驗的、抽象的，它是固有的、具體的。當森林面臨危機，生命群體大規模滅絕，或許我們應該正視問題，守護這些帶動音樂蓬勃發展的關係。

♪

我四十多歲時第一次拿小提琴。我將琴擱在下巴底下，心中不禁發出有失虔敬的驚呼，為這樂器與哺乳動物的演化之間的連結備受震撼。過去我以為小提琴家演奏時只是把琴放在頸窩，沒想到他們還輕輕用下顎骨壓住琴身。二十五年的生物學教學經驗給了我靈感（或者古怪的偏誤），覺得這種持琴姿勢有著動物學上的妙趣。我們的下巴底下的骨骼只有一層皮膚包覆。臉頰的飽滿肌肉和下顎的咀嚼肌從此處上方開始生長，下巴底部邊緣因此沒有被肌肉覆蓋。聲音當然是在空氣中傳遞，但聲波也會通過琴身和腮托，直接抵達我們的顎骨，而後進入頭骨和內耳。

音樂從樂器擠壓進我們的下顎，那聲音直接將我們帶回哺乳類聽覺發展之初與更早的時期。小提琴手和中提琴手將他們的身體和他們的聽眾傳送回悠遠的過去，喚醒我們的哺乳動物身分，是演化返祖現象的重現。

最早爬上陸地的脊椎動物是現代肺魚的親族。從三億七千五百萬年前開始，這些動物花了三千萬年的時間，將肉鰭變成附有手指或足趾的肢體，將吸取空氣的囊袋變成肺臟。在水中，魚類內耳和皮膚上的側線系統能偵測壓力波和水分子的動態。但側線系統在陸地上沒有用處，空氣中的聲波從動物堅實的體表彈開，而非像在水中時流進牠們體內。在水中時，這些動物被聲音包圍，在陸地上牠們大多聽不見聲音。

大多聽不見，卻並非全聾。最早的陸地脊椎動物承襲了牠們魚類祖先的內耳，那是填滿液體的囊袋或管道，內部布滿靈敏的毛細胞，兼具平衡與聆聽功能。我們的內耳是延伸而盤繞的管道，早期脊椎動物的內耳卻是既粗且短，只有對低頻音敏感的細胞。空氣中的巨響（比如打雷或樹木倒地的聲音）力道足以穿透頭骨、刺激內耳。音量比較小的聲音（腳步、風吹過樹梢、同伴的動作）不是來自空中，而是從地面經由骨骼傳遞上來。第一批陸地脊椎動物的顎骨和鰭狀腿腳，是外在世界與內耳之間的骨骼通道。

有一塊骨頭變成特別有用的聽覺裝置，那就是舌骨。在魚的身上，這塊骨頭控制鰓和鰓蓋。在最早的陸地脊椎動物身上，這塊骨頭向下朝地面凸伸，往上深入頭部，連接耳朵周遭的骨囊。隨著時間過去，舌骨不再需要控制魚鰓，於是發展出新功能，成為聲音的導管，演化成為鐙骨，也就是中耳的聽骨。除了幾種後來失去鐙骨的蛙類，所有陸地脊椎動物都有這塊骨頭。最早的鐙骨像根粗短的矛，將來自地面的振動傳到耳朵，也支撐頭骨。後來它連接上新演化出的耳膜，變成細長的桿子。如今我們的聽覺有一部分仰賴開發出新功能的魚鰓骨。

鐙骨演化出來之後，許多脊椎動物族群在聽覺方面各自創新，分別走上不同的道路，但都使用某種形態的耳膜和中耳聽骨，將空氣中的聲音傳進充滿液體的內耳。兩棲類、海龜、蜥蜴和鳥類各自發展出不同構造，但鐙骨都是中耳唯一的聽骨。哺乳類走上比較精密的道路，下顎的兩塊骨頭遷移到中耳，跟鐙骨連接在一起，組成三塊相連的聽骨。拜這三塊聽骨之賜，哺乳類的聽力比其他陸地脊椎動物靈敏得多，尤其是高頻音範圍。早期的哺乳類體型約莫巴掌大，生活在兩億到一億年前。牠們對高頻音敏感，就能察覺到鳴唱的蟋蟀和其他窸窸窣窣的小獵物的所在，增加覓食時的優勢。但在此之前的一億五千萬年裡，也就是從牠們爬上陸地後到演化出哺乳類中耳前，牠們聽不見昆蟲的聲音和其他高頻音，正如我們如今聽不見蝙蝠、老鼠和某些昆蟲的「超音波」聲音。

哺乳動物前身的爬蟲類有一部分下顎演化、變形為現代哺乳類的中耳，證據呈現在一系列骨骼化石裡，那是來自數億年前的岩石記憶。我們每個人都在胚胎期重新走過那段旅程。在發育期間，我們的下顎最早是一連串相連的小骨頭。然而，這些小骨頭並沒有像現存或遠古爬蟲類一樣融合成一塊下顎骨。相反的，它們之間的連結消失，其中一塊變成了中耳的鎚骨，另一塊則變成鉆骨，連接鎚骨和鐙骨。第三塊盤成環狀，支撐耳膜。還有一塊變長，成為單一的下顎骨。

我把小提琴舉到頸邊，感覺它碰觸我的顎骨，腦海浮現各種遠古脊椎動物的畫面。這些祖先以下顎骨聆聽從地面傳到顎骨、鰓骨和內耳的振動。小提琴帶著我重現這個聽覺演化過程中的重要時刻，不需有失儀態的趴在地上模仿爬蟲類。精緻藝術遇見深時？當然不是透過我笨拙的雙手，但造詣深厚的演奏家肯定沒問題。

骨骼傳輸聲音，為小提琴手提供有別於聽眾的聲音體驗。大多數的聲音都在空氣中流動，連結演奏者與觀眾。但聲波也會透過顎骨往上傳遞，將頭部的骨骼變成共鳴器，放大聽覺的感受，尤其是低頻音。這些振動也會從肩膀往下傳進胸腔。拉小提琴時如果少了這樣的身體接觸，比如在肩部墊一塊海綿，或與下顎隔離，聲音的體驗就寡淡得多。即使小提琴的聲音聽起來十分洪亮，感覺卻會有點距離。

小提琴的造型讓它得以觸及人類演化的幽深處，但這只是人體與樂器實體親密接觸的眾多方式之一。

我們坐在靜謐的觀眾席聆聽，觀看。演奏者的指尖在琴弦上輕拂、按壓、滑動；大提琴振動大腿內側的皮膚和肌肉；簧片在溼潤的雙唇之間顫動；氣息流過笛子的吹口；手、手臂和肩膀敲擊定音鼓，或透過沙鈴將震顫傳送出去；肺臟通過顫抖的雙唇對外吶喊，它們的激情被黃銅圈塑造並擴大，而黃銅圈內部則被人類呼吸的溼氣浸潤。

我們經由管弦樂團直接連結到的，不只是耳骨演化的遙遠故事，還有動物感官的真實存在。搖滾明星鼠蹊部往前推送和撫摸吉他琴頸的動作，是最露骨的例子。但相較於管弦樂演奏會上呈現的各種親密動作，這些誇張動作卻是瞠乎其後。

音樂的創作通常訴說著欲望、熱情或心碎，這些故事和情感如果以抽象方式表達，力道比不上移動的唇、流淌的血液、激昂的神經與活躍的氣息，這些都是人體愛和慾的所在。

但音樂與人體的關係遠遠不只如此。如果列舉出音樂家的身體與樂器接觸的各種方式，只怕少不了淫穢色彩，部分原因在於我們的文化將感官與性畫上等號。不過，音樂以聲音訴說身體帶給我們的各種感官體驗，偶爾確實能撩撥人的情慾。但身體也會哀傷或狂喜，也有牽絆與渴望，會探索、會奮鬥，有時增長、有時休息。優秀的音樂家邀請我們進入這些體驗。音樂家與樂器或嗓音之間有著親密關係，而這份關係是建立在多年的肌肉、感官、才智和美學訓練。每個音符都是身體動作的延伸，是從一個人內部到另一個人內部的聲音通道。我們透過神經彼此連結，聲音讓我們與「他者」連線。就連音樂的拍子也是身體的展現，那節拍反映兩足動物走路時「一、二」

的步伐，這個拍子的範圍精準涵蓋人類的心跳速率。

如果你會彈奏樂器，就一定能明白。我彈奏小提琴和吉他的粗淺技巧，帶我回歸自己身體內部。吉他的聲波跳進我的胸腔，往上達到喉嚨，是一股集中的聲音流動。抱著吉他邊彈邊唱，是將聲帶與木頭的振動音符結合。那歌曲是氣息、是肌肉，也是森林。小提琴帶我進一步深入這幻想中的結合。肌肉的每一次點狀或帶狀拉力，都以塗抹松香的琴弓拂過琴弦來展現。手指在指板上的位置和角度只要出現細如毫髮的差異，就會帶動音調往上、往下，或變得模糊遲疑。我放鬆頸子和肩膀，琴音變得清晰，像清澈水面上閃耀的陽光。只是，跟那些長年浸淫在器樂的學習與藝術中的人比起來，我的體驗相對淺陋。席拉爾說，「對我來說，吹雙簧管是一種癮頭。我吹奏時覺得踏實，因為那聲音在我體內共鳴。那是一種身體組織的體驗，沒有任何事能複製這種感受。」現場音樂會對觀眾發出邀請，與數十或數百人同步體驗身體的狂喜。

那麼，體驗音樂不只讓我們深植於這個世界的生態與歷史之中，還落實在人體的特質裡。其中一個特質是我們使用工具、將象牙、木頭、金屬和地球上其他材料打造成樂器的特殊能力。另一個特質屬於演奏家，他們能透過聲音為這些匯聚在觀眾身體裡的元素注入生命。音樂賦予我們形體，真正「為我們造血生肉」。

♪

人類音樂內在、主觀的體驗，也能讓我們站穩在地球上，與其他物種的體驗結合嗎？我們的文化多半會說，不，音樂是人類獨有。比方說，加拿大音樂哲學家安德魯・卡尼亞（Andrew Kania）就告訴我們，「非人類動物」發出的聲音是「非音樂的組織化聲音」。此外，由於鳥類和鯨魚等鳴唱動物「沒有即興創作能力，也無法創造新的旋律或節奏」，所以牠們的聲音「跟貓兒叫春一樣，都不能視為音樂」。美國音樂理論家歐文・高德（Irving Godt）抱持相同見解，他寫道，「鳥兒和蜜蜂發出美妙的聲音……雖然受到詩人的盛讚，這樣的聲音卻不能稱為音樂……沒有必要讓非人類的聲音混淆視聽，這是基本原則。」

表演廳或教學研討室這類空間的「基本原則」，正是在感官上排除非人類世界。然而，走出那些空間後，那些觀點似乎很難站得住腳。

如果音樂是對世界的振動能量的感知與回應，那麼它的歷史可以追溯到將近四十億年前的最古老細胞。當我們被聲音打動，我們就跟細菌和單細胞生物沒有差別。事實如此，人類的聽覺細胞源於許多單細胞生物都擁有的纖毛，是細胞生命體的基本物質。

如果音樂是生命體之間的聲音溝通，使用經過排序的重複性元素，那麼最早的音樂來自昆蟲，時間大約是在三億年前。而後在其他動物群體繁榮興盛、多樣化發展，尤其是其他節肢動物和脊椎動物。從在都市公園為夜空注入活力的螽斯，到迎接黎明到來的鳴禽，到在海洋中捶擊的魚兒和歡唱的鯨魚，乃至人類的音樂作品，動物的聲音結合主旋律與變奏、反覆與層次結構。認同美國哲學家傑洛德・列文森（Jerrold Levinson）的主張，聲稱將聲音組織成音樂的是「人」，而非「沒有思想的大自然」，等於聲稱工具是經過改造、專供人類使用的物體，從而排除黑猩猩和烏鴉等非人類在工藝上的成就。如果人格性和思考能力是判斷聲音是否為音樂的標準，那麼音樂就不是單一事物，而會指稱現存世界人格性與認知能力的許多形式。用這種方式將音樂劃為人類獨有便顯得虛假，不能真實反映這個世界的多樣化與動物的智能。

如果真如高德等人所稱，音樂是有組織的聲音，它的創造（全然或部分）是為了喚起聆聽者的美感或情感反應，那麼非人類動物的聲音就必須包含在內。之所以制定這項標準，是為了將音樂與言語或情緒性叫喊區隔開來。但即使在人類世界，這樣一條界線都不容易劃分，因為人類的抒情文或詩歌會模糊一邊的界線，而高度智能化的音樂則侵蝕另一邊。所有的動物都活在自己對世界的主觀體驗裡。

神經系統式樣繁多，因此，動物世界對美感與情感的體驗，必然也有各式各樣的形態。否認其他動物也有這樣的主觀體驗，等於忽視我們從生活經驗中獲得的直覺知識（我們知道家中的愛犬不是直角座標機器狗），也無視過去五十年來的神經科學研究成果。神經科學家已經在非人類動物腦部找到掌管意圖、動機、思想、情緒甚至感官意識的區域。實驗室與田野研究顯示，從昆蟲到鳥類，非人類動物能將感官與記憶、荷爾蒙狀態和遺傳傾向整合在一起，有些甚至還包括文化偏好，以此帶動生理與行為上的改變。這豐富的匯流，對我們而言就是美感、情感與思想。至今所有的生物學證據都顯示，非人類動物也有同樣能力，只是各自以不同的方式運作。那麼，對於貓咪，「叫春」如果能刺激其他同類的美感反應，它就是音樂。其他貓的主觀反應很適合用來判斷那聲音是不是音樂。目前我們很難獲知貓的情感體驗，這透露的是人類科技與想像力上的限制，而非貓的叫春沒有音樂性。甚至，動物通訊演化的現行模式強烈顯示，許多物種的多樣化聲音，正是源於美學與聲音展演的共演化。少了美感體驗，聲音演化就會欠缺多樣化的力量。那麼，除非我們認同「美感經驗專屬人類」這個欠缺證據又未必真實的假設，否則音樂的美學定義在生物學上勢必趨向多元。

如果音樂的意義與美學價值來自文化，而它的形式會在創造力的帶動下與時俱變，那麼其他發聲學習動物也擁有音樂，特別是鯨魚和鳥類。這些物種跟人類一樣，個體對聲音的反應主要來自社會學習與文化。當麻雀聽見配偶或競爭對手的歌聲，牠的反應取決於牠學習到哪些經由文化代代傳遞、關於在地聲音的規則。當鯨魚鳴叫，牠向其他動物透露牠的個別身分和所屬家族，某些物種甚至透露牠是不是學會了最新的聲音變化。這些反應都屬於美學範疇，是在文化脈絡裡對感官經驗進行主觀評估。這通常會在整個物種產生質感豐富的聲音變異形態。這些物種的文化演化也讓聲音隨著時間產生變化，有些物種速度較快、有些則步調從容，取決於各自的社會動態。新的聲音變異以不同方式形成，包括選擇最適合變遷中的社會與實體背景的聲音；模仿並修改其他個體或物種的聲音；以舊有的形態創造出全新的變化。這些不同形式的動物音樂結合了傳統與創新，就像人類的音樂一樣。

如果音樂指的是改造物質製作樂器來發出聲音，並且創造空間來聆聽，那麼人類確實幾乎獨一無二。其他動物使用身體以外的物質（例如啃咬的葉片或塑形的地洞）製造或放大聲音，卻不會製造發聲專用的器具，就連擅長製造工具的靈長類或鳥類也不會。那麼，音樂將我們與其他物種區隔開來，只因我們精通工具與建築物的打造，而不是在其他方面。我們跟其他有音樂的動物一樣，都是能感知、有情感、能思考，也能創新的生命體，只是我們以工具製造音樂，在絕無僅有的複雜化、專門化建築環境裡聆聽。

當人類的樂音流入我們身體、打動我們，我們就進入音樂的巢狀形態裡：作品裡的主旋律與變奏的體驗；音樂的類型在創新與傳統之間的拉扯；音樂風格的文化特質與互連性；以及人類音樂的特殊形式。這種藝術形式來自、也存在與其他物種的音樂多樣性的關係之中。

♪

走進林肯中心這個莊嚴空間，我被迫接受我們這個時代的支配性敘述方式。那是一種離間的謬誤，聲稱我們遠離並凌駕地球上其他所有生命體。然而，當管弦樂的聲音填滿整個空間，我一頭栽進真實裡，那是愉快的回歸。

動物性、連結、歸屬。難怪我們如此深刻感受音樂，我們回到了家：我們的身體本質上的家，既在此刻的感官體驗裡，也在演化的歷史裡；賦予我們生命的生態連結的家；我們與其他文化、土地與物種美麗與破碎的關係的家。

那天晚上的曲目是三支描述歸屬、連結與破碎的作品：史蒂芬．史塔基的〈哀歌〉，摘自他的作品《一九六四年八月四日》(*August 4, 1964*);阿隆・科普蘭(Aaron Copland)的《單簧管協奏曲》(*Clarinet Concerto*);茱莉亞・沃爾夫(Julia Wolfe)的《我口中的火》(*Fire in My Mouth*)。科普蘭的曲子將北美的爵士樂與南美的流行音樂,融入二十世紀的北美管弦樂。這支曲子並不回顧或喚醒十八、九世紀歐洲音樂廳的聲音,而是企圖將美國音樂概念與歐洲管弦樂傳統交織在一起。史塔基和沃爾夫則探索美國的戰爭史和公民與勞工權益史的關鍵時刻。沃爾夫也將我們的想像力引向樂器與日常物品的物質性。她召喚紐約三角內衣工廠(Triangle Shirtwaist Factory)[1]和那場奪走許多勞工生命的慘烈大火的聲音。小提琴琴弓在空中咻咻有聲,指甲在木製樂器的亮光漆上摳刮,書本扔向地板,以及幾百把剪刀協調的開闔。這支曲子優美、令人不安、具開創性,讓我們更有能力感受到過去和現在的不公不義,並且了解哀傷如何引動抗議與社會變革,邀請我們與過去的傷痕和現在的問題連結。這裡的藝術不是麻痺人心的裝飾品,而是人類追尋意義的部分歷程。我走出隔音的表演廳,來到廣場,內心充滿感動與啟發。

音樂喚醒或加深我們透過與他者的連結體驗美的能力。數億年來這一直是聲音在動物界扮演的角色,如今成為我們人類體驗自己或他人的身體、情感與思想最有力的媒介。正因如此,我們才會在生命的重要時刻或重大過渡期製造音樂,比如一般或宗教聚會,或者群體生活中配偶結合與埋葬死者的場合。

如今由於我們的力量、貪婪、無知與漠然,全球陷入大規模物種滅絕、氣候變遷與不公義的危機。我們比過去更需要用我們的身體、情感與心靈去聆聽他者。我們能不能擴大這個我們透過音樂認識的「他者」圈子，納入更多人、更多物種？由於音樂既完全屬於人類，也完全屬於地球，因此體現了互連與歸屬。即使我們用代表隔絕與優越的建築物和文化儀式包裹自己，也改變不了這個事實。所謂「比較偉大」的物種的神話，可以藉由音樂的凝聚力瓦解。體驗音樂的美能夠帶我們回到生命的群體，但我們首先必須願意聆聽。

1 此工廠於一九一一年發生大火，奪走一百四十六條生命。因為這場火災，血汗工廠與勞工權益問題引起熱議，也促成勞工法規的改革。

第五部

•

縮減、危機與不公

14 森林

我在橡樹樹冠底下大步走著，浸沐在被揉碾過的黃樟葉散發出的辛香氣味中。菝葜的刺拉扯我的腳，我避開下層林那最難纏的一團，但大多數時候我選擇直線前進。我腰上的計步器數著我的步伐：兩百六十步，距離上一個測點兩百公尺。我把背包放在地上，拿出寫字板。一隻蜱蟲爬過我貼合襪子與褲腳的膠布。這膠布是為了抵擋我每天遭遇的數十至數百種嗜血蟲子。一拽、一捏、一彈。搞定。

我按下碼錶，注意力轉向耳朵，目光鎖定森林樹冠層。

嘶啞的叫聲，四個高低起伏的音符組成的樂句。北美猩紅比藍雀，在二十公尺外。喊劈、嚓，一陣急切的高頻音。兩隻美洲金翅雀，距離二十五公尺。

含糊明亮的樂句，上下轉調輪替，一問一答。牠唱著，你在哪裡？原來你在那裡。紅眼綠鵑，就在近處，大約五公尺，在我上方的楓樹枝椏上。

兩隻烏鴉飛過去，呱、呱、**呱**。

五十公尺外傳來迅速變調的哨音，漸漸增強，以高亢的重音收尾。嗚咿、啊、嗚咿、啊、**嗚**

咿、踢咿。是黑枕威森鶯。

喀嗒。五分鐘到了。潦草寫下數據：樣帶五、測點二。時間：〇六一〇。風力：蒲福風級二。氣溫：攝氏二十五度。植群：樹冠層白橡與紅楓；下層林酸模樹、藍莓和黃樟。我拿出測距表，一面轉動旋鈕，一面從接目鏡往外探看，核對我評估的距離。收起裝備，喝一口水。再兩百六十步到下一個五分鐘計時。同樣步驟重複五百次。

從五月中到六月中，超過兩年的時間，我沿著調查路徑穿越田納西州坎伯蘭高原（Cumberland Plateau）南部的森林、人造林和農村聚落。一八三〇年代，這裡的印第安人切諾基族（Cherokee）被迫遷離，踏上血淚之路（Trail of Tears）[1]，放棄這片土地。衛星照片顯示，目前這個區域是一大片翠綠樹冠，從肯塔基州到阿拉巴馬州，穿越一片以農業區和都會區為主的土地。這裡是美國東部面積最大的森林之一。有別於東邊的國家森林和國家公園，這裡的森林產權大多屬於私人。這片世上最大的溫帶森林高原是生物多樣性的熱點，尤其是蠑螈、候鳥、蝸牛和開花植物。美國自然資源保護委員會（Natural Resources Defense Council）稱這個區域是瀕臨危險的「生物寶石」。美國開放空間研究院（Open Space Institute）撥了三筆經費保護這個區域的

1 一八三〇年美國聯邦政府通過《印第安人遷移法案》（Indian Removal Act），強制將印第安人遷移到政府劃定的印第安領地。遷移過程不乏暴力與抗爭，因此有血淚之路之稱。

土地。

我調查的時間是二〇〇〇到二〇〇一年，當時這裡多樣化的橡樹與山胡桃森林被夷平，轉為火炬松的單植栽人造林。火炬松是南邊的原生樹種，因為生長快速，很受木漿業者喜愛。那時木材公司和州政府相關部門不是否認森林逐漸變成人造林，就是聲稱這種改變對生物多樣性沒有影響，強調住宅開發計畫才是該地區森林面臨的主要威脅。空拍照片顯示森林的清除和人造林的拓展確實在加速進行，駁斥他們的否認。森林的消失對生物多樣性的影響不容易判定，因為空拍照片無法呈現這樣的改變。但我們能聽得見，於是我帶著寫字板走進森林，用心聆聽。

建立某個地區所有物種的完整目錄是不可能的任務。大多數微生物和很多小型無脊椎動物，我們都不認識。在已知物種之中，如果要逐一清點物種的個體數量，可能會耗掉幾十名科學家多年時間。環保人士於是集中精力，希望以少數物種的採樣結果推估普遍化的形態。在森林裡，對鳥類的調查是最常用的技術，可以快速評估生物多樣性。鳥類對植群的變化、昆蟲的充裕度和棲地的物理結構十分敏感。牠們的數量就像探針，可以探查棲地隱而不顯的特質。許多物種都能扮演這個角色，但鳥類擁有特別的優勢：牠們會鳴唱。只要聆聽幾分鐘，就能推測某個鳥類群體的輪廓。對其他物種採樣需要花費數小時展開地毯式搜索，設置陷阱，以肉眼或顯微鏡檢視樣本，或做個ＤＮＡ定序。鳥鳴聲也令人類的感官陶醉，很多博物學家投注多年時間學習並欣賞牠們的歌聲。找到專精的賞鳥人士，要比找到合格的線蟲動物、真菌、植物或昆蟲分類學者容易得多。鳥類也比其他很多物種更容易引起人類的關注。相較於吸引力不高的生物的研究成果，鳥類研究獲取的資訊通常更迅速呼應人類的美感與道德訴求。為調節物種內社會互動而演化的鳴聲，如今變成人類跨越物種界線的聆聽管道。

清理土地種植松樹是粗暴的攻擊。首先，所有樹木遭到砍伐，砍下來的樹木（橡樹、山胡桃、楓樹和其他幾十種）有些被送進工廠研磨後製成硬紙板，或者，如果是比較大的樹木，就鋸成木材。整片森林堆著砍下來的樹木，一座座如教堂，直接放火焚燒。剩餘的小樹或下層林就用推土機推平。卡車或直升機噴灑除草劑，完成「壓制」任務。沒有除草劑，很多森林植物會重新發芽。數千年的森林火災和暴風已經教會植群如何捲土重來。但對於原生林，人造林要的不是恢復生機，而是徹底消失。溪流和森林溼地通常隨著森林一起被夷平。在溪流下游，原本清澈的山間小溪變成巧克力牛奶般的泥漿。那水質如此渾濁，我的視線無法穿透我捧在手心裡的溪水。

清理工作完成，十幾二十歲的男性移工種下一排排來自苗圃的小松樹。根據二〇〇三年阿拉巴馬州一項調查，他們每種一棵樹的工資大約在〇．一五到〇．一六美元之間。動作利落的人一天能賺八十美元，是在墨西哥從事農務工作的十倍。這份工作很辛苦，速度讓人吃不消。阿拉巴馬州一名植樹包商說，「我們給出九美元的時薪，可是沒有任何美國籍工人能堅持三天以上……這工作條件不好。如果沒有移工，美國的農業和林業撐不下去。」我們用這些人造林的樹木生產新聞用紙和衛生紙，土地和人體卻要付出沉重的代價。這些人造林對當地經濟也沒有多少貢獻。當地政府官員埋怨道，那些運貨卡車甚至不在人造林所在的郡縣購買燃料。

除非鋪上瀝青，否則很難想像森林會出現比這更劇烈的變化。不管是當地居民或外來訪客，都能輕易看出差別，卻少有在地居民出面指證。木材公司擁有數萬英畝土地，上面沒有人居住，更少有公路能深入作業中心，周遭的偏僻郡縣人口稀少，這些森林的遭遇因此極少外傳。科學測量可以傳達來自這塊不為人知的土地的信息。科學不只是研究和發現的過程，也是一種見證，只不過是通過人的耳朵，聆聽森林社區裡的一小部分居民。

在那個地區的原生橡樹林裡，我在每個測點平均聽見六種鳥類。當我從一個點移動到另一個點，物種也隨著改變，顯示棲地的差異。整體來說，我在這些森林裡遇見四十三種鳥類，其中某些相當普遍。幾乎每個測點都有紅眼綠鵑的單調鳴囀，其他則只是偶爾發現，比如藍灰蚋鶯憤怒的斥罵。大致說來，這裡的鳥類物種混雜度相當平均，多種鳴聲並存，而非少數物種居於主導。在年代較久的松樹人造林，這厚實的多樣化聲音變得稀薄，像一層破損的細棉布。每個測點平均只有四種鳥類。我在所有測點聽見的鳥類總共只有二十種。出現在不同測點的鳥類大多相同，主要是紅眼綠鵑和松鶯。比較新的人造林樹齡才短短幾年，高度從腳踝到肩膀不等，鳥兒的種類同樣單純化，只不過以偏好灌木林和森林邊緣的物種為主，比如靛藍彩鵐和田雀鵐（field sparrow）。

我的調查不但顯示人造林不利於鳥類的多樣化發展，還證實其他鄉間地區棲息著豐富多樣的鳥類群體。這點正好與人造林說客的說辭背道而馳。不管是農村聚落，或被砍伐後得以復甦、沒有噴灑除草劑或被堆土機鏟平的森林，鳥類的多樣性都跟成熟的橡樹林一樣豐富或更豐富。這些土地保留了大片林地（因此也就擁有許多鳥類），卻也有不少灌木叢和田野，吸引麻雀、彩鵐、鵪鶉和其他鳥類。在這些林木繁茂地區的住宅前廊，不難聽見十種以上的鳥類在同一時間鳴唱。根據我的調查，棲息在農村聚落的鳥類總共超過六十種。

沒有鳥鳴聲，我的調查無法進行。我偵測到的鳥類之中，至少百分之九十只聞鳴聲不見鳥影。當然，這樣的調查會錯過沉默的鳥兒，比如在我經過時正端坐巢中、忙著餵食下一代，或者鳴唱時間集中在早春時節的鳥兒。不過，鄉間的調查結果仍然可以做為比對棲地的指標。我在五百個測點總共聽見四千七百隻鳥兒的鳴聲。將這些數據做成圖表與統計分析後，我與鳥兒們的相會因為科學語言而有了正統性，也因此在人類的機構裡擁有溝通力量。最後，我的調查和十幾位工作同仁繪製並分析的大規模棲地分布圖，說服了某個全國性保育組織對木材公司施壓，要求他們停止將原生林改造為人造林，並且跟州政府合作劃設保護區。算是一種勝利。只是，到那時屬於法人的大多數土地都已經完成改造，很快就會拋售給私人投資公司，成為整個大陸土地轉讓交易的一部分。直到今日，當地經濟仍然沒有因為這些森林和人造林獲得多少助益。

地圖透露森林變化的程度。從一九八一年到二〇〇〇年，百分之十四的橡樹林被改造了，大部分變成松樹人造林。鳥類的調查分析則透露這些變化對原生種野生動物造成何種影響。這樣的圖表和統計數字幫助我們理解與溝通，對於決策者而言，它們也取代了親身體驗。在曼哈頓的法律事務所，西裝筆挺的企業執行長、森林管理員、科學家和環保人士齊聚一堂召開會議，要決定那些森林的命運。這些人之中很少有人在他們掌控的土地上停留超過幾小時。沒有任何當地社區代表與會。這裡沒有樹木的氣味、鳥兒的多樣鳴聲、潺潺的流水，手指也觸摸不到土地和樹根，只能仰賴區區幾張圖表。

人類美感、理解與道德感的根源，在於持續的直接感官體驗，但這些在我們的法人組織裡幾乎沒有一席之地。對於大型企業、非營利組織和政府的許多部門，聆聽只能通過高度調節後的形式進行。

♪

我調查的那些松樹人造林並非無聲，但相較於被它們取代的森林，它們的聲景相當貧乏。這種栽種並收取木漿的做法直接壓抑聲音多樣性，地球大多數地區都是如此。在世界各地，人類的需求與欲望正在削減並滅除其他物種的聲音。我們生活在聲音多樣性迅速縮減的年代，一方面是因為其他物種的直接滅絕，另一方面是由於棲地的縮小。

人類（尤其是我們這些居住在工業化社會的人）目前使用的能源之中，有百分之二十五由全世界的植物捕捉並提供。這個百分比在二十世紀升高一倍，目前持續成長中。數百萬個物種之中的一種，取走食物鏈底層四分之一的可用能量與物質。在以農業為主的地區，我們取走的比率高得多。

未受人類管理束縛的區域越來越少，二〇一九年地球損失將近一千兩百萬公頃的林地，其中將近四百萬公頃是熱帶地區的原始森林，這種模式已經持續數十年之久。然而，林地的損失並非平均分布，森林的減少多半發生在熱帶地區，很多溫帶地區則有增加現象，比如東歐的荒廢農地。只是，即使在北美和歐洲這些林地有擴大趨勢的地區，老生林（old-growth forest）仍然遭到砍伐，比如太平洋西北地區和波蘭的比亞沃維耶扎原始森林（Białowieża forest）。世界各地其他陸地棲地也在縮減，人工栽培的牧草地漸漸增加，天然的草地卻減少將近百分之八十。全球的海岸和內陸天然溼地減少一半，我們正在限縮其他生物的根據地。難怪所有形式的生物多樣性（基因、物種、聲音、文化、群體）都在退化。

聲音的衰退是生物多樣性降低的徵兆，但聲音的減少不只是一種指標。聲音在當下這一刻連結動物，將牠們納入有益的溝通網絡，提升牠們的存活能力。生態系統的消音導致個體被孤立，群體被瓦解，生態的恢復力和生命演化的創造力也變弱。聲音也能帶領我們成為生命共同體更良善的一員。聆聽讓我們直接與地球的現存群體建立連結，奠定道德與行動的基礎。近年來，我們的耳朵得到來自電腦化錄音設備的技術支援。有別於我在田納西州的鳥類調查，這些電子耳能聽見整個聲景，也能在龐大的聲音數據中辨識出模式。這讓我們進一步察覺數以千計的物種的聲音，或許能帶動更有效的保護行動。

♪

一輛柴油卡車在外面的街道怠速運轉，淡淡的黑煙飄過路邊石，橫越一片小小的近郊草坪。

引擎的轟隆聲傳進屋子，落入我的胸腔。乾燥的空氣裡夾雜著落磯山野火的刺鼻煙氣，還有來自車輛廢氣和鑽油井的臭氧。腳下的塑膠纖維地毯鋪滿整個房間，凹凸不平的表面洩露歲月的痕跡。新冠疫情封鎖超過三個月，凸伸在水泥車道和草坪之間的那棵皂莢樹，是我春夏兩季的森林。這棵樹是從東邊的森林移植過來，種植在歐洲黑松、日本紅楓和原生種棉白楊之間。這地方過去是矮草草原，現在成為科羅拉多州前嶺地區（Front Range）廣大近郊的一部分。這裡通常聽不見鳥類或昆蟲的鳴聲，即使有也非常稀落，比如在天溝築巢的家朱雀，在灌溉噴水口附近草地啁啁啾啾的田蟋蟀。相反的，此地聲景的主要元素是混亂的交通噪音、冷暖氣系統的嗡嗡聲、草坪灑水器的嘶嘶聲與啪嗒聲、除草機和吹葉機，以及從丹佛飛往西岸的班機在上空布下的噪音網。在城鎮邊緣都市計畫人員劃定的保護區裡，本地原生種動物的鳴叫聲跟交通噪音混雜一氣，包括草地鷚的哨音、土撥鼠的尖叫，和四處巡視的渡鴉粗魯的啼叫。

戴上耳機。婆羅洲：印尼東加里曼丹省的森林，就在赤道以北兩百公里處。我找出一段長達兩天的錄音，錄音地點是一片低地雨林，據了解至今尚未遭到砍伐。收音的麥克風放在遮風擋雨的箱子裡，高掛枝頭。研究人員只負責放置與收回，其他時間不予理會。這個竊聽裝置將森林裡每一時、每一刻的生命轉換成累增的數據，儲存在記憶晶片裡。事後，這些零與一的沉積物在野外就地複製到筆電裡，而後轉錄到昆士蘭一間實驗室的伺服器。我按下播放鍵，那片熱帶雨林的聲音在我的科羅拉多州耳機的迷你磁線圈和紙盆裡重現。聲音是個乖巧的幽靈，被人類的科技帶離它活生生的森林軀體，又在我們一聲令下復活。

那聲音沒有實體，卻依然強勁有力。我將數位聲音檔跳轉到森林的午夜，瞬間置身微光閃爍般的蟲鳴聲中。至少有十五種昆蟲在鳴叫，除了極低頻之外，牠們的頻率幾乎涵蓋整個聽力範圍。這些鳴唱者的音質各自不同，有的絲滑，有的粗嘎或尖硬，不過那些聲音如此緊密結合，我覺得自己彷彿懸浮在稠密輝亮的雲朵裡。水滴啪的一聲打在光滑葉面上，添加了不規則的節拍。那不是下雨，而是暴雨過後從樹冠層落下的飽滿水滴。遠處的呱呱聲突然闖進低頻區，也許是樹冠層裡的樹蛙。我在聲音裡飄浮，讓昆蟲帶著我穿越婆羅洲的夜晚。有幾個聲音相當穩定，是明亮的嗡嗡聲。有些每秒振動一次，或爆出短促的粗嘎聲。其他則像海浪般升起又降落，每十五秒達到高峰，而後緩緩下降。

我在婆羅洲時間凌晨一點三十分醒來，是按下重播鍵後的九十分鐘。森林的聲音催我入眠。我的耳朵或許在都市近郊挨了餓，渴望森林的多樣化聲音，向內探索，將我的意識往回撥。我的睡眠有種熟悉感，不是昏沉或朦朧，而是清晰，像置身水光的折射裡。這樣的睡眠狀態只會出現在登山時的樹下小憩，或在森林中的帳篷裡過夜時。我們的類人猿祖先在樹上築巢而居一千四百萬年。像這樣淺嘗森林之眠或許是對古老祖先的朦朧記憶，被我的耳朵喚醒。

我神清氣爽，重新回到婆羅洲森林的聲音。夜越來越深，昆蟲的鳴聲依然是主場，間或點綴重擊聲與撥弦聲，應該是蛙類。鳥兒和靈長類寂靜無聲。到了凌晨三點，唧唧聲與呼呼聲交織出渾厚均勻的聲景，絞扭成兩股扎實的顫鳴。許多午夜昆蟲退場了，只剩五、六種聲音領軍。到了四點四十五分，新的昆蟲聲加入，有尖嘯有啁啾，接替了持穩的顫音。一隻螽斯的銼磨聲既輕且柔，幾乎像小羊的咩咩聲。六分鐘後，第一聲鳥鳴出現，是高速重複的嘖，像水滴快速從水龍頭滴落。是婆羅洲擬啄木黎明前的鳴啼。牠的體型小大近似松鴉，棲息在森林樹冠層，獵食小動物或吞食果實的時候，綠色羽毛方便隱身在葉簇間。這些森林中有許多樹木仰賴擬啄木和牠的親族散布種子。一分鐘後遠處傳來一聲鳥兒的鳴哨。緊接著就在麥克風旁，是粗野健壯的呱呱聲，最初只有一聲，而後兩聲或三聲一組，喀啦喀啦喀、喀啦喀啦喀啦、喀啦。是馬來犀鳥，在這片原始森林以果實維生的大型鳥類。牠們已經醒了，正在互道早安。接下來十分鐘，五、六種鳥兒的哨音與笛音陸續登場。旭日東升，新的一天來到，蟬出現了，唱著我在溫帶森林熟悉的唧唧聲。幾聲刺耳尖叫，像鑽頭的哀鳴或刀具在磨刀石上的刮擦聲。到了黃昏時刻，清晨的漸強鳥鳴聲再次出現，而後讓位給蟋蟀和螽斯。

我愉快的聆賞這些聲音，想像那豐饒的森林就在我的周遭。但我也感受到一份不知身在何處的不安，尤其是連續聆聽幾分鐘之後。我的耳朵全然沉浸在地球上已知最豐富多樣的聲景裡，但我身體的其他部分，包括其他所有感官，都在北美都市近郊的出租房屋裡。雨林裡瀰漫著數千種葉子、真菌與微生物氣味。每一棵樹都有自己的香氣，土壤也以料想不到的豐富氣味回報探索的鼻子。我聞到的卻是卡車廢氣和房屋裝潢的氣味，外加城鎮東邊和北邊上萬口壓裂井和密集繁忙的道路網傳來的霧霾。螞蟻、甲蟲和水蛭在森林地面遊移，必須時時將牠們從人類的腳踝和雙腿拔除。我的雙腳只感受到地毯纖維搔刮赤裸的腳底。溫暖潮溼的雨林空氣模糊了森林與人類之間的界線。在那裡，人類的汗水和樹葉滴下的水氣融合在一起，彷彿樹木的汁液與人類的血液成為一體。然而，近郊的熱度從瀝青路面往上飄，沒有生命氣息，被房屋的裝潢隔絕在外。從我的書桌可以看見三種植物，幸運的話，還能看到兩、三種鳥兒，而不是雨林裡的數百種。就連我的腸胃也跟我耳朵裡的聲音分屬不同的感官世界，它們品嘗到營養豐富的食物，那滋味與口感卻與森林內部和周邊慣見的食物毫無關係。

人類的音樂家第一次聽見蠟筒留聲機播放他們的音樂時，是不是有著相同感受？音樂就在那裡，忠實的錄製下來，卻脫離了演奏地點、現場感受和生命的連結等情境。當原本活在氣息裡的話語第一次被謄寫下來，最早讀到書寫文字的人也是這樣的心情嗎？我大半生都浸淫在錄製的音樂與書面文字裡。我長時間聆聽雨林聲音體驗到的暈車症狀，在真實森林裡不曾發生過。那暈眩感，是品嘗到我們放棄聽覺文化、選擇書面文字與錄製聲響後的損失嗎？對於我們的祖先，聽與說都深植在所有感官裡，也發生在單一時間與地點。現在，音樂與文字只通過耳朵或眼睛輸入（耳朵戴著耳機，視線緊貼書本），而且徹底與它們的源頭隔絕。我喜歡我的唱片，也愛我的書籍，卻好奇它們的抽象狀態（英文abstraction，源於拉丁文abstrahere，意思是拖走或轉移）如何塑造我。

我重新聆聽。儘管潛藏著不安，我仍然陶醉在這地球最豐富多樣、最令人讚嘆的聲景裡。我點擊一下，重聽馬來犀鳥的早安曲和蟬的鋸齒聲。接著我上傳同一片森林其他地點的聲音，有些從未遭到砍伐，也有些在商業選伐後重新生長。這些音檔是配合由威斯康辛大學教授汝札娜·布里瓦洛娃（Zuzana Burivalova）領導的研究錄製，參與這項研究的還有來自印尼與澳洲的環保組織和大學人員。研究人員搜集了在七十五個不同地點錄製的聲音，希望藉此評估森林裡的動物多樣性現狀，進而為當地未來的保護方向提供建議。

這些錄音檔有著驚人的差異性，每個採樣點在二十四小時內都有幾百種聲音來來去去。我在數位聲音資料庫隨機點選，在我聽來，每一次點擊出來的都是截然不同的聲音世界。這些聲音模式與溫帶地區的城市和森林天差地別。紐約市的午夜比凌晨兩點更為喧鬧，但聲音種類是一樣的：警笛、飛機、汽車和街道上的各種雜音。田納西州老生林的清晨比中午多出許多聲音，但主要來自相同的演唱者。這些地方的聲音紋理與韻律日夜循環，細微度卻有別於婆羅洲森林。熱帶森林的聲音在時間分配上密度比較高，質地也比較細緻。空間上也是如此。每回我點擊不同地點，聽見的差異性只會出現在溫帶世界差別最大的地方，彷彿我從濃蔭蔽天的森林走到沼澤或開闊的牧草地，或從繁忙的街道走進都市公園。這些錄音檔裡的每個採樣點都有專屬的鮮活特質，有著多層次的昆蟲鳴聲和數百種鳥類、蛙類和哺乳動物叫聲。

我思考著如何將這些採樣點之間的差異性量化時，想到了那些研究人員，內心升起一股焦慮。這些錄音檔總共有三千小時以上的數位聲音，要全部聽完，需要全職投入一整年。

聲音的大數據登場。感謝昆士蘭科技大學和布里瓦洛娃的編碼與統計分析，我們能夠聆聽冗長錄音檔裡的聲學模式。這個軟體將每一段錄音切割成一分鐘的片段，而後再將每一分鐘分割成兩百多個頻段。這麼一來，原本連續不斷的聲音就被切成可計數的片段。接下來軟體會在整個聲景之中尋找既存的模式。比方說，每個採樣點的音量與頻率差異多大？會不會某些採樣點的聲音格外飽滿，每個頻率、每一分鐘都填滿聲音，其他卻比較稀疏？這些模式在晝夜之間有什麼變化？

正如我們根據與森林接觸的經驗所做的猜測，電腦發現聲景的飽和度在黎明與黃昏達到高峰。這些聲音是鳥類、蛙類、靈長類和昆蟲喧騰的大合唱，是世界各地熱帶森林日出日落的標記。無論森林是否經過砍伐，都有這樣的聲響高峰。夜幕降臨後，未砍伐區域聲音飽和度不如經過砍伐的區域。或許是因為選伐後的林地比較開闊，夜間鳴唱的螽斯和某些蛙類數量因此增多。白天裡，未砍伐的森林聲音較為飽滿，反映出這些森林裡動物群體的多樣性。人類觀察家很容易注意到這些模式，過去幾十年來也拿著寫字板展開田野調查加以量化。選伐森林是許多物種的棲地，但那裡生命群體的多樣性通常比不上未經砍伐的森林。

這項分析也找到時間有限的傳統研究可能錯過的模式。其中最特別的是，砍伐過的森林的聲學同質性，比未砍伐區域來得高。我輕信的耳朵聆聽一小部分錄音後，覺得所有採樣點的聲音出入極大。但軟體能夠超越人類極限，精準的測量出個別採樣點之間有多少相似度。

這項研究可說是科學家聆聽世界的革命先鋒。從二〇〇〇年到二〇〇一年，我一步一腳印穿越森林，記下我聽見的每一隻鳥兒，其他數千名田野生物學家也用這種方式在世界各地測量、了解並改善人類對其他物種的諸多影響。但這樣的調查極為耗時，而且觀測到的只是聲景的極小部分。

延長的錄音檔以電腦進行分析，彌補傳統田野調查的不足。除了時間樣本拉長、分析效能加大，這些錄音檔也解決田野觀察家所做的調查某些固有的問題。每個人的聽力與辨識技巧都不同，因此增加觀察品質的變數。博物學家和科學家也有分類學上的偏誤。世間不乏能聽出住家所在地所有鳥類聲音的人，卻很少人能靠耳朵辨認所有的昆蟲，特別是在熱帶地區。此外，不是所有的熱帶物種都跟溫帶物種一樣，在短暫的繁殖季節同時鳴唱，調查研究的時間因此長達數月。在科學研究上，人類的能力與知識很容易到達極限。

以演算法處理大量數位聲音數據，可以找出舊有科學方法難以察覺的模式與趨向。過去十年來，配備龐大記憶容量的錄音設備價格降低了。例如AudioMoth，機器體積比一盒撲克牌來得小，能夠連續多日錄音。如果設定每天只錄音幾小時，還能持續錄音一個月以上。這種設備和搭配的軟體都開放原始碼，它的藍圖和代碼供所有人自由取得，如果不想親自動手設置，也可以花七十美元購買現成產品。

這些科技上的發展衍生出數以千計的研究計畫，其中大致可以分為兩大類，反映出兩種不同類型的軟體分析。有些軟體篩選所有數據，找出特定聲音。非洲喀麥隆可魯普國家公園（Korup National Park）的管理人員使用網狀分布的錄音裝置，測量槍聲和反盜獵巡邏的效能。麻薩諸塞灣的水下麥克風側錄鱈魚交配的叫聲，追蹤產卵魚群，找出最多產的地點和減產趨勢。不管是非洲蓊鬱雨林的大象、熱帶溼地的魚類，或波多黎各森林的鳥類，世界各地的稀有與瀕危物種的棲地都裝置了電子耳，方便科學家對牠們進行研究。類似蝙蝠和昆蟲等音頻太高的物種，也適合用電子錄音設備追蹤。各個錄音設備錄製的聲音以軟體的演算法偵測並分類後，就能評估物種行為與群體數量的變化，或與其他錄音裝置的數據進行比對，用來推測動物的位置。

另一個方法是布里瓦洛娃和她的同事採用的那種。他們使用的軟體沒有鎖定個別物種，而是掃描並分析整個聲景，測量飽和度、音量和頻率，找出跨越時間與空間的模式。

目前還沒有軟體能夠辨識出單一地點的所有鳴唱物種，從而解析特定聲景的構成要素，但也有少數能鑑別二、三十種聲音。我站在田納西州的森林裡，辨識出在我周遭鳴唱的所有鳥類、蛙類、松鼠和昆蟲，以及我的人類同伴聲音裡的意義與情緒，我的表現優於最強大的「人工智慧」。或許未來的科技會超越我們，但現階段人類還是能在聲音模式辨識比賽中擊敗電腦。這提醒我們以電腦聆聽免不了的潛在代價。我們生命中許多方面也是一樣，我們的時間和注意力被這些新科技往內拉進人類的電子世界，而不是往外直接體驗活生生的地球。就連這種新技術的名稱「被動聲學監測」，也意味著人類主動式感官的撤退。

聲景錄音除了對當前的研究人員與森林管理單位具有潛在實用價值，也能為將來打造資料庫，留下今日地球的聲音實況。未來的世代聆聽這些錄音會提出什麼樣的問題，我們無法預知，每一份存檔的錄音都是留給明天的禮物。

多年後的聲景勢必少了地球的某些聲音。因此，我們留下的紀錄，有一部分會是滅絕的前奏。數位聲音檔能幫助我們哀悼，同時也能預先防範「基準下降」的問題。所謂基準下降指的是每個世代習慣越來越淡薄的聲景，期待漸漸降低。我的祖父曾告訴我，他無比懷念幼時記憶中英格蘭北部田野與城鎮豐富的鳥類與昆蟲鳴聲。如果沒聽他說過，我會以為現代聲景是「正常」

的。每一段錄音都是對抗遺忘浪潮的船錨。

目前大多數自動化聲景錄音都是短期性、針對特定問題與地區。但大規模的建檔工作也已經展開。舉例來說，澳洲聲學觀測台（Australian Acoustic Observatory）在澳洲大陸設置一百個觀測點，目標是持續性錄音。一開始的計畫為期五年，儲存的聲音免費提供外界使用。這些電子記憶可以補足我們必須對彼此訴說的故事。數據需要相應的陳述。如果我們此刻採取行動，或許我們留給後世的不會只是遺失，而是在未來的時間裡重現榮景的證據。

這些科技雖然可以做為未來的時空膠囊，早先我對它們保護森林的功效卻抱持懷疑。當時我心想，又來個新玩意，方便博物學家和學術界執行新計畫，卻無法減緩森林砍伐造成的破壞。畢竟我們都知道問題的本質：每年有數百萬公頃的熱帶森林被大火、鏈鋸與推土機消滅。失血過多的蒼白病患需要立即有效的治療，而非更精準、技術更成熟的診斷。

與計畫主持人布里瓦洛娃和共同撰稿人大自然保護協會（Nature Conservancy）亞太地區首席科學家艾迪・蓋姆（Eddie Gam）的一席對談改變了我的想法。他們告訴我，長期的田野錄音與大型聲學數據集的電腦分析，能引導實地的保育工作，也能吸引更多贊助經費。布里瓦洛娃和蓋姆也跟其他研究人員合作設置錄音器材，幫助巴布亞新幾內亞的人追蹤森林與農業區的生物多樣性，這些資訊可以協助當地決策者思考未來土地利用的方針。

蓋姆說，「效果比我原先想像中來得好。在婆羅洲，森林的錄音對差異性的敏感度高於我的預期……根據我們做過的計畫和其他人的研究，管理良好的已砍伐森林的總生物多樣性與受保護的森林差別不大。但這樣的結果掩蓋了受保護森林的在地差異性與獨特性。過去的研究多半使用鳥類與哺乳類的田野調查結果，遺漏了這些細微的差異。在巴布亞新幾內亞，錄製聲音是有效又平價的方法，幫助當地人監測他們的森林。」

「做為一個組織，我們能證明自己做的事情不是無用之功，並且引以為傲。我們跟學術界討論時，他們覺得我們這種研究枯燥乏味。但對我們而言，目睹我們認定為比較優良的土地管理措施衍生出更豐富的聲景，是很有意義的事。」他進一步解釋，未砍伐森林多變的聲音紋理和在地差異顯示，劃分小區域進行砍伐，造成的衝擊會比大區域砍伐來得小，區域性差異因此得以保存。

「我們該怎麼幫助伐木業友善對待生物多樣性？」布里瓦洛娃如此提問。「即便是願意友善對待環境的公司，通常也沒有能力監測生物多樣性。費用太高，也太困難。聲學錄音提供他們一個評估成效的方法。」

堅持反砍伐論調的環保運動人士或許認為，環保工作者在婆羅洲雨林與木材公司合作，是一種錯誤。在美國，伐木業過度貪婪的做法已經激起強烈的負面反應。例如美國草根環保組織塞拉俱樂部（Sierra Club）反對在聯邦土地上進行商業砍伐，即使那些作業經過刻意安排，以支持林地管理的公共監督為目標。在以森林為主題的北美小說或非小說作品中，伐木工必然是反派角色。

矛盾的是，鏈鋸也可能是森林的救贖。在婆羅洲，選擇性砍伐移除具有商業價值的大樹，其他樹木留在原地，有的是太小，有的是沒有價值，有些則依法受到保護。這些經過兩到三次砍伐的「次生林」生長著不少跟原生林相同的樹種。這樣的砍伐必定有著生態上的代價，有些物種消失了，尤其是依靠最高大樹木生存的啄木鳥和以果實維生的鳥類。集材道路可能造成土壤沖蝕，也可能引來意圖開發小農地的有心人士。然而，只要操作得當，被砍伐的樹木會再生。四億年的演化教會森林如何復甦。只要有機會，生物多樣性會強勢回歸。在田納西州，選伐過的森林擁有高度的鳥類多樣性，單一樹種的人造林卻沒有。在婆羅洲，相較於產業化規模的油棕與紙漿木材人造林，次生林是原生物種的天堂。舉例來說，在馬來西亞婆羅洲所做的鳥類再現研究顯示，油棕人造林的瀕危鳥類數量比選伐林少兩百倍。即使在包含部分殘餘森林、「對野生動物友好」的人造林，瀕危鳥類的數量也比選伐林少六十倍。對於蛙類和昆蟲，人造林也不是良好的棲地。

談話過程中，布里瓦洛娃和蓋姆也強調，森林周遭的廣大土地也非常重要。被人造林包圍的次生林，生物多樣性比周遭全是森林的次生林來得貧乏。處在次生林之中的原生林，生物群想必也比位在人造林之中的原生林更為繁盛。

伐木為當地社區提供生計，人們的工作和收入仰賴土壤與樹木的再生力量。油棕人造林和礦產也是收入的一部分，土地的肥沃度和多樣性卻會付出更大代價。

人類的生存脫離不了對食物、能源和住宅的需求。木頭可以再生，化石燃料、鋼鐵、塑膠和水泥通常不行。那麼，將大部分森林封鎖在「保護區」裡，杜絕人類的使用，等於自外於生命群體，加深我們與合成物質或外地森林產物之間不可能長久的關係，我們感官範圍外的人和森林也因此為我們的消耗付出代價。我們該問的不是該不該砍樹，而是在哪裡砍、怎麼砍。我們當然需要保留大片區域，不進行任何砍伐。我們還需要政策與現場執法來防止過度砍伐破壞土地。但想要打造繁茂的未來，我們還得跟其他所有物種一樣，以消費者的身分參與森林群體。這是生態與經濟的現實面。我們的生命根源來自地球，人們需要工作。開發生態旅遊，吸引海外有錢人前來消費，是森林產物榨取式運用的熱門替代方案。這個方案在某些地區確實有幫助，但在其他地區卻會刺激森林砍伐。在大多數熱帶地區，這麼做並不能有效增加當地百姓的收入，更何況期待國外的有錢遊客絡繹不絕前來，本就是不切實際的幻想。

放眼未來，聲景錄製也能強化政府、在地社區、企業和團體的監測能力，幫助他們監控並「認證」木材與其他產品是否顧及生態環境的健全。

現階段的森林認證方案，使用的是「永續性」與「責任」等粗略標準。檢查人員到現場短暫停留，勾選相當容易觀察的指標，比如開闢道路是否盡量避免土壤遭到侵蝕；勞工是否穿戴安全裝備；監察員辦公室牆壁上的地圖是否跟管理計畫相符；土地產權是否清楚；溪流與溼地等已知特殊區域是否受到保護；書面計畫是否重視森林的長期生存能力。這些問題都很重要，卻不能評估大多數森林物種的存在，更別提牠們生活的豐足與面臨的變數。透過科技與統計資料的介入，聲景側錄能提升地球生命群體的聲音。雨林洪亮的多樣化聲音於是變成人類無聲的書面資料，這個不協調的組合或許能為所有物種創造更燦爛的未來。

聲景錄音不但對土地管理有實用價值，也能將森林的聲音推送到婆羅洲森林樹冠層之上，往南渡過爪哇海，往北跨越南海，往東橫渡太平洋，進入我們這些需要聽見的人的耳朵。捐款人、政策制定者和贊助者聽見這些被發掘出來的聲音，決定採取行動。我們一般人沒有巨額財富或政治力量可供運用，也能透過這些聲音了解到，我們跟所有生命連結。植物的光合作用支持陸地生物的生存，其中三分之一集中在熱帶森林。我們的房屋、紙張和家具使用的木料，通常來自東南亞。化妝品、加工食品、生質柴油和畜牧業飼料裡所含的棕櫚油，就出自曾是雨林的土地。然而，我們斷絕了跟這些支持我們生命的森林之間的直接感官連結。聲音一定程度上帶我們回到具體的、感官的理解。那時我們或許能更明智的選擇是否、以及如何使用來自遙遠地平線另一端的森林產物，或選用近在咫尺的材料和能源。

蓋姆俯身向前，「人們確實明白聲音與生物多樣性密切相關。這些聲音數據引起的關注比任何資料都多，太多人為此找我討論森林監測議題。他們體驗到森林。最令他們吃驚的是，森林竟是如此喧嚷嘈雜，而且持續不歇。」

他停下來思考措辭，視線投向空中。

「透過聲音，他們跟『生物多樣性』這個虛無縹緲的詞語拉近距離，比任何指標、圖表或照片更有效。」

♪

還有另一種「演算法」能夠「處理」數千小時、呈現森林變遷的「數據」，那就是人類的實際體驗。幾乎所有熱帶地區居民的祖先都世代以森林為家，在那兒定居長達數百年，甚至數千年。這些文化如今很多都面臨困境，因此，森林的保護也是人權問題。

在西方傳統，森林通常冠上黑暗色彩，是盜賊與流亡者窩藏的地方。狼群出沒，處於文明邊緣。森林晦暗不明，充滿混亂。但丁在猛獸環伺的幽暗森林迷途[2]。格林童話裡的孩童在森林裡迷失方向。自新石器時代農業革命以來，我們便不停清理樹木來種植牧草和農作物，或造屋建城。即使西方文化為了保護木材或森林，願意管理土地，也是以企業方式經營，將人逐出林地。以美國為例，國家森林和國家公園的建立，是以驅逐居住在園區內所有人類為原則，唯一的例外是持有「私有林地」者，或住在複合住宅裡的園區員工。根據規定，美國「森林」土地所有權人如果居住在森林裡，就會喪失減稅資格。在美國政府和聯合國糧食與農業組織（Food and Agriculture Organization）的官方統計資料裡，建有住宅或種植作物的森林屬於「消失」的森林，但人造林和皆伐後留下的荒蕪土地仍然算做「森林」。

當這種西方心態遇見熱帶森林，人類的災難隨之而來。政府宣告森林是「無主地」，開拓殖民的「新領域」，而那些土地上的居民已經在當地定居數百或數千年之久。以營利為目的的榨取

2中世紀義大利詩人但丁（Dante Alighieri, 1265-1321）在他的傳世史詩《神曲》（*Divina Commedia*）中描寫他誤入黑暗森林，古羅馬詩人維吉爾（Virgil, 70-19 BC）的靈魂聽見他呼救，前來帶領他走過地獄與煉獄，最後抵達天堂。

式產業和非營利的環保團體占據土地，驅趕原本的住民。這些不公不義不只發生在有著木造船隻、毛瑟槍和天花病毒毯[3]的舊時代。時至今日原住民文化仍持續遭到打壓，奪走他們土地和生命的，除了武力與謀殺，還有民族國家的法律暴力與全球經濟。

二〇二〇年加里曼丹（婆羅洲的印尼屬地）十五個組織聯合行動，代表當地原住民向聯合國清除種族歧視委員會（Committee of the Elimination of Racial Discrimination）遞交緊急請願書，控訴「原住民土地遭到大規模侵占與奪取，用來修築道路、開闢人造林和採礦。這些行為將會對達雅族（Dayak）和其他原住民造成立即、重大、無可挽回的傷害。」同樣在二〇二〇年，數十個原住民團體代表極力反對新法令，因為這些法令會進一步「導致原住民土地遭到剝削」。巴西森林砍伐的速度趨緩多年後，目前正如火如荼的加速，在二〇二〇年達到十年新高，損失超過一萬一千平方公里的林木。巴西原住民領袖瑟莉亞・薩克里亞巴（Célia Xakriabá）說，「我聽見鳥兒的歌聲，但那是痛苦、悲傷的歌聲，因為牠們大多都孤孤單單，失去了伴侶⋯⋯我們原住民也越來越孤單，因為他們〔採礦的、伐木的、經營農場的〕把我們的人帶走。」在中非的剛果民主共和國，英國雨林基金會（Rainforest Foundation UK）在二〇一九年發現，「中非最大國家公園周邊的居民，遭到公園巡查員謀殺、輪姦或凌遲。」這種「由『生態守護員』施加的身體與性虐待普遍存在」。發生這些事的國家公園最早建立時，也是將原住民趕出森林。」

根據非營利組織全球見證（Global Witness）的紀錄，二〇一九年有兩百一十二人因為捍衛土地遭到殺害，這種暴力不成比例的鎖定原住民。真實的情況更為嚴重，因為很多命案並沒有被媒體披露。哥倫比亞、菲律賓和巴西熱帶森林土地的衝突最為嚴重。二〇一九年，非營利組織亞馬遜觀察（Amazon Watch）發現「前所未見的暴力與恫嚇。二十多件謀殺案，七名原住民領袖遭刺殺。很多人致力守護土地，阻止採礦、伐木與農業開發，他們的人身和財產因此遭到暴力攻擊。」為了凸顯暴力問題的惡化，也為了將二〇二〇年兩百多名民間領袖遭到殺害的事實公諸於世，相關人士舉辦抗議活動。哥倫比亞原住民領袖厄米斯·彼特（Ermes Pete）在活動中大聲疾呼，「如果我們不站出來對全世界說『這是真的』，我們會被消滅。」

熱帶森林原住民的聲音不但鮮少被聽見，他們甚至在許多地方遭到積極壓迫。拒絕聆聽這些人的聲音，漠視他們對森林的知識，不僅僅是逐漸擴張的產業活動和土地殖民的副產品。消音是一種策略。聆聽等於承認原住民的存在與權利，等於接納他們的生存方式。而他們的生存方式會妨礙短期榨取式經濟、土地竊取與控制權的外移。

那麼，訴說與聆聽便是反抗，能夠引導行動。知識在不同種族之間、在人類與生命群體之間流動，能激發生命力，而聆聽能恢復這種流動。但並非所有形式的聆聽，都能平等聽取被壓抑的聲音。我們聆聽的模式必須能糾正不公義，而非予以強化。

3美國殖民戰爭期間，殖民者將沾染天花病毒的毛毯贈予印第安人，導致許多印第安人死亡。

科學評估森林的能力日益強大，在地人的聆聽於是遭到排擠。最早是外國田野博物學家搭機過來「抽樣調查」生物多樣性，現在則使用連接「人工智慧」的電子耳。然而，當地人已經聆聽森林數百年，充分了解森林的各種韻律與節奏，他們的文化起源於森林的生態，也屬於森林，他們的感官與智慧卻被我們忽視。森林的土壤和生物多樣性，一定程度上得力於當地原住民數千年來的照護。如今許多聆聽科技不需要人類感官的參與，這麼一來，科學研究與政策制定的過程中，就容易忽略人類在森林裡的生存經驗。

科學與科學方法未必會導致不公義，卻會讓我們遠離主觀、具體的知識，渾然不覺的變成壓迫者喪失人性的工具。我們可以有別的選擇。加里曼丹的原住民社區向聯合國請願，痛陳「產業開發必須先執行環境與社會影響評估」的規定新近被取消。這樣的法令修改，將會允許木材與油棕產業進一步將原住民逐出世居土地，掠奪森林。很多情況下，「環境與社會影響評估」需要科學方法與見解。舉例來說，蓋姆打算將錄音設備送進巴布亞新幾內亞的當地社區，經由合作關係獲得美國國際開發署（United States Agency for International Development）的經費贊助。這個計畫的目的不在奪取掌控權，而在為當地人提供取得資訊的管道，以便更妥善管理土地。

聆聽的科技如果能修正權力的失衡狀態，就最有機會產生正面效果。目前森林的控制權大多掌握在榨取資源的企業或政府、大型援助機構與環保組織手中。如果森林的許多聲音（包括人類與非人類）能送達這些團體，或許所有人都能受益，尤其如果這些團體的聆聽不會淪為執行外來計畫時對當地社區的虛假徵詢。不過，還有另一個更穩當的方法可以修正人類與森林的關係，那就是從根本上改變權力動態，讓原住民重新掌控他們的土地和未來。

要消除這些不公不義，我們還有很長的路要走。權利與資源行動組織（Rights and Resources Initiative）二〇一五年對六十四個國家進行調查，發現其中半數的原住民社區沒有合法途徑可以取得屬於他們的土地。印尼原住民居住的土地，只有不到百分之〇．二五屬於社區，或由社區掌控。不過，印尼憲法法院承認社區在習慣法上的森林所有權，因此未來還有增加的希望。在美國，原住民社區擁有或控制百分之二的土地，澳洲則是百分之二十；哥倫比亞、祕魯和玻利維亞大約三分之一；巴布亞新幾內亞則有百分之九十七。這些數字透露國與國之間的懸殊差距，也掩蓋原住民社區土地所有權的諸多細節與缺失，包括政府與公司法人搜刮礦產與木材時的各種侵犯。不過，已經有幾十個國家分散森林的掌控權，這些比率因此普遍成長。促成這些變化的，是當地社區的激進行動、外國贊助者與機構的施壓，以及中央政府有限的行政能力。

土地所有權與控制權重回原住民社區後，森林砍伐的情況通常有所改善。以祕魯亞馬遜森林為例，從一九七〇年代至今，已經有一千一百萬公頃的土地劃歸一千個原住民社區。根據二〇〇〇年代的衛星監測，這些土地上的森林消失比率降低了四分之三。在一九九〇年代北厄瓜多亞馬遜森林砍伐高峰期，與保護區重疊的原住民土地砍伐比率相對偏低。但沒有受到正式保護的原住民土地森林縮減的比率高得多，部分原因在於某些在地社區無法防範採礦業與伐木業的入侵，部分原因則是某些社區選擇清除樹木開闢農田。二〇二一年聯合國一份報告指出，由原住民社區掌控的拉丁美洲森林受到更完善的保護，基於這些森林在碳封存與生物多樣性方面的貢獻，這些社區應該得到立即性的補償。在尼泊爾，當地社區掌控森林管理權時，貧窮與森林砍伐的情況都得到改善，尤其是那些已經由社區掌管一段時間的大型森林。關於棲地的保護與恢復，尊重當地社區的需求與權利既是目標，也是必要的先決條件。

布里瓦洛娃和她的同仁所做的聲學監測研究中那些「未砍伐」區域，位在威希雅族（Wehea，達雅族的一支）世代居住的三萬八千公頃森林裡。威希雅族長列傑·塔克（Ledjie Taq）二〇一七年接受記者摩拉·瓦華·尤萬達（Muara Wahau Yovanda）訪問時提到，一九七〇到八〇年代的非法砍伐及油棕人造林導致許多森林耗竭，原住民遭到驅離，被迫成為企業的勞工。不過，他說，「達雅族無法脫離森林，森林是生命的倉庫……我們在那裡獲得力量，豎立祖先的雕像。我們宣布威希雅是習慣法森林（屬於原住民的森林）。我們制定規則，所有人都必須遵守，尤其是當地人。」這些規則監督狩獵、伐木、農地開發和外地人的進入。

二〇〇四年，在穆拉瓦曼大學（Mulawarman University）的研究人員、大自然保護協會和地方政府協助下，這片森林變成印尼少數由原住民社區掌控、規模最大的森林。布里瓦洛娃等人在研究報告中稱威希雅森林為「未砍伐」森林，而商業採集區則是「選伐」區域。其他的分類方法則可能稱這些地區「原住民掌控的土地」或「中央政府和法人掌控的土地」（印尼政府授予砍伐特許權）。

在威希雅族保護的森林周遭，棕櫚油農場、人造林和礦場持續擴張，供養全球經濟，造成森林的縮減。火災也是森林的大敵，而火災的原因，一是氣候變遷，二是人們在婆羅洲泥炭地森林的潮溼土壤上，開挖超過四千五百公里長的排水渠道。以火災肆虐最嚴重的二〇一五年為例，加里曼丹高達兩萬兩千平公方里的森林被大火吞噬。東南亞有四千萬人在泥水般的濃煙中掙扎數週。即使住在幾百公里外的城市，每一次吸氣帶進體內的，都是被大火吞噬的森林和林中生物化為毒氣的幽靈。對煙氣中碳分子的化學分析顯示，在大火中燃燒的泥炭埋藏在森林的土壤中已有千年之久。繼森林大火和商業砍伐的下一個嚴重影響，會是都市的擴展。未來十年內預計將有一百多萬人離開逐漸下沉的雅加達，遷往印尼即將在東加里曼丹建造的新首都，距離威希雅森林大約只有兩百公里。

雨林氣勢磅礴的多樣化聲音，不但是過去數百萬年來生物演化的產物，也是雨林傳統守護人努力的成果，而這些守護者瀕臨消失的語言也是聲音多樣化的一部分。這些人的人權如果受到尊重，生命和聲音通常能繁榮昌盛。這片地球上最豐富的聲景未來的生命力，很大程度取決於我們是否能恢復這些森林守護者的權利與功能。這並非西歐浪漫時期「高貴野蠻人」(noble savage)概念的化身，認為原住民的人民與文化未受文明污染，像孩童般純真，與「大自然」和諧共處。相反的，我們這些殖民者能不能承認世界各地發展出形形色色的文明，這些文明都有免於謀殺、土地被竊占與公民權遭剝奪的自由？

很顯然，如今的殖民與產業文化已經無法保護森林、海洋與空氣這些地球命脈。讓表現比較傑出的種族掌控他們和他們的祖先居住數百年的土地，似乎是深謀遠慮之舉。這些土地並非「未受污染」。人類文化的存在，免不了對其他物種產生影響。隨著人類的足跡散布到全世界，人類抵達時，最美味、最容易獵取的動物就會減少或滅絕。不過，有些種族找到更有效、更有建設性的方式，引導並約束人類的口腹之欲，因此成為生命共同體之中有責任感的一員。在生態瓦解的年代，我們應該接受他們的引導與忠告。相反的，那些人卻在為保全性命高聲呼救，只因殖民主義和資源榨取繼續做出掠奪、殺害與驅離等惡行。二〇一九年，地球損失了將近四百萬公頃的熱帶原始森林。過去二十年來，我們每年都損失這麼多森林。這些森林是數百個原住民文化的家。全球熱帶森林裡棲息著大多數陸生動物，也封存大量碳分子。目前的管理與貿易體系並未達成最基本的任務，那就是保護人們的權利與居所，確保我們將地球的豐富多樣和維持生命的能力完整無損的留給後世。

「文化與大自然是威希雅達雅族最主要的財富。」塔克說，「如果我們不妥善維護，並且從小教導我們的子輩和孫輩，那麼我們不會有任何東西可以留給後代。」

人類文化的尊嚴與價值；大自然的豐富寶藏；用心照料，傳給後代。想要做到這些，我們必須透過鳥類調查和森林動物的錄音，聆聽我們動物表親的聲音。但除了這些根源於西方的科學研究，我們還需要聽見我們的人類同胞的聲音，他們要告訴我們他們的森林故鄉的消息。聆聽，是對說話者的尊重。我們不能一面聆聽，一面否決他們的功能、剝奪他們的生命源頭，亦即森林。在熱帶森林，聆聽就是聽見對公義的需求。

大規模的消音行動正在熱帶森林展開。當森林消失或遭到破壞，森林裡的多樣化聲音（包括人類與非人類）也隨之衰頹。在這些面臨危機的森林裡，大幅減少的不只是昆蟲、鳥類、兩棲類和非人類哺乳動物的聲音，我們人類的聲學豐富性也受到影響。熱帶森林的語言特別豐富多樣，森林砍伐成為人類語言瀕臨消失的主因。那麼，熱帶森林聲音的遭遇，凸顯人類與非人類生命趨向貧乏與均一。

♪

摘下耳機。一隻歐椋鳥在我窗外送出連串哨音與喀嗒聲，中間夾雜著嘁嘁嘁，模仿在附近街道巡遊的紅隼。為這個社區草坪提供修剪服務的公司，正用吹葉機清除水泥人行道上的草葉。一輛垃圾車正在執行任務，抓取子車的爪子像鍬形蟲的大顎，發出咻咻聲與噹啷響。不過，屋子裡還算安靜，是冰箱壓縮機和筆電風扇組成的不變聲景。

這些是凝聚近郊社區的聲音。在這個喧鬧的世界，這裡的熟悉感與可預測性安撫了我們的感官。打造安定的家，為我們緩解外在世界各種極端、變幻莫測的感官刺激，是人類的共同願望。從舊石器時代的洞穴到現代公寓建築，人類的住宅將我們包裹，保護我們免受外界雨雪風霜和噪音的威脅與侵擾，或來自他方的攻擊。產業的力量提供的保護太過完善，切斷我們與外界的聯繫，損害感官體驗與人類道德之間的強有力關係。

現階段我們許多人在生活中幾乎處於感官孤立的狀態，與其他人、其他物種和維持我們生命的土地隔絕。建築物的牆壁阻隔我們與外界的連結，但更嚴重的問題在於斷裂，禍首包括物資供應鏈、輸送能源的管線與纜線，以及將原生棲地趕出大部分近郊與都市的土地利用計畫。點選後遞送的網路購物，甚至剝奪我們與商販和店員之間實質的、感官的接觸。送到我家門口的紙箱是殖民貿易的完美典型：與人或土地沒有任何現存關係的商品。

人們（比如我）使用來自松樹人造林的紙漿或婆羅洲森林的木材，卻幾乎從來不知道手邊的商品從何而來。我檢視家中物品，除了某些庭園蔬菜，我擁有的物品的來處，與我的身體和感官沒有任何關係。這種無知與隔絕是全球貿易的結果，也導致感官疏離，而感官疏離會助長破壞性經濟。我們的感官一旦脫離了有助於穩固並定位道德方向的資訊與關係，我們就會像無根的浮萍，生態的掠奪與人類的不公義就不再受到既存關係的約束。在殖民與工業化時代之前，調節人類環境倫理的，正是這些感官連結。

我在近郊房間裡第一次聆聽婆羅洲森林時，覺得自己從一個世界被猛力扯到另一個世界。但這兩個世界並無不同，深深連結。造就近郊的平靜的，是正在森林與其他棲地肆虐的風暴。我們從被摧毀的生態與人類社會榨取資源，打造並維持那份平靜。這種人為的寧靜與可預測性，方便我們在遠離感官範圍的地平線另一端繼續掠奪。

15 海洋

我將針頭放在唱片上。工業用鑽石遇見保存在聚氯乙烯裡的聲音。唱針的利爪循著螺旋軌跡滑動。鑽石跟隨著高低起伏的塑膠溝槽前進，每個極細微的左右移動都傳送到唱頭裡的磁鐵和線圈。燃燒的煤炭和甲烷從懸掛在空中的電線輸送過來，為我的唱機提供電力。

工廠、油井和礦場的力量匯合了。座頭鯨的歌聲甦醒過來，衝出大海躍向空中，脫離了一九五〇年代，化為當下的體驗。

兩個拉長的起始音，停頓，接著是連串隆隆響與搏動聲。第一個叫聲歷時超過三秒，由幾十個頻率組合而成，每個頻率都以不同的速度升降。高頻音急速下滑，一聲嗚咽。低頻音相對穩定，低沉單調，而後快速旋轉向上，強化尾音。回音出現，從海底深谷或海水表面而來，增加殘響。第二聲稍微短些，簡單些。它的各種音頻和諧的流動，是下滑的變調，轉成穩定的呼號，而後是上下跳動，嗚咿咿喔，最後消退，化為回音。一聲咆哮為這些聲音鋪墊，力道漸強。接著分解成一連串震撼的戳刺聲，是以低沉渾厚的撥弦音構成的顫鳴，滑溜的穿越變化多端的音高與節拍。

冷戰期間捕捉到這隻座頭鯨的聲音，而後動物學家與音樂家合作的成果激發大眾的想像力，喚醒人類對海洋生物表親的道德關切。後來，那歌聲以捕鯨禁令的形式重返大海。這張唱片是跨物種聆聽的成功案例。

然而，在我唱機轉盤上旋轉的黑膠唱片，也記錄了海洋聲景在我們這一代生命中遭到的破壞。一九五〇年代的海洋，遠比今日的海洋安靜得多。如果有所謂的聲學地獄，肯定存在如今的大海中。我們將聲學上最成熟、也最靈敏的動物的家，變成了最喧鬧的處所，被人類的噪音占領，無處可逃。

錄下這張唱片第一支曲子裡那隻座頭鯨的聲音的人，是法蘭西斯·沃林頓（Francis Watlington）。沃林頓的祖先以捕鯨為業，十七世紀從英國移居百慕達。一九五〇到六〇年代，沃林頓在百慕達的美軍基地任職，發明並裝設水下麥克風，監控大西洋的動態，擁有多種水中聆聽裝置的專利。在檔案照片裡，沃林頓端坐在塞滿電線與監控螢幕的擁擠房間，是愛好發明的電子工程師的最佳棲地。

沃林頓和他的同事從岸上實驗室拉了一條纜線，連接設置在海外三公里、距離海床七百公尺處的水下麥克風。在這個深度，他們進入了「深海聲道」的範圍。深海聲道像是由壓力與溫度梯度形成的透鏡，能讓聲音在海水中傳送幾千公里遠。他們用水下麥克風搜尋敵方軍艦或潛水艇引擎的嗡嗡聲，或聲納信號的尖銳聲響。除了這些軍事情報，水下麥克風還捕捉到春季時從加勒比海北移前往繁殖區的座頭鯨叫聲。沃林頓在岸上能看見座頭鯨在他的水下麥克風上方噴水破浪，傳送回實驗室的信號裡夾雜著牠們的叫聲。在那之前，人類的耳朵難得聽見海洋這個深度的聲音，更別提錄製下來。沃林頓為他聽見的聲音著迷，將那些收錄在磁帶氧化鐵塗層裡的鯨魚叫聲保存下來，從一九五三年收集到一九六四年。到了一九六八年，夫妻檔動物學家凱薩琳（Katherine）與羅傑・佩恩（Roger Payne）造訪百慕達，計畫收錄座頭鯨叫聲，沃林頓於是將當時已經解密的磁帶提供給他們複製。

佩恩夫婦與另一對夫妻檔數學家赫拉（Hella）與科學家史考特・麥克維（Scott McVay）合作，將磁帶輸入聲波圖表列印機。這種二次大戰期間的技術可以將錄製的聲音變成相連的縱走溝紋，印在長長的紙捲上。時間在紙捲上縱向前進，聲音頻率則以橫跨紙張寬度的上下起伏線條和墨跡呈現。鯨魚的叫聲看起來像帶爪的腳掌刮出來的痕跡，平行條紋則代表多層次的和聲。當叫聲簡化為嗡嗡聲或哨音，圖表上只剩一條線，單一頻率。重擊聲是粗體的深灰色垂直條紋，喀嗒聲像筆端的輕觸。這些紙捲就像樂譜，既呈現每個聲音的形式，也描繪出依序排列的號叫、哨音、砰聲和咯咯聲之間的關係。

鯨魚叫聲的內在結構清楚呈現在紙張上。一長串的聲音每隔幾分鐘重複一次。佩恩與麥克維兩對夫妻從中辨識出五個不同層次的聲音組合與反覆：單一振動或音符；比較複雜的號叫或哨音；以這些較短元素組成、樂句般的群集；連串樂句；不間斷的較長段落。最短的元素大約持續幾秒。某些段落長達數小時。由於鯨魚叫聲裡含有重複結構，就像人類與鳥類的聲音一樣，他們因此稱之為歌聲。

羅傑・佩恩整理出品質最好的錄音檔，在一九七〇年推出《座頭鯨之歌》（*Songs of the Humpback Whale*）專輯，正是此刻在我的唱盤上轉動的唱片。這些鯨魚的聲音很可能是非人類動物叫聲之中最多人聽過的一種。這張專輯賣出一百萬張。一九七九年《國家地理》雜誌（*National Geographic*）附贈的節錄版軟式唱片，總共銷售了一千萬份。這是錄音產業史上最大的單次壓製量。到如今，數位下載、CD和盜版持續將這些鯨魚的聲音傳進數百萬人的耳朵。

一九七〇年代，《科學》期刊（*Science*）報導了這張專輯。茱蒂・柯林斯（Judy Collins）的歌曲〈再會太瓦錫〉（Farewell to Tarwathi）裡用了座頭鯨的叫聲。作曲家亞倫・霍夫哈奈斯（Alan Hovhaness）受到啟發創作出的作品，被紐約愛樂帶上舞台。這些聲音也蝕刻在太空總署的航海家太空探測器上的鍍金銅質唱片裡。這張鍍金唱片的套件中還附了針匣和針頭，以免我們的唱盤和黑膠唱片復古風潮尚未傳到太陽系之外。綠色和平組織（Greenpeace）的船隻騷擾捕鯨船的時候，也播放這些聲音。美國國會討論鯨魚保育議題時，這些聲音也以呈堂證供的姿態出現。鯨魚的歌聲既是聲勢日益壯大的環保運動的號召，也是帶領人類想像力探索神祕海洋與鯨魚特性的橋梁。

沃林頓的祖先捕鯨，將從鯨魚體內取出的大量油脂送往歐洲和北美各大城市。在那些城市，鯨魚肉和鯨魚油既是食物，也是照明燃料，更是人體與工業儀器的潤滑油。我們想像中的捕鯨畫面，通常來自梅爾維爾（Herman Melville）[1]筆下的帆船和人力獵捕。然而，一九〇〇年到一九六〇年共有三十萬隻抹香鯨遭到獵殺，這個數字相當於過去兩個世紀的總和。在一九六〇年代，又有三十萬隻抹香鯨被殺死。二十世紀的工業製造出更快速的船隻、爆裂性魚叉槍和加工船與沿岸工廠，這樣的捕鯨活動根本是戰爭，而非捕魚。二十世紀前十年，捕鯨業者殺掉五萬兩千隻鯨魚。到一九六〇年代，十年的捕鯨量已經激增到七十萬隻以上。整個二十世紀裡，捕鯨業者殺掉了將近三百萬隻鯨魚，某些鯨魚族群數量只剩過去的千分之一（現在慢慢上升到大約百分之一），比如南極藍鯨。其他大多數鯨魚的數量則減少百分之九十以上。數十萬隻鳴唱生物的聲音從海洋中被抹除。

到了一九七〇年代，鯨魚數量驟降，塑膠製品、畜牧產業與合成潤滑油出現後，鯨魚的骨頭、肉和油脂大多被淘汰，其他東西取代鯨魚製品，滿足了我們身體的渴望。沃林頓變成另一種捕鯨人，他捕捉儲存的不是鯨魚的軀體，而是聲音。他的收穫送到了過去他的祖先供應的市場。沃林頓與佩恩的錄音供給、點燃並潤滑了感傷、好奇與緩慢轉變的道德觀。鯨魚為許多世代的人類提供身體的養分，到了一九七〇年代華麗變身，成為道德感的誘因、靈感與象徵。在工業化的英語世界更是如此。

座頭鯨的歌聲適逢良機，因為當時的人們對破壞感到絕望，對未來懷抱希望，偏好情感濃烈

1美國小說家，他的知名小說《白鯨記》（*Moby-Dick*）描寫捕鯨過程。

的表達方式。美國國家環境保護局（Environmental Protection Agency）的成立，世界地球日環保運動的發起，都發生在座頭鯨專輯發行的那一年，那是多年的行動主義的成果。那段時間聯合國也籌備第一次環境會議。在人類聽來，座頭鯨的歌聲憂傷悲淒，這也是助力。嗚咽、慟哭、哀號。來自海平面下的悲歎與哀歌。正如美國民謠之父皮特・西格（Pete Seeger）的歌曲所說，「世上最後一頭鯨魚，發自內心深處，激情的哀號。」如果佩恩用的是別的鯨魚的聲音，這張專輯可能銷售疲軟，唱片堆積在倉庫裡乏人問津。抹香鯨使用連串的喀嗒聲彼此溝通，也以回聲定位探索周遭世界。牠們的聲音像咿呀響的老舊鉸鏈，也像節拍器的嗒嗒響。一整群聚在一起的時候，又像幾十隻發狂的啄木鳥又敲又啄。調到一定音量，那聲音能摜破你的耳膜，是已知最洪亮的動物鳴聲。小鬚鯨的叫聲柔軟有彈性，自帶回音，時而顫動，時而重擊，時而彈撥，有如打擊樂。長鬚鯨嗚嗚叫，音頻通常太低，人類耳朵聽不見。北大西洋露脊鯨的悶哼聲彷彿從共鳴良好的排水管另一端遠遠傳來。牠們也會發出像大口徑來福槍般的「槍聲」。灰鯨震顫的牢騷既有低沉的呱呱聲，也有吼叫聲，像鬱悶的公牛或發狠咆哮的貓咪。這些聲音大多無法迎合人類聲音感知或情感反應的喜好。我們的耳朵和神經系統不習慣處理那複雜的聲音形態。舉例來說，抹香鯨的喀嗒聲附帶豐富的意義，表達個體性、氏族與家族身分，似乎也隱含著持續變化的社交與行為意圖。但在我們聽來，那只是機械化的喀嗒聲。座頭鯨的節奏、頻率、韻律和音色，與人類的語言和音樂有足夠的共通點，牠們的叫聲因此能引發移情作用。

由於感官上的偏誤，我們對聲音與我們近似的物種產生親切感。移情作用的連結又會帶動情感的關切，我們的感官於是塑造我們的道德觀。少了感官連結，我們就無法進入實質關係，而這實質關係卻是道德考量與正確行動的基礎。但這些感官也可能操縱我們對他者的關懷，重視某些物種，忽視另一些。

如今人類的行動已經是主導地球未來的主要力量，我們的感官偏誤與身體的渴求重塑世界的形式，保留吸引我們的那部分，通常也屏棄或濫用其餘那些。

關於海洋，我們的感官和道德感如今面臨兩項挑戰。首先，海洋的生命幾乎都在我們的感官範圍之外。走一趟海灘，我們看不到海裡有哪些生物。早期的鯨魚錄音突破了這層障礙。其次，我們跟海底世界之間的感官連結為數不多，無法忠實呈現海洋的現狀。

一九五〇到六〇年代的鯨魚錄音從另一個世界來到我們面前，那時海洋噪音還在初始發展階段。當代的「鯨魚聲音」專輯和自然紀錄片的音頻都經過精心錄製與編輯，避開或移除喧嚷的雜音。在音樂網站搜尋「鯨魚聲音」，就能找到數以百計的專輯，聲稱能讓幫助人放鬆、入睡、進入冥想平靜狀態，能改善耳鳴、壓力，提供「全人」療癒。想當然耳，座頭鯨是其中的明星。當身體被抹香鯨的回聲定位脈衝掃射，肌肉被癱瘓，很少人會覺得壓力解除。這些專輯提供的「大自然的真實聲音」，刪除了真正的鯨魚在生活中感受到的刺耳聲響與噪音。九一一恐怖攻擊後芬迪灣（Bay of Fundy）的大型船隻減少，北大西洋露脊鯨的壓力荷爾蒙濃度明顯降低。這些荷爾蒙樣本取自受過訓練的嗅探犬找到的鯨魚糞便。小船上的嗅探犬鼻子探出船頭，為科學家尋找飄浮在海上的鯨魚壓力紀錄。鯨魚的錄音想要做到真實，就該讓我們的血液充滿警示的化學物質，讓我們的心靈深陷焦慮與恐懼，那是我們送進鯨魚世界的恐怖噪音所引發的壓力。相反的，我們讓自己吞服的是聽覺的合成鎮定劑，舒緩感官的加工止痛藥，以及安撫我們道德敏銳度與行動的催眠錠。

一九七〇與八〇年代，環保人士成功阻止了鯨魚的全面滅絕。某些物種的數量在成長。其中少數種類，比如北太平洋的灰鯨與座頭鯨，或許已經恢復到捕鯨前的水準或更高。但大多數鯨魚族群仍然遠低於獵捕前的數量。這些都是整體鯨魚族群的指標。某些族群存活的機會改善了，其他仍然處於滅絕邊緣。不過，對個別鯨魚而言，目前的生活環境嚴重惡化。許多鯨魚因為塑膠製品受困或受傷，包括被廢棄的繩索纏住。牠們在海面上睡覺或漫游時經常受到傷害，因為船隻的撞擊是鯨魚喪命的主因。即使在捕鯨的高峰期，海洋的聲響也跟鯨魚的祖先在數百萬年前體驗到的相去不遠。如今那個世界已不復存在。

♪

啊，還有海洋的氣味。硫磺味的海草；海鷗棲地的氨氣臭味；柴油廢氣那叫人肺臟緊縮的酸性氣味；船底污水的油耗味直衝鼻腔。一陣清新的森林氣息從小艇碼頭後側低矮岩石丘陵上的花旗松林拂來，是苔蘚與潮溼蕨類的暗沉氣息。

上船啦！我們的腳步聲在金屬舷梯上噹啷響，背包、冷飲和相機撞擊舷梯的護欄。我們這趟海上觀光預計需時六小時，但我們帶來的物資足夠撐上幾天。沒有超載問題。我擠進一張塑膠長椅，面對港口的欄杆。其他二十多名旅客各自在長椅上落坐，或背靠小小的駕駛艙站著。我們出發時，薯條的脆響此起彼落，醋酸的味道與引擎廢氣在空中融合。

引擎的振動在我們的胸腔轟鳴，那聲音太低沉，大部分被我們的耳朵忽略，因此是透過肌肉與器官之中的神經感知。那種嗡鳴一開始頗具鎮靜效果，或許是讓身體回想起胚胎時期血液與心跳的低鳴。隨著時間過去，那份平靜就會因為持續不歇的內在振動轉為疲倦。

出發以後，置身海上、遠離會議室和電腦，我心曠神怡。我們沿著航道前行，聖胡安群島（San Juan Islands）的矮丘從我們眼前溜過。船頭劈開灰藍色海洋，嚇得成群崖海鴉和海鳩四散飛掠。一團團巨藻和大葉藻漂流過去，螃蟹端坐在某些海藻碎片上。陣陣海霧在島嶼的小海灣逗留。高速行駛的船隻激起海水、藻類的碘和鹹水泥巴揉和後的強烈氣味。

我們以相機捕鯨，同行的還有來自薩利希海（Salish Sea）各處港口的十多艘船隻。船隻以無線電模糊的嗶嗶聲在海面上編織成一張網，有些像鯨魚藉由鳴聲在廣闊的海域裡回應彼此。每一個船長都能透過電磁波的傳送，聽見其他人的聲音。獵物無處可逃。岸上的廣告看板大聲宣告**保證看到鯨魚**。

船繼續前進，迂迴繞過島嶼的岬角。看見了……距離不遠……就在聖胡安島西南海岸外。在望遠鏡裡，一片背鰭劃開海水，而後沉入水中。又一隻，吐氣時的噴霧，而後無影無蹤。但鯨魚的位置不難察覺。十多艘船聚集，大多慢速航向西邊，遠離海岸。我們向鯨魚的位置移動，引擎減速，直到船尾沒有激起尾波，留在遊艇與遊輪群的外圍。

一片大理石就在海面下游動，油脂般平滑，像成片潑濺的黑色墨水，鋪展在通透度近似玻璃瓶的海面底下。直到鯨魚尾鰭之間的凹槽像子彈般穿梭過去，我的意識腦才醒悟過來。鯨魚的推進全靠肌肉的運用，就像拉車馬踢腿帶動的力量。沒有摩擦力的動作，像被流水磨得渾圓的石頭拋過冰面。噗啦！在船隻前方十五公尺浮出水面，吐出的氣息伴隨粗糙的爆破音。

那群鯨魚大約十隻，此刻浮上水面。我們的船長說，那是L群虎鯨的部分成員。總共有三個「南方定居型」（southern resident）虎鯨族群棲息在西雅圖和溫哥華之間的薩利希海，L群是其中之一。這些虎鯨多半在聖胡安群島周遭獵食鮭魚。其他鯨魚也經常造訪這片海域，比如在沿岸往返逡巡的「遷徙型」（transient），或主要在太平洋覓食的「遠洋型」（offshore）。L群繼續西行，朝哈羅海峽（Haro Strait）前進。牠們的動作像海浪，仰起頭，噴出一口氣，背部和背鰭拱起，頭部俯衝向下，尾鰭揚起，拍擊水面。這種波浪式動作看似從容輕鬆，但從牠的速度不難看出牠付出的努力。人類的小艇不可能跟得上。我們的引擎呼呼作響，船隊排列成U型追蹤鯨魚群，不阻擋鯨魚的去路。

該怎麼稱呼牠們？殺人鯨？但所有的動物都靠奪取生命存活，只有少數例外，比如珊瑚和北美斑紋蠑螈，牠們與行光合作用的海藻共生。座頭鯨吞一口浮游生物，殺死的動物就比這些鯨魚花幾個月時間捕獲的魚類和海豹更多。叫牠們虎鯨？虎鯨的英文orca來自羅馬神祇奧克斯（Orcus），是陰間的主宰，專管不遵守誓言的人。這個名字本身隱含著關係的斷絕。或者叫牠們

qwe'lhol'mechen，這是美國魯米族（Lummi）印第安人對牠們的稱呼，意思是「我們在海浪下的親族」。每個名稱都是一面鏡子，反映出使用那名稱的文化：殺人、違背承諾，或親族。

我們越過船舷拋下一個水下麥克風，它的傳輸線連接封在塑膠外殼裡的小型擴音器。鯨魚的叫聲！還有引擎噪音，大量引擎噪音。

嘀嘀嘀。像敲金屬罐的聲音，急切又響亮。這是鯨魚回聲定位的搜尋聲波。空氣從噴水孔下方的儲存囊噴出，衝過「聲唇」，聲唇閉合產生振動。這聲音往上傳到鯨魚頭部，通過透鏡般的脂肪。這些脂肪組織一層層質地互異，將聲波集中，再從前額送出。這些聲音子彈碰觸固體後，會反彈回到鯨魚身上。下顎的脂肪組織和變長的骨頭收到聲音，轉送到中耳，有點像聲波專用的吸音棉與反射器。不同物體以不同方式反射聲音，鯨魚利用回聲看清渾濁的海底世界，也能知道周遭物體的軟硬度、緊繃度、速度與顫動程度。聲音因此兼具觸覺功能。由於水中的聲波能順暢傳入軀體，這種觸覺也能穿透其他動物。來自聲音、X光般的碰觸。全部七十二種齒鯨都有這種能力，包括海豚、鼠海豚、獨角鯨、抹香鯨和喙鯨。鬚鯨的十五個物種則沒有，這個族群包括座頭鯨、藍鯨、露脊鯨和小鬚鯨。不過，這些鯨魚也對聲音高度敏感，靠著聆聽周遭聲音的立體結構，在漆黑的深海中移動。對於鯨魚，發聲與聆聽就像人類的觸覺、運動覺、視覺和聽覺結合在一起，將我們周遭樹木的擺動、動物同伴的內在形式和遠處岩石與建築物的質地送進我們體內。

夾雜在鯨魚斷斷續續的嘀嘀聲之間的，還有高低起伏的哨音和高頻尖嘯：衝刺、轉折向上，再盤旋而下。哨音是鯨魚歡聚時的聲響，通常在近距離社交時發出。如果群體在覓食時彼此距離拉遠，牠們會減少使用哨音，改以較為短促的聲波搏動相互溝通。這些聲音不但連結群體內的每個個體，也可以與其他群體區別。這些群體是母系結構，共通的用語（哨音與搏動音的特殊音質與形態）標示出與母親們或祖母們的從屬關係。「南方定居型」所有母系群體之中的七十個成員擁有共同的聲音形式，包括圓潤的顫音和粗嘎的雁鳴聲。而溫哥華島以北的島嶼和小海灣之間的「北方定居型」（northern resident）聲音比較尖銳。同樣在這片海域出沒的「遷徙型」和「遠洋型」群體也有各自的聲音文化，只跟自己群體的鯨魚往來。這些聲音代代相傳，能夠沿用數十年，甚至更久，也顯示群體之間的牢固疆界。「我們在海浪下的親族」所屬社會的階級結構，是藉由聲音調解與維繫。

每個群體都有獨特的獵食行為。「南方定居型」的主食是帝王鮭，搭配其他魚類與烏賊。「北方定居型」也專吃魚類。「遷徙型」吃海洋哺乳類，特別喜歡海豹和鼠海豚，也愛大口嚼食海鳥。相較於「南方定居型」，偏好哺乳類的「遷徙型」非常安靜，特別是追蹤獵物時，只靜靜聆聽，不使用回聲定位，也不喳喳呼呼，不過，成功捕到獵物後還是會爆出聲響。「遠洋型」獵食各式各樣的魚類，包括大青鯊和太平洋睡鯊。我們對這些鯨魚群體的命名會造成誤導：「定居型」也會長時間出海，南方定居型會前往加州，北方定居型會前往阿拉斯加。「遷徙型」移居的習性，並沒有比其他族群明顯。這些鯨魚都屬於同一個物種，只因為聲音與獵食習慣有所不同，各自生活在與其他群體隔離的社群裡。虎鯨的蹤跡幾乎遍布全世界，其他地區的群體大致也是如此。在南極，五個不同群體生活在一起，卻很少彼此混合，各自擅長獵食不同種類的鯨魚、海豹、海獅、企鵝或魚類。這些群體的基因彼此分化，尤其是在牠們分布範圍的極北或極南區域。

在聖胡安島海岸外這個地方，鯨魚的聲音像優質絲線，織在推進器和馬達聲編成的厚棉布裡。嘀嘀聲和哨音偶爾聽得見，但通常消失在緊密交織的引擎聲裡。透過水下麥克風，我們的船聽起來像失衡的風扇，搖搖擺擺的攪動著。引擎活塞融合成低頻研磨聲。其他十幾艘船追蹤鯨魚時，都在引擎動力下悄悄前進，悸動聲、呼呼響和顫慄聲交融在一起。內燃引擎將鯨魚困在無可脫逃的束縛裡。

U形船隊跟隨鯨魚，一艘船身閃耀著「合理觀察」（Soundwatch）字樣的剛性充氣艇，在其他船隻之間穿梭。船上的三個人對聚集在船側欄杆旁的喧鬧觀光客揮手。接著，一艘遊輪攔腰穿越鯨魚的行進路線。充氣艇催動舷外馬達加速前進，拐了個彎靠向那艘滋事者。幾個友好手勢，長杆送出一張傳單。賞鯨教育完成。充氣艇回到船隊之中，在私人遊艇之間挪移，送出更多宣傳單。

從一九九〇年代早期開始，「合理觀察」這個動物保護組織就派遣船隻巡視鯨魚和賞鯨團最喜歡的區域，平均每年在海上巡邏超過四百小時。從那時起，賞鯨的私人或商業船隻數量增加了，船隻接近鯨群的現象卻慢慢改善。或許是因為法規與志工的勸導，賞鯨船放慢速度，也與鯨群保持距離。一九八〇年代，綠色和平組織的工作人員阻撓捕鯨船，採取的是乘著充氣艇在捕鯨船之間呼嘯前進的挑釁策略。「合理觀察」動保組織則不然，他們的目標是「禮貌主動溝通」，向觀光客宣導該如何避免干擾鯨群。他們也搜集賞鯨行為的相關資料，多年來，最常闖入「禁區」

和違反速限的，以私人船隻為主，通常是出海釣魚或參觀島嶼時路過。

引擎的振動從甲板傳進我的腳底。我意識到，在鯨魚群周遭圍了半圈的軋軋響引擎即使合乎「守則」，仍然不是親善的迎賓方式。儘管船速緩慢，又保持距離，推進器的刀片每一次轉動，都是一次叩擊，傳到鯨魚對振動敏感、脂肪密布的下顎。我「禮貌主動溝通」，向我們親切的船長請教引擎聲音與鯨魚的問題。「沒事，我們沒干擾到牠們。只要我們保持距離，速度放慢，不會有問題。你看，牠們玩得很開心。」

我看見遠處兩艘大船，一艘貨櫃輪、一艘油輪，朝北穿過哈羅海峽，目的地可能是溫哥華，那是這個區域最大的港口。水下麥克風的分離式擴音器太小，無法呈現這些船舶大多數的低頻噪音，但是，我戴上耳機後聽見背景的持續轟隆聲。這個海峽每年有七千艘大型船舶進出超過一萬兩千趟，這只是其中兩艘。這些船舶包括大型運輸船、貨櫃輪、油輪，其中很多船身有兩、三百公尺長。大型船舶頻繁通過哈羅海峽西側海域，前往西雅圖和塔科馬（Tacoma）的港口和煉油廠。這些船在水底發出的聲音，能傳到幾十甚至幾百公里外。小型觀光船通常日落後就偃旗息鼓，這些大船卻是日日夜夜製造噪音，而且往往夜間比白天更活躍、更吵雜。最大的貨櫃輪在水下的噪音高達一百九十分貝以上，在陸地上相當於雷鳴或噴射機起飛的音量。觀光船和客輪在水下的聲音，大約是一百六十分貝和一百七十分貝。分貝是一種對數單位，所以噸位最大的船隻釋出的聲音能量是小型船隻的數千倍。噪音來自船上的許多位置：船殼破浪前進時海水的翻騰聲；燃料在活塞裡爆裂，帶動辦公大樓般的巨大引擎發出金屬連擊聲；推進器高速旋轉，海水在葉片末端產生氣穴、形成氣泡，這些氣泡內爆，擴散成隆隆聲與嘶嘶聲。這些聲音阻斷了鯨魚的回聲定位與相互溝通。

生活在這些海域的「南方定居型」鯨群受不了這些噪音，特別是經年累月的轟炸。牠們的數量在減少，除非這個世界變得更適合牠們居住，否則很可能會滅絕。一九九〇年代，這裡的鯨魚有九十多隻，現在剩下不到七十五隻。平均每年減少一到兩隻，沒有新生命誕生。二〇〇五年，這些鯨魚被列入《瀕危物種法案》（Endangered Species Act）保護的物種。造成這些問題的因素很多，不過，以現階段來說，運輸噪音的交互作用、食物的減少與化學物質的污染，正在斷絕牠們的未來。

這些鯨魚是大海裡的獵鷹，能急速向下俯衝一百公尺以上，追逐牠們機靈又敏捷的獵物帝王鮭。在昏暗渾濁的深海，能見度相當低，但帝王鮭的鰾在回聲定位的聲波中格外明亮，是一個反射聲音的氣泡。船隻噪音的頻率，跟鯨魚用來回聲定位和尋找獵物的嘀嘀聲重疊。噪音像密布的濃霧，遮擋獵食者的視線。如果鯨魚與貨櫃輪的距離不到兩百公尺，或與使用舷外馬達的小型船隻距離不到一百公尺，牠的回聲定位範圍就會縮小百分之九十五。全世界的鯨魚都遭遇這個問題，但哈羅海峽特別嚴重。根據海上運輸模型分析，這個地區阻撓鯨魚獵食的噪音，有三分之二來自大型船舶，其他噪音則來自小型船隻，包括圍繞鯨群的賞鯨船。在世界各地，小型船隻干擾的只是靠近海岸或繁忙港口的鯨魚。在廣闊的海洋中，障礙牠們聽力的往往是大型船舶。

在空氣中，我們只聽見路過船舶的低鳴。那聲音多半向下傳送到海浪下方，在空中的聲音很快就消散。在海面下，動力船隻的聲音暴力傳得又快又遠，穿過水分子的搏動與起伏。這些動態直接流入水中生物體內。空氣中的聲音通常從陸地動物的身體彈開，被空氣與皮膚之間那層拒絕通融的邊界反彈出去。我們的中耳聽骨和耳膜經過特別設計，可以克服這層障礙，搜集空氣中的聲音，送到內耳的液態傳導物質。對於我們，聲音主要集中在頭部的幾個器官。但水中生物完全浸泡在聲音裡，聲音幾乎毫無阻擋的從液態環境傳入牠們充滿液體的內臟。「聆聽」是一種全身體驗。對於齒鯨，聲音的擁抱更深一層。船舶噪音包裹牠們回聲定位的「視覺」或「觸覺」，那感覺就像轟隆隆駛過我窗外的卡車，將它們滯後的聲音擠壓進我的眼睛和皮膚。對於大多數鯨魚和許多魚類與無脊椎動物，眼睛只是偶爾發揮功能。在深不可測的海底，動物在漆黑中移動，沿岸的海水又是如此渾濁，動物最多只能看見等身的距離。聲音能揭示大海中的地形、能量、界線和其他生物。聲音也是溝通約定。海洋的情況和雨林類似，雨林裡濃密的枝葉阻擋視線，動物透過聲音察覺視線範圍外的配偶、親族或敵人，也能發現近處的獵物或掠食者。只是，現今大多數海域的狀況，就像雨林裡每棵樹的樹幹上都有一具船用引擎在咆哮。

如果鮭魚數量充足，這些噪音不致構成問題：瞎眼的獵鷹也能在成群結隊的鳥兒之中捕到獵物。但虎鯨在這片水域的主食帝王鮭也瀕臨絕種。水壩、鄉村都市化、農業和伐木截斷或破壞大多數淡水河流與小溪，而這些淡水溪河是鮭魚產卵並度過生命中最初幾個月的地方。幼鮭成長後會從淡水河游到河口，進入大海，日後重新回到淡水河產卵，整個過程歷時三年或更久，期間有大量鮭魚死於污染、捕撈和海水升溫。從一九八〇年代至今，這個區域的帝王鮭數量減少了百分之六十。如果從二十世紀初起算，減少的數量可能高達百分之九十以上。污染物質讓問題更形惡化。這片海域的鯨魚體內的毒性物質，比任何動物都高。印刷電路板是工業的禍害，俗稱ＤＤＴ的雙對氯苯基三氯乙烷是舊時代農業的遺毒，住宅的防燃劑會揮發、附著在塵埃上，被沖到下游。這裡的鯨群生育率不高，幼鯨出生後不久就死亡，或多或少跟這些毒性物質有關。

噪音、獵物減少和污染物等多種因素結合，形成致命的影響。模型分析顯示，以目前的條件，「南方定居型」的數量岌岌可危，任何額外的壓力就會導致滅絕。要讓虎鯨族群恢復過去的水準，帝王鮭就得維持或超越一九七〇年代的最高數量。然而，鮭魚的數量在減少。以強硬手段處理噪音和污染物問題，可以增加鮭魚的數量，但要達到這個目的，海上船隻必須大幅降低速度，過去一個世紀以來的污染必須逆轉。必須結合多方面的力量，未來才有希望。根據模型分析，如果聽覺干擾能減少一半，帝王鮭的數量增加六分之一，虎鯨的數量就能趨向穩定。目前來說，「北方定居型」居住在比較安靜、污染較少的水域，獵物也比較充足，因此處境好得多。

從二〇一七年到二〇二〇年，溫哥華港鼓勵往返哈羅海峽的船隻自行減速。在三十海浬的範圍內，大型船隻減速行駛，航行時間因此增加大約二十分鐘。船隻的噪音會隨著速度增加，因此，減慢速度能降低南方定居型覓食區域的噪音。百分之八十以上的船隻都配合執行，部署在海峽各處的水下麥克風證實噪音問題有所改善。

只是，那個區域的海上交通量逐年增加，抵消了船隻減速爭取到的噪音減量。二〇一八年，溫哥華原油輸出量成長三分之二，大多運往中國或南韓。到了二〇一九年，加拿大政府通過輸油管增建計畫，從亞伯達省焦油砂地區運出來的石油將會增加三倍。溫哥華港也計畫擴充，二〇二〇年正在等候許可與經費核撥，規模預計擴大百分之五十。二〇一九年，非營利組織聖胡安之友（Friends of the San Juan）調查發現，裝卸碼頭新建或擴建計畫多達二十餘項，以利停泊運輸貨櫃、石油、液化天然氣、穀物、鉀肥、煤炭和汽車等船舶和觀光遊輪。如果這些計畫都通過，海上交通將會增加百分之三十五，這還不包括同時增加的拖船、駁船和渡輪。如果溫哥華港的增建計畫受阻，對船運貨物的需求卻沒有降低，海上交通只會移往其他港口，其中某些地區至今尚未受到重工業污染。舉例來說，雖然溫哥華和周邊地區增建液化天然氣碼頭的計畫遭到撤回或阻撓，其他反對聲浪較小的地方已經在發展新的天然氣輸送管線和航運路線。溫哥華以北七百公里一處峽灣銜接基提馬特港（Kitimat），那裡的幾種鯨魚至今生活在沒有污染的安靜海域。然而，那裡目前正在建設液化天然氣碼頭，計畫增設七百個大型船舶轉運站，增幅超過十三倍，這還不包括油輪通過奇險峽灣時一路伴隨的強力拖船。

美國海軍也有意在該區域增加演習次數，包括爆裂物與聲納的使用。根據預測，海軍在整個太平洋西北海岸（包括「南方定居型」虎鯨偏好的海域）的「聲學與爆破」演習，將會導致大約三千隻海洋哺乳動物死亡或受傷，並且干擾其他一百七十五萬隻的覓食、繁殖、移動與哺育活動。海上獵鷹面對的是越來越濃的迷霧，以及打算永遠遮蔽牠們眼睛的海軍。

聖胡安群島周遭和哈羅海峽的鯨魚生活的區域，是亞洲與北美貿易路線的匯聚點，更有來自中東與歐洲的海上運輸。在各大陸之間移轉的商品和日用品大多靠船舶運送。我環顧四周，查看我擁有的物品。在太平洋周邊國家製造的每一項商品送抵時，生活在哈羅海峽或洛杉磯外海的鯨魚或許都能聽見。這些商品包括筆電、銀器、灑水壺、家具和汽車。大西洋沿岸的鯨魚則是被來自歐洲與北非的貨物遞送聲音包圍，比如辦公椅、書籍、葡萄酒和橄欖油。我大多數時間都居住在內陸地區，距離大海幾小時車程，因此很少看見或聽見鯨魚。但鯨魚聽見了我。牠們生命中的每一天，都浸泡在我從地平線另一端買來的商品的聲音裡。

噪音問題已經遍及所有海洋，主要海港周遭密集的運輸線則是焦點所在。一九五〇年代，也就是沃林頓在百慕達外海錄到座頭鯨叫聲的時候，忙碌穿梭在全世界海洋的商船大約有三萬艘。現在則有將近十萬艘，其中許多都配備大得多的引擎，載貨噸數也增加十倍。

從一九六〇年代開始測量至今，北美太平洋海岸的水下麥克風捕捉到的環境噪音升高了十分貝以上。根據估計，從二十世紀中期到現在，全世界海洋噪音污染的強度每十年增加一倍。連接重要港口的主要海運航線周邊的噪音更為嚴重，例如跨北太平洋和大西洋航線。只是，由於聲音在水中傳遞迅速，引擎的轟隆聲能傳到數百公里外。當大型遠洋船隻通過大陸棚，它的聲音會傳向幾公里下的海床，而後從沉積層反彈上來，進入深海聲道。這條聲道將聲音傳播到數千公里外。正如房間裡的二手菸，主要聚集在吸菸者周邊，卻也會瀰漫整個空間。全世界許多海域已經測量不到風浪形成的「背景」聲響。有些地方船舶噪音比較不明顯，尤其是在南極周遭的南方海域，以及有島嶼和海底山脈阻隔聲音的地方。

我在賞鯨船甲板上發現，在靠近海岸的水域，小型船隻的往返添加了一層高頻音。過去三十年來，美國的休閒船舶每年增加百分之一。在澳洲海岸，小型船隻每年增加的比率近期攀升到百分之三。這些小船的聲音傳得沒有大船遠，卻是干擾沿岸海洋生物最主要的噪音來源。近距離範圍內，聲納（從船上裝置發出的聲音，用來探測海床、魚群和敵軍的潛水艇）也是另一種高頻噪音。有些海軍的聲納音量太大，距離太近會對聽力造成永久損傷。

在這遍布全球的噪音泥沼中，還有人類最高分貝的噪音，那就是我們以工業手段探鑽埋藏的陽光的敲擊聲。

正如鯨魚以回聲定位搜尋獵物，人類的探勘專家將聲音轟入海洋，尋找埋藏在海洋沉積層裡的石油和天然氣。過去的做法是從船上投擲炸藥，如今則是以船舶拖著一排排空氣槍，向水中射擊氣泡或壓縮空氣。當氣泡擴大後爆破，會將聲波擊入水中。這是我在聖凱瑟琳島聽見的槍蝦噼嘶聲的工業化版本。這些聲波在水中傳向四面八方，向下的那些會穿透海床，碰到反射表面後彈回來。船上的地質學家只要測量這些反射的聲音，不但能透過水體看見海底，還能製成立體圖像，呈現海床以下數十甚至數百公里層層堆疊的泥、沙、岩石和石油。正如鯨魚利用帝王鮭反射回來的砰聲做為線索，石油和天然氣公司也利用聲音找到他們的獵物。只是，這些震波探測與鯨魚的嘀嘀聲差別在於，它的聲音最遠能傳到四千公里外。

空氣槍的爆破聲從拖在船尾的一公尺長飛彈形金屬容器發出，那音量在水中可以高達兩百六十分貝，比最大聲的船隻高出六、七十分貝。空氣槍的數量通常多達四十八具，大約每十到二十秒擊發一次。探勘船循著軌道井然有序的在海洋中前進，每一次探勘會持續數月之久，像除草機一般，掃過幾萬平方公里的海域。在這個深海油井越來越多的年代，探測通常會延伸到大陸棚邊緣外的大洋（open ocean），這時聲音就會流入深海聲道，而後跟船舶噪音一樣橫越海洋盆地。曾經有十幾項探測工作同時在北大西洋進行，只需要一具水下麥克風，就能聽見巴西、美國、加拿大、北歐部分地區和西非海岸震波探測無休無止的聲音。震波探測廣泛運用在可能埋藏石油的海域，比如澳洲、北海、東南亞、中東和南非。

海底震波探測為我們每個人送來石油和天然氣，只是，我們的感官接收不到我們對這些化石燃料的渴望帶來的後果。站在海岸上聽不到震波探測的聲音，即使搭船深入廣闊海域，海水的反射以海面為界，而我們的耳朵習慣空氣中的聲音，因此感受不到。此外，我也找不到貼切的比喻。打樁機在家裡連續運作幾個月？這可以大致說明音量和持續性，但我們可以離開屋子。再者，即使我們就站在機器旁，那聲音多半只影響我們的耳朵。對於水中生物，聲音是視覺、觸覺、本體感受和聽覺。牠們離不開水，幾乎也不可能躲到幾百公里外。打樁機連接每個神經末梢和細胞，每分每秒，連續幾個月向它們灌注強烈的爆破力。

海洋生物（特別是靠近海岸或繁忙貿易航線的那些）如今生活在史無前例的喧騰裡，除了海底火山或地震，牠們不曾接觸過這樣的噪音。強風掀起的浪濤、冰層破裂、地震、水體中氣泡的活動，以及鯨魚和槍蝦的聲音，都是海洋生物習慣的聲音。但空氣槍的轟炸、聲納的刺探戳擊和引擎的搏動卻是陌生的。在大多數地區，這些聲音比短短數十年前響亮得多。

在最嚴重的海域，噪音的程度已經超過許多海洋生物的承受範圍，鯨魚選擇逃離正在進行震波試驗的區域。一項在愛爾蘭西南外海所做的研究發現，相較於沒有轟炸的「控制組」探測行動，在執行頻繁震波探測的時段，鬚鯨出現的次數減少百分之九十，齒鯨則減少一半。空氣槍也重挫海洋的基本食物網，也就是浮游生物和海洋無脊椎動物的幼體。另一項在塔斯馬尼亞外海所做的實驗顯示，一具空氣槍就能殺死一百多公里範圍內的所有磷蝦幼體（南方海域食物網的主要獵物），並且消滅其他大多數浮游生物。那些動物或許是死於爆破產生的聲波。至於僥倖熬過第一波震撼的浮游生物，由於覆蓋體表的感官纖毛受損嚴重，不久後也會因為失去聆聽或感知周遭世界的能力而死亡。龍蝦等體型較大的無脊椎動物如果接觸到震波探測，感官系統也可能永久損壞。然而，石油探勘公司的代表團持續遊說，要求放鬆震波試驗的規定，聲稱大型探測「至今未對海洋生物產生不利影響」。他們還宣稱，由於爆破每十秒發生一次，每次所造成的衝擊僅持續十分之一秒，「整個探測過程只有百分之一的時間會發出聲音」。根據這個邏輯，拳擊比賽可說一點都不暴力，嗶嗶響的煙霧警報器大多數時間也是靜悄悄。

海軍聲納利用高振幅聲音反彈的回聲「看見」水面下的情況，會導致鯨魚急速下潛或衝出海面。由於速度太快，鯨魚的血管會因為氮氣氣泡而膨脹，相連的組織破裂，器官因此出血。聲音讓牠們內出血致死。遭受聲納攻擊時，有些鯨魚會衝進碎浪裡，設法躲在岩石後面，或衝上海灘，逃離那難以忍受的咻咻聲。這些擱淺或瘋狂行動將鯨魚帶進人類的視線範圍，是人類感官難得接觸到的海洋危機。

那聲音即使不至於立刻奪命，也會造成傷害。近期一項針對一百五十份科學研究（研究對象包括鯨魚、海豚、海豹與其他海洋哺乳動物）所做的回顧研究顯示，噪音會妨礙進食、阻斷回聲定位、延長移動的時間、減少休息時間、改變潛水的節奏、耗盡儲存的體力。面對船舶噪音，有些物種升高鳴叫的音量與頻率，其他則陷入沉默。

鯨魚是社交動物，需要持續與家族和文化群體保持聲音接觸。捕鯨大幅降低鯨魚社會的複雜度與數量，噪音進一步破壞並切斷牠們的社會連結。在高度社會化的陸地生物中，減少或斷絕與其他個體的接觸會造成傷害，在極端的情況下甚至會導致死亡。我們對鯨魚的生理與心理的了解，不如對陸地動物的了解多，但噪音很可能會引發焦慮，長期下來會縮減鯨魚族群賴以興盛與演化的聲音管道。

噪音也會改變魚類的行為與生理。在嘈雜的環境中，牠們通常會變得躁動，橫衝直撞，彷彿有掠食者接近。等到真正的掠食者出現，牠們卻又喪失自保能力，沒有做出驚懼與逃離等適當反應。對於以聲音吸引配偶的魚類，噪音的影響不一而足。某些物種升高叫聲，或許是為了壓過背景聲，其他物種卻選擇靜默。對於很多物種，噪音有時阻斷牠們聲音的傳遞，有時大幅縮小傳遞的範圍。當噪音升高，有些魚類會躁動的清理巢穴、照顧魚苗，這些行為就像躁動的游泳一樣，都會消耗牠們的體力與時間。覓食的時候，置身噪音中的魚捕獲的獵物變少，效率變差，辨識獵物好壞的能力也降低。生活在噪音環境中的魚兒壓力荷爾蒙比較高，聽力的發展也受到影響。這些因素合併在一起，導致某些魚類死亡率升高一倍。

噪音的負面影響甚至穿透海底的沉積層。一項針對蛤蚶類、蝦和陽遂足等掘土動物的研究顯示，這些動物在嘈雜的環境中行為會發生改變，減少移動和進食。這些生活在深海泥層裡的動物看似渺小，牠們行為的改變引發的後果卻會波及整個生態系統。這些動物挖洞與過濾泥土的活動，一定程度上控制了生態系統營養素的移動，包括這些營養素回收進入生命網或掩埋在更深沉積層的速度。如果這個研究的發現具有代表性，那麼海洋的噪音甚至可能會在我們這個時代留下的岩層裡刻下印記。未來的地質學家可以在泥層與岩層中看出化學物質的變化，以及我們扔進大海的塑膠、污染物和酸性物質。

我們的賞鯨船在聖胡安島西側外海脫離船隊，因為我們的行程結束了。鯨魚游向北方又繞回島嶼，大批隨扈遠遠跟隨。後來我們不再有機會近距離接觸，只在牠們浮出海面戲耍時，遠遠看著牠們斑駁的背部和尾鰭。

回到岸上後，我踩在穩固的柏油地面上，卻覺得搖擺不定。經過幾個小時，我的肌肉和內耳已經熟悉並預期水面的波動。我覺得站得穩當後，就上車發動引擎。汽油噴進活塞。汽油可能是以平底船從西雅圖西岸的普吉特灣（Puget Sound）運過來的。我輪胎裡的橡膠和石油在馬路上滾動，剝落的橡膠微粒掉落在無法滲透的路面上，注定被沖進大海。回到飯店後，我把從太平洋搭船過來的筆電插頭插進牆壁插座。螢幕的彩光和微晶片的溫度，一部分來自水壩裡的渦輪（水壩所在的河流曾經鮭魚成群），另一部分來自鈾的裂變和煤炭與汽柴油的燃燒。我爬上床鋪，躺在經過防燃劑處理的床墊上。

戴上耳機。點擊：orcasound.net。點擊：線上聆聽。天色漸暗，原本的薄暮從灰暗轉成安全燈發出的珍珠光芒。我隨著水中的聲音漂流，那嘀嘀聲與嘩啦聲，是海水沖刷著裝設在聖胡安島西岸三十公尺外的水下麥克風。輕柔的敲擊聲。是螃蟹在巨藻上移動？高頻哀鳴，像電動馬達，持續兩分鐘，而後停止。幾具舷外馬達經過，無調性的呼呼聲。一整夜的時間裡，這些聲音在我的睡眠裡穿梭來去，黎明前以顫音和揮擊聲將迷迷糊糊的我喚醒，那是推進器帶著船隻在海面急馳。

♪

現今的海洋噪音糟糕透頂，卻並非無可救藥。我們日以繼夜對海面下的世界施加的聲學惡行，也並非無法終止。化學污染物質有時會滯留數百年，塑膠千年不敗，死亡的珊瑚礁更需要數百萬年的時間才能逆轉，噪音污染卻是瞬間就能關閉。

只是，人類不可能安靜無聲。不管我們是不是意識到自己對海洋的依賴，我們確實是以海維生的物種。我們的身體與經濟所需的能源與物質主要靠船舶運輸，我們大多數的石油、天然氣和食物，也借道海洋在大陸之間遞送。因此，噪音不太可能完全消失，但降低音量並非遙不可及。

打造極靜船舶不是天方夜譚，海軍已經做了幾十年。某些潛水艇悄無聲息，只有向水中發射足以令路過的海豚失聰的強力聲納時，才會洩露行蹤。漁業研究人員衡量魚類數量與行為時，駕駛的船隻引擎、齒輪和推進器都經過專門設計，以求降低噪音避免驚動魚群。這些船舶降低了音量，卻付出了效率與速度的代價。然而，即使是大型商業船舶，只要用心設計，仍然能大幅降低噪音值。推進器定期維修打磨可避免氣穴產生，而氣穴是主要的噪音來源。其他的減噪辦法包括改變引擎的安裝方式、調整推進器葉片形狀、修改螺槳帽、雕塑船尾水流、調整推進器與舵的互動，以及控制推進器的旋轉速率，避免產生氣穴現象。降低船速，即使只減慢百分之十或二十，也能降低噪音值，有時可收到高達百分之五十的成效。這些辦法大多可以節省燃料，為船東帶來直接利益，只是通常不足以說服他們花大錢改造機械。超過半數的海洋噪音來自少數船舶（大約十分之一到六分之一之間），通常是比較老舊、效率較差的船隻。只要降低這些喧鬧少數的音量，噪音問題就能顯著改善。

然而，只要交通流量沒有減少，低音船舶可能會增加鯨魚撞船事件的發生率，因為鯨魚聽不到危險接近。幾百萬年來，鯨魚一直安全的在海面移動或休息。如今，船身的衝撞和推進器的切割，變成生活在海運航線和忙碌港口附近的鯨魚的重大危險因子。科技的改造往往伴隨不期然的後果，尤其如果世界各地的商品運輸量持續成長。

聲納最嚴重的負面影響也可以減輕，至少對大型海洋哺乳動物是如此。做法包括海軍在演習時避開已知的覓食與哺育區；追蹤鯨群，當牠們靠近時，停止一切軍事行動；漸次調高音量，給動物逃離的時間；避免讓同一批動物重複暴露在高強度聲納中，以降低長期影響。如同海運噪音，減少整體船舶活動將能獲致最大成效。

就連震波探測也能停止。只要我們戒掉對地球黑色乳汁的依賴，就不需要以致命的聲波探索大海。就算做不到這點，目前也已經有不同方法可以勘測地底。利用機器將低頻振動送入水體，可以完美呈現隱藏的地質，噪音量比空氣槍來得低。這種「振盪震源」（vibroseis）技術經常在陸地上使用，但尚未廣泛應用到海洋。海洋振盪震源製造的聲音類似動物的感官與溝通信號，但這種現象只發生在小區域，頻寬也比較窄。

這些改變目前還在假設與實驗階段，只在小範圍海域試行。世界各國對海洋噪音的管制各行其是，沒有統一的國際標準或目標。海洋的噪音日益惡化，美國海軍原本計畫在二〇二〇年於華盛頓州周邊海域執行聲納行動，因破壞力太大，州長和五名相關單位領導人共同致函美國國家海洋漁業局（National Marine Fisheries Service），要求做出調整，比如使用現有的即時鯨魚警示系統，並且在高能量聲納浮標周圍增設緩衝裝置。二〇一六年一項全球海運噪音預測指出，到二〇三〇年，海洋噪音可能會升高將近一倍。二〇一三年一項回顧研究發現，震波探測的支出連續二十年激增，每年成長將近百分之二十，年度花費一百億美元以上，達到二十年急遽成長的最高點。油價下降和新冠疫情使得成長趨緩，但只要價格上揚，探測的需求就可能升高。美國海軍則計畫近期內開始對所有海洋盆地播送持續噪音，以引導水下潛航器。

海洋持續惡化的噪音問題，跟其他地區動物的滅絕與生物多樣性的降低有直接關係，特別是熱帶森林。在婆羅洲，由於伐木、採礦和人造林等活動，依森林而生的當地社區漸漸消失。這些產業都是全球經濟的一環，也都以船舶運送出去。國際貿易持續成長，世界各地的在地經濟因而衰退，衍生的問題包括森林砍伐、當地社區喪失土地所有權和各式各樣的海洋污染，比如海洋噪音。那麼陸地與海洋聲音多樣性的衰微，也是同一個危機的一部分。如果我們能重建蓬勃的在地經濟，就不需要頻繁越洋運送物品和能源。我們也能直接感受到自己的行動對人類與生態造成的損害，更有能力做出明智的道德判斷。這樣的經濟改革並不能解決我們製造的諸多問題，卻能讓我們站在更有利的位置，方便找到解答。

我們擁有降低噪音所需的科技與經濟機制，但我們的感官與想像力欠缺與問題之間的連結，因此也欠缺與「我們在海浪下的親族」休戚與共的意願。

我的唱盤旋轉著，座頭鯨的歌聲在我的耳機裡重新活過來。我好奇這些動物現在在哪裡。沃林頓和佩恩夫婦在一九五〇和六〇年代錄製牠們的聲音，所以那些座頭鯨可能出生在二十世紀開頭那幾十年，經歷我們屠殺牠們同類的高峰期。從一九〇〇年到一九五九年，人類總共殺死超過二十萬隻座頭鯨，一九六〇年代則有將近四萬隻。在我唱盤上那張專輯裡歌唱的那些座頭鯨如果是一九六〇年代不幸的那一批，或許已經死亡，變成香皂、變速箱油、紡織機潤滑油和防鏽漆，以及經過氫化處理的人造奶油。當然，牠們的眾多親族都遭遇這樣的命運。

如果牠們幸運存活，那麼唱片裡的座頭鯨或許仍然與我們同在。牠們會記得二十世紀中葉以前壯麗的海洋聲景。對於壽命長達數百年的弓頭鯨，生活環境裡的聲音變革更是激烈。某些弓頭鯨年輕的時候沒有接觸過引擎、空氣槍和穿越海域的聲納。在那個年代，以及在那之前數百萬年，海洋的聲音來自鯨魚。那時鯨魚的數量比現在多出一百倍，總數是數百萬隻。如今單一鯨魚的聲音有時能跨越整個海盆。想像數百萬隻鯨魚同時發聲的情景，海洋裡每個水分子都隨著鯨魚的聲音持續敲彈。數十億隻喧鬧魚兒在繁殖區鳴叫，加入鯨魚的大合唱，如今已經大量消失。海洋世界充滿搏動、閃爍、沸騰的歌聲。這些聲音跟空氣槍、聲納和海運噪音不同，它們沒有致命危險、不會損害聽覺，或瓦解生命群體。相反的，這些聲音跟所有生命群體的聲音一樣，能將動物納入豐饒、富有創造力的網絡。只要有機會，這些都可能重現。

羅傑·佩恩和其他二十世紀中期的鯨魚歌聲擁護者將我們的想像力拉向海洋，我們聽見的聲音鼓吹我們採取行動。如今海洋被新的危機撕裂，而我們的集體想像力卻接觸不到我們製造的聲音亂象。海岸的水下麥克風將聲音送進居家、教室和博物館，漸漸彌補這份斷裂。不少新聞工作者針對沿岸鯨魚和牠們的環境製作了精彩多媒體報導，例如《西雅圖時報》（*The Seattle Times*）的琳達·梅普斯（Lynda Mapes）和她的同事。這些都是激勵人心的催化劑。然而，我們這些生活在工業社會的人，包括消費者和持股人、立法者和公司領導人，都因為海洋聲景的破壞而受益，卻大多感受不到自己創造出多麼驚悚的世界。就連海洋保護人士的宣導活動也多半仰賴視覺媒介，懸掛橫幅、撰寫長篇宣言，而非找出震波的衝擊聲、聲納的尖嘯，或推進器氣穴作用的怒吼源頭。

我看著唱針走過黑膠唱片的溝槽，聲音經由我內耳的海水傳進來，將我與鯨魚的身體連結，神經與神經、表親與表親。我們是如此愛你們，把你們的聲音送上太空。我們削減貪婪的欲望，及時拯救你們僅剩的少數。我們現在能不能聆聽且行動，幫助你們擺脫噪音惡夢？

16 城市

為時兩秒的哨音旋律從公寓敞開的窗戶傳進來，而後是輕柔的啁啾聲，像事後反思。停頓兩秒，再重複一次，重新編曲的笛音鳴囀，頂點是柔和的吱吱聲。那歌聲持續十分鐘，每段樂句都是哨音與短促顫音的變奏。

一隻歐亞烏鶇停棲在公寓建築的天溝，對著庭院昂首高歌。庭院的地面經過鋪設，四周被高牆包圍，所以牠的聲音被困住，繚繞不絕。我在五樓窗戶裡聆聽，那力道十足的豐潤音調傳進我的耳朵。牠鳴唱的時候，光禿禿的牆壁彷彿鍍上金箔，這五月早晨涼爽露溼的空氣綻放光芒。一般說來，這種巴黎公寓大樓的中央庭院是惱人的聲學結構，善於捕捉水泥路面上垃圾桶的撞擊聲和路人的談話聲，送進每一扇窗戶。但這隻烏鶇善用這個空間，選定邊緣的位置，將歌聲送進庭院。這個現代露天洞穴製造的殘響，比我在蓋森克羅斯特勒洞穴聽見的黑頂林鶯歌聲更長，也更豐富。在料想不到的地方聽見如此優美的鳥鳴聲，我十分驚訝。庭院沒有樹木，鳥鳴聲卻在這裡發光發熱，彷彿這裡是林木蔥蘢的山谷。這種鳥的法文名稱merle的發音，捕捉到牠歌聲的某些精髓，像牠們的起始哨音一樣，在舌頭上滾動。牠的英文名稱則如實傳達了雄鳥的黑色羽毛（牠的喙色澤金黃，有時呈琥珀色，眼眶是蛋黃的顏色），雌鳥的毛羽則偏向深褐。

我在巴黎短期租用這間公寓，純粹是為了探親時有個方便的住處，烏鶇的鳴聲卻喚醒我年少時的記憶。庭院傳來的哨音旋律和豐富的音調，挖掘出埋藏已久的感官記憶，是一段幼年的經歷。我不知道為什麼，只覺得那聲音非常熟悉，就像年少時熟悉的食物香氣能喚起一股歸屬感。小時候我住在巴黎的類似公寓裡，但在這一刻以前，我印象中沒在那個地方聽過鳥叫聲。後來我母親確認，我們住在帝凡街時，的確有一隻烏鶇每年春天會在公寓庭院和後面的屋頂小花園鳴唱。她說，那烏鶇的歌聲總是讓她想起小時候英國鄉間熱鬧的清晨鳥類大合唱。那歌聲是可喜的春之信息，卻也帶點憂傷，因為鳴唱者形單影隻，少了在城外跟烏鶇合唱的其他幾十種鳥類。

我上一次在庭院聽見烏鶇歌聲，是將近五十年前的事，但那旋律和音質不知怎的伴隨我許多年，留存在我神經細胞脂肪膜的電荷迸現的火花裡。多年後我再次聽見那聲音，這些電能便甦醒過來，將愉悅和溫馨的感受輸入意識。感謝你，我的記憶。太奇妙了。

我們的靈長類近親沒有這種長期聽覺記憶，其他發聲學習動物卻有，比如鳥類和鯨魚。類人猿和猴子有絕佳的視覺和觸覺記憶，但這種能力似乎並未延伸到聲音，尤其如果時日甚久。人類卻是輕易就能憶起聲音的細節。這些記憶多半為時甚短，但有些能留存一生。親人的聲音；童年或青春期喜愛的旋律；文字的發音和意義，包括幾十年沒有使用過或聽見過的那些；城市街道和後院的聲景；其他物種的音調變化與音質。這些都長駐我們腦海，不是靜態檔案，而是幫助我們辨別感官體驗、能即時啟動的生動指引。

我們的聲音記憶之所以有別於其他靈長類，是因為演化重新塑造我們的大腦，方便我們進一步發展聽覺文化。人類文化的傳遞跟許多鳴禽一樣，既靠聲音，也靠視覺與觸覺。猴子和其他類人猿的文化卻幾乎完全仰賴視覺與觸覺傳遞。於是，人類和鳥類大腦掌管聲音感知與理解的區域擁有發展完善的連結，其他靈長類這方面的連結則薄弱得多。腦部掃描顯示，這些神經路徑是長期聲音記憶的必要條件。烏鶇鳴聲能在我腦海中儲存數十年，部分歸功於人類的語言。

如此說來，聽覺記憶幫助我們理解並遊走於人類與非人類的世界。過去我們探索陌生地域時，人類的長期聽覺記憶或許不無助益。對個別聲音與聲景的記憶，或許為我們的祖先提供參照點，便於評估並理解新環境。在某些文化裡，人類的歌聲變成這種聲音地理的一部分，其中最知名的要屬澳洲的原住民。澳洲原住民的歌行將人類與非人類聲音與故事融入記憶，可以跨越時間流傳幾個世代。科學家利用電腦分析婆羅洲和其他地方長達數千小時的數位聲音，正是古人根據聲音解讀地域的能力的延伸。

聽著烏鶇悠揚嘹亮的鳴聲，我強烈覺得牠刻意利用這個空間襯托牠的歌聲，就像人類的歌者也會尋找合適的演唱地點。朋友告訴我，柏林和倫敦的烏鶇也會在院子的邊緣引吭高歌，創造驚人的音效。但我們很難證明牠們是有意為之。或許牠們只是在領地範圍內隨意停棲，偶爾碰上音聲回盪的空間。但烏鶇長時間將能量耗費在歌聲上，從一月開始積極啼囀，四、五月邁入高峰，而後在夏秋兩季慢慢遞減，這樣的鳥兒不太可能對歌唱地點漠不關心。牠從小學習鳴唱，用心聆聽、積極練習勤奮修正，牠肯定是自己歌聲品質的行家，會隨時隨地聆聽、記憶並調整，不是嗎？

這種對城市環境的即興和彈性運用，符合烏鶇的生活習性。一八五〇年代以前，巴黎沒有離群的烏鶇，只有少數被關在籠子裡為人類啼囀。這些籠中鳥的飼主利用口哨和手造小風琴教牠們唱歌，教烏鶇唱歌的小風琴法文名稱是merline，教雀科鳥兒的則是serinette。如今城市裡的建築物或大小公園只要有樹木，就能瞥見烏鶇的身影，西歐大部分地區都是如此。在十九世紀以前，烏鶇棲息在森林裡，只有林木濃密的鄉間看得到牠們。當牠們移居城市，牠們的聲音、行為和生理結構隨之改變。我小時候聽見的烏鶇鳴聲，有著都市的印記。

移居都市的行為始於冬季。十九世紀少數敢於冒險的烏鶇在都市逗留，沒有跟大多數同類一起遷徙到南歐和北非。吸引這些鳥兒的可能是溫暖的環境與食物。城市的氣溫通常比鄉間高幾度。花園和公園有許多種子與果實，家禽家畜和人類灑落或丟棄的食物也增加誘惑力。其他鳥類加入烏鶇的行列，也在冬天移居城市，比如金翅雀、藍山雀和綠頭鴨。這些開路先峰繁榮興盛，很快在城市裡繁衍開來，放棄祖輩居住的林地和沼澤，正式在城市落戶。其他大陸的鳥類也有類似行為，紛紛適應都市生活，在城市裡的群體密度比鄉間來得高。麻雀、歐椋鳥和野鴿都是地球上分布最廣的鳥類，許多不同鳥類也加入牠們的行列，比如澳洲的吸蜜鸚鵡和朱鷺，北美的夜鷺與和尚鸚鵡，亞洲的鴨科和八哥，非洲的鼠鳥、鳶鳥和紫崖燕，以及遍及全世界的各種烏鴉與鵲鳥。

在巴黎，烏鶇移居城市主要得力於十九世紀中期公園與林蔭大道的建造。法國都市規劃師喬治·歐斯曼（Georges-Eugène Haussmann）奉拿破崙三世之命夷平大半個巴黎，將彎彎繞繞的狹窄巷弄變成四通八達的寬敞大道，銜接公園和公共廣場。為了安置數十萬居民，也為了提供歐斯曼更廣闊的發揮空間，一八五九到六〇年拿破崙三世納入周邊城鎮，將巴黎的範圍擴大到如今的規模。我小時候聽見烏鶇叫聲的那條街，如今屬於巴黎第十五區，一八五〇年代則是獨立的小鎮，就在塞納河沿岸沼地和巴黎南邊城牆與城門之間。烏鶇多半不會在屋舍櫛比鱗次、沒有人行道或樹木的狹窄街道上鳴唱。歐斯曼的工作完成後，一條林蔭大道穿過小鎮北側，連接小型公園和公寓建築，其中不少公寓中庭也種植花木。我在一九七〇年代聽見的那隻烏鶇，可能是新巴黎第一批鳥類移民一個世紀後的後代。歐斯曼的規劃將市中心區與周邊城鎮變成現代都會空間看似矛盾，卻恰逢時機，促使一度只在森林鳴唱的鳥類移居。

在都市裡，烏鶇的歌聲比在鄉間音頻更高、更響亮，速度也更快。這種亢奮的表現有許多原因，都是為了適應都市裡的新棲地。

交通噪音是都市與周遭地區最顯著的差異。引擎聲、輪胎在柏油路滾動的聲音和修路工程的振動聲，形成一片低頻噪音。我在城市裡的時候，通常不會注意到這種無所不在的低鳴。吸引我注意力的往往是警笛、喇叭和叫嚷聲斷斷續續的衝擊。不過，連接電腦的麥克風可以呈現我們的大腦過濾掉的東西：在都市裡，我們始終在低頻噪音裡泅泳。

都市的轟隆聲無孔不入，甚至鑽入地底一公里以上。當人類的移動與工業活動因為新冠疫情而減少，地質學家的地震儀監測到前所未有的全球性靜止。大象和鯨魚等動物能感知到地面與水中的低頻音，必然也注意到這種變化，只是到目前為止沒有人知道這對牠們的行為有什麼影響。空氣中的聲音也變安靜了。只是，我們密切觀察可能造成重大災難的地震，卻不曾以標準化的國際網絡來監測空中的聲音。如今，世界各地的人們突然更清楚的察覺到非人類世界的聲音。這些物種其實一直都在，只是牠們的聲音被噪音和我們的漠不關心遮蔽了。

低沉的聲音波長較長，因此可以繞過障礙物。城市的低頻悸動傳送極遠，即使遠離繁忙道路、鐵路或建築工地，低頻噪音依然瀰漫空中。在遠離城市的森林或大草原，整體音量比較低，主要是中頻的呼呼聲，那是穿行在樹林裡或草地上的風。

都市鳥類的鳴聲頻率升高，衝擊並越過低頻音牆。音量變大，才能穿透喧囂，就像人類扯著嗓門抵抗引擎聲。這些鳥兒用高頻音啼唱（以人類的音階比擬，相當於升高一到兩個全音），可以避免鳴聲被交通噪音掩蓋。適應城市的策略不只有調高音量、音頻，牠們還變換聲音的成分，使用比較高頻的元素。烏鶇將牠們原本比較低頻的起始音換成比較高頻的囀音。城市在鳥類歌聲的力道、頻率和形式上留下標記。

對於我在舊金山聽見的白冠帶鵐，過去五十年來都市的低頻噪音也增強了，這種改變將牠們聲音的文化演化推上新的方向。帶鵐若是生活在喧鬧環境裡（不管是海洋的浪濤或車輛的聲響），都會放棄歌聲裡的低頻元素。有時是去除低頻音節，有時則是升高音頻。海浪的聲響始終如一，但城市裡的交通噪音卻普遍升高，原本生活在靜謐環境的帶鵐於是遭遇更嘈雜的噪音。

在舊金山灣區比較喧鬧的區域，帶鵐的歌聲比一九六〇和七〇年代尖銳得多。這種改變讓牠們適應周遭的聲景，只是，站在帶鵐的角度，這種歌聲不那麼動聽。去除了歌聲中的低頻元素後，牠們鳴唱時無法快速從低音轉到高音再切換回低音，歌聲因此喪失了活力。為了彌補這個問題，都市裡的白冠帶鵐找到其他方法展現牠們的演唱能力，那就是增加個別聲音元素的複雜度，補充裝飾音和重音。

二〇二〇年春天新冠疫情來襲，舊金山的街道冷清下來，背景噪音值回到一九五〇年代的水準，白冠帶鵐也唱出數十年來不曾聽見過的低音量、低音頻歌聲。我們不知道這種變化是基於個別鳥兒的靈活度，或者基於文化演化，在幾乎沒有車輛的聲景中，幼鳥優先模仿最有用的聲音。

科學家的隨機研究確認，這種調適不只是巧合。研究人員在某些鳥類的領域播放交通或工業噪音，被噪音轟炸的鳥類鳴聲會變得高亢大聲。這種效應出現時間相當早，即使是待哺的幼雛，環境噪音升高時，壓力荷爾蒙也隨之升高。這些在嘈雜環境中成長的幼鳥端粒比較短，而端粒是基因的老化標記。其他物種也受到噪音影響。研究人員回顧二〇一六年到二〇一九年兩百多項研究，發現影響範圍遍及兩棲類、爬蟲類、魚類、哺乳類、節肢動物和軟體動物。噪音對覓食、移動和發聲產生不同程度的影響，因此也干擾了動物的繁殖與發育能力。過度的都市噪音甚至會妨礙其他感官，大山雀在喧鬧的環境中比較難找到隱藏的獵物。

我們直觀的了解這些噪音問題，因為我們的身體也有相同體驗。當朋友的聲音被路過的公車引擎聲或熱鬧餐廳的嘈雜聲淹沒，我們就感受到惱人的聲音覆蓋效果。有時我們選擇沉默，等待噪音消退，有時則是抬高嗓門。如果我們想要蓋過噪音，就會本能的放大音量、升高音頻。在城市裡，我們的音量變大，聲音也變尖銳。我們也會拉長母音，將它們推過阻隔，並且改變我們的音質，偏好比較高頻的諧波。這些都是下意識的反應，由聆聽周遭環境調整發聲的腦幹引導。這種現象名為隆巴效應，最早由研究聽力喪失的法國耳鼻喉科醫師埃蒂安・隆巴（Étienne Lombard）提出。隆巴效應是無意識反應，所以不可能作假，某些基於法律因素假裝失聰的騙子就這麼被拆穿。這些騙子聽見隆巴播放的洪亮聲響時，說話聲會變大，欺瞞雇主或政府的企圖於是被他們的腦幹出賣。在噪音中改變的不只是我們的聲音。我們置身嘈雜的環境時，還會在食物裡多放辛香料和鹽，或許是為了避免其他重要感官淹沒在強勢的聲音中。

魚類、鳥類和哺乳類等脊椎動物也有隆巴效應，但某些物種的這種現象似乎消失了。這個效應是動物面對噪音的短期性補償與因應，藉此輔助基因、文化或生理上的長期適應。由於隆巴效應改變聲音的許多面向（音頻、音量、音質與不同音節的強調），我們很難分析出哪方面的調整對野生動物真正有利。這些問題的根本在於聲音製造的力學與解剖學，舉例來說，人類的學步幼兒都知道，大聲叫喊時，高頻音比低頻音省力。想要轟擊父母的耳膜，最好放聲尖叫，而非低聲吼叫或咆哮。這種尖叫聲雖然傳得不如低頻音遠，卻能以最小的力氣發揮最大的效果。處在噪音環境中的非人類動物也是一樣。洪亮的低頻音比高頻音更耗力，因此以高頻音尖叫效率最佳。動物在嘈雜環境中音頻升高，另一個原因可能是牠們需要用更多力氣發出每個音。

一項針對維也納和周遭地區的歐亞烏鶇所做的研究顯示，烏鳴聲在森林裡傳送的距離在一百五十公尺以上。而在城市裡最喧鬧的區域，鳥鳴聲只能傳送六十公尺遠。頻率較高的聲音可以越過噪音，將傳送距離延長到六十六公尺。不過，音量增加五分貝效果更好，可以將聲音送到九十公尺外。五分貝差不多就是鳴禽在都市裡額外增加的音量。那麼，烏鶇對都市聲景的適應，主要是提高音量。頻率的升高是音量增加的附帶效果，額外的好處是能克服噪音的掩蓋。編曲上的變化也是同樣的道理。都市的鳥兒偏好歌聲裡的高振幅元素，而這些元素大多音頻偏高。

城市與鄉野之間的差別不只在噪音。都市的烏鶇群體通常密度較高，每天與近鄰接觸的機會增多，牠們的歌聲或多或少也是社會情境改變的結果。即使在鄉間，跟鄰居距離較近的烏鶇鳴唱時通常音頻更高，速度也更快。都市也滲入烏鶇的荷爾蒙。基於不明原因，都市雌烏鶇產的卵所含的睪固酮等雄性激素含量低於森林裡的同類，成年雄鳥體內的睪固酮也低於鄉間的雄鳥。都市烏鶇的壓力荷爾蒙濃度較高，部分原因在於都市裡鉛與鎘的污染。不過，牠們的血液比較能夠吸收並減緩化學物質的壓力。荷爾蒙能激發鳴唱與社交互動，但它們如何塑造都市烏鶇的鳴聲與行為仍有待探索。

都市就像剛浮出海面的火山島，類似最早的夏威夷或加拉巴哥群島，只有少數物種棲息在那裡。這種島嶼是生物創新的育成所：新來的物種迅速適應，配合這個新世界調整行為與身體。西歐城市裡的歐亞烏鶇不但歌聲與牠們森林裡的祖先不同，更會在夜晚的街燈下鳴啼與覓食。牠們繁殖的時間提早三週以上，較少遷徙，翅膀比較圓，相較於長途遷徙，更適合短程飛行。牠們的性格比較謹慎，恐懼新事物，卻吃不熟悉的食物，願意在餵食器大快朵頤，會拾取人類遺落的穀物與垃圾，也喜歡景觀植栽上的新奇果實。

雖然都市的烏鶇繁衍順利，每年生出的後代多半足以維持族群數量，甚至讓族群更壯大，個別鳥兒卻得付出代價。都市的烏鶇比森林裡的同類老化更迅速，這點可以從牠們的染色體看出來。這些染色體的末端（亦即端粒，標記人類與鳥類等動物的老化現象）在都市裡迅速縮短，或許是持續遭受感官與化學方面的轟炸導致的生理壓力造成。不過都市裡的掠食者和蜱蟲較少，禽鳥瘧疾的發生率也較低，因此，儘管都市鳥類的染色體不夠健全，牠們的壽命通常比鄉間的鳥兒來得長。牠們有點類似衰老的搖滾明星，年輕時身體在喧鬧、倉促、充滿化學物質的生活中飽受摧殘，卻也安穩的活到垂垂老矣。

到目前為止，這些差異並未造成都市與鄉間烏鶇的明顯基因分化。都市烏鶇的DNA不如鄉間鳥兒那般多樣，這是因為移居的鳥兒數量有限，時間也不長。這種現象有點類似海島動物的基因。有證據顯示，都市烏鶇的冒險與焦慮相關基因已經發生改變，只是，科學家還不清楚這種DNA上的細微變化是否影響鳥兒的行為，又如何影響。歐亞烏鶇在都市裡的轉變似乎不是因為基因的演化，而是與基因並行的演變。雌鳥既提供卵裡的荷爾蒙，也塑造下一代的鳴唱與行為。那麼，鳥兒在都市裡的鳴唱與其他行為之所以改變，可能來自產卵的生理機制。文化演化或許也發揮一定作用，就像白冠帶鵐的情況。白冠帶鵐幼鳥在聆聽、模仿與練習的過程中，歌曲形式慢慢適應環境。最後，每一隻鳥兒會依據當下的情況調整行為，配合聲景的改變調整歌聲，選擇在低噪音的情況下鳴唱。烏鶇利用回音效果特別好的地點修飾歌聲，或許也是另一種適應策略。城市不只附帶聲學困境，也提供強化鳴聲的機會。

短短一百年的時間，部分歐亞烏鶇族群已經徹底變成都市鳥兒。再過一、兩百年，基因或許也會趕上，鞏固這些變異。不過，十九世紀歐斯曼拆毀並重建巴黎，下個世紀或許也會出現同樣激烈的變化，將鳥兒的行為、生理和基因演化推向新的方向。巴黎和其他城市會繼續升溫，驅趕某些物種，迎接新的一批，包括來自亞熱帶的病媒蚊和蜱蟲。其中某些可能會在溫暖的都市裡滋生，將原本遠離傳染病的都市變成疾病的溫床。舉例來說，過去二十年來，由於非洲烏蘇土病毒（Usutu virus）入侵，德國歐亞烏鶇數量減少百分之十五，比較暖和的年分和地點減少更多。人類社會勢必需要越來越多調節熱氣的樹木和公園，大多數主要城市都有這種趨勢，喜歡樹木的都市動物的棲地也隨之擴大。人類的人口密度與資源使用出現難以預料的改變，數千年來都是如此。十八世紀的博物學家不可能預見未來的巴黎會是以岩石與水泥修築的島嶼，處在近郊綠意盎然的大海中。也想不到都市裡會充滿森林鳥兒的歌聲，而那歌聲也會配合城市環境有所調整。一、兩百年後如果烏鶇還在，牠們的歌聲也會帶著未來城市不可知的特質。

烏鶇和其他都市鳥類努力在街道和公園求生，繁殖密度日益升高。十九世紀遷居都市的第一批鳥類，如今平均族群密度比鄉間的同類高出百分之三十，這是生命適應力令人讚嘆的證據。但大多數野生動物都無法在都市裡生存。在烏鶇的歌聲裡，我聽見了靈活度與恢復力。我的母親在巴黎的公寓聽見同樣的歌聲，聽見了消失的事物，那就是過去她在鄉間聽見的數十種不同鳥類的鳴囀。然而，都市也對鄉間鳥兒有所幫助。人類的活動、土地的利用和消費行為集中在都市，非人類動物就能在其他地方生存。如果人類放棄對都市生活的喜愛，均勻的散布在所有土地上，生態災難就會出現，其他物種的聲音也會大幅消失。這不是憑空想像。人類對土地的衝擊透過近郊往外拓展，相較於都市居民的「生態足跡」，近郊居民無論是對棲地的破壞、能源的消耗，或物質的需求都大幅成長。我為鄉間林地的清晨大合唱歡欣雀躍時，或許該感謝都市的高效率。

全球大約百分之四的土地是都市，卻有超過半數的人居住在都市裡。由於公寓大樓人口的密集度，無數公頃的森林與田野得以茂盛茁壯，不必被開墾為近郊房屋、道路和草坪。都市居民對燃料、金屬、木材等需要開採或砍伐的物資消耗相對也比較少。

在烏鶇的歌聲裡，我聽見動物在都市中找到一席之地。那聲音如此孤單，似乎隱隱意味著還有生命在其他地方繁衍。都市與鄉間互惠並存，不只展現在人類的經濟，也展現在更廣大的生命群體。

♪

在巴黎度過童年的五十年後，我在紐約的公寓聆聽。這條街道少有鳥兒鳴唱，不過，夜晚我會看到夜鷺飛過擁擠建築群，橫越哈林區，離開牠們白天在哈德遜河的棲地，前往東邊的布朗克斯區與東河覓食。引擎聲無所不在，到了炎熱的夏季，噪音和廢氣會從敞開的窗戶灌進來。

小時候我的窗子面對街道，我總是痴迷的看著身穿鮮亮背心的清運工人在綠色卡車後側的踏板跳上跳下。那卡車低聲咆哮，就像飢餓的長毛象或恐龍，是都市的巨獸。我們的公寓跟繁忙的商業街相隔一個街區，街道相對寧靜，只有偶爾會突然傳來一陣強烈的聲光刺激。如今我住在紐約比較熱鬧的街道，那些魔力已經淡化，生活在都市生理機能的聲響之中（巨大金屬與水泥有機體的進食、血流、肌肉收縮和排泄），那種種刺激是惱人多於迷人。

凌晨兩點，一輛小貨卡就停在四樓窗子正下方，車門開著，收音機大聲播放。駕駛用加壓水柱沖洗公車站，水柱的衝力來自車斗上的幫浦。沖洗過程歷時十分鐘，卡車卻繼續逗留十五分，擴音喇叭震天價響。破曉前公車忙碌起來，停靠時煞車吱吱響，引擎隆隆有聲，而後駛離，爬上陡峭的斜坡。公車引擎和每天路過的數百輛貨車的廢氣，在窗台留下一層污黑油煙。天剛亮垃圾車就來了，帶走路旁體積不輸小貨車的廢棄物。一袋袋垃圾被拋得砰砰響，工人大聲叫嚷，穿插水力的呼呼響與咻咻聲。塑膠製品與被丟棄的食物前往掩埋場途中的清晨大合唱。一部冰淇淋車在街道對面停了一下午，它的發電機發出無調性的嗖嗖與軋軋聲，排氣管朝上、對準公寓窗子噴著廢氣。深夜送貨的卡車最喜歡行駛在六線道的亨利哈德遜園道（Henry Hudson Parkway，只有名字跟「公園」扯得上關係）和百老匯大道，這兩條交通幹線就在一百多公尺外，以不停歇的嗡嗡聲增強這些聲響。人們的說話聲加入這場喧囂，但即使高聲叫喊，仍然遠遠比不上引擎聲。入夜以後，特別是在週末，人們扶老攜幼往返附近的小公園，手推車上的擴音器大聲放送著音樂。

這些多半是辛勤的勞動與穩固的社區的聲音：城市沖洗乾淨了；公共運輸順暢運行；小公司行號等候顧客上門；食物和其他補給品送抵都市；人們在公共場所歡聚。只是，全部聚在一起，就變成喧嚷的噪音，強勁又不可預料，足以妨礙睡眠，讓人神經緊繃。當這些生氣勃勃的聲音之中穿插著偶發的騷亂，焦慮感又會升高。比如午夜時分改裝摩托車的引擎發出轟隆巨響，觸發整條街道的汽車警報器；幾乎發展成暴力事件的人行道爭端；窗玻璃破碎令人不安的喀啦聲與噹啷聲。

噪音所造成的困擾由來已久，從人類建立城市就開始了。巴比倫的泥板刻著已知最古老的故事之一，上面記載我們所製造的噪音惹怒了眾神。牛津大學東方學院教授史蒂芬妮・達里（Stephanie Dalley）翻譯西元前一千七百年的楔形文字指出，主神伊利爾（Ellil）埋怨「人類的噪音太嘈雜，吵得我睡不著」。為了讓「如咆哮公牛般吵鬧」的人類安靜下來，眾神於是引發疾病與飢荒。眾神也修正早先的疏忽，限制人類的壽命，避免人口無止境的增加。根據這個說法，是都市的噪音讓我們失去永生，遭受疾病的折磨。也許是住在都市裡的古代繕寫員被鄰居的人聲、音樂和喧譁吵醒，挫折之餘寫下這篇故事洩恨？

這些故事刻在泥板上的時代，全球總人口數還不到三千萬，美索不達米亞的城市大約住著幾萬或幾十萬人。如今全球人口已經超過七十五億，都市人口以千萬計。目前百分之五十五的人口都住在都市裡。到了二〇五〇年，這個比例估計會升高到三分之二。都市的聲景目前是大多數人類生活中的聲音背景。就像烏鶇，我們在這個全新的聲響世界繁榮壯盛，卻也承受苦難。

在哈林區往市中心的地鐵A線上，四個青少年在老舊地鐵車廂的噹啷與嘎吱聲裡扯著嗓門交談。其中一個人提醒他們小聲，卻被同伴嘲笑。「我們是紐約人，專門製造噪音。大嗓門就是我們的特色。」他們周遭的機械出聲附和。我在哥倫布圓環站下車，查看音壓計的數值。直達車通過時，音量是九十八分貝。這種音壓足以傷害內耳的纖毛細胞。暴露數小時以上，聽力就會永久受損。青少年的音量很大，卻抵不過輪子、煞車和在不平整軌道上高速奔馳的金屬車廂的聲音。

城市確實十分喧鬧，但城市聲景的特殊之處不只在高音量。許多熱帶和亞熱帶森林的環境聲響，經常接近或超過七十分貝。某些熱帶的蟬跟地鐵一樣吵鬧，叫聲高達一百分貝。田納西州夏日深夜的螽斯大合唱，連續數小時維持在七十五分貝。夏末時節從都市來到田納西州鄉間的人們，通常會抱怨昆蟲吵得他們無法入睡。這與都市和鄉間「噪音」給人的刻板印象相反。即使在繁忙都市裡相對安靜的公寓或辦公室，音量也比鄉間的夜晚來得低，大約在五十五到六十五分貝之間。「大自然」比較安靜的觀念，是北方溫帶地區的期待與經驗的產物。在日本、西歐或新英格蘭，森林確實比城市安靜得多，尤其是寒冷的季節，昆蟲、蛙類和鳥類有的音量降低，有的南遷。在南北極或山區也是一樣，當暴風停歇，大地靜謐無聲。但植物繁茂、動物多樣性偏高的地區，通常喧鬧嘈雜。

都市噪音與其他聲景最顯著的不同，在於它的節奏與不可預料的本質。我在曼哈頓市區散步，手裡拿著音壓計。在哥倫布圓環以南，工人正在挖開路面的水泥。他們就像外科醫生，要劃開表皮才能碰觸底下的動脈和神經。他們的手術刀是手提式鑿岩機，我站在四公尺外的人行道上，測量到九十四分貝的噪音。五個工作人員之中，只有兩個戴了聽力保護裝備。有個小女孩路過時面容痛苦扭曲，雙手摀住耳朵。成年人不為所動的走過去。往北一個街區，一輛公車來到我身邊，氣動煞車器發出巨響，路過的圓滾滾雪白貓咪受到驚嚇，大步往前跳，使勁扯著皮帶。再往前兩個街區，建築工人扔下一堆金屬鷹架管。兩名西裝革履的路人聽見噹啷聲冷靜盡失，驚厥之餘扭頭四處查看。一輛救護車鳴笛提醒並排臨停的汽車。有人在我耳邊大吼，隔著車水馬龍的大道叫喚朋友。除了封閉街道上明顯可見的手提鑿岩機，其他噪音都是我料想不到的。高音量帶給人壓力，有時也製造痛苦，置身在隨機爆發轟然巨響與撞擊聲的環境也有同樣效果。我覺得自己走在幽暗空間裡，周遭有看不見的手，偶爾伸出來掌摑我、搖晃我。

在未受人類支配的地方，突發性的巨響並不多見，而且通常具有示警作用。樹木倒落；行動鬼祟的掠食者突然現身；同伴被蜜蜂螫傷的痛苦哀號。每一種聲音都讓我們腎上腺素竄升。不過，森林和其他生態環境的巨響通常比較可預期，也不會令人苦惱。在雨林裡，巨嘴鳥和金剛鸚鵡雙雙對對飛過廣闊領地，隨著牠們接近又遠離，刺耳的叫聲漸強又漸弱。蟬鳴和蛙叫的韻律同樣上升又下降，雖然有時震耳欲聾難以承受，卻不會突然驚嚇我們的耳朵。強勁的海浪規律起伏，頗具安撫效果。就連轟隆隆的雷聲通常也可預期。我們能看見、感受到，或聽見暴風雨來襲。只有罕見的旱天雷才會毫無預警。人類的神經系統在森林和大草原演化，應付不了現今的城市聲響。在曼哈頓漫步的一天，我聽見的突發巨響可能比我的祖先一生中聽見的更多。

眾所周知，都市噪音（人類活動無法控制的有害聲響）對我們的身體和心靈有負面影響。不管是手提鑿岩機和其他噪音源造成的立即性傷害，或經年累月接觸地鐵站、建築工地或交通噪音導致的內耳纖毛細胞緩慢受損，巨大的聲響會導致聽力喪失。聽力喪失則會引發其他問題，比如失去社交連結，發生意外或跌倒的機率升高。噪音損害的不只是我們耳朵的纖毛。當有害的聲音傳來，不管是飛機、路過的卡車或家裡的噹啷聲，即使在熟睡中，我們的血壓也會急速升高。噪音還會打斷睡眠，增加清醒時的壓力、憤怒與疲倦感。我們的心臟和血管也不好受。暴露在噪音中，心臟病發和中風的機率都會升高，可能是因為長期處於噪音環境中、壓力荷爾蒙和血壓居高不下。都市噪音也會干擾血液中的脂肪與糖分濃度。兒童受的傷害更大，因為噪音會妨礙認知發展。在學校長時間接觸飛機、交通或鐵路噪音，會影響專注力、記憶、閱讀和應試時的表現。研究人員對可憐的大小老鼠所做的實驗確認，噪音會改變生理機能，損害大腦發展。基於聲音的特性，噪音是特別難處理的壓力源。面對不討喜的光線，我們只要閉上眼睛或拉上窗簾就能隔絕。討厭的氣味飄來，通常把門關緊就能解決。噪音卻會穿透固體，傳進始終開放、始終聆聽著的耳朵。

西歐對噪音的影響研究相當透澈，歐洲環境署（European Environment Agency）判斷，在環境污染方面，噪音是僅次於懸浮微粒的健康殺手，每年導致一萬兩千人死亡、四萬八千人罹患心臟病。據估計西歐有六百五十萬人長期睡眠品質不佳，有兩千兩百萬人（每十人就有一人）因為噪音長期有嚴重的情緒困擾。其他地區很少做出如此精確的估算，但在歐洲以外的地區，噪音的危害可能更加嚴重。根據測量，非洲城市的噪音值通常高於歐洲都市。歐洲的數據儘管是粗略的估算，但以此推斷，世界各地的都市噪音很可能導致幾億人的健康和生活品質受損，每年有數十萬人因此死亡。隨著陸空交通越來越繁忙，工業活動持續擴張，噪音的影響趨於惡化。舉例來說，從一九七八年到二〇〇八年，空中運輸成長四倍，這個趨勢一直延續到新冠疫情爆發。

都市噪音的分配並不平均。都市裡的噪音污染是另一種形式的不公義。然而，我們也是喜愛家鄉聲景的物種，我們不只能適應並忍受都市噪音，有時甚至對它產生依戀，視之為文化與地點的標記，是我們所處環境的聲響情境。那麼，都市的聲音看似矛盾，既疏離又親切；既有傷害，也是歸處。

我在朋友的西哈林分租公寓停留一個夏天，又搬到東河對岸布魯克林的公園坡社區住了幾星期。住在這棟公寓時，沒有快速道路在幾公尺外咆哮，步行幾分鐘就抵達展望公園，那裡有兩百多公頃的林地、草坪和湖泊。不會有冰淇淋車在公寓窗戶底下駐守一整個下午。這個新社區的公車安靜又乾淨。過去二十年來，我在紐約搭乘過數十條公車路線，在我來到公園坡以前，從沒有過這樣的體驗。這裡的公車離開站牌時只是輕聲一嘆，不吐黑煙，配備wifi系統，載著乘客在街道上滑行。西哈林是拉丁美洲族裔和黑人集中的地區，公園坡則以白人為主，家庭平均收入是西哈林的兩倍。西哈林百分之八十以上都是承租戶，公園坡則大約是百分之六十。

這種都市有害聲響的不公平分配，是都市規劃史和當代政策的感官呈現。穿越紐約許多住宅區的快速道路經過刻意規劃，目的是夷平並瓦解少數民族和低收入區域，許多人因此失去家園，留下來的人則承受越趨嚴重的噪音與空氣污染。負責推動這一切的美國知名都市規劃師羅伯特·摩西斯（Robert Moses）認為，這樣的規劃有雙重好處，一來強化白人集中的近郊與城市之間的聯絡道路，二來可以摧毀「少數民族聚集區」和「貧民區」（套用他的話）。摩西斯將都市轉變成郊區私人車輛進城的交通樞紐，這樣的模式在美國各地複製，聯邦政府都市快速道路興建計畫承擔百分之九十的經費。到了一九六〇年代，有太多少數民族社區被利刃般的快速道路摧毀，社運人士開始反擊。「拒絕白人的公路穿過黑人的臥房」是他們的口號之一。

另一方面，公園的開闢不成比例的靠近高收入住宅區。一八六〇年籌備興建展望公園時，承辦人員提出七個候選地點。儘管展望公園現址遠離當時的人口集中區，市政府依然只中意這裡。公園規劃單位不在意能不能讓大多數人就近使用綠色空間，執意選擇最靠近鐵路與房地產開發商愛德溫・李奇菲德（Edwin Clark Litchfield）住家的地點。打從一開始，展望公園興建的明確目標就是吸引更多高收入居民來到此區，提升這裡的房地產價值和稅收。西哈林則一再被剝奪公園綠地。一九三七年到一九四一年，摩西斯重建曼哈頓西區，增設了一百三十畝以上的綠地，是臨河相對靜謐的綠帶。但這份慷慨就在哈林的黑人社區前止步。摩西斯的改建計畫用的是紐約所有納稅人繳納的稅金，受惠的卻以白人為主，這既是搶劫，也是排擠。到了一九八六年，紐約市政府將北河污水處理廠設在西哈林河濱，這項工程耗資十億美元，原本的預定地在更南邊，靠近白人社區。污水處理廠會飄出惡臭和有毒的沼氣，更有工廠裡的大型引擎廢氣。為了抵消這些負面效應，相關單位在工廠屋頂的煙囪旁建造跑道、游泳池和其他運動設施。污水處理廠緊鄰目前已經關閉的海洋轉運站（Marine Transfer Station）。這裡曾是全天候的轉運點，垃圾車在這裡將收集的廢棄物送上船。南邊幾十個街區外的紐約市民擁有開闊的梯形綠地，銜接街道與哈德遜河。西哈林的居民想要前往狹窄的河濱，只能走污水處理廠屋頂的窄梯，或往下走一百二十級露天台階，進入陰暗的隧道。屋頂設有電梯，但我住在那裡的那段時間，電梯故障停用。有一座更便捷的陸橋在一九五〇年代被大火燒毀，直到二〇一六年才重建。這裡不但綠地不足，使用綠地的歷程也頗為艱辛。

在都市裡，噪音污染與環境上其他形式的不公義交會。老舊的柴油公車在空中散布噪音與空污微粒。紐約市百分之七十五的公車轉運站設在有色人種聚集區，這些地方通常也分配到最多交通要道、廢棄物轉運設施與工業場所。一般說來，紐約的拉美與黑人族裔吸入的交通空污微粒，比白人多出將近一倍。二〇一八年布魯克林區區長艾瑞克·亞當斯（Eric Adams）與多名民意代表共同發聲，強調將大多數製造污染的老舊公車集中在低收入社區行駛，是令人「無法接受又難以忍受」的做法。大都會運輸管理局（Metropolitan Transportation Authority）於是宣布會加速淘汰老舊公車，並且計畫在二〇四〇年將所有公車換成電動車。這個計畫可以消除公車的噪音與空氣污染，前提是經費許可。大都會運輸管理局的預算掌握在州政府手上，而不是市政府。過去幾十年來，州政府將紐約市大眾運輸經費挪作他用，其中包括為經營困難的滑雪勝地紓困。在紐約市低收入地區咆哮吐黑煙的公車，一定程度上是為了維護以白人為主的少數上州度假客的滑雪樂趣，這是二十世紀美國都市計畫對市區開腸剖肚、嘉惠近郊或郊區居民的顯著例證。二〇二〇年一份針對全世界都市生態所做的綜合回顧研究發現，「主導」污染、無樹熱島、健康水道和其他都市生活的環境面向的，是社會不公與結構性的種族與階級歧視。

多一點交通噪音，少一點綠地的寧靜。西哈林與公園坡聲景之間的鮮明對比，是一百五十多年的不公平都市計畫的結果。

在紐約市，以聲音展現的權力不平等，有時也延伸到高收入社區。建築物拆除與興建產業的勢力凌駕權力金字塔頂端之外的所有人。二〇一八年，儘管法令規定施工只能在清晨七點到傍晚六點之間進行，紐約市卻核准了六萬七千件例外，超過二〇一二年核准件數兩倍以上。這些破例核可的工程都將嘈雜的施工時段擴展到黎明前和深夜。施工單位繳納的補償費用，讓紐約市庫增加兩千萬美元收入。二〇一九年，紐約州遊說活動的總費用將近三億美元，其中房地產和建築業的支出排名第二，僅次於預算撥用方面的遊說。根據二〇一六年州政府稽核辦公室的報告，二〇一〇年到二〇一五年間，都市的工地噪音投訴案件增加超過一倍。只是，前往建築工地調查的稽查員並未攜帶噪音測量器材，幾乎也沒開過罰單。負責執行噪音法令的政府機關，沒能利用民眾的投訴找出長期問題。都市裡的高級住宅區或許比其他社區安靜，卻同樣承受了背景雄厚的開發商不公平的影響力所帶來的聲音攻擊。當然，沒有建築與更新，都市無法運轉。只是，當手提鑿岩機和貨卡車影響人們的工作效率和睡眠，市政單位就沒有盡到為人們提供宜居環境的基本職責。

反抗來自個人、社運團體和當地民意代表。在西哈林，社區非營利組織環境正義行動聯盟（WE ACT for Environmental Justice）幾十年來持續為居民爭取權益與福祉，成功與污水處理廠談妥和解方案，讓公車轉運站變得更乾淨也更安靜，對抗導致氣喘的空氣污染源，處理都市熱效應的不公平分配。市議會最近通過法案禁止在違禁時段施工，如果實施，將能有效限制噪音。個人則是利用小額索賠法庭執行市政府拒絕實施的法規。這些行動的背後，是降低惱人噪音的長期訴求。美國發明家瑪麗・渥爾頓（Mary Walton）的住處緊鄰曼哈頓震耳欲聾的高架鐵路，於是設計出鐵路防噪支架，一八八一年取得專利。她的發明被紐約市與其他都市採用。二十世紀最初幾年，醫生兼反噪音人士茱莉亞．巴涅特．萊斯（Julia Barnett Rice）成功限制了船舶與道路交通噪音，尤其是在醫院周邊地區。在她的努力下，聯邦噪音管制法令順利通過。二十世紀初期運牛奶的馬車裝設橡膠輪胎，馬蹄也釘上橡膠底，減少街道上的噪音。對照如今都市上空的直升機與飛機噪音，以及建築工地的敲擊聲，那樣的減噪措施顯得古雅又有趣。一九三五年，紐約市長拉瓜迪亞（Fiorello La Guardia）將十月訂為「夜間無噪月」，號召紐約市民發揮「團結合作、彬彬有禮、敦親睦鄰」的精神，共同降低噪音。隔年噪音法規實施。八十五年後，那些法規明文約束的，已經成了現代街道的日常：大聲播放的音樂、引擎、建築工地、卡車卸貨、夜間狂歡、交通工具裝設擴音器，以及「無端長時間按喇叭」。

噪音是我們感官、社會與生理世界的失控。最嚴重的失控，通常施加在貧窮與邊緣族群身上。然而，不是所有的「噪音」都有害，也並非所有人都以相同方式體驗都市聲響。在這些差異之中，存在著社區認同與中產階級化的掙扎。當家庭生活與商業行為擴散到街道上，比如房子太小或夏天氣溫太高，人聲、放大的音樂聲和交通噪音，就變成定義某個地方的場所感的特徵，也是家的感覺。

但「家」的聲響的意義不無爭議。當不同的期待相互牴觸，衝突隨之而來。有時這種緊張狀態來自比鄰而居的人們無可避免的摩擦。聲音會在木頭、玻璃和石材之間流動，會擠進窗戶的縫隙，會繞過角落或越過屋頂，鄰居的說話聲和活動聲響因此也活在我們體內，在我們內耳液體的動態中。這樣的近距離接觸會干擾睡眠，或在白天侵擾、觸怒我們。聲音將我們拉進別人的生活，於是我們不得不讓出感官體驗的部分主控權。當然，任何地方都是如此，包括森林或海岸。只是，在森林或海邊我們內心的紛亂轉為愉悅，或許是因為那些聲音屬於陌生的語言，來自樹木、昆蟲、鳥類和沙灘上的海水。如果我們在這些聲音裡聽見乾渴松針的憂愁嘶鳴、蟬的強悍與傲慢、烏鴉氏族的對罵，或海邊被颶風捲起的巨浪吼聲，我們的心靈會不會多做評判或分析，讓原該安撫人心的聲響複雜化？在城市裡，我們對聲音的來源與意義太過熟悉，鄰居可能會激怒或引爆我們的情緒，尤其當我們判定他們的噪音是罔顧他人感受的表現。深夜播放以低音或鼓聲為主的音樂，把手貼在牆壁上，感受那震顫。黎明前樓上住戶踩踏木地板的腳步聲。走廊又傳來叫嚷聲。午夜孩子們在街角放煙火，已經連續十天。一條小狗整個下午用狂吠折磨整個鄰區，耐力不輸奧運選手。

社區鄰居之間如果關係良好，從一個住家傳到另一個住家的聲音通常不會有嚴重後果。我們願意忍受社區的聲音，有時甚至樂在其中。我們用簡訊解決問題，或隔天來一場友好對談。但在爭吵不斷、情感破裂的社區，聲音會導致進一步的對立。某些人歡暢展現的在地文化，對其他人卻可能是惱人的噪音。當這些裂痕落在種族、階級與財富的界線上，對社區聲響的不同期待，變成中產階級化的表徵與原因。

我住的那間西哈林公寓位在拉美族裔的社區裡，每到夜晚，特別是週末，街道上的活動少不了小型手推車的擴音器聲響，或從手機的迷你音箱播放的音樂。路過的節奏與旋律變大又變小，是都市交通噪音主要的伴奏。七月四日美國國慶日那段時間，每晚在街道中央施放的煙火，為音樂添加爆炸性的裝飾音。爆炸聲響在高樓之間的深谷回響彈跳，震撼力持久不歇。身為這個社區的白種人訪客，我也是中產階級化進程的一部分，推升房價，引導零售商品白種化。如果我撥打三一一（美國政府的居家衛生投訴專線）抗議「噪音」擾人，就等於打電話召來武裝警力，對當地社區執行文化上不恰當的優先權。我喜歡這裡的音樂，沒有撥電話的意願。但即使我想撥打，做為訪客兼文化外來者，這會是錯誤的舉動。

社區裡其他白人住戶卻不這麼認為。房價升高，白種人遷入，噪音投訴案件激增，尤其是在二〇一五年之後。數十年來，社區居民在街道旁架起折疊桌玩骨牌遊戲，音樂聲震天價響，孩子們施放煙火，新搬來的白人住戶難以接受。那些白種人大多住在整修後或重建的公寓裡，支付高額房租。

其他城市也出現類似情況，反映出每個地方特有的階級種族緊張局勢。在紐奧良，白人居民打電話向警方投訴黑人自組的次線遊行（second-line parade）1和街頭派對。隨著澳洲墨爾本新住宅區的開發，越來越多高收入住戶投訴存在已久的現場音樂表演場地的噪音，這種分裂主要發

1 美國紐奧良地區早期黑人社區舉辦葬禮時會搭配爵士樂隊演奏，送葬時節奏莊重肅穆，返程則以輕快熱鬧的曲子祝福逝去的親友，這種活動稱為次線遊行，已經成為紐奧良地區的文化遺產。

生在社會階級上，而非種族。在倫敦教堂街市集附近的整修公寓，新遷入的住戶抱怨市集的叫賣聲，「蘋果三個一鎊！」以及清晨手推車的喀嗒聲。在每個地方，發生改變的不是社區的聲音，而是聆聽者的意願與要求。對「噪音」的感知藉由投訴以公權力武裝，驅趕在地住戶，維護後到者。在紐約市，白種人撥打三一一專線投訴黑人的噪音，投訴者受到保護（身分不登載在警方紀錄上），被投訴者要面對的，通常是暴力兼種族歧視的執法機關。因此，我們如何評斷噪音程度的恰當與否，以及我們依據這些評斷採取何種作為，會決定我們的寬容或不公義。房價可以推動中產階級化，但感官表達與期待上的文化差異也可以。

都市生活讓我們明白，噪音也有性別差異。將交通與工業噪音引向黑人和其他少數族裔的都市計畫，通常出自男性。將噪音推向清晨和深夜的建設公司，由男性經營。紐約街頭的鞭炮煙火和改裝得像槍聲的汽車消音器，多半是年輕男性的傑作。坐在汽車裡對幾十扇公寓窗戶轟炸音樂，或極限放大摩托車和汽車音量，對狹窄街道瘋狂掃射的，也是男性。都市噪音通常是刺耳的陽剛氣。我們的文化鼓勵並容忍男人侵犯他人的感官界線，卻積極消除女性的聲音。那麼，在都市的咆哮中，我們聽見與聖經訓諭「女人要安靜學習、全心順從」[2]相同的父權體制。這種體制導致瑪麗．安．艾凡斯（Mary Ann Evans）[3]以男性化名發表著作；助長了當代所謂的男性說教（mansplainer）；允許一名仇視女性的總統當眾要女記者「小聲點」[4]；拒絕女性加入管樂團或登上指揮台；「搖滾名人堂」百分之九十以上都是男性。到如今，人們依然要求年輕女性恬靜，稱許滔滔不絕的饒舌男子。在每個生態系統，聲音都呈現基本的能量與關係。在都市裡，我們聽見人類種族、階級與性別的不平等。

對噪音的回應也有性別差異。過去幾百年來，女性致力降低都市噪音，特別是在紐約市。從渥爾頓在十九世紀的發明，到萊斯在二十世紀初期的反噪音行動，而後是佩姬．薛帕德（Peggy Shepard）共同創立的環境正義行動聯盟的活動與政策制定；市議員海倫．羅森薩爾（Helen Rosenthal）與卡琳娜．瑞維拉（Carlina Rivera）推動立法。這些女性大幅改善紐約市的聲景。女性發揮力量塑造世界聲景由來已久，這只是一種延續。從蟋蟀到蛙類到鳥類，眾多物種的聲音在演化路途上的精緻化與多樣化，都取決於雌性的美學偏好。母親的乳汁給予哺乳動物健壯又靈活的喉嚨，人類因此能說話歌唱。我們的世界的聲音，是所有性別的共同產物，但在創造我們欣賞與需要的聲景方面，女性的影響力大得多。動物鳴聲的多樣化、聲音的美，以及都市聲響的宜居度，很大程度得力於生物演化與人類文化上的女性力量。

對於感官與神經系統異於常人的人，都市噪音構成不友善的環境。時下許多餐廳太過吵鬧，任何人只要聽力輕微受損，就無法在裡面交談，無法在混亂中辨識語音模式。這些場所的噪音就

2 出自《聖經．提摩太前書》第二章第十一節。

3 英國知名小說家喬治．艾略特（George Eliot, 1819-1880）的本名。

4 指美國總統川普在二〇二〇年四月的疫情發表會上對哥倫比亞廣播公司的女記者說的話。

像門前高高的台階，阻擋輪椅通行，差別在於，受阻擋的是聽力異於常人的人。這些餐廳不只排擠了許多人，也讓工作人員每天接觸損傷聽力的噪音。

神經系統正常的人和沒有焦慮症狀的人，在噪音的能量中通常能健全發展，但有自閉傾向或經常處於焦慮狀態的人，卻覺得噪音的襲擊難以忍受。噪音會阻止人們投入都市生活，這樣的障礙雖然看不見，卻真實存在。少數承受不了都市喧鬧的人擁有逃離的特權，但每個出生在這個聲景中的孩子，每個因為工作或家庭離不開都市的成年人，都擺脫不了苦惱，甚至驚恐。在城市的某些地區，噪音是多數對少數的壓迫。

♪

走出地鐵站，來到曼哈頓中城，有時我會覺得自己隨著周遭聲響的活力飄浮起來，被人類社會與活動的聲響大集合往上推升。可是同樣的聲景有時卻讓我陷入恐慌的初始階段，老虎鉗似的聲音緊掐我的心臟與呼吸，讓我感到慌張絕望，一心只想逃離。城市是一扇窗子，通往在無意識中調節我的身體與感官的自律神經系統。聲音呈現的不只是社會的動態，還有我們心靈的構造。那麼，我對城市的各種反應，是城市的聲響矛盾引發的身體症狀。

城市深深觸及我的人性。城市是文化匯流的中心，藝術與產業的樞紐，在這裡，我與他人的連結擴大了。城市的各個角落餵養了我：夾雜數十種語言的街道；喚醒前衛或經典音樂的場所；

頌揚口說語言的生命力的劇場。都市鳥兒展現適應力與恢復力的鳴聲將我高高舉起：一隻紅隼用歌聲增添百老匯的活力；渡鴉在布魯克林的屋頂聒噪不休；夜鷺飛越哈林區時呱呱啼叫。我們是歡樂的物種，有著好奇、善解的心靈。人類的想像力、創造力和團結合作，在都市強化的社會網絡中蓬勃發展。我想像美索不達米亞最古老城市的居民也體會到這些可能性。在這個全新的都市棲地，我們反而回歸人類的天性，成為更完整的自己。

然而，城市也將我們困在人類最不堪的特質裡。在這個牢籠裡，城市的聲音始終凌駕我們，那聲音如此強大，我們血液裡的化學物質和神經狀態起而反抗，有時甚至導致疾病與死亡。難怪我們覺得必須大聲，必須確認我們的存在與功能。只是，當我們這麼做，我們的聲音會造成他人困擾。在不同感官的結合下，這種攻擊的力道更為強勁。在嘈雜喧嚷的聲音中，惱人的車輛廢氣瀰漫我們的鼻腔和口腔，我們的肺臟也感受得到。在擠滿狂按喇叭的休旅車、貨車和汽車的街道步行一段時間後，那種吸不到空氣的緊促感。有些駕駛人直接靠在汽車喇叭上，不肯停歇。其他人連按三聲，或斷斷續續，是化為聲音的怒氣。一輛救護車想通過車陣，在堵塞的長串金屬中，它的哀號無濟於事。散不掉的廢氣飄盪在街道深谷裡。入夜後，天空只有一、兩顆星辰，其他的都被燈光的拱頂和反射數十億盞電燈的懸浮微粒光暈遮蔽。在腳底下，地面是分毫不讓的堅硬。這裡的腳步聲始終是剛強的、實質的，刺耳又清脆，不像鞋子和腳底在城外踏過落葉堆、岩石、礫石、細沙和苔蘚時，發出的不同聲響。都市抓攫感官神經末端，說道：你無法逃離我。

在都市的感官侵犯與煩躁不安中，有一扇門帶領我們同理其他物種，包括「我們在海浪下的親族」，以及只將大海留存在細胞液的記憶裡的陸地物種。

被聲音暴力淹沒時，我是鯨魚，我整個身體日以繼夜隨著可憎的振動輕彈著，那是我的血肉不熟悉的能量。我的祖先和他們對聲音的長久體驗，沒能讓我做好準備面對這一切。

置身單一物種的喧鬧聲景裡時，我是森林，失去了歷時數百萬年演化而來的多樣化聲音。此刻我深陷在滅絕的哀傷裡。

沉醉在少數僅存物種的聲音裡，我是烏鶇，狂野的、不連貫的歌者。我覺得自己被生命歡樂、即興的急迫感催促著，要在這個奇怪的新世界裡找到聲音。

都市的聲音不只讓我們更深入自己的人性。如果我們關注它的影響力，它會讓我們深深體驗到，我們的身體和感官與所有會發聲的、會聆聽的生命之間，關係多麼密切。只是，有別於其他那些生命，我們人類擁有一定程度的掌控力。我們能選擇不同的聲響未來，鯨魚、森林與鳥類卻辦不到。

第六部

•

聆聽

17 在社區

青銅大鐘的響聲明亮又溫暖，像陽光的聲音。那鐘聲沒有一絲鏗鏘或叮鈴，只是單一頻率，因為泛音變得溫柔厚實，比中央Do低幾個音，正好落在人類語音範圍的中央位置。我站在兩公尺外，那聲音卻彷彿從我體內發出，一種安撫的、集中的熱度從我胸腔擴散到四肢，而後往外流瀉，進入我對這座公園的感知。

那口桶形鐘高一公尺，鐘口寬度超過五十公分，從涼亭的圓屋頂垂掛下來。一根水平木棒以鍊子懸掛在青銅鐘旁。有個孩子墊起腳尖拉動從木棒垂落的繩索。她把繩子往後拉，再放開，鐘錘盪向大鐘。鐘聲再次響起。純淨又穩定，帶著輕微的振動，振幅慢慢擴大，來到剛好比和緩的心跳稍慢的速度。

那聲音像吃在嘴裡的柿子，像日落時天空從紅色淡化為橙色，像短暫的生命。從十四世紀的史詩《平家物語》，到正岡子規的俳句，再到詩人教師中村雨紅的歌詞，日本傳統文學向我們傳達這樣的訊息。寺廟梵鐘的響聲滋養我們，提升我們，將我們安放在正確的關係裡。

這口鐘的鑄造者是已故日本「人間國寶」香取正彥。如同所有獲得這項殊榮的人一樣，香取正彥在藝術與工藝上的造詣，被視為日本的重要無形文化財產。所謂無形文化財產是日本政府制定的認證制度，用以表揚在工藝與藝術方面有傑出表現的專業人士。其他國家的類似制度多半鑑定並彰顯建築物、景觀，或值得典藏的工藝品，日本提升並保護的並不是可長可久的物體，而是匠人擁有的知識。

聲音正如文化知識，無形無影，稍縱即逝。當匠人離開人世，儲存在他們肌肉與神經的智慧也隨他們而去。同樣的，聲波攜帶製造者傳達的意義與記憶，會迅速消失。如果匠人教導弟子，知識會傳遞下去，而且在弟子的解釋與創新中改造。聲波也會傳送它的能量，有時只是聲波消失時的摩擦熱，有時則是在它被生命體聽見、改變對方的時候。鐘聲存活在我的記憶裡，儲藏在電荷的梯度和分子的花飾窗格裡，全靠我新陳代謝的火爐維持。我書寫這些文字的時候，鐘聲的振動流進紙頁，而後進入你的身體與心靈。木錘撞擊青銅的聲音活在人類的身體裡，正如香取正彥的文化知識也活在現代日本匠人的知識與作品裡。

廣島和平紀念公園的這口鐘名為和平之鐘，它與香取正彥作品裡的無形文化財產一樣，也得到日本政府的官方認證。和平之鐘的聲音跟公園裡其他鐘的聲音一起，排名「日本聲景百選」第七十六名。日本聲景百選是日本環境廳主辦的活動，尋找值得保存的聲景，也鼓勵深度聆聽。這項活動在一九九六年舉辦，是聲景價值受到政府認可的罕見案例。政府與環境聲響的典型關係，是政府設法規範噪音污染。規範噪音當然重要，但這樣的舉措只將重點擺在聲音的負面體驗。

在世界各地，保存並表彰有價值的國家或地區寶藏的政策，幾乎完全以看得見的實質物體或具體空間為對象。從保護與典藏的角度來看，這樣的偏重無可厚非。物體能夠被收藏起來恣意觀賞，公園與建築物的界線可以標識出來加以保護。但我們以各種感官體驗人類文化與現存世界的奇妙之處，只表彰實質物體和地點，等於排除許多為生命帶來喜悅與意義的事物。我們能不能榮耀人類文化與非人類生命的其他表現形式，就像日本聲景百選一樣？人類社區與大自然群體的獨特聲響；森林與海邊氣味的四時變化；某個地區特色食物的滋味；冬季貫穿街道深谷的寒風，或春天造訪公園的微風拂過皮膚的感受；我們腳底下地面傳來的各種感受；季節變換的寒顫或光芒。這些也值得我們關注、頌揚，其中某些更值得保存。聲音可以錄製建檔保存，氣味的化學分子也是，但這些靜態紀錄無法捕捉感官環境活生生、與時俱變的存在。

日本聲景百選是由日本環境廳的委員會評選，總共收到七百多份報名表，有些來自地方政府和企業，有些來自個人。入選名單包括實質、生物與文化聲景。這樣的廣度特別恰當，因為聲音始終是綜合的，當聲波能量相遇、結合，刺激人類感知，聲音的邊界隨之模糊。日本聲景百選之中某些聲音是短暫的，比如鈴蟲的甜美叫聲和輪島市海灘的鳴沙，有些則隨時存在，比如遠州灘的海鳴。日本聲景百選也捕捉某些人類活動的聲響變動不居的特質，比如蒸汽引擎的古老聲響。或者更現代的聲音，比如船笛和文化慶典的歡騰。這些聲音對所有聆聽者開放，沒有財富、階級或宗教門檻。只是，想一一親身體驗，需要南來北往奔走。某些文化與自然聲景需要門票，北上川的蘆原與寺町寺院群的鐘聲則歡迎免費聆賞。

二〇一八年一項調查發現，最初入選的一百種聲景之中，有五種已經消失或無法前往體驗。蛙類不再鳴叫，蒸汽火車停駛，或者地震阻斷了通往某些景點的道路。依然存在的聲景之中，大多受到地方政府或民間組織某種形式的推廣或保護。這份名單因此變成某種評量，用來監看長期變化，也激發在地人的關注與認知。儘管成果斐然，日本聲景百選第一批名單出爐後，至今未再增加新的景點。不過，二十五年來日本的聲音有了顯著改變。城市被行動電話的嗶嗶聲、交談聲和音樂聲淹沒；海上交通更為頻繁；私人汽車數量先增後減；許多產業在疫情期間暫時消音；森林、溼地和海邊的聲音隨著物種的繁盛與困境有消有長。定期增加國家認定的聲景，既能為後代記錄這些變化，也能讓人類的耳朵轉向外在世界，促進對聲音的好奇。

目前這份名單雖然保持不變，這個活動卻引領日本和世界各地的人們用全新的角度看待聲音。日本聲景學者鳥越惠子是聲景評選委員會一員，事後曾造訪幾處聲景，觀察當地社區對這些地點入選全國知名聲景的反應。在日本本州島東岸靜岡縣的濱岡砂丘，地方政府委託建造了「波小僧」像，波小僧是海洋精靈，以海浪的轟鳴預報天氣。鳥越覺得以具體雕像代表無形的海浪精靈頗為矛盾，但這座雕像確實吸引觀光客前來，也弘揚重要的傳統故事。水壩的興建與人造林威脅到這裡的海岸線，當地居民因此覺得海水沖擊沙灘的聲音也受到波及。在更南邊的西表島亞熱帶森林，一條河流的鳥叫蟲鳴也納入日本聲景百選，鳥越發現那裡的觀光船業者停止使用汽艇。聲景票選活動的目標之一，是吸引人們關心並保護脆弱的聲響社區。以這個例子來說，引擎聲減少後，河流的聲景直接受惠。在北邊的北海道，鳥越發現聲景的認證激發了對談，增進對聲景的理解。這裡入選的聲景包括冬季鄂霍次克海流冰的嘎吱、呻吟與嘶鳴。然而，在當地人心目中，最知名的「冰聲」，是冰層的移動被碩大的冰帽堵住，喧鬧聲戛然而止。這種現象每隔幾小時發生一次。這種靜音現象的文化義涵已經改變了。過去，這驟然的寂靜示意「白色妖魔」的到來，捕漁季就此結束，隨之而來的是數月的飢餓與貧窮。不過，一九六〇年代以來，扇貝養殖業發達，冰層成為扇貝生長的海灣的天然屏障。到如今，流冰的聲音和寂靜，代表海洋的生產力。

日本聲景百選活動也提升了入選名單以外地區的感官覺知。舉例來說，日本聲景協會定期舉辦活動，鼓勵民眾深度聆聽，邀請參與者在散步時將注意力轉向周遭聲景，或舉辦座談會探討如何欣賞、理解並保護日本的聲音多樣性。二〇〇一年，日本環境廳鑑於聲景票選的成功，將活動擴展到氣味，日本好味道百選名單選出具有特殊意義的文化或天然氣味。這些味道包括紫藤花和烤鰻魚，以及硫磺溫泉和東京神田區的二手書店。如同聲景的認證，這項活動的目的既是表彰日本豐富的感官體驗，也凸顯管制噪音與空氣污染的重要性。這些活動提醒我們，政府機關與其將全部心力投注在對負面因素的控制，不妨也尋求並擁抱正面的感官體驗。

日本領先全球認證並頌揚感官體驗的豐富性，並不令人意外。日本的宗教、文學和美學密切關注聲音、氣味與光線的細節，也以植物、其他動物、水和山體現人類文化。比方說，松尾芭蕉的俳句經常描寫蛙類跳入水中的聲音、布穀鳥的歌聲和蟬的顫鳴。佛教與神道教的廟宇將我們的感官拉進樹木的靈性、水的生命和沙石的啟發。「日照權」受到法律保護，禁止建築物大幅影響鄰居採光。這些都是對感官的關注與尊重的文化基礎。

日本聲景百選的靈感來自太平洋的另一端。一九七〇年代，加拿大作曲家雷蒙・默里・謝佛（Raymond Murray Schafer）和貝瑞・特魯阿斯（Barry Truax）共同提倡「聲景」和「聲學生態學」這兩個概念，也跟音樂家與錄音師合作，研究加拿大與歐洲各地不同的聲響紋理。謝佛說這是「對整體聲景的研究」，目的在激勵「聽覺文化」，降低噪音。他們請所有社區思考：「我們要保存、鼓勵並增益哪些聲音？」鳥越惠子等人將這項西方計畫融入日本文化，她說，日本文化原本就「接納世界的聲音」。

官方認可的知名聲景將個人感官體驗拉進社區。我們聚在一起宴飲、祈禱、運動、觀賞視覺藝術、聆聽音樂時，是不是也能聚在一起聆聽地球的聲音，聆聽風、水和生命體（包括人類）的聲音匯聚一堂時，那豐富多采的變化？

♪

我們聚在澳洲昆士蘭庫瑟拉巴湖（Lake Cootharaba）畔的野餐區。就在東邊七公里外，太平洋的浪濤沖刷著海灘。努沙河（Noosa River）的淡水匯入這座湖泊，水面波平浪靜。腳底下的沙子裡夾雜著桉樹和木麻黃（*Casuarina*）的落葉，是馨香柔軟的腐葉。雲層高掛，水天一色，無邊無際的銀白，被湖對岸四公里外那片樹林的狹窄綠帶截斷。

不過，這裡的湖水表面上看似一致，事實卻不然。現場這二十多人來這裡聆聽湖與河的繁複聲響，用我們的耳朵與水中的生命連結，聆聽水與人類的故事。我們的嚮導莉亞・巴克雷（Leah Barclay）是聲音藝術家兼研究員，來的時候兩隻手臂掛滿無線耳機。我們每個人取一副戴上，按下開關調整頻道，連接巴克雷掛在腰上那袋電子裝置裡的發送器。這是「無聲舞會」（silent disco）上DJ和舞者的配備，不過今天這種科技召喚的不是人類的音樂，而是關於水的許多故事。

我們戴耳機時談話暫時中斷，氣氛有些古怪，大家尷尬的笑了笑。某些環境聲響流過，有人類的說話聲，也有湖畔沙地的碎浪聲，但傳進我們耳朵的聲音，主要來自同一個源頭。那是巴克雷創作、輸入我們耳機的聲音檔。接下來九十分鐘，我們緩步走在湖邊。我們的腳踩在沙子、木棧道和鋪設的路面上，眼睛看著樹木和人，耳朵卻栽進層次豐富的聲音檔和來自水下麥克風的即時聲響。

一開始，我們的耳朵裡充滿顫動、嘎吱嘎吱和砰砰砰的聲音。巴克雷沒有解說，只讓那聲音以它們最自然的狀態存在，是河流生命力的聽覺體驗。基於我過去的水下麥克風實驗，我想到了氣泡往上飄，穿過沉積物和陣陣喀嗒聲響，那是來回游動、爬行和鳴唱的水中昆蟲的聲音。我們從野餐區走到一片小沙灘，再穿越樹林，其他聲音出現了。波浪浸溼細沙時的振動；彷彿雷聲的低音轟鳴；槍蝦的爆裂音，海豚的嘀嗒聲，以及魚兒的敲擊與輕叩。人類的說話聲在這些聲音裡穿梭來去，包括澳洲原住民古比古比族（Gubbi Gubbi）回應河流的歌曲；關於人與海豚的故事；關於尊重河流裡的生物的片段對談。

那些聲音帶點音樂性：巴克雷用聲音樣本創造節奏、調性和旋律。聽起來卻也像建築結構，因為她塑造出沒有明顯振波或敘述的聽覺空間。此外，還有水下麥克風傳送進我們耳朵的現場實況直擊體驗。

單調的銀白色湖面被賦予了全新特色。湖水不再靜止單一，而是充滿個性與可能性，就像隔著緊閉的門板聽見另一邊的熱烈談話。這就是感官連結的力量：我們的大腦單獨運作時難以領會的，身體能夠理解。帶著巴克雷的創作散步以前，我已經知道水中充滿生命與動態。只是，某種程度上，我無法掌握這些抽象概念。耳機裡的聲音直接將我的感官、情緒和大腦與水中的能量連結，而不只是連結關於水的概念。

出乎意料的，水的聲音也改變我其他感官的體驗。我突然對碎浪充滿興趣，將雙手伸進岸邊的湖水裡，用皮膚感受那振波。聽著槍蝦與昆蟲的混聲，我對湖水的鹹度產生好奇，於是嘗了一滴。微微的鹹味，是結合了內陸溼地與海洋滲流的滋味。有個孩子衝進湖水裡，挖起帶水的沙子扔成一堆堆。那景象與聲音跟耳機裡比較陌生的聲音融合在一起，我不禁納悶人類對玩水的痴迷。從沙堡到帆船到海洋遊輪，我們似乎渴望與水接觸。我所在的位置向湖中突伸，強風刮過我的皮膚，耳機裡正是暴風般的強勁聲響，兩相結合，我莞爾一笑。潮溼植物的氣味強勢襲來，聆聽喚醒了我的嗅覺。

我們熟悉人類日常聲響的聯覺與情感效應。對的音樂讓食物更美味，帶給皮膚暖意，讓我們觸覺更靈敏，喚醒或放鬆肌肉，提升我們對身體或社區的歸屬感。巴克雷的作品將感官的、情感的連結帶向不熟悉的地方，將我們的同理心與想像力延伸到水中。

耳機裡的人聲之中，有一個特別吸引我的注意，那是在描述古比古比族與海豚之間的合作關係。殖民者入侵打斷這層關係以前，當地人會召喚海豚。套用十九世紀歐洲人的說法，他們「將矛刺進水裡的沙子，製造古怪的聲音」，或用矛「拍打水面發出特別的潑濺聲」。海豚聽見了，明白這些聲音的含義，游過來加入捕魚行列。海豚先繞圈，再向岸邊移動，把魚群圈圍過來。人類站在水裡或刺或網住受困的獵物。海豚也分享成果，大膽的收下插在矛上送過來的魚。

人類和海豚各自擁有成熟的發聲文化，雙方的社會以聲音為媒介，展開互惠與協同的行動，藉此興盛繁榮。這兩種偉大的動物文化是哺乳類演化的勝事，以聲音將彼此的智慧編入協同行動中。某些人類文化不久前才忘記我們屬於一個訴說與聆聽的智能世界。在那個世界裡，我們可以基於共同利益與其他生命對談。重拾這個知識的第一步，或許是更用心聆聽，並且找回對其他人類與非人類文化的尊重。

已經有兩萬多人體驗過巴克雷的「河畔漫步聆聽」活動，有人跟我一樣參加小團體，也有人利用智慧型手機的應用程式自行體驗。這個活動最早始於努沙河，現在澳洲已經新增三個定點，其他還有歐洲、北美和亞洲太平洋地區的河流。

巴克雷精通錄音與編曲，也有能力提供引人入勝的社區體驗，她就像聲音的魔法師，讓人們注意到隱藏在水中的能量。這樣的活動能帶給人出乎意料的轉變。當地許多農民對那些專程來「聆聽河流」的都市藝術家和科學家抱持懷疑，因為數十年來他們從工作與休閒中認識這個地方，無需看似深奧的藝術從旁協助。但在這些熟悉的地點投放水下麥克風，令他們既興奮又好奇。水下麥克風與即時傳送器的銜接，更加深了這份連結。巴克雷告訴我，有些農民現在每天早晨第一件事，就是在廚房收聽附近河流的實況音訊。那聲音既是實況，又屬於當地，是很重要的一點。錄製的聲音或來自遙遠地點的實況，只會引起人們一時的興趣，自己家鄉的聲音卻切身相關，具有情感力量。有朝一日，來自水下麥克風或麥克風、便於取得的聲音數據，會不會像氣象站提供的氣溫與雨量數據一樣垂手可得，以科技滿足人類的感官與好奇？

科學家也是一樣，聆聽河流能改變行為。生物學家往往對「實驗對象」受到的傷害習以為常，學校的課程偏重活體解剖與客觀性，屏障情感與感官的連結。早期我攻讀生物學時，對數百隻老鼠、果蠅和蝸牛等動物使用解剖刀或濃度足以致命的乙醇，儘管達爾文聲稱牠們與我們系出同源，卻從來沒有人要求我跟這些動物對話。田野科學家在河流進行調查時，習慣以電擊或電網殺死他們採樣的動物。巴克雷說，很多科學家借助她的器材聆聽河流後告訴她，「嗯，也許這回我會讓牠們活著回去。」聆聽各種魚類的聲音，人類的想像力於是拓展。牠們不再是試算表上的數字，而是有溝通能力的生物，我們在牠們的聲音裡聽見自我與作為。這是一堂親緣關係的感官課。

那麼，錄音技術讓我們聽見其他生命的生活。水下麥克風打破通常難以穿透的感官藩籬，讓我們得以親近水中生物。陸地上也是一樣，麥克風收錄並分享出去的聲音，能揭露隱藏的故事，鼓勵與地域之間的連結。從「自然聲音」專輯，到教導我們關注並理解我們的非人類鄰居的聲音的網站，再到帶領聆聽者善用收藏整理聽覺體驗的知名網站，錄音技術打開我們的耳朵，從而開發我們的想像力和同理心，讓我們聽見這個世界的美麗與艱難。我們將易逝的聲波凍結在磁帶或微晶片裡，等於對它們擁有一定的掌控權。接著我們可以分享、改編、思量、評估，並頌揚聲音的許多特質。

然而，過度的掌控卻會讓我們遠離我們想要聆聽的地方與生命。巴克雷告訴我，有些學生用精密的分析軟體搭配最新的錄音裝置。他們在作品中展現純熟的科技運用，卻忘了排除外力輔助，用自己的耳朵聆聽他們的「聲景習作」，也不去聽取最原始的錄音檔。就像雨林中的「被動聲學監測」，藝術家和科學家手中的麥克風和電腦軟體未必能取代具體的聆聽，它們的力量有時卻會讓我們忘記自己身體的證言。

在我看來，巴克雷的創作似乎特別值得注意，因為她運用科技讓聆聽者重新掌握感官，注意力回到景物與水。她以這方面的先驅安妮亞・洛克伍德（Annea Lockwood）和寶琳・奧利維洛斯（Pauline Oliveros）的作品為參考，添加自己的構思。洛克伍德和奧利維洛斯都是美籍作曲家，她們的音樂號召我們更專注聆聽周遭環境，尤其是非人類物種的聲音。目前坊間出現不少以科技召喚的「大自然」，依據的理念與巴克雷等人的作品大相徑庭。所謂的「大自然」作品以螢幕和擴音器，帶我們前往令人興奮的地點，聆聽唱作俱佳的敘事，卻沒能讓我們打開感官，體驗自己住家周遭的風土人情。事實上，那些紀錄片都是從數千小時的影片與錄音中選取精彩片段編輯製作，對比之下，我們生活周遭的生物似乎平淡無奇，叫人掃興。當然，排遣枯燥是人之常情，而且藝術偶爾也該引領我們前往其他時空。但探索在地的韻律與故事，也是至關緊要的事。這不只是快樂的基礎，也是明智的道德判斷。

「河畔漫步聆聽」活動不具爭議性，它沒有砰砰作響的舷外引擎，也不像遠洋貨櫃輪那般帶來陣陣震顫。相反的，它公開邀請所有人一起聆聽，將人類感官的專注力延伸到水生動物的領域。這種感官與想像力的擴大連結有其必要。在努沙河出海口以外的海岸，海洋生物豐富多樣，有鯨魚的繁殖地，也鄰近大堡礁外圍。只是，那個地方的海上交通每年成長將近百分之五。不久前昆士蘭內陸多處大型新礦場獲准開採，日後煤與礦產將會經由海運出口。這些運輸船每一艘都會以噪音遮蔽水域，所有的海運航線都是如此。這些噪音對海洋生物有多大的破壞力，我們還不得而知。人類是感官動物，如果不能第一手體驗自己行為的後果，就會迷失方向。我們百分之九十的商品都以船舶運送，一旦與海洋的聲音切斷連結，我們的道德判斷會受到嚴重影響，也無法採取正確行動。人類從來不像此刻如此迫切需要水中聲音的引導。

♪

雨停了，太陽出來了。以紐約市的十一月早晨而言，這算是晴朗的好天氣。我在紐約植物園（New York Botanical Garden）裡，這裡的樹木仍呈現夏末與初秋交替時節的模樣：初升的朝陽在幾乎全變成金黃的銀杏葉上閃耀；高大的山毛櫸、楓樹和橡樹則是轉為古銅或硫磺色。不過，小樹還保持著夏末的鮮綠，提早接觸到寒霜的長輩休息了，它們卻爭取時間多做兩個星期的光合作用。腳下傳來剛落地的楓葉芳醇的香氣和清脆的聲響。

人潮沿著植物園的步道向內流動，朝林木蔥蘢的山脊而去。山脊的周圍多半是植物園刻意栽植的物種。我們在一張小桌子旁集合，一條落葉鋪地的步道從比較寬敞的通道岔出去，是通往森林的入口。我們來聆聽午場表演，是人類、非人類動物與樹木聲音的合奏。接下來一小時裡，合唱團、擴音器、遊客手機的應用程式和小型木造「機器人」裝置攜手合作，森林的環狀步道洋溢著生命力。遊客在這條聲音步道上走動，依照各自的速度，隨心所欲來來回回，創作自己的聲響故事。

這場表演名為《森林的合唱》（*Chorus of the Forest*），是紐約植物園二〇一九年駐園作曲家安潔莉卡．內格朗（Angélica Negrón）的作品。這部作品是她專門為這個地點所創作，將她的音樂創意與林地的聲音結合。我走在步道上時，經過彼此重疊的聲音圓頂，圓頂的中心是合唱團或多個擴音器。在圓頂之間的空間，聲音彼此交會，融入森林與城市的環境聲響。

在環狀步道起點附近，一箱電子裝置旁的擴音喇叭發出劈哩啪啦的聲響，夾雜著不停變化的純單音。這些是連接杜鵑花鮮活綠葉的電極所激發出的聲音。往前走個幾步，木造自動機械裝置把鐘錘擊向薄木片和金屬鐘。這是聲音藝術家尼克．尤爾曼（Nick Yulman）的創作。這些裝置形狀像小樹，樹幹和枝椏都以回收木料做成。我往前走的時候，聽見昆蟲啃咬木頭的喀嚓聲和銼磨聲，聽見風與冰逗弄著樹葉，聽見樹幹裡的連續振動層層疊加，變成更緩慢、更純淨的音符。

這些聲音是我從樹木上錄製下來，提供給內格朗使用，她再以聲音編輯軟體加以詮釋、混音與重塑。環狀步道還有另一個地方運用到電子設備，那是在比較後面的路段，遊客可以在手機輸入號碼，播放白冠帶鵐或其他鳥類的鳴聲。

合唱團在步道沿途六個不同地點演唱她創作的歌曲。走近時，我們才聽見歌詞與音樂細節。一段距離外，森林補綴它的特色聲響，那聲音隱約模糊，有著燦亮的殘響。每一支曲子都召喚出人類與森林關係的不同面向。舉例來說，在〈甦醒〉（Awaken）這支歌曲裡，紐約青年合唱團高聲唱出許多描述森林互動的動詞，都是內格朗從書本或社群媒體的對談提取出來的。其他曲目的靈感則來自探索樹木、生態正義與人類復原力的詩歌與故事。總共有一百多人在步道上歌唱，包括幾支當地的學校合唱團。團員們在步道的某個點和橫跨布朗克斯河的石橋兩側列隊，創造出聲響大道，讓遊客從中間走過去。我通過這兩個空間時，被和諧的人聲籠罩，那聲音彷彿從我的胸膛內升起，是愉快的共振。

這部作品要傳達的是匯聚這個概念。植物每分每秒的生理活動被電子感應器記錄下來，與尤爾曼的木造裝置打擊樂和我錄製的樹木聲響融合，也顯露出木材的實體與內在生命。對於小提琴或鋼琴之類的木造樂器所演奏出的樂音，這部曲目既是對比、也是增補，因為木造樂器同樣善用樹木的實體，只是經過人類意圖的高度調整。人類的歌曲和樹木與鳥類的聲音混合，在音樂形式上形成對照，因此深入人心。人聲的情感力量直接又明確，非人類聲音則是陌生語言，人類感官較不容易理解。

將這部作品裡的所有元素結合在一起的，是場景本身的聲音。一陣微風拂過樹冠層的乾燥楓葉，發出沙沙聲響。到了河邊，河水滾滾流過短壩。松鼠在落葉上奔跑，窸窣作響。圍繞植物園的街道不預期傳來車聲和偶爾的警笛聲，被風聲打散。遊客在合唱定點之間走著聊著，聽見手機傳出鳥鳴聲時呵呵發笑，或原地站定凝望樹冠或木造自動機械裝置時輕聲細語。

我欣然聆賞這森林裡各種聲音的匯流，但這場表演最令我驚訝的，是掌控與開放之間的平衡。音樂廳以各種手段排除「外在」聲響，在這裡，人類的創造力卻與場景和聆聽者移動的身體積極互動。作曲家占據聲音的主場，卻只擁有一部分控制權。人類的創造力存在場景的其他能量裡，包括風、車輛、聊天的遊客、鳥兒和植物的內在生命。這種表現方式是為了讓我們注意到那些不受控制的聲音。內格朗談到這部作品時，雙手在空中比出引號，「我真心希望，當人們走出森林、作品的聲音『停止』，也就是曲子『結束』時，他們會發現那些聲音還在，始終都在，就在他們身邊。」對於體驗過這部作品的三千多名遊客，這是邀請他們去聆聽的音樂，也鼓勵他們彼此有所連結。我們不是各自端坐在漆黑的音樂廳裡。我們進入森林以前摘掉了各式耳機，但仍能談笑說話。我一個人來，卻跟其他十幾個遊客都聊了幾句，分享體驗心得。在都市裡的公共場所，或在林肯中心或其他演奏廳的音樂會之後，這樣的情況很少見。

美國作曲家約翰・路德・亞當斯（John Luther Adams）也曾經說，在結構鬆散、觀眾可以自由走動的空間演奏的音樂，有著歡樂效果。他的作品《因努伊特石堆》（*Inuksuit*）是打擊樂，通常在類似佛蒙特州森林的地點演奏，他談起這支曲子時說，「當初我創作《因努伊特石堆》時，沒預料到它竟能創造出那麼強烈的群體意識。」將音樂與非人類世界連結，人類的群體也得以強化。

這些作品引領我們跨越典型表演空間的僵固邊界，讓我們更專注聆聽，與彼此的連結也更加緊密。衝破一堵牆之後，連鎖效應就會產生。在這個敞開的過程中，我們重回大自然。目前我們大多數人都居住在必須隔絕噪音才能集中注意力、保有健康身心的地方。有時我們利用科技隔絕噪音，比如抗噪耳機、緊閉的門窗或隔音牆。有時則憑藉意志力，轉移注意力，不去理會交通噪音、電腦的呼呼聲、冷暖器的嘆息、鄰居或同事的說話或動作聲、空中噴射機的隆隆聲、對街的建築工地雜音，還有從窗子縫隙傳來的鳥叫蟲鳴。這些聲音絕大多數並未夾帶與我們的工作或社交生活直接相關的訊息，但對於我們的祖先，仔細聆聽聲音可以幫他們找到食物，了解周遭環境。在我們這個時代，生活與工作離不開非人類世界的人們依然如此。聆聽最初的功能，就是將周遭環境的故事帶進人類的意識。在這些情況下，關閉耳朵就等於工業時代的人類關掉網際網路和電視：失去跟時事的聯繫，也脫離連結你與其他人的網絡。腳踏工業與生態兩個世界的人，會刻意轉換聆聽模式。我離開城市前往非人類生物所屬的領域，就會不停提醒自己敞開心靈。聆聽、碰觸、嗅聞、觀看，重複再重複。唯有如此，我才能與森林連結，才能全然進駐森林、草原或海岸。如果有旁人同行，這樣的敞開也有助於將我們帶入更緊密的人類群體。回到建築物之後，我重新關閉感官鞏固自己，對抗噪音的襲擊，也加強過濾吸引我注意力的事物。這包括不與其他人類頻繁互動。像在森林裡那樣和他們打招呼不只累人，也不符合都市生活的社交慣例。

《森林的合唱》這類作品以植物聲音奇特的神祕感搭配人類嗓音的愉悅感與力道，邀請我們降低我們偶爾不得不豎起的感官屏障，既有豐富的音樂性，也幫助我們的感官重新找到方向。

音樂家兼哲學家大衛・羅森伯格延伸這份邀請，跨越人類的界線。他與昆蟲、鳥類和鯨魚一同演奏的音樂，也邀請其他物種參與。並非只有人類擁有敏銳的聽力和渴望連結的聲音。在羅森伯格手中，單簧管變成跨物種連結與聲響創新的實驗工具。羅森伯格有別於十八、九世紀彈奏小風琴教導籠中鳥兒唱歌的人，他的鳥類觀眾自由自在，創作的歷程是互動交流，將一部分主控權讓渡給對唱的夥伴。當代許多音樂家心繫生態，會將預先錄製的非人類動物聲音堆疊在音樂表演裡，羅森伯格卻主動走向活生生的動物，基於創作上的對等關係，邀請牠們來一場聲音對談。

在羅森伯格的著作裡，以及在我和他的談話過程中，他屢次強調聆聽的重要性。他從即興爵士開始接觸音樂，必須格外用心聆聽其他表演者的聲音。一面聆聽、一面與其他人類樂手共同演奏，難度已經很高，與幾億或幾千萬年前從同一譜系分化出去的動物一起演奏，我們的耳朵被逼到了感官與美學體驗的巨大鴻溝邊緣。而這正是他的作品力量之所在，是感官體驗的生物與哲學實驗。

羅森伯格近期最主要的創作，是與柏林公園的夜鶯共同演奏，時間長達五年。有時他單獨與夜鶯合奏，有時也找其他人一起，包括小提琴和烏德琴（oud）演奏家、聲樂家和電子音樂家。這些過程後來製作成紀錄片《柏林的夜鶯》（*Nightingales in Berlin*），我從中聽見人類音樂家與鳥類的相互影響，為那節奏的對比深受震撼。鳥兒聆聽我們的聲音，想必就像我們聆聽座頭鯨的聲音，覺得我們的時間流逝得較慢，聽覺注意力長久得多。夜鶯的啼唱含有短促的顫音、哨音和咯咯聲，那些細節流轉得太快，我們遲緩的大腦捕捉不到。羅森伯格向鳥兒以及和他一起演奏的音樂家提問：「我們可以一起做些什麼？你能不能透過音樂發問？」夜鶯會與人類一起即興創作嗎？我從局外人的角度聆聽音樂家與夜鶯的互動，無法判斷。鳥兒的歌曲結構繁複，像瘋狂快轉的電子音樂，經過一再的混製。想在這種狂野的鳴聲中找出對人類的回應，我力有未逮。但羅森伯格說，「夜鶯隨著牠自己的歌聲與變調曲舞動。」夜鶯與人類這兩個擁有豐富發聲文化的物種，能在創造性的音樂中交流嗎？羅森伯格透過參與探索這些問題。他說，「我希望這個作品會給人熟悉而非陌生的感覺。所有的音樂教育，所有學音樂的人……都該思量地球上其他音樂家（其他物種）的音樂。」

羅森伯格尊重聲音演化的豐富多樣，也認真看待鳥類與鯨魚發聲學習與認知的成熟度。人類、鳥類與鯨魚是聲音文化的金三角，讓三者積極互動，是一種尊重與親緣的認同，這種做法本身就具有深刻的物種演化與生態意義。只是，在工業化與科技化的人類情境中，在都市公園裡與鳥類共同演奏也顯得格外怪異。那麼，他的作品也揭露出，我們正一步步遠離有生命的地球。我們生活在其他擁有繁複發聲文化的物種之間，卻很少主動去感受聲音文化的交會處是怎樣的風景。羅森伯格的演奏也發掘並凸顯動物聲音美學的高度多樣化。每個物種對音色、速度和風格各有偏好，透過積極、具體的對話，這些變化與我們自己的偏好形成鮮明對比。科學家經由理論與實驗了解到，這種多樣性美學是基因與文化演化的動力。羅森伯格的音樂作品彌補科學的不足，從內在探討美學，以科學再現研究得出的客觀（卻有距離的）見解做不到這點。透過演奏者與歌唱者的視角，就能對人類音樂產生更深刻的理解。同樣的道理，跨物種的合作或許也能幫助我們揣摩其他物種的音樂。

內格朗的作品演奏結束後，我倚著步道的木籬，享受曲終人散的寧靜。擴音器纜線盤繞成圈，被剛落下的楓葉掩埋，一隻北美隱士夜鶇（可能剛從更北邊的森林飛來）從落葉堆裡叼走一隻小蜘蛛，飛到我身邊的木籬橫杆上，發出響亮低沉的嚓。牠的聲音就跟一小時前在這個地點表演的人類歌聲一樣，有著令人愉快的厚度與共鳴。落葉木森林的聲學暖度與音樂廳類似，聲波從樹幹與樹葉反彈回來，帶著鮮活的即時感和溫暖的殘響。我們在音樂廳裡重現森林的聲學特性，那是我們數千萬年前的靈長類祖先的聲響家園。或許，在這天下午的音樂聲裡，我們得以與傳統演奏空間的美學根源有所連結。

在這裡，聲音與過往的連結，比人類或靈長類的譜系更為悠遠。植物園是禮讚聲音的絕佳地點。四億年前，地球上第一批樹木與灌木叢讓昆蟲往高處爬，而後牠們演化出翅膀，地球上最早的動物鳴聲於焉誕生。後來開花植物提供燃料，造成演化大爆發，鳥類、大多數昆蟲和哺乳類的聲音將地球包覆。在這座植物園裡，陸地動物的聲響重返家園。

18 在遙遠的過去與未來

沒有月亮的夜晚，我在墨西哥聖塔菲（Santa Fe）南邊一處懸崖上，天空明亮的微光令我驚奇。少了都市的光害，雲層稀薄，也沒有塵埃阻擋視線，新墨西哥州的夜空叫人困惑，銀白薄霧之中襯托著明亮的星星點點。我拿起雙筒望遠鏡，那薄霧分解成更多星辰，為後方的星雲距離之遙遠感到心驚。伴隨乾燥冷空氣而來的寒意強化我的不安。我呼吸順暢，被地心引力牢牢固定在地面上，卻覺得虛浮。日光是一層遮罩。當燦亮的白晝天空摘下面紗，就暴露出數量如此龐大、光芒如此耀眼的星辰，將我們的感官和想像力帶離地球，進入那令人謙卑的浩瀚宇宙。

在同一片山區，史隆數位巡天計畫（Sloan Digital Sky Survey）從二〇〇〇年開始執行，用一面直徑二．五公尺的鏡子聚集夜空的光線。這面鏡子的面積大約比我眼睛的視網膜大兩萬倍。這具望遠鏡來回掃視天空五年，以電子感應器記錄銀河的座標。

星辰密布仿如煙塵，望遠鏡從中找到規律。銀河與銀河之間，通常相距五億光年。這種規律性是宇宙最早的聲音留下的波痕，是早期宇宙在天空的圖案裡留下的痕跡。那麼，當天際晴朗，我們只要抬頭仰望，就能看見聲音在宇宙的源起。

這些最早的聲音從何而來？

不是來自「大霹靂」（big bang）。宇宙初始的擴張是在虛無裡進行：沒有空間，沒有時間，也沒有物質。可是聲音只存在時間與空間裡，它的聲波流過物質。沒有任何聲音能先於宇宙存在。

聲音也不是來自行星或大地的振動、水的波動，或細菌細胞的顫動。這些聲音都透過原子構成的物質傳送，比如氣體、液體和固體。但聲音比原子更為古老。

宇宙誕生之初，能量與物質充斥，壓縮得如此密實，溫度因而無比熾熱，高達幾十億度。沒有任何原子能存在那樣的高溫裡。相反的，質子與電子在熾熱的熔岩，也就是電漿裡攪動。電漿非常稠密，光線的粒子（亦即光子）因此受困其中。在這個熔爐裡，聲音誕生了。

電漿的不規則變化產生脈衝。每一道脈衝都是一道聲波，是高壓與低壓的前鋒，就像我們打響指時在空氣中製造出的壓縮波。那些壓力波在電漿裡移動的速度，比聲音在目前地球上的速度快幾十萬倍。

當宇宙擴張，擁擠度降低，溫度從幾十億度降到區區幾百萬度。大約在宇宙生成後的三十八萬年，宇宙溫度降得夠低，電漿才轉變成我們如今熟悉的物質。質子與電子結合，形成穩定的原子。當質子的交通得以暢通，光不再受困，四散逃逸。

原子形成後，變成在電漿裡流動的波浪。每個波峰（電漿受到壓縮的地方）聚集一大群原子，被原子稀疏的波谷隔開。引力以親善命令將一團團原子牽引在一起，原本的波峰因此變成更密集的原子群。星辰與銀河就從這些原初的團塊裡誕生。以我們的地球時鐘來衡量，這個內聚過程步調從容：經過一億八千萬年，才有第一批星辰放出光芒；再過十億年，銀河才遍布天際。到了一百三十五億年後的今天，新墨西哥州松林山脊上的單筒望遠鏡測量銀河之間的距離，尋找古老聲波的規律波峰。

在逃離電漿的光線中，波痕清晰可辨。這個光能變成宇宙微波背景輻射，也就是如今瀰漫整個宇宙的微光，只有最靈敏的儀器才能偵測得到。這個微光並非千篇一律，而是有著平緩的高低起伏。這些波痕正如銀河間的距離，從在冷卻的電漿裡誕生的那一刻起，就銘印在輻射裡。

所有的聲音傳達的都是過去的事物，就連日常的談話聲，也是在我們聽見之前的幾毫秒製造出來。但這些聲波比地球本身更為古老，規模之大超乎尋常。比銀河更加巨大的聲波？古老的微波能量不知不覺穿透了我們？我們的地球人感官無法具體理解這樣的無限大。不過，我們的想像力能夠吸收科學知識，帶領大腦前往過去夢想不到的地點與時間。思索這些初始聲波的大腦，本身就是由這些聲波組成，因為我們自己的行星與恆星也如同其他所有的行星與恆星，都是原始電漿的子孫。因此，我們的身體和這具身體產生的思想，都是以電漿裡聲波的殘餘製造出來。我們在遠古的聲音裡聆聽。

有些聲波會消散，但有些聲波會讓物質與能量重新排列。星辰的源起是古老的聲波。聲音向來就是創造的力量，它的創造性毫不神祕，是源自我們的宇宙的物理定律。星辰的排列和宇宙的輻射是這種創造力量最初的產物，是宇宙豐富的聲響史的開場喝采。

電漿冷卻後又經過一百三十億年，聲音遇見了新的創造夥伴，那就是地球上的生命。據我們所知，隨之而來的，是宇宙任何時間地點不曾出現過的盛景。從細菌的彈撥聲、動物的盡情鳴唱，到人類演奏廳裡的音樂，我們的地球是有聲行星，充滿聆聽者與通訊聲響。這種異乎尋常的發展，部分源自於比地球誕生更為悠久的年代，源自聲音本身古老的生成力量。

聲音的未來是什麼？

關於宇宙的未來，宇宙論者莫衷一是。但他們一致認為，目前的狀態不可能恆存。所有星體可能因重力塌縮而回復到無限小，延展為冰冷的平面，或瓦解成薄霧狀的基本粒子，最後歸於靜寂。在這個終點之前許久，地球以及地球生命的多樣化歌聲，都會遭太陽吞噬。

如果有生命的聲音終將滅亡，那又何必在乎現階段聲音的創造力、多樣性與衰減？道德虛無主義是對生存的短暫與命定的一種回應。然而，聲音本身卻提供了另一個答案。所有的聲音體驗都源於寂靜，進入短暫的存在，最後重歸寂靜。寂靜也能塑造聲音，它提供開放空間，聲音的形式從中浮現。烏鶇的鳴聲或管弦樂團的音樂，重現了聲音在宇宙的旅程：來自虛無，短暫存在，而後回歸寂靜。這正是它們的價值所在。地球的聲音之所以重要，部分原因在於它們是規律與敘事的短暫呈現。我們每個人也是一樣，一開始不存在，而後有形體有動作，最後死亡，這段個人旅程的價值也在於此。有別於身體其他感官，聆聽讓我們體驗到短暫存在的價值。聲音抵達後旋即消失，但眼睛看到的景物、皮膚的碰觸，或花朵的香氣，都不會立刻消失，至少會停留一段時間。

還有另一個特質賦予聲音特殊的價值。聲波短暫易逝，但它們留下的能量和模式卻有著創造能力。聲音製造出星辰，讓最初的生命發出聲音，也讓動物擁有音樂和語言。

那麼，聲音的價值在於它的衍生能力。古老電漿裡的波動，蟋蟀和鯨魚的鳴聲，帶鵐幼雛和人類嬰兒的呀呀學語，人類氣息在長毛象牙吹出的音調，這些都是造物者。不是以神的姿態，而是以創造宇宙那有生命的、實質的歷程存在。

正因如此，聲音的多樣性才顯得無比輝煌。我們聽見的不只是創造的結果，而是創造的行動。我們存在宇宙的創造力量中，展現在此時此刻的特質裡。當我們終結並扼殺地球的許多聲音，等於壓制並摧毀我們的根源。

我們的身體做著聆聽這個看似簡單的動作時，被引領前往的不是終點，而是當下的連結與創造。我們的感官與審美觀來自深時，是以亙古聲波製造的原子組成，由細胞上的纖毛激發，最後在以聲音熱切相互連結的動物的漫長演化中塑形。這些遺緒揭示當下的美麗與破碎，為我們建立喜悅、歸屬與行動的感官基石。

謝辭

像這樣的書籍封面上只會載明單一作者的姓名，但書中提出的任何見解都來自群體，而非個人。感謝音樂家凱薩琳・列曼的陪伴，因為她靈敏好奇的耳朵、善解的想像力和聰明的心靈，我的聆聽、理解和寫作更具深度。我的編輯Paul Slovak發揮長才，塑造並精煉了本書的觀點和文字。非常感謝他對我的鼓舞、說明與支持。Alice Martell是不可多得的經紀人，謝謝她睿智的建議、高效率的推廣和毫不吝惜的鼓勵。我還要向馬泰爾經紀公司（Martell Agency）的Stephanie Finman致謝，感謝她的支持與協助，尤其是在百般艱難的疫情期間。Meagan Binkley在準備打字稿時提供寶貴的鼓勵與實質的協助。我的母親Jean和父親George Haskell不只培養並激發我幼時的好奇心，也讓我在成長階段大量接觸人類與非人類的音樂，近期更為本書的資料搜集提供許多有用的線索。

衷心感謝以下人士為我解惑，無私分享他們在演化與生態方面的專業知識：巴黎國立自然史博物館的貝索、英國艾克斯特大學的Luis Alberto Bezares-Calderón、倫敦帝國學院的Martin Brazeau、密蘇里大學的考克羅夫特、波蘭托倫哥白尼大學的John Clarke、洛桑大學的Allison

Daley、牛津大學自然史博物館的 Sammy De Grave、倫敦自然史博物館的 Gregory Edgecombe、南方大學的 Eric Keen、哈佛大學的 Rudy Lerosey-Aubril、伍斯特理工學院的 Lauren Mathews、南卡羅萊納大學博福特分校的 Eric Montie、美國杜克大學的 Sheila Patek、比利時列日大學的 Eric Parmentier、馬里蘭大學的 Arthur Popper、科羅拉多大學的 Rebecca Safran、美國漢普頓席尼學院的 William Shear、英國艾克斯特大學的 Kirsty Wan、康乃爾大學的 Michael Webster。特別感謝澳洲生物學家兼作家提姆・洛，他的著作和面對面談話幫助我理清思路。

感謝威斯康辛大學麥迪遜分校的布里瓦洛娃和美國大自然保護協會的 Eddie Game 撥空分享他們錄製的精彩聲音檔。這些資料都儲存在昆士蘭科技大學的生態聲學實驗室。康乃爾大學的 Wendy Erb 與世界野生動物基金會的 Martha Stevenson 都大方分享他們對雨林、火災和生態保護的洞見。

感謝澳洲陽光海岸大學的作曲家、聲音藝術家兼音樂家巴克雷、內格朗，以及美國紐澤西理工學院的羅森伯格，與他們談話，閱讀他們的著作，我學會以全新方式敞開耳朵與心靈。他們融合藝術、科學、哲學和行動主義的創作，帶領我們走向歡欣、充滿希望的未來。我也要謝謝紐約植物園的 Hillarie O'Toole 和 Thomas Mulhare，他們委託相關團體並安排以森林之聲為主題的表演活動和公開討論會。謝謝 Annie Novak 給我的鼓勵和創作靈感。

海因和波坦戈斯基嘗試複製並吹奏長毛象牙笛，成果無比豐碩，跟他們的合作令人愉快。圖賓根大學的柯納德帶領我參訪德國南部的舊石器時代洞穴，是個親切又睿智的嚮導。

感謝國家木屑廠的普瑞斯帝尼、麥卡利維和杭特的接待、介紹與現場演示。謝謝John Meyer、Pierre Germain、Steve Ellison和Jane Eagleson詳細介紹梅爾音響實驗室的研究成果。謝謝Jayson Kerr Dobney為我解說紐約大都會藝術博物館典藏樂器間層次豐富的故事與連結。紐約愛樂的希拉爾慷慨分享她對音樂家與樂器之間各種關係的看法。

謝謝聽力師Shawn Denham醫師以高超的技術和豐富的學識，引導我認識內耳的纖毛細胞。關於聲音和它的各種表現形式，以下這些人的談話帶給我啟發，也謝謝他們熱誠接待旅途中的我：Joseph Bordley、Marianne Tyndall、Sunniva Boulton、John Boulton、Dror Burstein、Angus Carlyle、Lang Elliott、Art Figel、Charles Foster、Sue Gould、Peter Greste、John Grimm、Holly Haworth、Caspar Henderson、Christine Jackman、James Lees、Adam Loften、Sanford McGee、Paul Miller、Vincent Miller、Indira Naidoo、Kate Nash、Rhiannon Phillips、Richard Prum、Marcus Sheffer、Richard Smyth、Stephen Sparks、Mitchell Thomashow、Mary Evelyn Tucker、Emmanuel Vaughan-Lee、Sophy Williams、Peter Wimberger和Kirk Zigler。我要特別感謝David Abram，他的著作和與他的談話帶給我許多啟發，我在寫這本書的過程中也得到他不少鼓勵。

我造訪澳洲期間，感謝澳洲Black出版社的同仁、拜倫作家節（Byron Writers Festival）、班迪各作家節（Bendigo Writers Festival）、澳洲國家圖書館，以及格里菲斯大學的Integrity 20等活動主辦單位的熱誠接待。感謝厄瓜多舊金山基多大學的提普提尼生物多樣性工作站友善的工作夥伴。我也要謝謝 Esteban Suárez、Andrés Reyes、Given Harper 和 Chris Hebdon 在厄瓜多撥冗相伴，提供寶貴意見。

我在牛津大學的導師波米安可夫斯基和 William Hamilton 讓我見識到演化生物學的美和驚人力量，特別是審美觀以各種方式塑造並促進聲音和動物通訊的多樣化。我在康乃爾大學研究所學習聲音錄製和分析技巧時，Greg Budney、Russ Charif 和 Chris Clark 傾囊相授。感謝康乃爾大學生態、演化與動物行為等領域的同仁，他們讓我更深刻認識演化的創造力。

為這本書搜集資料時，我運用了塞瓦尼南方大學和科羅拉多大學柏德分校的圖書館，在此感謝那裡的工作人員在疫情期間克服萬難提供各種協助。南方大學提供經費和假期，方便我前往德國為這本書尋找資料。

寫這本書的時候，我住在阿拉帕霍印第安人（Arapaho）的未轉讓土地上，謹此向過去、現在與未來的長者致敬。

我的讀者，感謝你花費寶貴時間品讀書中文字所召喚出的聲音、生命、概念與地點。我藉這本書邀請你專注聆聽，激發你的好奇與行動。

引用文獻

1、初始之聲與聽覺的古老根源

Aggio, Raphael Bastos Mereschi, Victor Obolonkin, and Silas Granato Villas-Bôas. "Sonic vibration affects the metabolism of yeast cells growing in liquid culture: a metabolomic study." *Metabolomics* 8 (2012): 670-78.

Cox, Charles D., Navid Bavi, and Boris Martinac. "Bacterial mechanosensors." *Annual Review of Physiology* 80 (2018): 71-93.

Fee, David, and Robin S. Matoza. "An overview of volcano infrasound: From Hawaiian to Plinian, local to global." *Journal of Volcanology and Geothermal Research* 249 (2013): 123-39.

Gordon, Vernita D., and Liyun Wang. "Bacterial mechanosensing: the force will be with you, always." *Journal of Cell Science* 132 (2019): jcs227694.

Johnson, Ward L., Danielle Cook France, Nikki S. Rentz, William T. Cordell, and Fred L. Walls. "Sensing bacterial vibrations and early response to antibiotics with phase noise of a resonant crystal." *Scientific Reports* 7 (2017): 1-12.

Kasas, Sandor, Francesco Simone Ruggeri, Carine Benadiba, Caroline Maillard, Petar Stupar, Hélène Tournu, Giovanni Dietler, and Giovanni Longo. "Detecting nanoscale vibrations as signature of life." *Proceedings of the National Academy of Sciences* 112 (2015): 378-81.

Longo, G., L. Alonso-Sarduy, L. Marques Rio, A. Bizzini, A. Trampuz, J. Notz, G. Dietler, and S. Kasas. "Rapid detection of bacterial resistance to antibiotics using AFM cantilevers as nanomechanical sensors." *Nature Nanotechnology* 8 (2013): 522.

Matsuhashi, Michio, Alla N. Pankrushina, Satoshi Takeuchi, Hideyuki Ohshima, Housaku Miyoi, Katsura Endoh, Ken Murayama et al. "Production of sound waves by bacterial cells and the response of bacterial cells to sound." *The Journal of General and Applied Microbiology* 44 (1998): 49-55.

Norris, Vic, and Gerard J. Hyland. "Do bacteria sing?" *Molecular Microbiology* 24 (1997): 879-80.

Pelling, Andrew E., Sadaf Sehati, Edith B. Gralla, Joan S. Valentine, and James K. Gimzewski. "Local nanomechanical motion of the cell wall of Saccharomyces cerevisiae." Science 305 (2004): 1147-50.

Reguera, Gemma. "When microbial conversations get physical." *Trends in Microbiology* 19 (2011): 105-13.

Sarvaiya, Niral, and Vijay Kothari. "Effect of audible sound in form of music on microbial growth and production of certain important metabolites." Microbiology 84 (2015): 227-35.

2、單一與多樣

Avan, Paul, Béla Büki, and Christine Petit. "Auditory distortions: origins and functions." *Physiological Reviews* 93 (2013): 1563-1619.

Bass, Andrew H., Edwin H. Gilland, and Robert Baker. "Evolutionary origins for social vocalization in a vertebrate hindbrain–spinal compartment." *Science* 321 (2008): 417-21.

Bass, Andrew H., and Boris P. Chagnaud. "Shared developmental and evolutionary origins for neural basis of vocal–acoustic and pectoral–gestural signaling." Proceedings of the *National Academy of Sciences* 109 (2012): 10677-84.

Bezares-Calderón, Luis Alberto, Jürgen Berger, and Gáspár Jékely. "Diversity of cilia-based mechanosensory systems and their functions in marine animal behaviour." *Philosophical Transactions of the Royal Society B* 375 (2020): 20190376.

Bregman, Micah R., Aniruddh D. Patel, and Timothy Q. Gentner. "Songbirds use spectral shape, not pitch, for sound pattern recognition." *Proceedings of the National Academy of Sciences* 113 (2016): 1666-71.

Brown, Jason M., and George B. Witman. "Cilia and diseases." *Bioscience* 64 (2014): 1126-37.

Bush, Brain M.H. and Michael S. Laverack. "Mechanoreception." In *The Biology of Crustacea*, edited by Harold L. Atwood, David C. Sandeman, 399-468. New York: Academic Press, 1982.

Ekdale, Eric G. "Form and function of the mammalian inner ear." *Journal of Anatomy* 228 (2016): 324-37.

Fine, Michael L., Karl L. Malloy, Charles King, Steve L. Mitchell, and Timothy M. Cameron. "Movement and sound generation by the toadfish swimbladder." *Journal of Comparative Physiology A* 187 (2001): 371-79.

Fishbein, Adam R., William J. Idsardi, Gregory F. Ball, and Robert J. Dooling. "Sound sequences in birdsong: how much do birds really care?" *Philosophical Transactions of the Royal Society B* 375 (2020): 20190044.

Fritzsch, Bernd, and Hans Straka. "Evolution of vertebrate mechanosensory hair cells and inner ears: toward identifying stimuli that select mutation driven altered morphologies." *Journal of Comparative Physiology A* 200 (2014): 5-18.

Göpfert, Martin C., and R. Matthias Hennig. "Hearing in insects." *Annual Review of Entomology* 61 (2016): 257-76.

Hughes, A. Randall, David A. Mann, and David L. Kimbro. "Predatory fish sounds can alter crab foraging behaviour and influence bivalve abundance." *Proceedings of the Royal Society* B 281 (2014): 20140715.

Jones, Gareth, and Marc W. Holderied. "Bat echolocation calls: adaptation and convergent evolution." *Proceedings of the Royal Society* B 274 (2007): 905-12.

Kastelein, Ronald A., Paulien Bunskoek, Monique Hagedoorn, Whitlow WL Au, and Dick de Haan. "Audiogram of a harbor porpoise (*Phocoena phocoena*) measured with narrow-band frequency-modulated signals." *The Journal of the Acoustical Society of America* 112 (2002): 334-44.

Kreithen, Melvin L., and Douglas B. Quine. "Infrasound detection by the homing pigeon: a behavioral audiogram." *Journal of Comparative Physiology* 129 (1979): 1-4.

Ma, Leung-Hang, Edwin Gilland, Andrew H. Bass, and Robert Baker. "Ancestry of motor innervation to pectoral fin and forelimb." *Nature Communications* 1 (2010): 1-8.

Page, Jeremy. "Underwater drones join microphones to listen for Chinese nuclear submarines" *Wall Street Journal*, Oct. 24, 2014.

Payne, Katharine B., William R. Langbauer, and Elizabeth M. Thomas. "Infrasonic calls of the Asian elephant (*Elephas maximus*)." *Behavioral Ecology and Sociobiology* 18 (1986): 297-301.

Popper, Arthur N., Michael Salmon, and Kenneth W. Horch. "Acoustic detection and communication by decapod crustaceans." *Journal of Comparative Physiology A* 187 (2001): 83-89.

Ramcharitar, John, Dennis M. Higgs, and Arthur N. Popper. "Sciaenid inner ears: a study in diversity." *Brain, Behavior and Evolution* 58 (2001): 152-62.

Ramcharitar, John Umar, Xiaohong Deng, Darlene Ketten, and Arthur N. Popper. "Form and function in the unique inner ear of a teleost: the silver perch (*Bairdiella chrysoura*)." *Journal of Comparative Neurology* 475 (2004): 531-39.

"'Sonar' and Shrimps in Anti-Submarine War" *The Age* (Melbourne, Australia) April 8, 1946.

Versluis, Michel, Barbara Schmitz, Anna von der Heydt, and Detlef Lohse. "How snapping shrimp snap: through cavitating bubbles." *Science* 289 (2000): 2114-17.

Washausen, Stefan, and Wolfgang Knabe. "Lateral line placodes of aquatic vertebrates are evolutionarily conserved in mammals." *Biology Open* 7 (2018): bio031815.

3、感官折讓與偏誤

Dallos, Peter. "The active cochlea." *Journal of Neuroscience* 12 (1992): 4575-85.

Dallos, Peter, and Bernd Fakler. "Prestin, a new type of motor protein." *Nature Reviews Molecular Cell Biology* 3 (2002): 104-11.

Dańko, Maciej J., Jan Kozłowski, and Ralf Schaible. "Unraveling the non-senescence phenomenon in Hydra." *Journal of Theoretical Biology* 382 (2015): 137-49.

Deutsch, Diana, *Musical Illusions and Phantom Words. How Music and Speech Unlock Mysteries of The Brain*. Oxford: Oxford University Press, 2019.

Fritzsch, Bernd, and Hans Straka. "Evolution of vertebrate mechanosensory hair cells and inner ears: toward identifying stimuli that select mutation driven altered morphologies." *Journal of Comparative Physiology A* 200 (2014): 5-18.

Graven, Stanley N., and Joy V. Browne. "Auditory development in the fetus and infant." *Newborn and Infant Nursing Reviews* 8 (2008): 187-93.

Hall, James, W. "Development of the ear and hearing." *Journal of Perinatology* 20 (2000): S11-S19.
Kemp, David T. "Otoacoustic emissions, their origin in cochlear function, and use." *British Medical Bulletin* 63 (2002): 223-41.
Lasky, Robert E., and Amber L. Williams. "The development of the auditory system from conception to term." *NeoReviews* (2005): e141-e152.
Manley, Geoffrey A. "Cochlear mechanisms from a phylogenetic viewpoint." *Proceedings of the National Academy of Sciences* 97 (2000): 1173643.
———. "Aural history." *Scientist* 29 (2015): 3642.
———. "The Cochlea: What It Is, Where It Came from, and What Is Special about It." In *Understanding the Cochlea*, edited by Geoffrey A. Manley, Anthony W. Gummer, Arthur N. Popper, and Richard R. Fay, 17-32. New York: Springer, 2017.
Moon, Christine. "Prenatal experience with the maternal voice." *In Early Vocal Contact and Preterm Infant Brain Development*, edited by Manuela Filippa, Pierre Kuhn, Bjorn Westrup, 25-37. New York: Springer, 2017.
Parga, Joanna J., Robert Daland, Kalpashri Kesavan, Paul M. Macey, Lonnie Zeltzer, and Ronald M. Harper. "A description of externally recorded womb sounds in human subjects during gestation." *PloS One* 13 (2018): e0197045.
Pickles, James. *An Introduction to The Physiology of Hearing*. Leiden: Brill, 2013.
Plack, Christopher J. *The Sense of Hearing*. 3rd Edition. Oxford and New York: Routledge, 2018.
Robles, Luis, and Mario A. Ruggero. "Mechanics of the mammalian cochlea." *Physiological Reviews* 81 (2001): 1305-52.
Smith, Sherri L., Kenneth J. Gerhardt, Scott K. Griffiths, Xinyan Huang, and Robert M. Abrams. "Intelligibility of sentences recorded from the uterus of a pregnant ewe and from the fetal inner ear." *Audiology and Neurotology* 8 (2003): 347-53.
Wan, Kirsty Y., Sylvia K. Hürlimann, Aidan M. Fenix, Rebecca M. McGillivary, Tatyana Makushok, Evan Burns, Janet Y. Sheung, and Wallace F. Marshall. "Reorganization of complex ciliary flows around regenerating Stentor coeruleus." *Philosophical Transactions of the Royal Society* B 375 (2020): 20190167.

4、掠食者、寂靜、羽翼

Bar-On, Yinon M., Rob Phillips, and Ron Milo. "The biomass distribution on Earth." *Proceedings of the National Academy of Sciences* 115 (2018): 6506-11.
Beraldi-Campesi, Hugo. "Early life on land and the first terrestrial ecosystems." *Ecological Processes* 2 (2013): 1-17.
Betancur-R, Ricardo, Edward O. Wiley, Gloria Arratia, Arturo Acero, Nicolas Bailly, Masaki Miya, Guillaume Lecointre, and Guillermo Orti. "Phylogenetic classification of bony fishes." *BMC Evolutionary Biology* 17 (2017): 162.
Béthoux, Olivier. "Grylloptera–a unique origin of the stridulatory file in katydids, crickets, and their kin (*Archaeorthoptera*)." *Arthropod Systematics & Phylogeny* 70 (2012): 43-68.
Béthoux, Olivier, and André Nel. "Venation pattern and revision of Orthoptera sensu nov. and sister groups. Phylogeny of Palaeozoic and Mesozoic Orthoptera sensu nov." *Zootaxa* 96 (2002): 1-88.
Béthoux, Olivier, André Nel, Jean Lapeyrie, and Georges Gand. "The Permostridulidae fam. n. (Panorthoptera), a new enigmatic insect family from the Upper Permian of France." *European Journal of Entomology* 100 (2003): 581-86.
Bocast, C., R. M. Bruch, and R. P. Koenigs. "Sound production of spawning lake sturgeon (*Acipenser fulvescens Rafinesque*, 1817) in the Lake Winnebago watershed, Wisconsin, USA." *Journal of Applied Ichthyology* 30 (2014): 1186-94.
Brazeau, Martin D., and Per E. Ahlberg. "Tetrapod-like middle ear architecture in a Devonian fish." *Nature* 439 (2006): 318-21.
Brazeau, Martin D., and Matt Friedman. "The origin and early phylogenetic history of jawed vertebrates." *Nature* 520 (2015): 490-97.
Breure, Abraham SH. "The sound of a snail: two cases of acoustic defence in gastropods." *Journal of Molluscan Studies* 81 (2015): 290-93.
Clack, J. A. "The neurocranium of *Acanthostega gunnari Jarvik* and the evolution of the otic region in tetrapods." *Zoological Journal of the Linnean Society* 122 (1998): 61-97.
Clack, Jennifer A. "Discovery of the earliest-known tetrapod stapes." *Nature* 342 (1989): 425-27.
Clack, Jennifer A., Per E. Ahlberg, S. M. Finney, P. Dominguez Alonso, Jamie Robinson, and Richard A. Ketcham. "A uniquely specialized ear in a very early tetrapod." *Nature* 425 (2003): 65-69.
Clack, Jennifer A., Richard R. Fay, and Arthur N. Popper, eds. *Evolution of The Vertebrate Ear: Evidence from The Fossil Record*. New York: Springer, 2016.
Coombs, Sheryl, Horst Bleckmann, Richard R. Fay, and Arthur N. Popper, eds. *The Lateral Line System*. New York: Springer, 2014.

Daley, Allison C., Jonathan B. Antcliffe, Harriet B. Drage, and Stephen Pates. "Early fossil record of Euarthropoda and the Cambrian Explosion." *Proceedings of the National Academy of Sciences* 115 (2018): 5323-31.

Davranoglou, Leonidas-Romanos, Alice Cicirello, Graham K. Taylor, and Beth Mortimer. "Planthopper bugs use a fast, cyclic elastic recoil mechanism for effective vibrational communication at small body size." *PLoS Biology* 17 (2019): e3000155.

———. Response to "On the evolution of the tymbalian tymbal organ: comment on "Planthopper bugs use a fast, cyclic elastic recoil mechanism for effective vibrational communication at small body size" by Davranoglou et al. 2019." *Cicadina* 18 (2019): 17-26.

Desutter-Grandcolas, Laure, Lauriane Jacquelin, Sylvain Hugel, Renaud Boistel, Romain Garrouste, Michel Henrotay, Ben H. Warren et al. "3-D imaging reveals four extraordinary cases of convergent evolution of acoustic communication in crickets and allies (Insecta)." *Scientific Reports* 7 (2017): 1-8.

Downs, Jason P., Edward B. Daeschler, Farish A. Jenkins, and Neil H. Shubin. "The cranial endoskeleton of Tiktaalik roseae." *Nature* 455 (2008): 925-29.

Dubus, I. G., J. M. Hollis, and C. D. Brown. "Pesticides in rainfall in Europe." *Environmental Pollution* 110 (2000): 331-44.

Dunlop, Jason A., Gerhard Scholtz, and Paul A. Selden. "Water-to-land transitions." In *Arthropod Biology and Evolution*, edited by Alessandro Minelli, Geoffrey Boxshall, and Giuseppe Fusco, 417-439. Berlin: Springer, 2013.

French, Katherine L., Christian Hallmann, Janet M. Hope, Petra L. Schoon, J. Alex Zumberge, Yosuke Hoshino, Carl A. Peters et al. "Reappraisal of hydrocarbon biomarkers in Archean rocks." *Proceedings of the National Academy of Sciences* 112 (2015): 5915-20.

Galtier, Jean, and Jean Broutin. "Floras from red beds of the Permian Basin of Lodève (Southern France)." *Journal of Iberian Geology* 34 (2008): 57-72.

Goerlitz, Holger R., Stefan Greif, and Björn M. Siemers. "Cues for acoustic detection of prey: insect rustling sounds and the influence of walking substrate." *Journal of Experimental Biology* 211 (2008): 2799-2806.

Goto, Ryutaro, Isao Hirabayashi, and A. Richard Palmer. "Remarkably loud snaps during mouth-fighting by a sponge-dwelling worm." *Current Biology* 29 (2019): R617-R618.

Grimaldi, David, Michael S. Engel, and Michael S. Engel. *Evolution of the Insects*. Cambridge: Cambridge University Press, 2005.

Gu, Jun-Jie, Fernando Montealegre-Z, Daniel Robert, Michael S. Engel, Ge-Xia Qiao, and Dong Ren. "Wing stridulation in a Jurassic katydid (Insecta, Orthoptera) produced low-pitched musical calls to attract females." *Proceedings of the National Academy of Sciences* 109 (2012): 3868-73.

Hochkirch, Axel, Ana Nieto, M. García Criado, Marta Cálix, Yoan Braud, Filippo M. Buzzetti, D. Chobanov et al. *European Red List of Grasshoppers, Crickets and Bush-Crickets*. Luxembourg: Publications Office of the European Union, 2016.

Kawahara, Akito Y., and Jesse R. Barber. "Tempo and mode of antibat ultrasound production and sonar jamming in the diverse hawkmoth radiation." *Proceedings of the National Academy of Sciences* 112 (2015): 6407-12.

Ladich, Friedrich, and Andreas Tadler. "Sound production in Polypterus (Osteichthyes: Polypteridae)." *Copeia* 4 (1988): 1076-77.

Linz, David M., and Yoshinori Tomoyasu. "Dual evolutionary origin of insect wings supported by an investigation of the abdominal wing serial homologs in Tribolium." *Proceedings of the National Academy of Sciences* 115 (2018): E658-E667.

Lopez, Michel, Georges Gand, Jacques Garric, F. Körner, and Jodi Schneider. "The playa environments of the Lodève Permian basin (Languedoc-France)." *Journal of Iberian Geology* 34 (2008): 29-56.

Lozano-Fernandez, Jesus, Robert Carton, Alastair R. Tanner, Mark N. Puttick, Mark Blaxter, Jakob Vinther, Jørgen Olesen, Gonzalo Giribet, Gregory D. Edgecombe, and Davide Pisani. "A molecular palaeobiological exploration of arthropod terrestrialization." *Philosophical Transactions of the Royal Society B* 371 (2016): 20150133.

Masters, W. Mitchell. "Insect disturbance stridulation: its defensive role." *Behavioral Ecology and Sociobiology* 5 (1979): 187-200.

Minter, Nicholas J., Luis A. Buatois, M. Gabriela Mángano, Neil S. Davies, Martin R. Gibling, Robert B. MacNaughton, and Conrad C. Labandeira. "Early bursts of diversification defined the faunal colonization of land." *Nature Ecology & Evolution* 1 (2017): 0175.

Moulds, M. S. "Cicada fossils (Cicadoidea: Tettigarctidae and Cicadidae) with a review of the named fossilised Cicadidae." *Zootaxa* 4438 (2018): 443-70.

Near, Thomas J., Alex Dornburg, Ron I. Eytan, Benjamin P. Keck, W. Leo Smith, Kristen L. Kuhn, Jon A. Moore et al. "Phylogeny and tempo of diversification in the superradiation of spiny-rayed fishes." *Proceedings of the National Academy of Sciences* 110 (2013): 12738-43.

Nedelec, Sophie L., James Campbell, Andrew N. Radford, Stephen D. Simpson, and Nathan D. Merchant. "Particle motion: the missing link in underwater acoustic ecology." *Methods in Ecology and Evolution* 7 (2016): 836-42.

Nel, André, Patrick Roques, Patricia Nel, Alexander A. Prokin, Thierry Bourgoin, Jakub Prokop, Jacek Szwedo et al. "The earliest known holometabolous insects." *Nature* 503 (2013):

257-61.

Parmentier, Eric, and Michael L. Fine. "Fish sound production: insights." In *Vertebrate Sound Production and Acoustic Communication*, edited by Roderick A. Suthers, W. Tecumseh Fitch, Richard R. Fay, Arthur N. Popper, 19-49. Berlin: Springer, 2016.

Pennisi, Elizabeth. "Carbon dioxide increase may promote 'insect apocalypse'." *Science* 368 (2020): 459.

Pfeifer, Lily S. "Loess in the Lodeve? Exploring the depositional character of the Permian Salagou Formation, Lodeve Basin (France)." *Geological Society of America Abstracts with Programs* 50 (2018).

Plotnick, Roy E., and Dena M. Smith. "Exceptionally preserved fossil insect ears from the Eocene Green River Formation of Colorado." *Journal of Paleontology* 86 (2012): 19-24.

Prokop, Jakub, André Nel, and Ivan Hoch. "Discovery of the oldest known Pterygota in the lower Carboniferous of the Upper Silesian Basin in the Czech Republic (Insecta: Archaeorthoptera)." *Geobios* 38 (2005): 383-387.

Prokop, Jakub, Jacek Szwedo, Jean Lapeyrie, Romain Garrouste, and André Nel. "New middle Permian insects from Salagou Formation of the Lodève Basin in southern France (Insecta: Pterygota)." *Annales de la Société Entomologique de France* 51 (2015): 14-51.

Rust, Jes, Andreas Stumpner, and Jochen Gottwald. "Singing and hearing in a Tertiary bushcricket." *Nature* 399 (1999): 650.

Rustán, Juan J., Diego Balseiro, Beatriz Waisfeld, Rodolfo D. Foglia, and N. Emilio Vaccari. "Infaunal molting in Trilobita and escalatory responses against predation." *Geology* 39 (2011): 495-98.

Senter, Phil. "Voices of the past: a review of Paleozoic and Mesozoic animal sounds." *Historical Biology*, 20 (2008) 255-87.

Siveter, David J., Mark Williams, and Dieter Waloszek. "A phosphatocopid crustacean with appendages from the Lower Cambrian." *Science* 293 (2001): 479-81.

Song, Hojun, Christiane Amédégnato, Maria Marta Cigliano, Laure Desutter-Grandcolas, Sam W. Heads, Yuan Huang, Daniel Otte, and Michael F. Whiting. "300 million years of diversification: elucidating the patterns of orthopteran evolution based on comprehensive taxon and gene sampling." *Cladistics* 31 (2015): 621-51.

Song, Hojun, Olivier Béthoux, Seunggwan Shin, Alexander Donath, Harald Letsch, Shanlin Liu, Duane D. McKenna et al. "Phylogenomic analysis sheds light on the evolutionary pathways towards acoustic communication in Orthoptera." *Nature Communications* 11 (2020): 1-16.

Stewart, Kenneth W. "Vibrational Communication in Insects: Epitome in the language of stoneflies?" *American Entomologist* 43 (1997): 81-91.

van Klink, Roel, Diana E. Bowler, Konstantin B. Gongalsky, Ann B. Swengel, Alessandro Gentile, and Jonathan M. Chase. "Meta-analysis reveals declines in terrestrial but increases in freshwater insect abundances." *Science* 368 (2020): 417-20.

van Klink, Roel, Diana E. Bowler, Konstantin B. Gongalsky, Ann B. Swengel, Alessandro Gentile, and Jonathan M. Chase. "Erratum for the Report 'Meta-analysis reveals declines in terrestrial but increases in freshwater insect abundances'". *Science* 370 (2020) DOI: 10.1126/science.abf1915

Vermeij, Geerat J. "Sound reasons for silence: why do molluscs not communicate acoustically?" *Biological Journal of the Linnean Society* 100 (2010): 485-93.

Welti, Ellen AR, Karl A. Roeder, Kirsten M. de Beurs, Anthony Joern, and Michael Kaspari. "Nutrient dilution and climate cycles underlie declines in a dominant insect herbivore." *Proceedings of the National Academy of Sciences* 117 (2020): 7271-75.

Wendruff, Andrew J., Loren E. Babcock, Christian S. Wirkner, Joanne Kluessendorf, and Donald G. Mikulic. "A Silurian ancestral scorpion with fossilised internal anatomy illustrating a pathway to arachnid terrestrialisation." *Scientific Reports* 10 (2020): 1-6.

Wessel, Andreas, Roland Mühlethaler, Viktor Hartung, Valerija Kuštor, and Matija Gogala. "The tymbal: evolution of a complex vibration-producing organ in the Tymbalia (Hemiptera excl. Sternorrhyncha)." In *Studying Vibrational Communication*, edited by Reginald B. Cocroft, Matija Gogala, Peggy S.M. Hill, Andreas Wessel, 395-444. Berlin: Springer, 2014.

Wipfler, Benjamin, Harald Letsch, Paul B. Frandsen, Paschalia Kapli, Christoph Mayer, Daniela Bartel, Thomas R. Buckley et al. "Evolutionary history of Polyneoptera and its implications for our understanding of early winged insects." *Proceedings of the National Academy of Sciences* 116 (2019): 3024-29.

Zhang, Xi-guang, David J. Siveter, Dieter Waloszek, and Andreas Maas. "An epipodite-bearing crown-group crustacean from the Lower Cambrian." *Nature* 449 (2007): 595-98.

Zhang, Xi-guang, Andreas Maas, Joachim T. Haug, David J. Siveter, and Dieter Waloszek. "A eucrustacean metanauplius from the Lower Cambrian." *Current Biology* 20 (2010): 1075-79.

Zhang, Yunfeng, Feng Shi, Jiakun Song, Xugang Zhang, and Shiliang Yu. "Hearing characteristics of cephalopods: Modeling and environmental impact study." *Integrative Zoology* 10 (2015): 141-51.

Zhang, Zhi-Qiang. "Animal biodiversity: An update of classification and diversity in 2013." *Zootaxa* 3703 (2013): 5-11.

5、花、海洋、乳汁

Alexander, R. McNeill. "Dinosaur biomechanics." *Proceedings of the Royal Society B* 273 (2006): 1849–55.

Bambach, Richard K. "Energetics in the global marine fauna: a connection between terrestrial diversification and change in the marine biosphere." *Geobios* 32 (1999): 131–44.

Barba-Montoya, Jose, Mario dos Reis, Harald Schneider, Philip C. J. Donoghue, and Ziheng Yang. "Constraining uncertainty in the timescale of angiosperm evolution and the veracity of a Cretaceous Terrestrial Revolution." *New Phytologist* 218 (2018): 819–34.

Barney, Anna, Sandra Martelli, Antoine Serrurier, and James Steele. "Articulatory capacity of Neanderthals, a very recent and human- like fossil hominin." *Philosophical Transactions of the Royal Society B* 367 (2012): 88–102.

Barreda, Viviana D., Luis Palazzesi, and Eduardo B. Olivero. "When flowering plants ruled Antarctica: evidence from Cretaceous pollen grains." *New Phytologist* 223 (2019): 1023–30.

Bateman, Richard M. "Hunting the Snark: the flawed search for mythical Jurassic angiosperms." *Journal of Experimental Botany* 71 (2020): 22–35.

Battison, Leila, and Dallas Taylor. "Tyrannosaurus FX." *Twenty Thousand Hertz*. Podcast. https://www.20k.org/episodes/tyrannosaurusfx.

Bergevin, Christopher, Chandan Narayan, Joy Williams, Natasha Mhatre, Jennifer K. E. Steeves, Joshua GW Bernstein, and Brad Story. "Overtone focusing in biphonic Tuvan throat singing." *eLife* 9 (2020): e50476.

Bowling, Daniel L., Jacob C. Dunn, Jeroen B. Smaers, Maxime Garcia, Asha Sato, Georg Hantke, Stephan Handschuh et al. "Rapid evolution of the primate larynx?" *PLOS Biology* 18 (2020): e3000764.

Boyd, Eric, and John W. Peters. "New insights into the evolutionary history of biological nitrogen fixation." *Frontiers in Microbiology* 4 (2013): 201.

Bracken- Grissom, Heather D., Shane T. Ahyong, Richard D. Wilkinson, Rodney M. Feldmann, Carrie E. Schweitzer, Jesse W. Breinholt, Matthew Bendall et al. "The emergence of lobsters: phylogenetic relationships, morphological evolution and divergence time comparisons of an ancient group (Decapoda: Achelata, Astacidea, Glypheidea, Polychelida)." *Systematic Biology* 63 (2014): 457–79.

Bravi, Sergio, and Alessandro Garassino. "Plattenkalk of the Lower Cretaceous (Albian) of Petina, in the Alburni Mounts (Campania, S Italy) and its decapod crustacean assemblage." *Atti della Societá italiana di Scienze naturali e del Museo civico di Storia naturale in Milano* 138 (1998): 89– 118.

Brummitt, Neil A., Steven P. Bachman, Janine Griffiths-Lee, Maiko Lutz, Justin F. Moat, Aljos Farjon, John S. Donaldson et al. "Green plants in the red: a baseline global assessment for the IUCN sampled Red List Index for plants." *PLOS One* 10 (2015): e0135152.

Bush, Andrew M., and Richard K. Bambach. "Paleoecologic megatrends in marine metazoa." *Annual Review of Earth and Planetary Sciences* 39 (2011): 241–69.

Bush, Andrew M., Gene Hunt, and Richard K. Bambach. "Sex and the shifting biodiversity dynamics of marine animals in deep time." *Proceedings of the National Academy of Sciences* 113 (2016): 14073–78.

Chen, Zhuo, and John J. Wiens. "The origins of acoustic communication in vertebrates." *Nature Communications* 11 (2020): 1–8.

Clarke, Julia A., Sankar Chatterjee, Zhiheng Li, Tobias Riede, Federico Agnolin, Franz Goller, Marcelo P. Isasi, Daniel R. Martinioni, Francisco J. Mussel, and Fernando E. Novas. "Fossil evidence of the avian vocal organ from the Mesozoic." *Nature* 538 (2016): 502–5.

Coiro, Mario, James A. Doyle, and Jason Hilton. "How deep is the conflict between molecular and fossil evidence on the age of angiosperms?" *New Phytologist* 223 (2019): 83–99.

Colafrancesco, Kaitlen C., and Marcos Gridi- Papp. "Vocal Sound Production and Acoustic Communication in Amphibians and Reptiles." In *Vertebrate Sound Production and Acoustic Communication*, edited by Roderick A. Suthers, W. Tecumseh Fitch, Richard R. Fay, and Arthur N. Popper, 51–82. Berlin: Springer, 2016.

Conde- Valverde, Mercedes, Ignacio Martínez, Rolf M. Quam, Manuel Rosa, Alex D. Velez, Carlos Lorenzo, Pilar Jarabo, José María Bermúdez de Castro, Eudald Carbonell, and Juan Luis Arsuaga. "Neanderthals and Homo sapiens had similar auditory and speech capacities." *Nature Ecology & Evolution* (2021): 1–7.

Corlett, Richard T. "Plant diversity in a changing world: status, trends, and conservation needs." *Plant Diversity* 38 (2016): 10–16.

Cryan, Jason R., Brian M. Wiegmann, Lewis L. Deitz, and Christopher H. Dietrich. "Phylogeny of the treehoppers (Insecta: Hemiptera: Membracidae): evidence from two nuclear genes." *Molecular Phylogenetics and Evolution* 17 (2000): 317–34.

Dowdy, Nicolas J., and William E. Conner. "Characteristics of tiger moth (Erebidae: Arctiinae) anti-bat sounds can be predicted from tymbal morphology." *Frontiers in Zoology* 16 (2019): 45.

Dunn, Jacob C., Lauren B. Halenar, Thomas G. Davies, Jurgi Cristobal-Azkarate, David Reby, Dan Sykes, Sabine Dengg, W. Tecumseh Fitch, and Leslie A. Knapp. "Evolutionary trade-off between vocal tract and testes dimensions in howler monkeys." *Current Biology* 25 (2015): 2839–44.

Feldmann, Rodney M., Carrie E. Schweitzer, Cory M. Redman, Noel J. Morris, and David J. Ward. "New Late Cretaceous lobsters from the Kyzylkum desert of Uzbekistan." *Journal of Paleontology* 81 (2007): 701–13.

Feng, Yan-Jie, David C. Blackburn, Dan Liang, David M. Hillis, David B. Wake, David C. Cannatella, and Peng Zhang. "Phylogenomics reveals rapid, simultaneous diversification of three major clades of Gondwanan frogs at the Cretaceous– Paleogene boundary." *Proceedings of the National Academy of Sciences* 114 (2017): E5864–E5870.

Field, Daniel J., Antoine Bercovici, Jacob S. Berv, Regan Dunn, David E. Fastovsky, Tyler R. Lyson, Vivi Vajda, and Jacques A. Gauthier. "Early evolution of modern birds structured by global forest collapse at the end- \Cretaceous mass extinction." *Current Biology* 28 (2018): 1825–31.

Fine, Michael, and Eric Parmentier. "Mechanisms of Fish Sound Production." In *Sound Communication in Fishes*, edited by Friedrich Ladich, 77–126. Vienna: Springer, 2015.

Fitch, W. Tecumseh. "Empirical approaches to the study of language evolution." *Psychonomic Bulletin & Review* 24 (2017): 3–33.

———. "Production of Vocalizations in Mammals." In *Encyclopedia of Language and Linguistics*, edited by K. Brown, 115–21. Oxford, UK: Elsevier, 2006.

Fitch, W. Tecumseh, Bart De Boer, Neil Mathur, and Asif A. Ghazanfar. "Monkey vocal tracts are speech- ready." *Science Advances* 2 (2016): e1600723.

Frey, Roland, and Alban Gebler. "Mechanisms and evolution of roaring- like vocalization in mammals." *Handbook of Behavioral Neuroscience* 19 (2010): 439–50.

Frey, Roland, and Tobias Riede. "The anatomy of vocal divergence in North American elk and European red deer." *Journal of Morphology* 274 (2013): 307–19.

Fu, Qiang, Jose Bienvenido Diez, Mike Pole, Manuel García Ávila, Zhong- Jian Liu, Hang Chu, Yemao Hou et al. "An unexpected noncarpellate epigynous flower from the Jurassic of China." *eLife* 7 (2018): e38827.

Ghazanfar, Asif A., and Drew Rendall. "Evolution of human vocal production." *Current Biology* 18 (2008): R457–R460.

Griesmann, Maximilian, Yue Chang, Xin Liu, Yue Song, Georg Haberer, Matthew B. Crook, Benjamin Billault- Penneteau et al. "Phylogenomics reveals multiple losses of nitrogen-fixing root nodule symbiosis." *Science* 361 (2018): eaat 1743.

Hoch, Hannelore, Jürgen Deckert, and Andreas Wessel. "Vibrational signalling in a Gondwanan relict insect (Hemiptera: Coleorrhyncha: Peloridiidae)." *Biology Letters* 2 (2006): 222–24.

Hoffmann, Simone, and David W. Krause. "Tongues untied." Science 365 (2019): 222–23.

Jézéquel, Youenn, Laurent Chauvaud, and Julien Bonnel. "Spiny lobster sounds can be detectable over kilometres underwater." *Scientific Reports* 10 (2020): 1–11.

Johnson, Kevin P., Christopher H. Dietrich, Frank Friedrich, Rolf G. Beutel, Benjamin Wipfler, Ralph S. Peters, Julie M. Allen et al. "Phylogenomics and the evolution of hemipteroid insects." *Proceedings of the National Academy of Sciences* 115 (2018): 12775–780.

Kaiho, Kunio, Naga Oshima, Kouji Adachi, Yukimasa Adachi, Takuya Mizukami, Megumu Fujibayashi, and Ryosuke Saito. "Global climate change driven by soot at the K-Pg boundary as the cause of the mass extinction." *Scientific Reports* 6 (2016): 28427.

Kawahara, Akito Y., David Plotkin, Marianne Espeland, Karen Meusemann, Emmanuel F. A. Toussaint, Alexander Donath, France Gimnich et al. "Phylogenomics reveals the evolutionary timing and pattern of butterflies and moths." *Proceedings of the National Academy of Sciences* 116 (2019): 22657–663.

Kikuchi, Mumi, Tomonari Akamatsu, and Tomohiro Takase. "Passive acoustic monitoring of Japanese spiny lobster stridulating sounds." *Fisheries Science* 81 (2015): 229–34.

Labandeira, Conrad C. "A compendium of fossil insect families." *Milwaukee Public Museum Contributions in Biology and Geology* 88 (1994): 1–71.

Lefèvre, Christophe M., Julie A. Sharp, and Kevin R. Nicholas. "Evolution of lactation: ancient origin and extreme adaptations of the lactation system." *Annual Review of Genomics and Human Genetics* 11 (2010): 219–38.

Li, Hong-Lei, Wei Wang, Peter E. Mortimer, Rui-Qi Li, De-Zhu Li, Kevin D. Hyde, Jian-Chu Xu, Douglas E. Soltis, and Zhi-Duan Chen. "Large-scale phylogenetic analyses reveal multiple gains of actinorhizal nitrogen-fixing symbioses in angiosperms associated with climate change." *Scientific Reports* 5 (2015): 14023.

Li, Hong-Tao, Ting-Shuang Yi, Lian-Ming Gao, Peng-Fei Ma, Ting Zhang, Jun-Bo Yang, Matthew A. Gitzendanner et al. "Origin of angiosperms and the puzzle of the Jurassic gap." *Nature Plants* 5 (2019): 461.

Lima, Daniel, Arthur Anker, Matúš Hyžný, Andreas Kroh, and Orangel Aguilera. "First evidence of fossil snapping shrimps (Alpheidae) in the Neotropical region, with a checklist of the fossil caridean shrimps from the Cenozoic." *Journal of South American Earth Sciences* (2020): 102795.

Lürling, Miquel, and Marten Scheffer. "Info-disruption: pollution and the transfer of chemical information between organisms." *Trends in Ecology & Evolution* 22 (2007): 374–79.

Lyons, Shelby L., Allison T. Karp, Timothy J. Bralower, Kliti Grice, Bettina Schaefer, Sean P. S. Gulick, Joanna V. Morgan, and Katherine H. Freeman. "Organic matter from the Chicxulub crater exacerbated the K–Pg impact winter." *Proceedings of the National Academy of Sciences* 117 (2020): 25327–34.

Martínez, Ignacio, Juan Luis Arsuaga, Rolf Quam, José Miguel Carretero, Ana Gracia, and Laura Rodríguez. "Human hyoid bones from the middle Pleistocene site of the Sima de los Huesos (Sierra de Atapuerca, Spain)." *Journal of Human Evolution* 54 (2008): 118–24.

McCauley, Douglas J., Malin L. Pinsky, Stephen R. Palumbi, James A. Estes, Francis H. Joyce, and Robert R. Warner. "Marine defaunation: animal loss in the global ocean." *Science* 347 (2015): 1255641.

McKenna, Duane D., Seunggwan Shin, Dirk Ahrens, Michael Balke, Cristian Beza-Beza, Dave J. Clarke, Alexander Donath et al. "The evolution and genomic basis of beetle diversity." *Proceedings of the National Academy of Sciences* 116 (2019): 24729–37.

Mugleston, Joseph D., Michael Naegle, Hojun Song, and Michael F. Whiting. "A comprehensive phylogeny of Tettigoniidae (Orthoptera: Ensifera) reveals extensive ecomorph convergence and widespread taxonomic incongruence." *Insect Systematics and Diversity* 2 (2018): 1–27.

Müller, Johannes, Constanze Bickelmann, and Gabriela Sobral. "The evolution and fossil history of sensory perception in amniote vertebrates." *Annual Review of Earth and Planetary Sciences* 46 (2018): 495–519.

Nakano, Ryo, Takuma Takanashi, and Annemarie Surlykke. "Moth hearing and sound communication." *Journal of Comparative Physiology A* 201 (2015): 111–21.

Near, Thomas J., Alex Dornburg, Ron I. Eytan, Benjamin P. Keck, W. Leo Smith, Kristen L. Kuhn, Jon A. Moore et al. "Phylogeny and tempo of diversification in the superradiation of spiny-rayed fishes." *Proceedings of the National Academy of Sciences* 110 (2013): 12738–43.

Nishimura, Takeshi, Akichika Mikami, Juri Suzuki, and Tetsuro Matsuzawa. "Descent of the hyoid in chimpanzees: evolution of face flattening and speech." *Journal of Human Evolution* 51 (2006): 244–54.

Novack-Gottshall, Philip M. "Love, not war, drove the Mesozoic marine revolution." *Proceedings of the National Academy of Sciences* 113 (2016): 14471–73.

O'Brien, Charlotte L., Stuart A. Robinson, Richard D. Pancost, Jaap S. Sinninghe Damsté, Stefan Schouten, Daniel J. Lunt, Heiko Alsenz et al. "Cretaceous sea-surface temperature evolution: constraints from TEX86 and planktonic foraminiferal oxygen isotopes." *Earth-Science Reviews* 172 (2017): 224–47.

O'Connor, Lauren K., Stuart A. Robinson, B. David A. Naafs, Hugh C. Jenkyns, Sam Henson, Madeleine Clarke, and Richard D. Pancost. "Late Cretaceous temperature evolution of the southern high latitudes: a TEX86 perspective." *Paleoceanography and Paleoclimatology* 34 (2019): 436–54.

Patek, Sheila N. "Squeaking with a sliding joint: mechanics and motor control of sound production in palinurid lobsters." *Journal of Experimental Biology* 205 (2002): 2375–85.

Patek, S. N., and J. E. Baio. "The acoustic mechanics of stick–slip friction in the California spiny lobster (Panulirus interruptus)." *Journal of Experimental Biology* 210 (2007): 3538–46.

Pereira, Graciela, and Helga Josupeit. "The world lobster market." *Globefish Research Programme* 123 (2017).

Perrone-Bertolotti, Marcela, Jan Kujala, Juan R. Vidal, Carlos M. Hamame, Tomas Ossandon, Olivier Bertrand, Lorella Minotti, Philippe Kahane, Karim Jerbi, and Jean-Philippe Lachaux. "How silent is silent reading? Intracerebral evidence for top-down activation of temporal voice areas during reading." *Journal of Neuroscience* 32 (2012): 17554–62.

Pickrell, John. "How the earliest mammals thrived alongside dinosaurs." *Nature* 574 (2019): 468–72.

Rai, A. N., E. Söderbäck, and B. Bergman. "Tansley Review No. 116: Cyanobacterium–plant symbioses." *New Phytologist* 147 (2000): 449–81.

Ramírez-Chaves, Héctor E., Vera Weisbecker, Stephen Wroe, and Matthew J. Phillips. "Resolving the evolution of the mammalian middle ear using Bayesian inference." *Frontiers in Zoology* 13 (2016): 39.

Reidenberg, Joy S., and Jeffrey T. Laitman. "Anatomy of the hyoid apparatus in odontoceli (toothed whales): specializations of their skeleton and musculature compared with those of terrestrial mammals." *Anatomical Record* 240 (1994): 598–624.

Rice, Aaron N., Stacy C. Farina, Andrea J. Makowski, Ingrid M. Kaataz, Philip S. Lobel, William E. Bemis, and Andrew Bass. "Evolution and Ecology in Widespread Acoustic Signaling Behavior Across Fishes." https://www.biorxiv.org/content/biorxiv/early/2020/09/14/2020.09.14.296335.full.pdf.

Riede, Tobias, Heather L. Borgard, and Bret Pasch. "Laryngeal airway reconstruction indicates that rodent ultrasonic vocalizations are produced by an edge-tone mechanism." *Royal Society Open Science* 4 (2017): 170976.

Riede, Tobias, Chad M. Eliason, Edward H. Miller, Franz Goller, and Julia A. Clarke. "Coos, booms, and hoots: the evolution of closed-mouth vocal behavior in birds." *Evolution* 70 (2016): 1734–46.

Ruiz, Michael J., and David Wilken. "Tuvan throat singing and harmonics." *Physics Education* 53 (2018): 035011.

Shcherbakov, Dmitri E. "The earliest leafhoppers (Hemiptera: Karajassidae n. fam.) from the Jurassic of Karatau." *Neues Jahrbuch für Geologie und Paläontologie* 1 (1992): 39–51.

Soltis, Douglas E., Pamela S. Soltis, David R. Morgan, Susan M. Swensen, Beth C. Mullin, Julie M. Dowd, and Peter G. Martin. "Chloroplast gene sequence data suggest a single origin of the predisposition for symbiotic nitrogen fixation in angiosperms." *Proceedings of the National Academy of Sciences* 92 (1995): 2647–51.

Stüeken, Eva E., Michael A. Kipp, Matthew C. Koehler, and Roger Buick. "The evolution of Earth's biogeochemical nitrogen cycle." *Earth-Science Reviews* 160 (2016): 220–39.

Takemoto, Hironori. "Morphological analyses and 3D modeling of the tongue musculature of the chimpanzee (Pan troglodytes)." *American Journal of Primatology* 70 (2008): 966–75.

Vajda, Vivi, and Antoine Bercovici. "The global vegetation pattern across the Cretaceous– Paleogene mass extinction interval: a template for other extinction events." *Global and Planetary Change* 122 (2014): 29–49.

Vega, Francisco J., Rodney M. Feldmann, Pedro García-Barrera, Harry Filkorn, Francis Pimentel, and Javier Avendano. "Maastrichtian Crustacea (Brachyura: Decapoda) from the Ocozocuautla Formation in Chiapas, southeast Mexico." *Journal of Paleontology* 75 (2001): 319–29.

Vermeij, Geerat J. "The Mesozoic marine revolution: evidence from snails, predators and grazers." *Paleobiology* (1977): 245–58.

Veselka, Nina, David D. McErlain, David W. Holdsworth, Judith L. Eger, Rethy K. Chhem, Matthew J. Mason, Kirsty L. Brain, Paul A. Faure, and M. Brock Fenton. "A bony connection signals laryngeal echolocation in bats." *Nature* 463 (2010): 939–42.

Webb, Thomas J., and Beth L. Mindel. "Global patterns of extinction risk in marine and non-marine systems." *Current Biology* 25 (2015): 506–11.

Wing, Scott L., Leo J. Hickey, and Carl C. Swisher. "Implications of an exceptional fossil flora for Late Cretaceous vegetation." *Nature* 363 (1993): 342–44.

Zhou, Chang-Fu, Bhart-Anjan S. Bhullar, April I. Neander, Thomas Martin, and Zhe-Xi Luo. "New Jurassic mammaliaform sheds light on early evolution of mammal-like hyoid bones." *Science* 365 (2019): 276–79.

6、空氣、水、木頭

Amoser, Sonja, and Friedrich Ladich. "Are hearing sensitivities of freshwater fish adapted to the ambient noise in their habitats?" *Journal of Experimental Biology* 208 (2005): 3533–42.

Bass, Andrew H., and Christopher W. Clark. "The Physical Acoustics of Underwater Sound Communication." In *Acoustic Communication*, edited by A. M. Simmons, A. N. Popper, and R. R. Fay, 15–64. New York: Springer, 2003.

Blasi, Damián E., Steven Moran, Scott R. Moisik, Paul Widmer, Dan Dediu, and Balthasar Bickel. "Human sound systems are shaped by post-Neolithic changes in bite configuration." *Science* 363 (2019): eaav3218.

Charlton, Benjamin D., Megan A. Owen, and Ronald R. Swaisgood. "Coevolution of vocal signal characteristics and hearing sensitivity in forest mammals." *Nature Communications* 10 (2019): 1–7.

Čokl, Andrej, Janez Prešern, Meta Virant-Doberlet, Glen J. Bagwell, and Jocelyn G. Millar. "Vibratory signals of the harlequin bug and their transmission through plants." *Physiological Entomology* 29 (2004): 372–80.

Conner, William E. "Adaptive Sounds and Silences: Acoustic Anti-predator Strategies in Insects." In *Insect Hearing and Acoustic Communication*, edited by Berthold Hedwig, 65–79. Berlin: Springer, 2014.

Derryberry, Elizabeth Perrault, Nathalie Seddon, Santiago Claramunt, Joseph Andrew Tobias, Adam Baker, Alexandre Aleixo, and Robb Thomas Brumfield. "Correlated evolution of beak morphology and song in the neotropical woodcreeper radiation." *Evolution* 66 (2012): 2784–97.

Feighny, J. A., K. E. Williamson, and J. A. Clarke. "North American elk bugle vocalizations: male and female bugle call structure and context." *Journal of Mammalogy* 87 (2006): 1072–77.

Greenfield, Michael D. "Interspecific acoustic interactions among katydids Neoconocephalus: inhibition-induced shifts in diel periodicity." *Animal Behaviour* 36 (1988): 684–95.

Heffner, Rickye S. "Primate hearing from a mammalian perspective." *The Anatomical Record Part A: Discoveries in Molecular, Cellular, and Evolutionary Biology: An Official Publication of the American Association of Anatomists* 281 (2004): 1111–22.

Hill, Peggy S. M. "How do animals use substrate-borne vibrations as an information source?" *Naturwissenschaften* 96 (2009): 1355–71.

Hua, Xia, Simon J. Greenhill, Marcel Cardillo, Hilde Schneemann, and Lindell Bromham. "The ecological drivers of variation in global language diversity." *Nature Communications* 10 (2019): 1–10.

Lugli, Marco. "Habitat Acoustics and the Low-Frequency Communication of Shallow Water Fishes."In *Sound Communication in Fishes*, edited by F. Ladich, 175–206. Vienna: Springer, 2015.

Lugli, Marco. "Sounds of shallow water fishes pitch within the quiet window of the habitat ambient noise." *Journal of Comparative Physiology A* 196 (2010): 439–51.

Maddieson, Ian, and Christophe Coupé. "Human spoken language diversity and the acoustic adaptation hypothesis." *Journal of the Acoustical Society of America* 138 (2015): 1838.

McNett, Gabriel D., and Reginald B. Cocroft. "Host shifts favor vibrational signal divergence in Enchenopa binotata treehoppers." *Behavioral Ecology* 19 (2008): 650–56.

Morton, Eugene S. "Ecological sources of selection on avian sounds." *American Naturalist* 109 (1975): 17–34.

Peters, Gustav, and Marcell K. Peters. "Long-distance call evolution in the Felidae: effects of body weight, habitat, and phylogeny." *Biological Journal of the Linnean Society* 101 (2010): 487–500.

Podos, Jeffrey. "Correlated evolution of morphology and vocal signal structure in Darwin's finches." *Nature* 409 (2001): 185–88.

Porter, Cody K., and Julie W. Smith. "Diversification in trophic morphology and a mating signal are coupled in the early stages of sympatric divergence in crossbills." *Biological Journal of the Linnean Society* 129 (2020): 74–87.

Riede, Tobias, Michael J. Owren, and Adam Clark Arcadi. "Nonlinear acoustics in pant hoots of common chimpanzees (*Pan troglodytes*): frequency jumps, subharmonics, biphonation, and deterministic chaos." *American Journal of Primatology* 64 (2004): 277–91.

Riede, Tobias, and Ingo R. Titze. "Vocal fold elasticity of the Rocky Mountain elk (*Cervus elaphus nelsoni*)— producing high fundamental frequency vocalization with a very long vocal fold." *Journal of Experimental Biology* 211 (2008): 2144–54.

Roberts, Seán G. "Robust, causal, and incremental approaches to investigating linguistic adaptation." *Frontiers in Psychology* 9 (2018): 166.

Zapata-Ríos, G., R. E. Suárez, B. V. Utreras, and O. J. Vargas. "Evaluación de amenazas antropogénicas en el Parque Nacional Yasuní y sus implicaciones para la conservación de mamíferos silvestres." *Lyonia* 10 (2006): 47–57.

7、喧囂之中

Amézquita, Adolfo, Sandra Victoria Flechas, Albertina Pimentel Lima, Herbert Gasser, and Walter Hödl. "Acoustic interference and recognition space within a complex assemblage of dendrobatid frogs." *Proceedings of the National Academy of Sciences* 108 (2011): 17058–63.

Aubin, Thierry, and Pierre Jouventin. "How to vocally identify kin in a crowd: the penguin model." *Advances in the Study of Behavior* 31 (2002): 243–78.

Barringer, Lawrence E., Charles R. Bartlett, and Terry L. Erwin. "Canopy assemblages and species richness of planthoppers (Hemiptera: Fulgoroidea) in the Ecuadorian Amazon." *Insecta Mundi* (2019) 0726: 1–16.

Bass, Margot S., Matt Finer, Clinton N. Jenkins, Holger Kreft, Diego F. Cisneros-Heredia, Shawn F. McCracken, Nigel CA Pitman et al. "Global conservation significance of Ecuador's Yasuní National Park." *PLOS One* 5 (2010): e8767.

Blake, John G., and Bette A. Loiselle. "Enigmatic declines in bird numbers in lowland forest of eastern Ecuador may be a consequence of climate change." *PeerJ* 3 (2015): e1177.

Brumm, Henrik, and Marc Naguib. "Environmental acoustics and the evolution of bird song." *Advances in the Study of Behavior* 40 (2009): 1–33.

Brumm, Henrik, and Hans Slabbekoorn. "Acoustic communication in noise." *Advances in the Study of Behavior* 35 (2005): 151–209.

Carlson, Nora V., Erick Greene, and Christopher N. Templeton. "Nuthatches vary their alarm calls based upon the source of the eavesdropped signals." *Nature Communications* 11 (2020): 1–7.

Colombelli-Négrel, Diane, and Christine Evans. "Superb fairy-wrens respond more to alarm calls from mate and kin compared to unrelated individuals." *Behavioral Ecology* 28 (2017): 1101–12.

Cottingham, John. " 'A brute to the brutes?': Descartes' treatment of animals." *Philosophy* 53 (1978): 551–59.

Dalziell, Anastasia H., Alex C. Maisey, Robert D. Magrath, and Justin A. Welbergen. "Male lyrebirds create a complex acoustic illusion of a mobbing flock during courtship and copulation." *Current Biology* (2021). https://doi.org/10.1016/j.cub.2021.02.003.

Evans, Samuel, Carolyn McGettigan, Zarinah K. Agnew, Stuart Rosen, and Sophie K. Scott. "Getting the cocktail party started: masking effects in speech perception." *Journal of Cognitive Neuroscience* 28 (2016): 483– 500.

Farrow, Lucy F., Ahmad Barati, and Paul G. McDonald. "Cooperative bird discriminates between individuals based purely on their aerial alarm calls." *Behavioral Ecology* 31 (2020): 440–47.

Flower, Tom P., Matthew Gribble, and Amanda R. Ridley. "Deception by flexible alarm mimicry in an African bird." *Science* 344 (2014): 513–16.

Greene, Erick, and Tom Meagher. "Red squirrels, *Tamiasciurus hudsonicus*, produce predator-class specific alarm calls." *Animal Behaviour* 55 (1998): 511–18.

Hansen, John H. L., Mahesh Kumar Nandwana, and Navid Shokouhi. "Analysis of human scream and its impact on text-independent speaker verification." *Journal of the Acoustical Society of America* 141 (2017): 2957–67.

Hedwig, Berthold, and Daniel Robert. "Auditory Parasitoid Flies Exploiting Acoustic Communication of Insects." In *Insect Hearing and Acoustic Communication*, edited by Hedwig Berthold, 45–63. Berlin: Springer, 2014.

Hulse, Stewart H. "Auditory scene analysis in animal communication." *Advances in the Study of Behavior* 31 (2002): 163–201.

Jain, Manjari, Swati Diwakar, Jimmy Bahuleyan, Rittik Deb, and Rohini Balakrishnan. "A rain forest dusk chorus: cacophony or sounds of silence?" *Evolutionary Ecology* 28 (2014): 1–22.

Krause, Bernard L. "Bioacoustics, habitat ambience in ecological balance." *Whole Earth Review* (57) 14–18.

Krause, Bernard L. "The niche hypothesis: a virtual symphony of animal sounds, the origins of musical expression and the health of habitats." *Soundscape Newsletter* 6 (1993): 6–10.

Lindsay, Jessica, "Why Do Caterpillars Whistle? Acoustic Mimicry of Bird Alarm Calls in the Amorpha juglandis Caterpillar" (2015). University of Montana, Missoula, Undergraduate Theses, Professional Papers, and Capstone Artifacts. https://scholarworks.umt.edu/utpp/60.

Magrath, Robert D., Tonya M. Haff, Pamela M. Fallow, and Andrew N. Radford. "Eavesdropping on heterospecific alarm calls: from mechanisms to consequences." *Biological Reviews* 90 (2015): 560–86.

McLachlan, Jessica R., and Robert D. Magrath. "Speedy revelations: how alarm calls can convey rapid, reliable information about urgent danger." *Proceedings of the Royal Society B* 287 (2020): 20192772.

Price, Tabitha, Philip Wadewitz, Dorothy Cheney, Robert Seyfarth, Kurt Hammerschmidt, and Julia Fischer. "Vervets revisited: a quantitative analysis of alarm call structure and context specificity." *Scientific Reports* 5 (2015): 13220.

Schmidt, Arne K. D., and Rohini Balakrishnan. "Ecology of acoustic signalling and the problem of masking interference in insects." *Journal of Comparative Physiology A* 201 (2015): 133–42.

Schmidt, Arne KD, Klaus Riede, and Heiner Römer. "High background noise shapes selective auditory filters in a tropical cricket." *Journal of Experimental Biology* 214 (2011): 1754–62.

Schmidt, Arne K. D., Heiner Römer, and Klaus Riede. "Spectral niche segregation and community organization in a tropical cricket assemblage." *Behavioral Ecology* 24 (2013): 470–80.

Suarez, Esteban, Manuel Morales, Rubén Cueva, V. Utreras Bucheli, Galo Zapata-Ríos, Eduardo Toral, Javier Torres, Walter Prado, and J. Vargas Olalla. "Oil industry, wild meat trade and roads: indirect effects of oil extraction activities in a protected area in north-eastern Ecuador." *Animal Conservation* 12 (2009): 364–73.

Summers, Kyle, S. E. A. McKeon, J. O. N. Sellars, Mark Keusenkothen, James Morris, David Gloeckner, Corey Pressley, Blake Price, and Holly Snow. "Parasitic exploitation as an engine of diversity." *Biological Reviews* 78 (2003): 639–75.

Swing, Kelly. "Preliminary observations on the natural history of representative treehoppers (Hemiptera, Auchenorrhyncha, Cicadomorpha: Membracidae and Aetalionidae) in the Yasuní Biosphere Reserve, including first reports of 13 genera for Ecuador and the province of Orellana." *Avances en Ciencias e Ingenierias* 4 (2012): B10–B38.

Templeton, Christopher N., Erick Greene, and Kate Davis. "Allometry of alarm calls: black-capped chickadees encode information about predator size." *Science* 308 (2005): 1934–37.

Tobias, Joseph A., Robert Planqué, Dominic L. Cram, and Nathalie Seddon. "Species interactions and the structure of complex communication networks." *Proceedings of the National Academy of Sciences* 111 (2014): 1020–25.

Zuk, Marlene, John T. Rotenberry, and Robin M. Tinghitella. "Silent night: adaptive disappearance of a sexual signal in a parasitized population of field crickets." *Biology Letters* 2 (2006): 521–24.

8、性事與美

Archetti, Marco. "Evidence from the domestication of apple for the maintenance of autumn colours by coevolution." *Proceedings of the Royal Society B* 276 (2009): 2575–80.

Baker, Myron C., Merrill SA Baker, and Laura M. Tilghman. "Differing effects of isolation on evolution of bird songs: examples from an island-mainland comparison of three species." *Biological Journal of the Linnean Society* 89 (2006): 331– 42.

Beasley, V. R., R. Cole, C. Johnson, L. Johnson, C. Lieske, J. Murphy, M. Piwoni, C. Richards, P. Schoff, and A. M. Schotthoefer. "Environmental factors that influence amphibian community structure and health as indicators of ecosystems." Final Report EPA Grant R825867 (2001). https://cfpub.epa.gov/ncer_abstracts/index.cfm/fuseaction/display.highlight/abstract/ 274/report/F.

Biernaskie, Jay M., Alan Grafen, and Jennifer C. Perry. "The evolution of index signals to avoid the cost of dishonesty." *Proceedings of the Royal Society B* 281 (2014): 20140876.

Boccia, Maddalena, Sonia Barbetti, Laura Piccardi, Cecilia Guariglia, Fabio Ferlazzo, Anna Maria Giannini, and D. W. Zaidel. "Where does brain neural activation in aesthetic responses to visual art occur? Meta-analytic evidence from neuroimaging studies." *Neuroscience & Biobehavioral Reviews* 60 (2016): 65–71.

Butterfield, Brian P., Michael J. Lannoo, and Priya Nanjappa. "*Pseudacris crucifer*. Spring Peeper." AmphibiaWeb. Accessed May 23, 2020. http://amphibiaweb.org.

Conway, Bevil R., and Alexander Rehding. "Neuroaesthetics and the trouble with beauty." *PLOS Biology* 11 (2013): e1001504.

Cresswell, Will. "Song as a pursuit-deterrent signal, and its occurrence relative to other anti-predation behaviours of skylark (*Alauda arvensis*) on attack by merlins (*Falco columbarius*)." *Behavioral Ecology and Sociobiology* 34 (1994): 217–23.

Cummings, Molly E., and John A. Endler. "25 Years of sensory drive: the evidence and its watery bias." *Current Zoology* 64 (2018): 471–84.

Darwin, Charles. *On the Origin of Species by Means of Natural Selection, or the Preservation of Favoured Races in the Struggle for Life*. London: Murray, 1859. http://darwin-online.org.uk/.

Eberhardt, Laurie S. "Oxygen consumption during singing by male Carolina wrens (*Thryothorus ludovicianus*)." *Auk* 111 (1994): 124–30.

Fisher, Ronald A. "The evolution of sexual preference." *Eugenics Review* 7 (1915): 184–92.

Forester, Don C., and Richard Czarnowsky. "Sexual selection in the spring peeper, *Hyla crucifer* (Amphibia, Anura): role of the advertisement call." *Behaviour* 92 (1985): 112–27.

Forester, Don C., and W. Keith Harrison. "The significance of antiphonal vocalisation by the spring peeper, *Pseudacris crucifer* (Amphibia, Anura)." *Behaviour* 103 (1987): 1–15.

Fowler-Finn, Kasey D., and Rafael L. Rodríguez. "The causes of variation in the presence of genetic covariance between sexual traits and preferences." *Biological Reviews* 91 (2016): 498–510.

Grant, Peter R., and B. Rosemary Grant. "The founding of a new population of Darwin's finches." *Evolution* 49 (1995): 229–40.

Gray, David A., and William H. Cade. "Sexual selection and speciation in field crickets." *Proceedings of the National Academy of Sciences* 97 (2000): 14449–54.

Henshaw, Jonathan M., and Adam G. Jones. "Fisher's lost model of runaway sexual selection." *Evolution* 74 (2019): 487– 94.

Hill, Brad G., and M. Ross Lein. "The non-song vocal repertoire of the white-crowned sparrow." *Condor* 87 (1985): 327–35.

Humfeld, Sarah C., Vincent T. Marshall, and Mark A. Bee. "Context-dependent plasticity of aggressive signalling in a dynamic social environment." *Animal Behaviour* 78 (2009): 915–24.

Kirkpatrick, Mark. "Sexual selection and the evolution of female choice." *Evolution* 82 (1982): 1–12.

Kruger, M. Charlotte, Carina J. Sabourin, Alexandra T. Levine, and Stephen G. Lomber. "Ultrasonic hearing in cats and other terrestrial mammals." *Acoustics Today* 17 (2021): 18–25.

Kuhelj, Anka, Maarten De Groot, Franja Pajk, Tatjana Simčič, and Meta Virant-Doberlet. "Energetic cost of vibrational signalling in a leafhopper." *Behavioral Ecology and Sociobiology* 69 (2015): 815–28.

Laland, Kevin N. "On the evolutionary consequences of sexual imprinting." *Evolution* 48 (1994): 477–89.

Lande, Russell. "Models of speciation by sexual selection on polygenic traits." *Proceedings of the National Academy of Sciences* 78 (1981): 3721–25.

Lemmon, Emily Moriarty. "Diversification of conspecific signals in sympatry: geographic overlap drives multidimensional reproductive character displacement in frogs." *Evolution* 63 (2009): 1155–70.

Lemmon, Emily Moriarty, and Alan R. Lemmon. "Reinforcement in chorus frogs: lifetime fitness estimates including intrinsic natural selection and sexual selection against hybrids." *Evolution* 64 (2010): 1748–61.

Ligon, Russell A., Christopher D. Diaz, Janelle L. Morano, Jolyon Troscianko, Martin Stevens, Annalyse Moskeland, Timothy G. Laman, and Edwin Scholes III. "Evolution of correlated complexity in the radically different courtship signals of birds-of-paradise." *PLOS Biology* 16 (2018): e2006962.

Lykens, David V., and Don C. Forester. "Age structure in the spring peeper: do males advertise longevity?" *Herpetologica* (1987): 216–23.

Marshall, David C., and Kathy BR Hill. "Versatile aggressive mimicry of cicadas by an Australian predatory katydid." *PLOS One* 4 (2009).

Matsumoto, Yui K., and Kazuo Okanoya. "Mice modulate ultrasonic calling bouts according to sociosexual context." *Royal Society Open Science* 5 (2018): 180378.

Mead, Louise S., and Stevan J. Arnold. "Quantitative genetic models of sexual selection." *Trends in Ecology & Evolution* 19 (2004): 264–71.

Miles, Meredith C., Eric R. Schuppe, R. Miller Ligon IV, and Matthew J. Fuxjager. "Macroevolutionary patterning of woodpecker drums reveals how sexual selection elaborates signals under constraint." *Proceedings of the Royal Society B* 285 (2018): 20172628.

Odom, Karan J., Michelle L. Hall, Katharina Riebel, Kevin E. Omland, and Naomi E. Langmore. "Female song is widespread and ancestral in songbirds." *Nature Communications* 5 (2014): 1–6.

Pašukonis, Andrius, Matthias-Claudio Loretto, and Walter Hödl. "Map-like navigation from distances exceeding routine movements in the three-striped poison frog (*Ameerega trivittata*)." *Journal of Experimental Biology* 221 (2018).

Pašukonis, Andrius, Katharina Trenkwalder, Max Ringler, Eva Ringler, Rosanna Mangione, Jolanda Steininger, Ian Warrington, and Walter Hödl. "The significance of spatial memory for water finding in a tadpole-transporting frog." *Animal Behaviour* 116 (2016): 89–98.

Patricelli, Gail L., Eileen A. Hebets, and Tamra C. Mendelson. "Book review of Prum, RO 2018. The evolution of beauty." *Evolution* 73 (2019): 115–24.

Pomiankowski, Andrew, and Yoh Iwasa. "Evolution of multiple sexual preferences by Fisher's runaway process of sexual selection." *Proceedings of the Royal Society of London*. Series B 253 (1993): 173–81.

Proctor, Heather C. "Sensory exploitation and the evolution of male mating behaviour: a cladistic test using water mites (Acari: Parasitengona)." *Animal Behaviour* 44 (1992): 745–52.

Prokop, Zofia M., and Szymon M. Drobniak. "Genetic variation in male attractiveness: it is time to see the forest for the trees." *Evolution* 70 (2016): 913–21.

Prokop, Zofia M., Łukasz Michalczyk, Szymon M. Drobniak, Magdalena Herdegen, and Jacek Radwan. "Meta-analysis suggests choosy females get sexy sons more than 'good genes.' " *Evolution* 66 (2012): 2665–73.

Prum, Richard O. "Aesthetic evolution by mate choice: Darwin's really dangerous idea." *Philosophical Transactions of the Royal Society B* 367 (2012): 2253–65.

Prum, Richard O. *The Evolution of Beauty*. Doubleday: New York, 2017.

Prum, Richard O. "The Lande– Kirkpatrick mechanism is the null model of evolution by intersexual selection: implications for meaning, honesty, and design in intersexual signals." *Evolution* 64 (2010): 3085–100.

Purnell, Beverly A. "Intersexuality in female moles." *Science* 370 (2020): 182.

Reeder, Amy L., Marilyn O. Ruiz, Allan Pessier, Lauren E. Brown, Jeffrey M. Levengood, Christopher A. Phillips, Matthew B. Wheeler, Richard E. Warner, and Val R. Beasley. "Intersexuality and the cricket frog decline: historic and geographic trends." *Environmental Health Perspectives* 113 (2005): 261–65.

Rendell, Luke, Laurel Fogarty, and Kevin N. Laland. "Runaway cultural niche construction." *Philosophical Transactions of the Royal Society B* 366 (2011): 823–35.

Riebel, Katharina, Karan J. Odom, Naomi E. Langmore, and Michelle L. Hall. "New insights from female bird song: towards an integrated approach to studying male and female communication roles." *Biology Letters* 15 (2019): 20190059.

Rothenberg, David. *Survival of the Beautiful*. New York: Bloomsbury Press, 2011.

Roughgarden, Joan. "Homosexuality and Evolution: A Critical Appraisal." In *On Human Nature*, edited by Michel Tibayrenc and Francisco J. Ayala, 495–516. New York: Academic Press, 2017.

Ryan, Michael J. "Coevolution of sender and receiver: effect on local mate preference in cricket frogs." *Science* 240 (1988): 1786.

Schoffelen, Richard L. M., Johannes M. Segenhout, and Pim Van Dijk. "Mechanics of the exceptional anuran ear." *Journal of Comparative Physiology A* 194 (2008): 417–28.

Short, Stephen, Gongda Yang, Peter Kille, and Alex T. Ford. "A widespread and distinctive form of amphipod intersexuality not induced by known feminising parasites." *Sexual Development* 6 (2012). 320–24.

Skelly, David K., Susan R. Bolden, and Kirstin B. Dion. "Intersex frogs concentrated in suburban and urban landscapes." *EcoHealth* 7 (2010): 374–79.

Solnit, Rebecca. *Recollections of My Nonexistence*. New York: Viking, 2020.

Starnberger, Iris, Doris Preininger, and Walter Hödl. "The anuran vocal sac: a tool for multimodal signalling." *Animal Behaviour* 97 (2014): 281–88.

Stewart, Kathryn. "Contact Zone Dynamics and the Evolution of Reproductive Isolation in a North American Treefrog, the Spring Peeper (*Pseudacris crucifer*)." (PhD diss., Queen's University, 2013).

Taborsky, Michael, and H. Jane Brockmann. "Alternative Reproductive Tactics and Life History Phenotypes." In *Animal Behaviour: Evolution and Mechanisms*, edited by Peter M. Kappeler, 537–86. Berlin: Springer, 2010.

Wilczynski, Walter, Harold H. Zakon, and Eliot A. Brenowitz. "Acoustic communication in spring peepers." *Journal of Comparative Physiology A* 155 (1984): 577–84.

Zamudio, Kelly R., and Lauren M. Chan. "Alternative Reproductive Tactics in Amphibians." In *Alternative Reproductive Tactics: An Integrative Approach*, edited by Rui F. Oliveira,

Michael Taborsky, and Jane Brockmann, 300–31. Cambridge: Cambridge University Press, 2008.
Zhang, Fang, Juan Zhao, and Albert S. Feng. "Vocalizations of female frogs contain nonlinear characteristics and individual signatures." *PLOS One* 12 (2017).
Zimmitti, Salvatore J. "Individual variation in morphological, physiological, and biochemical features associated with calling in spring peepers (*Pseudacris crucifer*)." *Physiological and Biochemical Zoology* 72 (1999): 666–76.

9、發聲學習與文化

Bolhuis, Johan J., Kazuo Okanoya, and Constance Scharff. "Twitter evolution: converging mechanisms in birdsong and human speech." *Nature Reviews Neuroscience* 11 (2010): 747–59.
Brakes, Philippa, Sasha R. X. Dall, Lucy M. Aplin, Stuart Bearhop, Emma L. Carroll, Paolo Ciucci, Vicki Fishlock et al. "Animal cultures matter for conservation." *Science* 363 (2019): 1032–34.
Cavitt, John F., and Carola A. Haas (2020). Brown Thrasher (*Toxostoma rufum*). In *Birds of the World*, edited by A. F. Poole. https://doi.org/10.2173/bow.brnthr.01.
Cheney, Dorothy L., and Robert M. Seyfarth. "Flexible usage and social function in primate vocalizations." *Proceedings of the National Academy of Sciences* 115 (2018): 1974–79.
Chilton, G., M. C. Baker, C. D. Barrentine, and M. A. Cunningham (2020). White-crowned Sparrow (*Zonotrichia leucophrys*). In *Birds of the World*, edited by A. F. Poole and F. B. Gill. https://doi.org/10.2173/bow.whcspa.01.
Crates, Ross, Naomi Langmore, Louis Ranjard, Dejan Stojanovic, Laura Rayner, Dean Ingwersen, and Robert Heinsohn. "Loss of vocal culture and fitness costs in a critically endangered songbird." *Proceedings of the Royal Society B* 288 (2021): 20210225.
Derryberry, Elizabeth P. "Ecology shapes birdsong evolution: variation in morphology and habitat explains variation in white-crowned sparrow song." *American Naturalist* 174 (2009): 24–33.
Ferrigno, Stephen, Samuel J. Cheyette, Steven T. Piantadosi, and Jessica F. Cantlon. "Recursive sequence generation in monkeys, children, US adults, and native Amazonians." *Science Advances* 6 (2020): eaaz1002.
Gentner, Timothy Q., Kimberly M. Fenn, Daniel Margoliash, and Howard C. Nusbaum. "Recursive syntactic pattern learning by songbirds." *Nature* 440 (2006): 1204–7.
Gero, Shane, Hal Whitehead, and Luke Rendell. "Individual, unit and vocal clan level identity cues in sperm whale codas." *Royal Society Open Science* 3 (2016): 150372.
Kroodsma, Donald E. "Vocal Behavior." In *Handbook of Bird Biology*, 2nd ed. Ithaca, NY: Cornell Lab of Ornithology, 2004.
Lachlan, Robert F., Oliver Ratmann, and Stephen Nowicki. "Cultural conformity generates extremely stable traditions in bird song." *Nature Communications* 9 (2018): 1–9.
Lipshutz, Sara E., Isaac A. Overcast, Michael J. Hickerson, Robb T. Brumfield, and Elizabeth P. Derryberry. "Behavioural response to song and genetic divergence in two subspecies of white-crowned sparrows (*Zonotrichia leucophrys*)." *Molecular Ecology* 26 (2017): 3011–27.
Marler, Peter. "A comparative approach to vocal learning: song development in white-crowned sparrows." *Journal of Comparative and Physiological Psychology* 71 (1970): 1.
May, Michael. "Recordings That Made Waves: The Songs That Saved the Whales." National Public Radio, *All Things Considered*. December 26, 2014.
Nelson, Douglas A. "A preference for own-subspecies' song guides vocal learning in a song bird." *Proceedings of the National Academy of Sciences* 97 (2000): 13348–53.
Nelson, Douglas A., Karen I. Hallberg, and Jill A. Soha. "Cultural evolution of Puget sound white-crowned sparrow song dialects." *Ethology* 110 (2004): 879–908.
Nelson, Douglas A., Peter Marler, and Alberto Palleroni. "A comparative approach to vocal learning: intraspecific variation in the learning process." *Animal Behaviour* 50 (1995): 83–97.
Otter, Ken A., Alexandra Mckenna, Stefanie E. LaZerte, and Scott M. Ramsay. "Continent-wide shifts in song dialects of white-throated sparrows." *Current Biology* 30 (2020): 3231–35.
Paxton, Kristina L., Esther Sebastián-González, Justin M. Hite, Lisa H. Crampton, David Kuhn, and Patrick J. Hart. "Loss of cultural song diversity and the convergence of songs in a declining Hawaiian forest bird community." *Royal Society Open Science* 6 (2019): 190719.
Rosenberg, Kenneth V., Adriaan M. Dokter, Peter J. Blancher, John R. Sauer, Adam C. Smith, Paul A. Smith, Jessica C. Stanton et al. "Decline of the North American avifauna." *Science* 366 (2019): 120–24.
Safina, Carl. *Becoming Wild*. New York: Henry Holt, 2020.
Simmons, Andrea Megela, and Darlene R. Ketten. "How a frog hears." *Acoustics Today* 16 (2020): 67–74.

Slabbekoorn, Hans, and Thomas B. Smith. "Bird song, ecology and speciation." *Philosophical Transactions of the Royal Society of London*. Series B 357 (2002): 493–503.

Thornton, Alex, and Tim Clutton-Brock. "Social learning and the development of individual and group behaviour in mammal societies." *Philosophical Transactions of the Royal Society B* 366 (2011): 978–87.

Trainer, Jill M. "Cultural evolution in song dialects of yellow-rumped caciques in Panama." *Ethology* 80 (1989): 190–204.

Tyack, Peter L. "A taxonomy for vocal learning." *Philosophical Transactions of the Royal Society B* 375 (2020): 20180406.

Uy, J. Albert C., Darren E. Irwin, and Michael S. Webster. "Behavioral isolation and incipient speciation in birds." *Annual Review of Ecology, Evolution, and Systematics* 49 (2018): 1–24.

Whitehead, Hal, Kevin N. Laland, Luke Rendell, Rose Thorogood, and Andrew Whiten. "The reach of gene-culture coevolution in animals." *Nature Communications* 10 (2019): 1–10.

Whiten, Andrew. "A second inheritance system: the extension of biology through culture." *Interface Focus* 7 (2017): 20160142.

Wickman, Forrest. "Who Really Said You Should 'Kill Your Darlings'?" *Slate Magazine*, October 18, 2013. https://slate.com/culture/2013/10/kill-your-darlings-writing-advice-what-writer-really-said-to-murder-your-babies.html.

10、深時的印記

Batista, Romina, Urban Olsson, Tobias Andermann, Alexandre Aleixo, Camila Cherem Ribas, and Alexandre Antonelli. "Phylogenomics and biogeography of the world's thrushes (Aves, *Turdus*): new evidence for a more parsimonious evolutionary history." *Proceedings of the Royal Society B* 287 (2020): 20192400.

Cigliano, María M., Holger Braun, David C. Eades, and Daniel Otte. *Orthoptera Species File*. Version 5.0/5.0. June 22, 2020. http://Orthoptera.SpeciesFile.org.

Curtis, Syndey, and H. E. Taylor. "Olivier Messiaen and the Albert's Lyrebird: from Tamborine Mountain to Éclairs sur l'au-delà.' " In *Olivier Messiaen: The Centenary Papers*, edited by Judith Crispin, 52–79. Newcastle upon Tyne, UK: Cambridge Scholars Publishing, 2010.

Ducker, Sophie. *The Contented Botanist: Letters of W. H. Harvey about Australia and the Pacific*. Melbourne: Miegunyah Press, 1984.

Fuchs, Jérôme, Martin Irestedt, Jon Fjeldså, Arnaud Couloux, Eric Pasquet, and Rauri C. K. Bowie. "Molecular phylogeny of African bush-shrikes and allies: tracing the biogeographic history of an explosive radiation of corvoid birds." *Molecular Phylogenetics and Evolution* 64 (2012): 93–105.

Heads, Sam W., and Léa Leuzinger. "On the placement of the Cretaceous orthopteran *Brauckmannia groeningae* from Brazil, with notes on the relationships of Schizodactylidae (Orthoptera, Ensifera)." *ZooKeys* 77 (2011): 17.

Hill, Kathy B. R., David C. Marshall, Maxwell S. Moulds, and Chris Simon. "Molecular phylogenetics, diversification, and systematics of Tibicen Latreille 1825 and allied cicadas of the tribe Cryptotympanini, with three new genera and emphasis on species from the USA and Canada (Hemiptera: Auchenorrhyncha: Cicadidae)." *Zootaxa* 3985 (2015): 219–51.

Hopper, Stephen D. "OCBIL theory: towards an integrated understanding of the evolution, ecology and conservation of biodiversity on old, climatically buffered, infertile landscapes." *Plant and Soil* 322 (2009): 49–86.

Jønsson, Knud Andreas, Pierre-Henri Fabre, Jonathan D. Kennedy, Ben G. Holt, Michael K. Borregaard, Carsten Rahbek, and Jon Fjeldså. "A supermatrix phylogeny of corvoid passerine birds (Aves: Corvides)." *Molecular Phylogenetics and Evolution* 94 (2016): 87–94.

Kearns, Anna M., Leo Joseph, and Lyn G. Cook. "A multilocus coalescent analysis of the speciational history of the Australo-Papuan butcherbirds and their allies." *Molecular Phylogenetics and Evolution* 66 (2013): 941–52.

Low, Tim. *Where Song Began: Australia's Birds and How They Changed the World*. New Haven, CT: Yale University Press, 2016.

Marshall, David C., Max Moulds, Kathy B. R. Hill, Benjamin W. Price, Elizabeth J. Wade, Christopher L. Owen, Geert Goemans et al. "A molecular phylogeny of the cicadas (Hemiptera: Cicadidae) with a review of tribe and subfamily classification." *Zootaxa* 4424 (2018): 1–64.

Mayr, Gerald. "Old World fossil record of modern-type hummingbirds." *Science* 304 (2004): 861–64.

McGuire, Jimmy A., Christopher C. Witt, J. V. Remsen Jr., Ammon Corl, Daniel L. Rabosky, Douglas L. Altshuler, and Robert Dudley. "Molecular phylogenetics and the diversification of hummingbirds." *Current Biology* 24 (2014): 910–16.

Nicholson, David B., Peter J. Mayhew, and Andrew J. Ross. "Changes to the fossil record of insects through fifteen years of discovery." *PLOS One* 10 (2015): e0128554.

Oliveros, Carl H., Daniel J. Field, Daniel T. Ksepka, F. Keith Barker, Alexandre Aleixo, Michael J. Andersen, Per Alström et al. "Earth history and the passerine superradiation." *Proceedings of the National Academy of Sciences* 116 (2019): 7916–25.

Orians, Gordon H., and Antoni V. Milewski. "Ecology of Australia: the effects of nutrient-poor soils and intense fires." *Biological Reviews* 82 (2007): 393–423.

Ratcliffe, Eleanor, Birgitta Gatersleben, and Paul T. Sowden. "Predicting the perceived restorative potential of bird sounds through acoustics and aesthetics." *Environment and Behavior* 52 (2020): 371–400.

Sætre, G-P., S. Riyahi, Mansour Aliabadian, Jo S. Hermansen, S. Hogner, U. Olsson, M. F. Gonzalez Rojas, S. A. Sæther, C. N. Trier, and T. O. Elgvin. "Single origin of human commensalism in the house sparrow." *Journal of Evolutionary Biology* 25 (2012): 788–96.

Scheffers, Brett R., Brunno F. Oliveira, Ieuan Lamb, and David P. Edwards. "Global wildlife trade across the tree of life." *Science* 366 (2019): 71–76.

Toda, Yasuka, Meng-Ching Ko, Qiaoyi Liang, Eliot T. Miller, Alejandro Rico-Guevara, Tomoya Nakagita, Ayano Sakakibara, Kana Uemura, Timothy Sackton, Takashi Hayakawa, Simon Yung Wa Sin, Yoshiro Ishimaru, Takumi Misaka, Pablo Oteiza, James Crall, Scott V. Edwards, William Buttemer, Shuichi Matsumura, and Maude W. Baldwin. "Early Origin of Sweet Perception in the Songbird Radiation." *Science* 373 (2021): 226–31.

Wang, H., Y. N. Fang, Y. Fang, E. A. Jarzembowski, B. Wang, and H. C. Zhang. "The earliest fossil record of true crickets belonging to the Baissogryllidae (Insecta, Orthoptera, Grylloidea)." *Geological Magazine* 156 (2019): 1440–44.

Whitehouse, Andrew. "Senses of Being: The Atmospheres of Listening to Birds in Britain, Australia and New Zealand." In *Exploring Atmospheres Ethnographically*, edited by Sara Asu Schroer and Susanne Schmitt, 61–75. Abingdon, UK: Routledge, 2018.

11、骨頭、象牙、氣息

Albouy, Philippe, Lucas Benjamin, Benjamin Morillon, and Robert J. Zatorre. "Distinct sensitivity to spectrotemporal modulation supports brain asymmetry for speech and melody." *Science* 367 (2020): 1043–47.

Aubert, Maxime, Rustan Lebe, Adhi Agus Oktaviana, Muhammad Tang, Basran Burhan, Andi Jusdi, Budianto Hakim et al. "Earliest hunting scene in prehistoric art." *Nature* (2019): 1–4.

Centre Pompidou. *Préhistoire, Une Énigme Moderne*. Exhibition. Paris, France (2019).

Conard, Nicholas., Michael Bolus, Paul Goldberg, and Suzanne C. Münzel. "The Last Neanderthals and First Modern Humans in the Swabian Jura." In *When Neanderthals and Modern Humans Met*, edited by Nicholas Conrad. Tübingen, Germany: Tübingen Publications in Prehistory, 2006.

Conard, Nicholas J., Michael Bolus, and Susanne C. Münzel. "Middle Paleolithic land use, spatial organization and settlement intensity in the Swabian Jura, southwestern Germany." *Quaternary International* 247 (2012): 236–45.

Conard, Nicholas J., Keiko Kitagawa, Petra Krönneck, Madelaine Böhme, and Susanne C. Münzel. "The importance of fish, fowl and small mammals in the Paleolithic diet of the Swabian Jura, southwestern Germany." In *Zooarchaeology and Modern Human Origins*, edited by Jamie Clark, and John D. Speth, 173–90. Dordrecht: Springer, 2013.

Conard, Nicholas J., and Maria Malina. "New evidence for the origins of music from caves of the Swabian Jura." *Orient-archäologie* 22 (2008): 13–22.

Conard, Nicholas J., Maria Malina, and Susanne C. Münzel. "New flutes document the earliest musical tradition in southwestern Germany." *Nature* 460 (2009): 737.

d'Errico, Francesco, Paola Villa, Ana C. Pinto Llona, and Rosa Ruiz Idarraga. "A Middle Palaeolithic origin of music? Using cave-bear bone accumulations to assess the Divje Babe I bone 'flute.' " *Antiquity* 72 (1998): 65–79.

d'Errico, Francesco, Christopher Henshilwood, Graeme Lawson, Marian Vanhaeren, Anne-Marie Tillier, Marie Soressi, Frédérique Bresson et al. "Archaeological evidence for the emergence of language, symbolism, and music—an alternative multidisciplinary perspective." *Journal of World Prehistory* 17 (2003): 1–70.

Dutkiewicz, Ewa, Sibylle Wolf, and Nicholas J. Conard. "Early symbolism in the Ach and the Lone valleys of southwestern Germany." *Quaternary International* 491 (2017): 30–45.

Floss, Harald. "Same as it ever was? The Aurignacian of the Swabian Jura and the origins of Palaeolithic art." *Quaternary International* 491 (2018): 21–29.

Guenther, Mathias. "N//àe ("Talking"): The oral and rhetorical base of San culture." *Journal of Folklore Research* 43 (2006): 241–61.

Güntürkün, Onur, Felix Ströckens, and Sebastian Ocklenburg. "Brain lateralization: a comparative perspective." *Physiological Reviews* 100 (2020): 1019–63.

Hahn, Joachim, and Susanne C. Münzel. "Knochenflöten aus dem Aurignacien des Geißenklösterle bei Blaubeuren, Alb-Donau-Kreis." *Fundberichte aus Baden-Württemberg* 20 (1995): 1– 12.

Hardy, Bruce L., Michael Bolus, and Nicholas J. Conard. "Hammer or crescent wrench? Stone-tool form and function in the Aurignacian of southwest Germany." *Journal of Human Evolution* 54 (2008): 648–62.

Henshilwood, Christopher S., Francesco d'Errico, Karen L. van Niekerk, Laure Dayet, Alain Queffelec, and Luca Pollarolo. "An abstract drawing from the 73,000-year-old levels at Blombos Cave, South Africa." *Nature* 562 (2018): 115.

Higham, Thomas, Laura Basell, Roger Jacobi, Rachel Wood, Christopher Bronk Ramsey, and Nicholas J. Conard. "Testing models for the beginnings of the Aurignacian and the advent of figurative art and music: the radiocarbon chronology of Geißenklösterle." *Journal of Human Evolution* 62 (2012): 664–76.

Jewell, Edward Alden. "Art Museum Opens Prehistoric Show." *New York Times*, April 28, 1937.

Kehoe, Laura. "Mysterious new behaviour found in our closest living relatives." *Conversation*, February 29, 2016.

Killin, Anton. "The origins of music: evidence, theory, and prospects." *Music & Science* 1 (2018): 2059204317751971.

Kühl, Hjalmar S., Ammie K. Kalan, Mimi Arandjelovic, Floris Aubert, Lucy D'Auvergne, Annemarie Goedmakers, Sorrel Jones et al. "Chimpanzee accumulative stone throwing." *Scientific Reports* 6 (2016): 1–8.

Malina, Maria, and Ralf Ehmann. "Elfenbeinspaltung im Aurignacien Zur Herstellungstechnik der Elfenbeinflöte aus dem Geißenklösterle." *Mitteilungen der Gesellschaft für Urgeschichte* 18 (2009): 93–107.

Mehr, Samuel A., Manvir Singh, Dean Knox, Daniel M. Ketter, Daniel Pickens-Jones, Stephanie Atwood, Christopher Lucas et al. "Universality and diversity in human song." *Science* 366 (2019): eaax0868.

Morley, Iain. *The Prehistory of Music: Human Evolution, Archaeology, and the Origins of Musicality*. Oxford, UK: Oxford University Press, 2013.

Münzel, Susanne, Nicholas J. Conrad, Wulf Hein, Frances Gill, Anna Friederike Potengowski. "Interpreting three Upper Palaeolithic wind instruments from Germany and one from France as flutes. (Re)construction, playing techniques and sonic results." *Studien zur Musikarchäologie* X (2016): 225–43.

Münzel, Susanne, Friedrich Seeberger, and Wulf Hein. "The Geißenklösterle Flute—discovery, experiments, reconstruction." *Studien zur Musikarchäologie* III (2002): 107–18.

Museum of Modern Art. *Prehistoric Rock Pictures in Europe and Africa*, 28 April to 30 May 1937. https://www.moma.org/interactives/exhibitions/2016/spelunker/exhibitions/3037/.

Novitskaya, E., C. J. Ruestes, M. M. Porter, V. A. Lubarda, M. A. Meyers, and J. McKittrick. "Reinforcements in avian wing bones: experiments, analysis, and modeling." *Journal of the Mechanical Behavior of Biomedical Materials* 76 (2017): 85–96.

Peretz, Isabelle, Dominique Vuvan, Marie-Élaine Lagrois, and Jorge L. Armony. "Neural overlap in processing music and speech." *Philosophical Transactions of the Royal Society B* 370 (2015): 20140090.

Potengowski, Anna Friederike, and Susanne C. Münzel. "Hörbeispiele, Examples 1–33." *Mitteilungen der Gesellschaft für Urgeschichte*, 2015. https://uni-tuebingen.de/fakultaeten/mathematisch-naturwissenschaftliche-fakultaet/fachbereiche/geowissenschaften/arbeitsgruppen/urgeschichte-naturwissenschaftliche- archaeologie/forschungsbereich/aeltere-urgeschichte-quartaeroekologie/publikationen/gfu-mitteilungen/hoerbeispiele/.

Potengowski, A.F., and S. C. Münzel, 2015. Die musikalische "Vermessung" paläolithischer Blasinstrumente der Schwäbischen Albanhand von Rekonstruktionen. Anblastechniken, Tonmaterial und Klangwelt." *Mitteilungen der Gesellschaft für Urgeschichte* 24 (2015): 173– 91.

Potengowski, Anna Friederike (bone flutes), and Georg Wieland Wagner (percussion). *The Edge of Time: Palaeolithic Bone Flutes of France and Germany*, compact disc. Edinburgh, UK: Delphian Records, 2017.

Rhodes, Sara E., Reinhard Ziegler, Britt M. Starkovich, and Nicholas J. Conard. "Small mammal taxonomy, taphonomy, and the paleoenvironmental record during the Middle and Upper Paleolithic at Geißenklösterle Cave (Ach Valley, southwestern Germany)." *Quaternary Science Reviews* 185 (2018): 199–221.

Richard, Maïlys, Christophe Falguères, Helene Valladas, Bassam Ghaleb, Edwige Pons-Branchu, Norbert Mercier, Daniel Richter, and Nicholas J. Conard. "New electron spin resonance (ESR) ages from Geißenklösterle Cave: a chronological study of the Middle and early Upper Paleolithic layers." *Journal of Human Evolution* 133 (2019): 133–45.

Riehl, Simone, Elena Marinova, Katleen Deckers, Maria Malina, and Nicholas J. Conard. "Plant use and local vegetation patterns during the second half of the Late Pleistocene in southwestern Germany." *Archaeological and Anthropological Sciences* 7 (2015): 151–67.

Tomlinson, Gary. *A Million Years of Music: The Emergence of Human Modernity*. New York: Zone Books, 2015.

Zhang, Juzhong, Garman Harbottle, Changsui Wang, and Zhaochen Kong. "Oldest playable musical instruments found at Jiahu early Neolithic site in China." *Nature* 401 (1999): 366.

12、共鳴空間

Anderson, Tim. "How CDs Are Remastering the Art of Noise." *Guardian*, January 18, 2007.

Barron, M. “The Royal Festival Hall acoustics revisited.” *Applied Acoustics* 24 (1988): 255–73.
Boyden, David D., Peter Walls, Peter Holman, Karel Moens, Robin Stowell, Anthony Barnett, Matt Glaser et al. “Violin.” *Grove Music Online*. January 20, 2001. https://www.oxfordmusiconline.com/.
Cooper, Michel, and Robin Pogrebin. “After Years of False Starts, Geffen Hall Is Being Rebuilt. Really.” *New York Times*. December 2, 2019.
Díaz-Andreu, M., and T. Mattioli. “Rock Art Music, and Acoustics: A Global Overview.” In *The Oxford Handbook of the Archaeology and Anthropology of Rock Art*, edited by Bruno David and Ian J. McNiven, 503–28. Oxford, UK: Oxford University Press, 2017.
Ellison, Steve. “Innovations: Meyer Sound Spacemap Go.” *Pro Sound News* (2020). https://www.prosoundnetwork.com/gear-and-technology/innovations-meyer-sound-spacemap-go.
Emmerling, Caey, and Dallas Taylor. “The Loudness Wars.” *Twenty Thousand Hertz*. Podcast. https://www.20k.org/episodes/loudnesswars.
Fazenda, Bruno, Chris Scarre, Rupert Till, Raquel Jiménez Pasalodos, Manuel Rojo Guerra, Cristina Tejedor, Roberto Ontañón Peredo et al. “Cave acoustics in prehistory: exploring the association of Palaeolithic visual motifs and acoustic response.” *Journal of the Acoustical Society of America* 142 (2017): 1332–49.
Fei, Faye Chunfang. *Chinese Theories of Theater and Performance from Confucius to the Present*. Ann Arbor, MI: University of Michigan Press, 2002.
Giordano, Nicholas. “The invention and evolution of the piano.” *Acoustics Today* 12 (2016): 12–19.
Henahan, Donal.“Philharmonic Hall Is Returning.” *New York Times*, July 8, 1969.
Hill, Peggy S. M. “Environmental and social influences on calling effort in the prairie mole cricket (Gryllotalpa major).” *Behavioral Ecology* 9 (1998): 101–8.
Kopf, Dan. “How Headphones Are Changing the Sound of Music.” *Quartz*, December 18, 2019.
Kozinn, Allan. “More Tinkering with Acoustics at Avery Fisher.” *New York Times*, November 16, 1991.
Lardner, Björn, and Maklarin bin Lakim. “Tree-hole frogs exploit resonance effects.” *Nature* 420 (2002): 475.
Lawergren, Bo. “Neolithic drums in China.” *Studien zur Musik* V (2006): 109–27.
Manniche, Lise. *Music and Musicians in Ancient Egypt*. London: British Museum Press, 1991.
Manoff, Tom. “Do Electronics Have a Place in the Concert Hall? Maybe.” *New York Times*, March 31, 1991.
McKinnon, James W. “Hydraulis.” *Grove Music Online*. 2001. https://www.oxfordmusiconline.com/.
Michaels, Sean. “Metallica Album Latest Victim in ‘Loudness War’?” *Guardian*, September 17, 2008.
Montagu, Jeremy, Howard Mayer Brown, Jaap Frank, and Ardal Powell. “Flute.” *Grove Music Online*. 2001. https://www.oxfordmusiconline.com/.
Petrusich, Amanda. “Headphones Everywhere.” *New Yorker*, July 12, 2016.
Pike, Alistair W. G., Dirk L. Hoffmann, Marcos García-Diez, Paul B. Pettitt, Jose Alcolea, Rodrigo De Balbin, César Gonzalez-Sainz et al. “U-series dating of Paleolithic art in 11 caves in Spain.” *Science* 336 (2012): 1409–13.
Reznikoff, Iégor. “Sound resonance in prehistoric times: a study of Paleolithic painted caves and rocks.” *Journal of the Acoustical Society of America* 123 (2008): 3603.
Reznikoff, Iégor, and Michel Dauvois. “La dimension sonore des grottes ornées.” *Bulletin de la Société Préhistorique Française* 85 (1988): 238–46.
Ross, Alex. “Wizards of Sound.” *New Yorker*, February 16, 2015.
Scarre, Chris. “Painting by resonance.” *Nature* 338 (1989): 382.
Sound on Sound Magazine. “Jeff Ellis: Engineering Frank Ocean,” November 17, 2016. https://www.youtube.com/watch?v=izZMM5eHCtQ.
Tommasini, Anthony. “Defending the operatic voice from technology’s wiles.” *New York Times*, November 3, 1999.
Velliky, Elizabeth C., Martin Porr, and Nicholas J. Conard. “Ochre and pigment use at Hohle Fels cave: results of the first systematic review of ochre and ochre-related artefacts from the Upper Palaeolithic in Germany.” *PLOS One* 13 (2018): e0209874.
Wu, Chih-Wei, Chih-Fang Huang, and Yi-Wen Liu. “Sound analysis and synthesis of Marquis Yi of Zeng’s chime-bell set.” *Proceedings of Meetings on Acoustics* ICA2013 19 (2013): 035077.

13、音樂、森林、軀體

Anthwal, Neal, Leena Joshi, and Abigail S. Tucker. “Evolution of the mammalian middle ear and jaw: adaptations and novel structures.” *Journal of Anatomy* 222 (2013): 147–60.
Ball, Stephen M. J. “Stocks and exploitation of East African blackwood.” *Oryx* 38 (2004): 1–7.

Beachey, Richard W. "The East African ivory trade in the nineteenth century." *Journal of African History* (1967): 269–90.

Bennett, Bradley C. "The sound of trees: wood selection in guitars and other chordophones." *Economic Botany* 70 (2016): 49–63.

Chaiklin, Martha. "Ivory in world history– early modern trade in context." *History Compass* 8 (2010): 530–42.

Christensen-Dalsgaard, Jakob, and Catherine E. Carr. "Evolution of a sensory novelty: tympanic ears and the associated neural processing." *Brain Research Bulletin* 75 (2008): 365–70.

Clack, Jennifer A. "Patterns and processes in the early evolution of the tetrapod ear." *Journal of Neurobiology* 53 (2002): 251–64.

Conniff, Richard. "When the music in our parlors brought death to darkest Africa." *Audubon* 89 (1987): 77–92.

Currie, Adrian, and Anton Killin. "Not music, but musics: a case for conceptual pluralism in aesthetics." *Estetika: Central European Journal of Aesthetics* 54 (2017).

Davies, Stephen. "On defining music." *Monist* 95 (2012): 535–55.

Dick, Alastair. "The earlier history of the shawm in India." *Galpin Society Journal* 37 (1984): 80–98.

Fuller, Trevon L., Thomas P. Narins, Janet Nackoney, Timothy C. Bonebrake, Paul Sesink Clee, Katy Morgan, Anthony Tróchez et al. "Assessing the impact of China's timber industry on Congo Basin land use change." *Area* 51 (2019): 340–49.

Godt, Irving. "Music: a practical definition." *Musical Times* 146 (2005): 83–88.

Gracyk, Theodore, and Andrew Kania, eds. *The Routledge Companion to Philosophy and Music*. London: Taylor & Francis Group, 2011.

Hansen, Matthew C., Peter V. Potapov, Rebecca Moore, Matt Hancher, Svetlana A. Turubanova, Alexandra Tyukavina, David Thau et al. "High-resolution global maps of 21st-century forest cover change." *Science* 342 (2013): 850–53.

Jenkins, Martin, Sara Oldfield, and Tiffany Aylett. *International Trade in African Blackwood*. Cambridge, UK: Fauna & Flora International, 2002.

Kania, Andrew. "The Philosophy of Music." In *Stanford Encyclopedia of Philosophy* (Fall 2017 Edition), edited by Edward N. Zalta. Accessed October 16, 2020. https://plato.stanford.edu/archives/fall2017/entries/music/.

Levinson, Jerrold. *Music, Art, and Metaphysics*. Oxford, UK: Oxford University Press, 2011.

Luo, Zhe-Xi. "Developmental patterns in Mesozoic evolution of mammal ears." *Annual Review of Ecology, Evolution, and Systematics* 42 (2011): 355–80.

Mao, Fangyuan, Yaoming Hu, Chuankui Li, Yuanqing Wang, Morgan Hill Chase, Andrew K. Smith, and Jin Meng. "Integrated hearing and chewing modules decoupled in a Cretaceous stem therian mammal." *Science* 367 (2020): 305–8.

Mhatre, Natasha, Robert Malkin, Rittik Deb, Rohini Balakrishnan, and Daniel Robert. "Tree crickets optimize the acoustics of baffles to exaggerate their mate-attraction signal." *eLife* 6 (2017): e32763.

Mpingo Conservation and Development Initiative. Accessed October 12, 2020. http://www.mpingoconservation.org/.

New York Philharmonic. "Program Notes." (2019), January 26, 2019.

New York Philharmonic. "Sheryl Staples on Her Instrument." March 30, 2011. https://www.youtube.com/watch?v=UuWlIa27Fuo.

Nieder, Andreas, Lysann Wagener, and Paul Rinnert. "A neural correlate of sensory consciousness in a corvid bird." *Science* 369 (2020): 1626–29.

Page, Janet K., Geoffrey Burgess, Bruce Haynes, and Michael Finkelman. "Oboe." *Grove Music Online*. 2001. https://www.oxfordmusiconline.com/.

Spatz, H. Ch., H. Beismann, F. Brüchert, A. Emanns, and Th. Speck. "Biomechanics of the giant reed *Arundo donax*." *Philosophical Transactions of the Royal Society of London*. Series B 352 (1997): 1–10.

Thrasher, Alan R. "Sheng." *Grove Music Online*. 2001. https://www.oxfordmusiconline.com/.

Tucker, Abigail S. "Major evolutionary transitions and innovations: the tympanic middle ear." *Philosophical Transactions of the Royal Society B* 372 (2017): 20150483.

United Nations Office on Drugs and Crime. "World Wildlife Crime Report: trafficking in protected species." (2016) Vienna, Austria.

United States Environmental Protection Agency. "Durable goods: product-specific data." Accessed November 12, 2020. https://www.epa.gov/facts-and-figures-about-materials-waste-and-recycling/durable-goods-product-specific-data.

Urban, Daniel J., Neal Anthwal, Zhe-Xi Luo, Jennifer A. Maier, Alexa Sadier, Abigail S. Tucker, and Karen E. Sears. "A new developmental mechanism for the separation of the mammalian middle ear ossicles from the jaw." *Proceedings of the Royal Society B* 284 (2017): 20162416.

Wang, Haibing, Jin Meng, and Yuanqing Wang. "Cretaceous fossil reveals a new pattern in mammalian middle ear evolution." *Nature* 576 (2019): 102–5.

Wegst, Ulrike GK. "Wood for sound." *American Journal of Botany* 93 (2006): 1439–48.

Williams, Keith. “How Lincoln Center Was Built (It Wasn’t Pretty).” *New York Times*, December 21, 2017.
World Wildlife Fund. “Timber: Overview.” Accessed November 12, 2020. https://www.worldwildlife.org/industries/timber.
Zhu, Annah Lake. “China’s rosewood boom: a cultural fix to capital overaccumulation.” *Annals of the American Association of Geographers* 110 (2020): 277–96.

14、森林

Aliansi Masyarakat Adat Nusantara et al. “Request for consideration of the Situation of Indigenous Peoples in Kalimantan, Indonesia, under the Committee of the Elimination of Racial Discrimination’s Urgent Action and Early Warning Procedure.” July 2020. https://www.forestpeoples.org/sites/default/files/documents/Early%20Warning%20Urgent%20Action%20Procedure%20CERD%20submission%20Indonesia.pdf.
Astaras, Christos, Joshua M. Linder, Peter Wrege, Robinson Orume, Paul J. Johnson, and David W. Macdonald. “Boots on the ground: the role of passive acoustic monitoring in evaluating anti-poaching patrols.” *Environmental Conservation* (2020): 1–4.
Austin, Peter K., and Julia Sallabank, eds. *The Cambridge Handbook of Endangered Languages*. Cambridge, UK: Cambridge University Press, 2011.
Bengtsson, J., J. M. Bullock, B. Egoh, C. Everson, T. Everson, T. O’Connor, P. J. O’Farrell, H. G. Smith, and Regina Lindborg. “Grasslands—more important for ecosystem services than you might think.” *Ecosphere* 10 (2019): e02582.
Berry, Nicholas J., Oliver L. Phillips, Simon L. Lewis, Jane K. Hill, David P. Edwards, Noel B. Tawatao, Norhayati Ahmad et al. “The high value of logged tropical forests: lessons from northern Borneo.” *Biodiversity and Conservation* 19 (2010): 985–97.
Blackman, Allen, Leonardo Corral, Eirivelthon Santos Lima, and Gregory P. Asner. “Titling indigenous communities protects forests in the Peruvian Amazon.” *Proceedings of the National Academy of Sciences* 114 (2017): 4123–28.
Brandt, Jodi S., and Ralf C. Buckley. “A global systematic review of empirical evidence of ecotourism impacts on forests in biodiversity hotspots.” *Current Opinion in Environmental Sustainability* 32 (2018): 112–18.
Browning, Ella, Rory Gibb, Paul Glover-Kapfer, and Kate E. Jones. “Passive acoustic monitoring in ecology and conservation.” (2017). *WWF Conservation Technology Series* 1(2). WWF-UK, Woking, UK.
Burivalova, Zuzana, Edward T. Game, Bambang Wahyudi, Mohamad Rifqi, Ewan MacDonald, Samuel Cushman, Maria Voigt, Serge Wich, and David S. Wilcove. “Does biodiversity benefit when the logging stops? An analysis of conservation risks and opportunities in active versus inactive logging concessions in Borneo.” *Biological Conservation* 241 (2020): 108369.
Burivalova, Zuzana, Michael Towsey, Tim Boucher, Anthony Truskinger, Cosmas Apelis, Paul Roe, and Edward T. Game. “Using soundscapes to detect variable degrees of human influence on tropical forests in Papua New Guinea.” *Conservation Biology* 32 (2018): 205–15.
Burivalova, Zuzana, Bambang Wahyudi, Timothy M. Boucher, Peter Ellis, Anthony Truskinger, Michael Towsey, Paul Roe, Delon Marthinus, Bronson Griscom, and Edward T. Game. “Using soundscapes to investigate homogenization of tropical forest diversity in selectively logged forests.” *Journal of Applied Ecology* 56 (2019): 2493–504.
Caiger, Paul E., Micah J. Dean, Annamaria I. DeAngelis, Leila T. Hatch, Aaron N. Rice, Jenni A. Stanley, Chris Tholke, Douglas R. Zemeckis, and Sofie M. Van Parijs. “A decade of monitoring Atlantic cod Gadus morhua spawning aggregations in Massachusetts Bay using passive acoustics.” *Marine Ecology Progress Series* 635 (2020): 89–103.
Casanova, Vanessa, and Josh McDaniel. “ ‘No sobra y no falta’: recruitment networks and guest workers in southeastern US forest industries.” *Urban Anthropology and Studies of Cultural Systems and World Economic Development* (2005): 45–84.
Deichmann, Jessica L., Orlando Acevedo-Charry, Leah Barclay, Zuzana Burivalova, Marconi Campos-Cerqueira, Fernando d’Horta, Edward T. Game et al. “It’s time to listen: there is much to be learned from the sounds of tropical ecosystems.” *Biotropica* 50 (2018): 713–18.
de Oliveira, Gabriel, Jing M. Chen, Scott C. Stark, Erika Berenguer, Paulo Moutinho, Paulo Artaxo, Liana O. Anderson, and Luiz EOC Aragão. “Smoke pollution’s impacts in Amazonia.” *Science* 369 (2020): 634–35.
Ecosounds. “TNC—Indonesia, East Kalimantan Province.” Accessed July 1–August 31, 2020. https://www.ecosounds.org/.
Edwards, David P., Jenny A. Hodgson, Keith C. Hamer, Simon L. Mitchell, Abdul H. Ahmad, Stephen J. Cornell, and David S. Wilcove. “Wildlife-friendly oil palm plantations fail to protect biodiversity effectively.” *Conservation Letters* 3 (2010): 236–42.
Edwards, Felicity A., David P. Edwards, Trond H. Larsen, Wayne W. Hsu, Suzan Benedick, Arthur Chung, C. Vun Khen, David S. Wilcove, and Keith C. Hamer. “Does logging and

forest conversion to oil palm agriculture alter functional diversity in a biodiversity hotspot?" *Animal Conservation* 17 (2014): 163–73.

Erb, W. M., E. J. Barrow, A. N. Hofner, S. S. Utami-Atmoko, and E. R. Vogel. "Wildfire smoke impacts activity and energetics of wild Bornean orangutans." *Scientific Reports* 8 (2018): 1–8.

Evans, Jonathan P., Kristen K. Cecala, Brett R. Scheffers, Callie A. Oldfield, Nicholas A. Hollingshead, David G. Haskell, and Benjamin A. McKenzie. "Widespread degradation of a vernal pool network in the southeastern United States: challenges to current and future management." *Wetlands* 37 (2017): 1093–1103.

FAO and FILAC. 2021. Forest Governance by Indigenous and Tribal People. An Opportunity for Climate Action in Latin America and the Caribbean. Santiago. https://doi.org/10.4060/cb2953en.

Game, Edward. "The encroaching silence." *Griffith Review* online (2019). https://www.griffithreview.com/articles/the-encroaching-silence/.

Global Forest Watch. "Indonesia: Land Cover." Accessed August 11, 2020. https://www.globalforestwatch.org/.

Global Forest Watch. "We lost a football pitch of primary rainforest every 6 seconds in 2019." June 2, 2020. https://blog.globalforestwatch.org/data-and-research/global-tree-cover-loss-data-2019.

Global Witness. "Defending Tomorrow." July 2020. https://www.globalwitness.org/documents/19939/Defending_Tomorrow_EN_low_res_-_July_2020.pdf.

Gorenflo, Larry J., Suzanne Romaine, Russell A. Mittermeier, and Kristen Walker-Painemilla. "Co-occurrence of linguistic and biological diversity in biodiversity hotspots and high biodiversity wilderness areas." *Proceedings of the National Academy of Sciences* 109 (2012): 8032–37.

Haskell, David G. "Listening to the Thoughts of the Forest." *Undark* (2017). https://undark.org/2017/05/07/listening-to-the-thoughts-of-the-forest/.

Haskell, David G., Jonathan P. Evans, and Neil W. Pelkey. "Depauperate avifauna in plantations compared to forests and exurban areas." *PLOS One* 1 (2006): e63.

Hewitt, Gwen, Ann MacLarnon, and Kate E. Jones. "The functions of laryngeal air sacs in primates: a new hypothesis." *Folia Primatologica* 73 (2002): 70–94.

Hill, Andrew P., Peter Prince, Jake L. Snaddon, C. Patrick Doncaster, and Alex Rogers. "AudioMoth: A low-cost acoustic device for monitoring biodiversity and the environment." *HardwareX* 6 (2019): e00073.

Holland, Margaret B., Free De Koning, Manuel Morales, Lisa Naughton-Treves, Brian E. Robinson, and Luis Suárez. "Complex tenure and deforestation: implications for conservation incentives in the Ecuadorian Amazon." *World Development* 55 (2014): 21–36.

Junior, Celso H. L. Silva, Ana CM Pessôa, Nathália S. Carvalho, João BC Reis, Liana O. Anderson, and Luiz E. O. C. Aragão. "The Brazilian Amazon deforestation rate in 2020 is the greatest of the decade." *Nature Ecology & Evolution* 5 (2021): 144–45.

Konopik, Oliver, Ingolf Steffan-Dewenter, and T. Ulmar Grafe. "Effects of logging and oil palm expansion on stream frog communities on Borneo, Southeast Asia." *Biotropica* 47 (2015): 636–43.

Krausmann, Fridolin, Karl-Heinz Erb, Simone Gingrich, Helmut Haberl, Alberte Bondeau, Veronika Gaube, Christian Lauk, Christoph Plutzar, and Timothy D. Searchinger. "Global human appropriation of net primary production doubled in the 20th century." *Proceedings of the National Academy of Sciences* 110 (2013): 10324–29.

Loh, Jonathan, and David Harmon. *Biocultural Diversity: Threatened Species, Endangered Languages*. Zeist, The Netherlands: WWF Netherlands, 2014.

Lohberger, Sandra, Matthias Stängel, Elizabeth C. Atwood, and Florian Siegert. "Spatial evaluation of Indonesia's 2015 fire-affected area and estimated carbon emissions using Sentinel-1." *Global Change Biology* 24 (2018): 644–54.

McDaniel, Josh, and Vanessa Casanova. "Pines in lines: tree planting, H2B guest workers, and rural poverty in Alabama." *Journal of Rural Social Sciences* 19 (2003): 4.

McGrath, Deborah A., Jonathan P. Evans, C. Ken Smith, David G. Haskell, Neil W. Pelkey, Robert R. Gottfried, Charles D. Brockett, Matthew D. Lane, and E. Douglass Williams. "Mapping land-use change and monitoring the impacts of hardwood-to-pine conversion on the Southern Cumberland Plateau in Tennessee." *Earth Interactions* 8 (2004): 1–24.

Mikusiński, Grzegorz, Jakub Witold Bubnicki, Marcin Churski, Dorota Czeszczewik, Wiesław Walankiewicz, and Dries PJ Kuijper. "Is the impact of loggings in the last primeval lowland forest in Europe underestimated? The conservation issues of Białowieża Forest." *Biological Conservation* 227 (2018): 266–74.

National Indigenous Mobilization Network. "Statement in condemnation of draft Law nº 191/ 20, on the exploration of natural resources on indigenous lands." February 12, 2020. https://apiboficial.org/2020/02/12/statement-in-condemnation-of-draft-law-no-19120-on-the-exploration-of-natural-resources-on-indigenous-lands/?lang=en

Natural Resources Defense Council. "NRDC Announces Annual BioGems List of 12 Most Threatened Wildlands in the Americas" (2004). https://www.nrdc.org/media/2004/040226.

Normile, Dennis. "Parched peatlands fuel Indonesia's blazes." *Science* 366 (2019): 18–19.

Oldekop, Johan A., Katharine R. E. Sims, Birendra K. Karna, Mark J. Whittingham, and Arun Agrawal. "Reductions in deforestation and poverty from decentralized forest management in Nepal." *Nature Sustainability* 2 (2019): 421–28.

Open Space Institute. "Protecting the Plateau before it's too late." https://www.openspaceinstitute.org/places/cumberland-plateau.

Scriven, Sarah A., Graeme R. Gillespie, Samsir Laimun, and Benoît Goossens. "Edge effects of oil palm plantations on tropical anuran communities in Borneo." *Biological Conservation* 220 (2018): 37–49.

Sethi, Sarab S., Nick S. Jones, Ben D. Fulcher, Lorenzo Picinali, Dena Jane Clink, Holger Klinck, C. David L. Orme, Peter H. Wrege, and Robert M. Ewers. "Characterizing soundscapes across diverse ecosystems using a universal acoustic feature set." *Proceedings of the National Academy of Sciences* 117 (2020): 17049–55.

Song, Xiao-Peng, Matthew C. Hansen, Stephen V. Stehman, Peter V. Potapov, Alexandra Tyukavina, Eric F. Vermote, and John R. Townshend. "Global land change from 1982 to 2016." Nature 560 (2018): 639–43.

Turkewitz, Julie, and Sofía Villamil. "Indigenous Colombians, Facing New Wave of Brutality, Demand Government Action." *New York Times*, October 24, 2020.

V (formerly Eve Ensler). " 'The Amazon Is the Entry Door of the World': Why Brazil's Biodiversity Crisis Affects Us All." *Guardian*, August 10, 2020.

Weisse, Mikaela, and Elizabeth Dow Goldman. "We lost a football pitch of primary rainforest every 6 seconds in 2019." *Global Forest Watch*, June 2, 2020. https://blog.globalforestwatch.org/data-and-research/global-tree-cover-loss-data-2019.

Weisse, Mikaela, and Elizabeth Dow Goldman. "The world lost a Belgium- sized area of primary rainforests last year." *World Resources Institute* (2019). https://www.wri.org/blog/2019/04/world-lost-belgium-sized-area-primary-rainforests-last-year.

Welz, Adam. "Listening to nature: the emerging field of bioacoustics." *Yale Environment 360*, November 5, 2019.

Wiggins, Elizabeth B., Claudia I. Czimczik, Guaciara M. Santos, Yang Chen, Xiaomei Xu, Sandra R. Holden, James T. Randerson, Charles F. Harvey, Fuu Ming Kai, and E. Yu Liya. "Smoke radiocarbon measurements from Indonesian fires provide evidence for burning of millennia-aged peat." *Proceedings of the National Academy of Sciences* 115 (2018): 12419–24.

Wihardandi, Aji. "Dayak Wehea: Kisah Keharmonisan Alam dan Manusia." Mongabay, Indonesia, April 16, 2012. https://www.mongabay.co.id/2012/04/16/dayak-wehea-kisah-keharmonisan-alam-dan-manusia/.

Wijaya, Arief, Tjokorda N. Samadhi, and Reidinar Juliane. "Indonesia is reducing deforestation, but problem areas remain." *World Resources Institute*, July 24, 2019. https://www.wri.org/blog/2019/07/indonesia-reducing-deforestation-problem-areas-remain.

Yovanda, "Jalan Panjang Hutan Lindung Wehea, Dihantui Pembalakan dan Dikepung Sawit (Bagian 1)." *Mongabay Indonesia*, April 18, 2017. https://www.mongabay.co.id/2017/04/18/jalan-panjang-hutan-lindung-wehea-dihantui-pembalakan-dan-dikepung-sawit/.

15、海洋

Andrew, Rex K., Bruce M. Howe, and James A. Mercer. "Long-time trends in ship traffic noise for four sites off the North American West Coast." *Journal of the Acoustical Society of America* 129 (2011): 642–51.

Bernaldo de Quirós, Y., A. Fernandez, R. W. Baird, R. L. Brownell Jr, N. Aguilar de Soto, D. Allen, M. Arbelo et al. "Advances in research on the impacts of anti-submarine sonar on beaked whales." *Proceedings of the Royal Society B* 286 (2019): 20182533.

Best, Peter B. "Increase rates in severely depleted stocks of baleen whales." *ICES Journal of Marine Science* 50 (1993): 169–86.

Branch, Trevor A., Koji Matsuoka, and Tomio Miyashita. "Evidence for increases in Antarctic blue whales based on Bayesian modelling." *Marine Mammal Science* 20 (2004): 726–54.

Brody, Jane. "Scientist at Work: Katy Payne; Picking Up Mammals' Deep Notes." *New York Times*, November 9, 1993.

Buckman, Andrea H., Nik Veldhoen, Graeme Ellis, John K. B. Ford, Caren C. Helbing, and Peter S. Ross. "PCB-associated changes in mRNA expression in killer whales (*Orcinus orca*) from the NE Pacific Ocean." *Environmental Science & Technology* 45 (2011): 10194–202.

Carrigg, David. "Port of Vancouver Hopes Feds Back $2-Billion Expansion Project to Help COVID-19 Recovery." *Vancouver Sun*, April 16, 2020.

Commander, United States Pacific Fleet. "Request for regulations and letters of authorization for the incidental taking of marine mammals resulting from U.S. Navy training and testing activities in the Northwest training and testing study area." December 19, 2019. https://media.fisheries.noaa.gov/dam-migration/navyhstt_2020finalloa_app_opr1_508.pdf.

Cox, Kieran, Lawrence P. Brennan, Travis G. Gerwing, Sarah E. Dudas, and Francis Juanes. "Sound the alarm: a meta-analysis on the effect of aquatic noise on fish behavior and physiology." *Global Change Biology* 24 (2018): 3105–16.

Day, Ryan D., Robert D. McCauley, Quinn P. Fitzgibbon, Klaas Hartmann, and Jayson M. Semmens. "Seismic air guns damage rock lobster mechanosensory organs and impair righting reflex." *Proceedings of the Royal Society B* 286 (2019): 20191424.

Desforges, Jean-Pierre, Ailsa Hall, Bernie McConnell, Aqqalu Rosing-Asvid, Jonathan L. Barber, Andrew Brownlow, Sylvain De Guise et al. "Predicting global killer whale population collapse from PCB pollution." *Science* 361 (2018): 1373–76.

Duncan, Alec J., Linda S. Weilgart, Russell Leaper, Michael Jasny, and Sharon Livermore. "A modelling comparison between received sound levels produced by a marine vibroseis array and those from an airgun array for some typical seismic survey scenarios." *Marine Pollution Bulletin* 119 (2017): 277–88.

Ebdon, Philippa, Leena Riekkola, and Rochelle Constantine. "Testing the efficacy of ship strike mitigation for whales in the Hauraki Gulf, New Zealand." *Ocean & Coastal Management* 184 (2020): 105034.

Erbe, Christine, Sarah A. Marley, Renée P. Schoeman, Joshua N. Smith, Leah E. Trigg, and Clare Beth Embling. "The effects of ship noise on marine mammals—a review." *Frontiers in Marine Science* 6 (2019): 606.

Erisman, Brad E., and Timothy J. Rowell. "A sound worth saving: acoustic characteristics of a massive fish spawning aggregation." *Biology Letters* 13 (2017): 20170656.

Fish, Marie Poland. "Animal sounds in the sea." *Scientific American* 194 (1956): 93–104.

Foote, Andrew D., Michael D. Martin, Marie Louis, George Pacheco, Kelly M. Robertson, Mikkel-Holger S. Sinding, Ana R. Amaral et al. "Killer whale genomes reveal a complex history of recurrent admixture and vicariance." *Molecular Ecology* 28 (2019): 3427–44.

Ford, John K. B. "Vocal traditions among resident killer whales (*Orcinus orca*) in coastal waters of British Columbia." *Canadian Journal of Zoology* (1991): 1454–83.

Ford, John K. B. "Killer Whale: *Orcinus orca*." In *Encyclopedia of Marine Mammals* (3rd ed.), edited by Bernd Würsig, J.G.M. Thewissen, and Kit M. Kovacs, 531–37. London: Academic Press, 2017.

Ford, John K. B. "Dialects." In *Encyclopedia of Marine Mammals* (3rd ed.), edited by Bernd Würsig, J.G.M. Thewissen, and Kit M. Kovacs, 253–54. London: Academic Press, 2018.

"Francis W. Watlington; Recorded Whale Songs." Obituary, *New York Times*, November 24, 1982.

Friends of the San Juans. "Salish Sea vessel traffic projections." Accessed August 28, 2020. https://sanjuans.org/wp-content/uploads/2019/07/SalishSea_VesselTrafficProjections_July27_2019.pdf.

George, Rose. *Ninety Percent of Everything*. New York: Macmillan, 2013.

Giggs, Rebecca. *The World in the Whale*. New York: Simon & Schuster, 2020.

Goldfarb, Ben. "Biologist Marie Fish catalogued the sounds of the ocean for the world to hear." *Smithsonian*, April 2021.

Hildebrand, John A. "Anthropogenic and natural sources of ambient noise in the ocean." *Marine Ecology Progress Series* 395 (2009): 5–20.

International Association of Geophysical Contractors. "Putting Seismic Surveys in Context." Accessed September 1, 2020. https://www.youtube.com/watch?v=iNHE6A1Y38U

International Association of Geophysical Contractors. "The time is now." Accessed September 1, 2020. http:// modernizemmpa.com/.

International Maritime Organization. "Guidelines for the reduction of underwater noise from commercial shipping to address adverse impacts on marine life." MEPC.1/ Circ.833 (2014) London, UK.

Jang, Brent. "B.C. Loses Another LNG Project as Woodside Petroleum Axes Grassy Point." *Globe and Mail: Energy and Resources*, March 6, 2018.

Jones, Nicola. "Ocean uproar: saving marine life from a barrage of noise." *Nature* 568 (2019): 158–61.

Kaplan, Maxwell B., and Susan Solomon. "A coming boom in commercial shipping? The potential for rapid growth of noise from commercial ships by 2030." *Marine Policy* 73 (2016): 119–21.

Kavanagh, A. S., M. Nykänen, W. Hunt, N. Richardson, and M. J. Jessopp. "Seismic surveys reduce cetacean sightings across a large marine ecosystem." *Scientific Reports* 9 (2019): 1–10.

Keen, Eric M., Éadin O'Mahony, Chenoah Shine, Erin Falcone, Janie Wray, and Hussein Alidina. "Response to the COSEWIC (2019) reassessment of Pacific Canada fin whales (*Balaenoptera physalus*) to 'Special Concern.' " Manuscript in preparation (2020).

Keen, Eric M., Kylie L. Scales, Brenda K. Rone, Elliott L. Hazen, Erin A. Falcone, and Gregory S. Schorr. "Night and day: diel differences in ship strike risk for fin whales (Balaenoptera physalus) in the California current system." *Frontiers in Marine Science* 6 (2019): 730.

Ketten, Darlene R. "Cetacean Ears." In *Hearing by Whales and Dolphins*, edited by Whitlow W. L. Au, Arthur N. Popper, and Richard R. Fay, 43–108. New York: Springer, 2000.

Konrad, Christine M., Timothy R. Frasier, Luke Rendell, Hal Whitehead, and Shane Gero. "Kinship and association do not explain vocal repertoire variation among individual sperm whales or social units." *Animal Behaviour* 145 (2018): 131–40.

Lacy, Robert C., Rob Williams, Erin Ashe, Kenneth C. Balcomb III, Lauren JN Brent, Christopher W. Clark, Darren P. Croft, Deborah A. Giles, Misty MacDuffee, and Paul C. Paquet. "Evaluating anthropogenic threats to endangered killer whales to inform effective recovery plans." *Scientific Reports* 7 (2017): 1–12.

Leaper, R. C., and M. R. Renilson. "A review of practical methods for reducing underwater noise pollution from large commercial vessels." *Transactions of the Royal Institution of Naval Architects* 154, Part A2, *International Journal of Maritime Engineering*, Paper: T2012-2 Transactions (2012).

Leaper, Russell, Martin Renilson, and Conor Ryan. "Reducing underwater noise from large commercial ships: current status and future directions." *Journal of Ocean Technology* 9 (2014): 51–69.

Lotze, Heike K., and Boris Worm. "Historical baselines for large marine animals." *Trends in Ecology & Evolution* 24 (2009): 254–62.

MacGillivray, Alexander O., Zizheng Li, David E. Hannay, Krista B. Trounce, and Orla M. Robinson. "Slowing deep-sea commercial vessels reduces underwater radiated noise." *Journal of the Acoustical Society of America* 146 (2019): 340–51.

Mapes, Lynda V. "Washington state officials slam Navy's changes to military testing program that would harm more orcas." *Seattle Times*, July 29, 2020. https://www.seattletimes.com/seattle-news/environment/washington-state-officials-slam-navys-changes-to-military-testing-program-that-would-harm-more-orcas/.

Mapes, Lynda V., Steve Ringman, Ramon Dompor, and Emily M. Eng, "The Roar Below." *Seattle Times*, May 19, 2019. https://projects.seattletimes.com/2019/hostile-waters-orcas-noise/.

McBarnet, Andrew. "How the seismic map is changing." *Offshore Engineer* (2013). https://www.oedigital.com/news/459029-how-the-seismic-map-is-changing.

McCauley, Robert D., Ryan D. Day, Kerrie M. Swadling, Quinn P. Fitzgibbon, Reg A. Watson, and Jayson M. Semmens. "Widely used marine seismic survey air gun operations negatively impact zooplankton." *Nature Ecology & Evolution* 1 (2017): 0195.

McCoy, Kim, Beatrice Tomasi, and Giovanni Zappa. "JANUS: the genesis, propagation and use of an underwater standard." *Proceedings of Meetings on Acoustics* (2010).

McDonald, Mark A., John A. Hildebrand, and Sean M. Wiggins. "Increases in deep ocean ambient noise in the Northeast Pacific west of San Nicolas Island, California." *Journal of the Acoustical Society of America* 120 (2006): 711–18.

McKenna, Megan F., Donald Ross, Sean M. Wiggins, and John A. Hildebrand. "Underwater radiated noise from modern commercial ships." *Journal of the Acoustical Society of America* 131 (2012): 92–103.

Merchant, Nathan D. "Underwater noise abatement: economic factors and policy options." *Environmental Science & Policy* 92 (2019): 116–23.

Mitson R. B., ed. *Underwater Noise of Research Vessels: Review and Recommendations*, 1995 ICES Cooperative Research Report 209. Copenhagen, Denmark: International Council for the Exploration of the Sea, 1995.

National Marine Fisheries Service. "Puget Sound Salmon Recovery Plan, I (2007). https://repository.library.noaa.gov/view/noaa/16005.

National Marine Fisheries Service. Southern Resident Killer Whales (*Orcinus orca*) 5-Year Review: Summary and Evaluation. (National Marine Fisheries Service West Coast Region, Seattle, 2016) http://www.westcoast.fisheries.noaa.gov/publications/status_reviews/marine_mammals/kw-review-2016.pdf.

NATO. "A new era of digital underwater communications." April 20, 2017. https://www.nato.int/cps/bu/natohq/news_143247.htm.

Nieukirk, Sharon L., David K. Mellinger, Sue E. Moore, Karolin Klinck, Robert P. Dziak, and Jean Goslin. "Sounds from airguns and fin whales recorded in the mid-Atlantic Ocean, 1999– 2009." *Journal of the Acoustical Society of America* 131 (2012): 1102–12.

Nowacek, Douglas P., Christopher W. Clark, David Mann, Patrick J. O. Miller, Howard C. Rosenbaum, Jay S. Golden, Michael Jasny, James Kraska, and Brandon L. Southall. "Marine seismic surveys and ocean noise: time for coordinated and prudent planning." *Frontiers in Ecology and the Environment* 13 (2015): 378–86.

Odell, J., D. H. Adams, B. Boutin, W. Collier II, A. Deary, L. N. Havel, J. A. Johnson Jr. et al. "Atlantic Sciaenid Habitats: A Review of Utilization, Threats, and Recommendations for Conservation, Management, and Research." Atlantic States Marine Fisheries Commission Habitat Management Series No. 14 (2017), Arlington, VA.

Ogden, Lesley Evans. "Quieting marine seismic surveys." *BioScience* 64 (2014): 752.

Owen, Brenda, and Alastair Spriggs "For Coast Salish communities, the race to save southern resident orcas is personal." *Canada's National Observer*, September. 17, 2019.

Parsons, Miles J. G., Chandra P. Salgado Kent, Angela Recalde-Salas, and Robert D. McCauley. "Fish choruses off Port Hedland, Western Australia." *Bioacoustics* 26 (2017): 135–52.

Payne, Roger. *Songs of the Humpback Whale*. Vinyl music album. CRM Records, 1970.

Port of Vancouver. "Centerm Expansion Project and South Shore Access Project." Accessed August 28, 2020. https://www.portvancouver.com/projects/terminal-and-facilities/centerm/.

Port of Vancouver. “2020 voluntary vessel slowdown: Haro Strait and Boundary Pass.” Accessed August 28, 2020. https://www.portvancouver.com/wp-content/uploads/2020/05/2020-05-15-ECHO-Program-slowdown-fact-sheet.pdf.

Rocha, Robert C., Phillip J. Clapham, and Yulia V. Ivashchenko. “Emptying the oceans: a summary of industrial whaling catches in the 20th century.” *Marine Fisheries Review* 76 (2014): 37–48.

Rolland, Rosalind M., Susan E. Parks, Kathleen E. Hunt, Manuel Castellote, Peter J. Corkeron, Douglas P. Nowacek, Samuel K. Wasser, and Scott D. Kraus. “Evidence that ship noise increases stress in right whales.” *Proceedings of the Royal Society B* 279 (2012): 2363–68.

Ryan, John. “Washington tribes and Inslee alarmed by Canadian pipeline approval.” *KUOW*, June 19, 2019. https://www.kuow.org/stories/washington-tribes-and-inslee-alarmed-by-canadian-pipeline-approval.

Schiffman, Richard. “How ocean noise pollution wreaks havoc on marine life.” *Yale Environment 360*, March 31, 2016.

Seely, Elizabeth, Richard W. Osborne, Kari Koski, and Shawn Larson. “Soundwatch: eighteen years of monitoring whale watch vessel activities in the Salish Sea.” *PLOS One* 12 (2017): e0189764.

Slabbekoorn, Hans, John Dalen, Dick de Haan, Hendrik V. Winter, Craig Radford, Michael A. Ainslie, Kevin D. Heaney, Tobias van Kooten, Len Thomas, and John Harwood. “Population-level consequences of seismic surveys on fishes: an interdisciplinary challenge.” *Fish and Fisheries* 20 (2019): 653–85.

Solan, Martin, Chris Hauton, Jasmin A. Godbold, Christina L. Wood, Timothy G. Leighton, and Paul White. “Anthropogenic sources of underwater sound can modify how sediment-dwelling invertebrates mediate ecosystem properties.” *Scientific Reports* 6 (2016): 20540.

Soundwatch Program Annual Contract Report, 2019: *Soundwatch Public Outreach/ Boater Education Project*. The Whale Museum. https://cdn.shopify.com/s/files/1/0249/1083/files/2019_Soundwatch_Program_Annual_Contract_Report.pdf.

Southall, Brandon L., Amy R. Scholik-Schlomer, Leila Hatch, Trisha Bergmann, Michael Jasny, Kathy Metcalf, Lindy Weilgart, and Andrew J. Wright. “Underwater Noise from Large Commercial Ships—International Collaboration for Noise Reduction.” *Encyclopedia of Maritime and Offshore Engineering* (2017): 1–9.

Stanley, Jenni A., Sofie M. Van Parijs, and Leila T. Hatch. “Underwater sound from vessel traffic reduces the effective communication range in Atlantic cod and haddock.” *Scientific Reports* 7 (2017): 1–12.

Susewind, Kelly, Laura Blackmore, Kaleen Cottingham, Hilary Franz, and Erik Neatherlin. “Comments submitted electronically Re: Taking Marine Mammals Incidental to the U.S. Navy Training and Testing Activities in the Northwest Training and Testing Study Area, NOAA-NMFS-2020-0055.” July, 2020. https://www.documentcloud.org/documents/7002861-NMFS-7-16-20.html.

Thomsen, Frank, Dierk Franck, and John K. Ford. “On the communicative significance of whistles in wild killer whales (Orcinus orca).” *Naturwissenschaften* 89 (2002): 404–7.

United States Environmental Protection Agency. “Chinook Salmon.” Accessed August 26, 2020. https://www.epa.gov/salish-sea/chinook-salmon.

Veirs, Scott, Val Veirs, Rob Williams, Michael Jasny, and Jason Wood. “A key to quieter seas: half of ship noise comes from 15% of the fleet.” *PeerJ Preprints* 6 (2018): e26525v1.

Veirs, Scott, Val Veirs, and Jason D. Wood. “Ship noise extends to frequencies used for echolocation by endangered killer whales.” *PeerJ* 4 (2016): e1657.

Wilcock, William S. D., Kathleen M. Stafford, Rex K. Andrew, and Robert I. Odom. “Sounds in the ocean at 1– 100 Hz.” *Annual Review of Marine Science* 6 (2014): 117–40.

Wladichuk, Jennifer L., David E. Hannay, Alexander O. MacGillivray, Zizheng Li, and Sheila J. Thornton. “Systematic source level measurements of whale watching vessels and other small boats.” *Journal of Ocean Technology* 14 (2019).

16、城市

Ayers, B. Drummond. “White Roads Through Black Bedrooms.” *New York Times*, December 31, 1967.

Basner, Mathias, Wolfgang Babisch, Adrian Davis, Mark Brink, Charlotte Clark, Sabine Janssen, and Stephen Stansfeld. “Auditory and non-auditory effects of noise on health.” *Lancet* 383 (2014): 1325–32.

“Bird Organ.” Object Record, Victoria and Albert Museum. May 16, 2001. http://collections.vam.ac.uk/item/O58971/bird-organ-boudin-leonard/.

Caro, Robert. *The Power Broker: Robert Moses and the Fall of New York*. New York: Knopf, 1974.

Casey, Joan A., Rachel Morello-Frosch, Daniel J. Mennitt, Kurt Fristrup, Elizabeth L. Ogburn, and Peter James. “Race/ethnicity, socioeconomic status, residential segregation, and spatial variation in noise exposure in the contiguous United States.” *Environmental Health Perspectives* 125 (2017): 077017.

Census Reporter. New York. Accessed September 23, 2020. https://censusreporter.org/profiles/04000US36-new-york/.

Clark, Sierra N., Abosede S. Alli, Michael Brauer, Majid Ezzati, Jill Baumgartner, Mireille B. Toledano, Allison F. Hughes et al. "High-resolution spatiotemporal measurement of air and environmental noise pollution in Sub-Saharan African cities: Pathways to Equitable Health Cities Study protocol for Accra, Ghana." *BMJ open* 10 (2020): e035798.

Commissioners of Prospect Park. First Annual Report (1861). http://home2.nyc.gov/html/records/pdf/govpub/3985annual_report_brooklyn_prospect_park_comm_1861.pdf.

Costantini, David, Timothy J. Greives, Michaela Hau, and Jesko Partecke. "Does urban life change blood oxidative status in birds?" *Journal of Experimental Biology* 217 (2014): 2994–97.

Dalley, Stephanie, editor and translator. *Myths from Mesopotamia. Creation, the Flood, Gilgamesh, and Others*, rev. ed. Oxford, UK: Oxford University Press, 2000.

Derryberry, Elizabeth P., Raymond M. Danner, Julie E. Danner, Graham E. Derryberry, Jennifer N. Phillips, Sara E. Lipshutz, Katherine Gentry, and David A. Luther. "Patterns of song across natural and anthropogenic soundscapes suggest that white-crowned sparrows minimize acoustic masking and maximize signal content." *PLOS One* 11 (2016): e0154456.

Derryberry, Elizabeth P., Jennifer N. Phillips, Graham E. Derryberry, Michael J. Blum, and David Luther. "Singing in a silent spring: birds respond to a half-century soundscape reversion during the COVID-19 shutdown." *Science* 370 (2020): 575–79.

Doman, Mark. "Industry warns noise complaints could see Melbourne's music scene shift to Sydney." *ABC News*, January 4, 2014. https://www.abc.net.au/news/2014-01-05/noise-complaints-threatening-melbourne-live-music/5181126.

Dominoni, Davide M., Stefan Greif, Erwin Nemeth, and Henrik Brumm. "Airport noise predicts song timing of European birds." *Ecology and Evolution* 6 (2016): 6151–59.

Evans, Karl L., Kevin J. Gaston, Alain C. Frantz, Michelle Simeoni, Stuart P. Sharp, Andrew McGowan, Deborah A. Dawson et al. "Independent colonization of multiple urban centres by a formerly forest specialist bird species." *Proceedings of the Royal Society B* 276 (2009): 2403–10.

Evans, Karl L., Kevin J. Gaston, Stuart P. Sharp, Andrew McGowan, Michelle Simeoni, and Ben J. Hatchwell. "Effects of urbanisation on disease prevalence and age structure in blackbird Turdus merula populations." *Oikos* 118 (2009): 774–82.

Evans, Karl L., Ben J. Hatchwell, Mark Parnell, and Kevin J. Gaston. "A conceptual framework for the colonisation of urban areas: the blackbird *Turdus merula* as a case study." *Biological Reviews* 85 (2010): 643–67.

Fritsch, Clémentine, Łukasz Jankowiak, and Dariusz Wysocki. "Exposure to Pb impairs breeding success and is associated with longer lifespan in urban European blackbirds." *Scientific Reports* 9 (2019): 1–11.

Guse, Clayton. "Brooklyn's poorest residents get stuck with the MTA's oldest buses." *New York Daily Post*, March 17, 2019.

Halfwerk, Wouter, and Kees van Oers. "Anthropogenic noise impairs foraging for cryptic prey via cross-sensory interference." *Proceedings of the Royal Society B* 287 (2020): 20192951.

Haralabidis, Alexandros S., Konstantina Dimakopoulou, Federica Vigna-Taglianti, Matteo Giampaolo, Alessandro Borgini, Marie-Louise Dudley, Göran Pershagen et al. "Acute effects of night- time noise exposure on blood pressure in populations living near airports." *European Heart Journal* 29 (2008): 658–64.

Hart, Patrick J., Robert Hall, William Ray, Angela Beck, and James Zook. "Cicadas impact bird communication in a noisy tropical rainforest." *Behavioral Ecology* 26 (2015): 839–42.

Heinl, Robert D. "The woman who stopped noises: an account of the successful campaign against unnecessary din in New York City." *Ladies' Home Journal*. April 1908.

Hu, Winnie. "New York Is a Noisy City. One Man Got Revenge." *New York Times*, June 4, 2019

Ibáñez-Álamo, Juan Diego, Javier Pineda-Pampliega, Robert L. Thomson, José I. Aguirre, Alazne Díez-Fernández, Bruno Faivre, Jordi Figuerola, and Simon Verhulst. "Urban blackbirds have shorter telomeres." *Biology Letters* 14 (2018): 20180083.

Injaian, Allison S., Paulina L. Gonzalez-Gomez, Conor C. Taff, Alicia K. Bird, Alexis D. Ziur, Gail L. Patricelli, Mark F. Haussmann, and John C. Wingfield. "Traffic noise exposure alters nestling physiology and telomere attrition through direct, but not maternal, effects in a free-living bird." *General and Comparative Endocrinology* 276 (2019): 14–21.

Jackson, Kenneth, ed. *The Encyclopedia of New York City*, 2nd ed. New Haven, CT: Yale University Press, 2010.

Kunc, Hansjoerg P., and Rouven Schmidt. "The effects of anthropogenic noise on animals: a meta-analysis." *Biology Letters* 15 (2019): 20190649.

Lecocq, Thomas, Stephen P. Hicks, Koen Van Noten, Kasper van Wijk, Paula Koelemeijer, Raphael S. M. De Plaen, Frédérick Massin et al. "Global quieting of high-frequency seismic noise due to COVID-19 pandemic lockdown measures." *Science* 369 (2020): 1338–43.

Legewie, Joscha, and Merlin Schaeffer. "Contested boundaries: explaining where ethnoracial diversity provokes neighborhood conflict." *American Journal of Sociology* 122 (2016): 125–61.

"London market traders in gentrification row as Islington residents complain about street noise." *Telegraph*, October 9, 2016.

López-Barroso, Diana, Marco Catani, Pablo Ripollés, Flavio Dell'Acqua, Antoni Rodríguez-Fornells, and Ruth de Diego-Balaguer. "Word learning is mediated by the left arcuate fasciculus." *Proceedings of the National Academy of Sciences* 110 (2013): 13168–73.

Lühken, Renke, Hanna Jöst, Daniel Cadar, Stephanie Margarete Thomas, Stefan Bosch, Egbert Tannich, Norbert Becker, Ute Ziegler, Lars Lachmann, and Jonas Schmidt- Chanasit. "Distribution of Usutu virus in Germany and its effect on breeding bird populations." *Emerging Infectious Diseases* 23 (2017): 1994.

Luo, Jinhong, Steffen R. Hage, and Cynthia F. Moss. "The Lombard effect: from acoustics to neural mechanisms." *Trends in Neurosciences* 41 (2018): 938–49.

Luther, David, and Luis Baptista. "Urban noise and the cultural evolution of bird songs." *Proceedings of the Royal Society B* 277 (2010): 469–73.

Luther, David A., and Elizabeth P. Derryberry. "Birdsongs keep pace with city life: changes in song over time in an urban songbird affects communication." *Animal Behaviour* 83 (2012): 1059–66.

McDonnell, Evelyn. "It's Time for the Rock & Roll Hall of Fame to Address Its Gender and Racial Imbalances." *Billboard*, November 15, 2019.

Meillère, Alizée, François Brischoux, Paco Bustamante, Bruno Michaud, Charline Parenteau, Coline Marciau, and Frédéric Angelier. "Corticosterone levels in relation to trace element contamination along an urbanization gradient in the common blackbird (*Turdus merula*)." *Science of the Total Environment* 566 (2016): 93–101.

Meillère, Alizée, François Brischoux, Cécile Ribout, and Frédéric Angelier. "Traffic noise exposure affects telomere length in nestling house sparrows." *Biology Letters* 11 (2015): 20150559.

Miller, Vernice D. "Planning, power and politics: a case study of the land use and siting history of the North River Water Pollution Control Plant." *Fordham Urban Law Journal* 21 (1993): 707–22.

Miranda, Ana Catarina, Holger Schielzeth, Tanja Sonntag, and Jesko Partecke. "Urbanization and its effects on personality traits: a result of microevolution or phenotypic plasticity?" *Global Change Biology* 19 (2013): 2634–44.

Mohl, Raymond A. "The interstates and the cities: the US Department of Transportation and the freeway revolt, 1966– 1973." *Journal of Policy History* 20 (2008): 193–226.

Møller, Anders Pape, Mario Diaz, Einar Flensted-Jensen, Tomas Grim, Juan Diego Ibáñez-Álamo, Jukka Jokimäki, Raivo Mänd, Gábor Markó, and Piotr Tryjanowski. "High urban population density of birds reflects their timing of urbanization." *Oecologia* 170 (2012): 867–75.

Møller, Anders Pape, Jukka Jokimäki, Piotr Skorka, and Piotr Tryjanowski. "Loss of migration and urbanization in birds: a case study of the blackbird (*Turdus merula*)." *Oecologia* 175 (2014): 1019–27.

Moseley, Dana L., Jennifer N. Phillips, Elizabeth P. Derryberry, and David A. Luther. "Evidence for differing trajectories of songs in urban and rural populations." *Behavioral Ecology* 30 (2019): 1734–42.

Moseley, Dana Lynn, Graham Earnest Derryberry, Jennifer Nicole Phillips, Julie Elizabeth Danner, Raymond Michael Danner, David Andrew Luther, and Elizabeth Perrault Derryberry. "Acoustic adaptation to city noise through vocal learning by a songbird." *Proceedings of the Royal Society B* 285 (2018): 20181356.

Müller, Jakob C., Jesko Partecke, Ben J. Hatchwell, Kevin J. Gaston, and Karl L. Evans. "Candidate gene polymorphisms for behavioural adaptations during urbanization in blackbirds." *Molecular Ecology* 22 (2013): 3629–37.

Neitzel, Richard, Robyn R. M. Gershon, Marina Zeltser, Allison Canton, and Muhammad Akram. "Noise levels associated with New York City's mass transit systems." *American Journal of Public Health* 99 (2009): 1393–99.

Nemeth, Erwin, and Henrik Brumm. "Birds and anthropogenic noise: are urban songs adaptive?" *American Naturalist* 176 (2010): 465–75.

Nemeth, Erwin, Nadia Pieretti, Sue Anne Zollinger, Nicole Geberzahn, Jesko Partecke, Ana Catarina Miranda, and Henrik Brumm. "Bird song and anthropogenic noise: vocal constraints may explain why birds sing higher-frequency songs in cities." *Proceedings of the Royal Society B* 280 (2013): 20122798.

New York City Department of Parks & Recreation. "Riverside Park," Accessed September 24, 2020. https://www.nycgovparks.org/parks/riverside-park/.

New York City Environmental Justice Alliance. "New York City Climate Justice Agenda. Midway to 2030." https://www.nyc-eja.org/wp-content/uploads/2018/04/NYC-Climate-Justice-Agenda-Final-042018-1.pdf.

New York State Joint Commission on Public Ethics 2019 Annual Report. https://jcope.ny.gov/system/files/documents/2020/07/2019_-annual-report-final-web-as-of-7_29_2020.pdf.

New York State Office of the State Comptroller. "Responsiveness to noise complaints related to construction projects" (2016). https://www.osc.state.ny.us/sites/default/files/audits/2018-02/sga-2017-16n3.pdf.

New York Times. "Anti-noise Bill Passes Aldermen: Only 3 Vote Against Ordinance." April 22, 1936.

New York Times. "Mayor La Guardia's Plea and Proclamation in War on Noise." October 1, 1935.

Nir, Sarah Maslin, "Inside N.Y.C.'s insanely loud car culture." *New York Times*, October 16, 2020.

Oliveira, Maria Joao R., Mariana P. Monteiro, Andreia M. Ribeiro, Duarte Pignatelli, and Artur P. Aguas. "Chronic exposure of rats to occupational textile noise causes cytological changes in adrenal cortex." *Noise and Health* 11 (2009): 118.

Parekh, Trushna. " 'They want to live in the Tremé, but they want it for their ways of living': gentrification and neighborhood practice in Tremé, New Orleans." *Urban Geography* 36 (2015): 201–20.

Park, Woon Ju, Kimberly B. Schauder, Ruyuan Zhang, Loisa Bennetto, and Duje Tadin. "High internal noise and poor external noise filtering characterize perception in autism spectrum disorder." *Scientific Reports* 7 (2017): 1–12.

Partecke, Jesko, Eberhard Gwinner, and Staffan Bensch. "Is urbanisation of European blackbirds (*Turdus merula*) associated with genetic differentiation?" *Journal of Ornithology* 147 (2006): 549–52.

Partecke, Jesko, Gergely Hegyi, Patrick S. Fitze, Julien Gasparini, and Hubert Schwabl. "Maternal effects and urbanization: variation of yolk androgens and immunoglobulin in city and forest blackbirds." *Ecology and Evolution* 10 (2020): 2213–24.

Partecke, Jesko, Thomas Van't Hof, and Eberhard Gwinner. "Differences in the timing of reproduction between urban and forest European blackbirds (Turdus merula): result of phenotypic flexibility or genetic differences?" *Proceedings of the Royal Society of London*. Series B 271 (2004): 1995–2001.

Partecke, Jesko, Thomas J. Van't Hof, and Eberhard Gwinner. "Underlying physiological control of reproduction in urban and forest-dwelling European blackbirds *Turdus merula*." *Journal of Avian Biology* 36 (2005): 295–305.

Peris, Eulalia et al. "Environmental noise in Europe—2020." (2020) European Environment Agency, Copenhagen, Denmark. https://www.eea.europa.eu/publications/environmental-noise-in-europe.

Phillips, Jennifer N., Catherine Rochefort, Sara Lipshutz, Graham E. Derryberry, David Luther, and Elizabeth P. Derryberry. "Increased attenuation and reverberation are associated with lower maximum frequencies and narrow bandwidth of bird songs in cities." *Journal of Ornithology* (2020): 1–16.

Powell, Michael. "A Tale of Two Cities." *New York Times*, May 6, 2006.

Ransom, Jan. "New Pedestrian Bridge Will Make Riverside Park More Accessible by 2016." *New York Daily News*, December 28, 2014.

Reichmuth, Johannes, and Peter Berster. "Past and Future Developments of the Global Air Traffic." In *Biokerosene*, edited by M. Kaltschmitt and U. Neuling, 13–31. Berlin: Springer, 2018.

Ripmeester, Erwin A. P., Jet S. Kok, Jacco C. van Rijssel, and Hans Slabbekoorn. "Habitat-related birdsong divergence: a multi-level study on the influence of territory density and ambient noise in European blackbirds." *Behavioral Ecology and Sociobiology* 64 (2010): 409–18.

Rosenthal, Brain M., Emma G. Fitzsimmons, and Michael LaForgia. "How Politics and Bad Decisions Starved New York's Subways." *New York Times*, November 18, 2017.

Saccavino, Elisabeth, Jan Krämer, Sebastian Klaus, and Dieter Thomas Tietze. "Does urbanization affect wing pointedness in the Blackbird *Turdus merula?" Journal of Ornithology* 159 (2018): 1043–51.

Saiz, Juan-Carlos, and Ana-Belén Blazquez. "Usutu virus: current knowledge and future perspectives." *Virus Adaptation and Treatment* 9 (2017): 27–40.

Schell, Christopher J., Karen Dyson, Tracy L. Fuentes, Simone Des Roches, Nyeema C. Harris, Danica Sterud Miller, Cleo A. Woelfle-Erskine, and Max R. Lambert. "The ecological and evolutionary consequences of systemic racism in urban environments." *Science* 369 (2020).

Schulze, Katrin, Faraneh Vargha-Khadem, and Mortimer Mishkin. "Test of a motor theory of long-term auditory memory." *Proceedings of the National Academy of Sciences* 109 (2012): 7121–25.

Science VS Podcast. "Gentrification: What's really happening?" https://gimletmedia.com/shows/science-vs/39hzkk.

Semuels, Alana. "The role of highways in American poverty." *Atlantic*, March 18, 2016.

Senzaki, Masayuki, Jesse R. Barber, Jennifer N. Phillips, Neil H. Carter, Caren B. Cooper, Mark A. Ditmer, Kurt M. Fristrup et al. "Sensory pollutants alter bird phenology and fitness across a continent." *Nature* 587 (2020): 605–09.

Shah, Ravi R., Jonathan J. Suen, Ilana P. Cellum, Jaclyn B. Spitzer, and Anil K. Lalwani. "The effect of brief subway station noise exposure on commuter hearing." *Laryngoscope Investigative Otolaryngology* 3 (2018): 486–91.

Shah, Ravi R., Jonathan J. Suen, Ilana P. Cellum, Jaclyn B. Spitzer, and Anil K. Lalwani. "The influence of subway station design on noise levels." *Laryngoscope* 127 (2017): 1169–74.

Shannon, Graeme, Megan F. McKenna, Lisa M. Angeloni, Kevin R. Crooks, Kurt M. Fristrup, Emma Brown, Katy A. Warner et al. "A synthesis of two decades of research documenting the effects of noise on wildlife." *Biological Reviews* 91 (2016): 982–1005.

Specter, Michael. "Harlem Groups File Suit to Fight Sewage Odors." *New York Times*, June 22, 1992.

Stremple, Paul. "Brooklyn's Oldest Bus Models Will Be Replaced by Year's End, Says MTA." *Brooklyn Daily Eagle*, March 19, 2019.

Stremple, Paul. "Lowest Income Communities Get Oldest Buses, Sparking Demand for Oversight." *Brooklyn Daily Eagle*, March 18, 2019.

Sze, Julie. *Noxious New York: The Racial Politics of Urban Health and Environmental Justice*. Cambridge, MA: MIT Press, 2007.

Union of Concerned Scientists. "Inequitable exposure to air pollution from vehicles in New York State" (2019). https://www.ucsusa.org/sites/default/files/attach/2019/06/Inequitable-Exposure-to-Vehicle-Pollution-NY.pdf.

Vienneau, Danielle, Christian Schindler, Laura Perez, Nicole Probst-Hensch, and Martin Röösli. "The relationship between transportation noise exposure and ischemic heart disease: a meta-analysis." *Environmental Research* 138 (2015): 372–80.

Vo, Lam Thuy. "They Played Dominoes Outside Their Apartment for Decades. Then the White People Moved In and Police Started Showing Up." *BuzzFeed News*, June 29, 2018. https://www.buzzfeednews.com/article/lamvo/gentrification-complaints-311-new-york.

Walton, Mary. "Elevated railway" (1881). US Patent 237,422.

WE ACT for Environmental Justice. "Mother Clara Hale Bus Depot." https://www.weact.org/campaigns/mother-clara-hale-bus-depot/.

WE ACT for Environmental Justice. "WE ACT calls for retrofitting of North River Waste Treatment Plant." December 15, 2015. https://www.weact.org/2015/12/we-act-calls-for-retrofitting-of-north-river-waste-treatment-plant/.

Zollinger, Sue Anne, and Henrik Brumm. "The Lombard effect." *Current Biology* 21 (2011): R614–R615.

17、在社區

Barclay, Leah, Toby Gifford, and Simon Linke. "Interdisciplinary approaches to freshwater ecoacoustics." *Freshwater Science* 39 (2020): 356–61.

Bennett, Frank G, Jr. "Legal protection of solar access under Japanese law." UCLA Pac. Basin LJ 5 (1986): 107.

Cantaloupe Music. "Inuksuit by John Luther Adams [online liner notes]." Accessed December 11, 2020. https://cantaloupemusic.com/albums/inuksuit.

Grech, Alana, Laurence McCook, and Adam Smith. "Shipping in the Great Barrier Reef: the miners' highway." *Conversation* (2015). https://theconversation.com/shipping-in-the-great-barrier-reef-the-miners-highway-39251.

Krause, Bernie. *Wild Soundscapes*. Berkeley, CA: Wilderness Press, 2002.

"Ministry compiles list of nation's 100 best-smelling spots." *Japan Times*, October 31, 2001.

Neil, David T. "Cooperative fishing interactions between Aboriginal Australians and dolphins in Eastern Australia." *Anthrozoös* 15 (2002): 3–18.

New York Botanical Garden. "*Chorus of the Forest* by Angélica Negrón." Accessed December 11, 2020. https://www.nybg.org/planttalk/chorus-of-the-forest-revisited/

Robin, K. "One Hundred Sites of Good Fragrance." (2014) Now Smell This online. Accessed November 17, 2020. http://www.nstperfume.com/2014/04/01/one-hundred-sites-of-good-fragrance/.

Rothenberg, David. *Nightingales in Berlin. Searching for the Perfect Sound*. Chicago: University of Chicago Press, 2019.

Schafer, R. Murray. *The Soundscape: Our Sonic Environment and the Tuning of the World*. Rochester, VT: Destiny Books, 1977.

Soundscape Policy Study Group. "Report on the results of the "100 Soundscapes to Keep." Local Government Questionnaire (in Japanese) (2018). Accessed November 17, 2020. http://mino.eco.coocan.jp/wp/wp-content/uploads/2016/12/20180530report100soundscapesjapan.pdf.

Torigoe, Keiko. "Insights taken from three visited soundscapes in Japan." In *Acoustic Ecology*, Australian Forum for Acoustic Ecology/World Forum for Acoustic Ecology, Melbourne, Australia, 2003.

Torigoe, Keiko. "Recollection and report on incorporation." *Journal of the Soundscape Association of Japan* 20 (2020) 3–4.

Tyler, Royall, tr. *The Tale of the Heike*. New York: Penguin, 2012.

18、在遙遠的過去與未來

Bowman, Judd D., Alan E. E. Rogers, Raul A. Monsalve, Thomas J. Mozdzen, and Nivedita Mahesh. "An absorption profile centered at 78 megahertz in the sky-averaged spectrum." *Nature* 555 (2018): 67.

Eisenstein, Daniel J. 2005. "The acoustic peak primer." Harvard-Smithsonian Center for Astrophysics. Accessed July 31, 2018. https://www.cfa.harvard.edu/~deisenst/acousticpeak/spherical_acoustic.pdf.

Eisenstein, Daniel J. 2005. "Dark energy and cosmic sound." Harvard-Smithsonian Center for Astrophysics. Accessed July 31, 2018. https://www.cfa.harvard.edu/~deisenst/acousticpeak/acoustic.pdf.

Einstein, Daniel J. 2005. "What is the acoustic peak?" Harvard-Smithsonian Center for Astrophysics. Accessed July 31, 2018. https://www.cfa.harvard.edu/~deisenst/acousticpeak/acoustic_physics.html.

Eisenstein, Daniel J., and Charles L. Bennett. "Cosmic sound waves rule." *Physics Today* 61 (2008): 44–50.

Eisenstein, Daniel J., Idit Zehavi, David W. Hogg, Roman Scoccimarro, Michael R. Blanton, Robert C. Nichol, Ryan Scranton et al. "Detection of the baryon acoustic peak in the large- scale correlation function of SDSS luminous red galaxies." *Astrophysical Journal* 633 (2005): 560.

European Space Agency. "Planck science team home." Accessed July 26, 2018. https://www.cosmos.esa.int/web/planck/ home.

Follin, Brent, Lloyd Knox, Marius Millea, and Zhen Pan. "First detection of the acoustic oscillation phase shift expected from the cosmic neutrino background." *Physical Review Letters* 115 (2015): 091301.

Gunn, James E., Walter A. Siegmund, Edward J. Mannery, Russell E. Owen, Charles L. Hull, R. French Leger, Larry N. Carey et al. "The 2.5 m telescope of the Sloan digital sky survey." *Astronomical Journal* 131 (2006): 2332.

Siegel, E. "Earliest evidence for stars smashes Hubble's record and points to dark matter." *Forbes*, February 28, 2018. https://www.forbes.com/sites/startswithabang/2018/02/28/earliest-evidence-for-stars-ever-seen-smashes-hubbles-record-and-points-to-dark-matter/#2c56afd01f92.

Siegel, Ethan. "Cosmic neutrinos detected, confirming the big bang's last great prediction." *Forbes*, September 9, 2016. https://www.forbes.com/sites/startswithabang/2016/09/09/cosmic-neutrinos-detected-confirming-the-big-bangs-last-great-prediction/.

科學新視野 183

傾聽地球之聲：生物學家帶你聽見生命的創意與斷裂，重拾人與萬物的連結

作者—— 大衛・喬治・哈思克（David George Haskell）
譯者—— 陳錦慧
企劃選書—— 羅珮芳
責任編輯—— 羅珮芳
版權—— 吳亭儀、江欣瑜
行銷業務—— 周佑潔、黃崇華、賴玉嵐
總編輯—— 黃靖卉
總經理—— 彭之琬
事業群總經理—— 黃淑貞

發行人—— 何飛鵬
法律顧問—— 元禾法律事務所王子文律師
出版—— 商周出版
台北市 104 民生東路二段 141 號 9 樓
電話：(02) 25007008・傳真：(02)25007759
發行—— 英屬蓋曼群島商家庭傳媒股份有限公司城邦分公司
台北市中山區民生東路二段 141 號 2 樓
書虫客服服務專線：02-25007718；25007719
服務時間：週一至週五上午 09:30-12:00；下午 13:30-17:00
24 小時傳真專線：02-25001990；25001991
劃撥帳號：19863813；戶名：書虫股份有限公司
讀者服務信箱：service@readingclub.com.tw
城邦讀書花園：www.cite.com.tw
香港發行所—— 城邦（香港）出版集團
香港九龍九龍城土瓜灣道 86 號順聯工業大廈 6 樓 A 室
電話：(852) 25086231・傳真：(852) 25789337
E-mail: hkcite@biznetvigator.com
馬新發行所—— 城邦（馬新）出版集團【Cite (M) Sdn Bhd】
41, Jalan Radin Anum, Bandar Baru Sri Petaling,
57000 Kuala Lumpur, Malaysia.
電話：(603) 90563833・傳真：(603) 90576622
Email: services@cite.my

封面設計—— 朱疋
內頁排版—— 陳健美
印刷—— 韋懋實業有限公司
經銷—— 聯合發行股份有限公司
電話：(02)2917-8022・傳真：(02)2911-0053
地址：新北市 231 新店區寶橋路 235 巷 6 弄 6 號 2 樓

初版—— 2022 年 11 月 3 日初版
2024 年 1 月 16 日初版 2.1 刷
定價—— 550 元
ISBN—— 978-626-318-423-7

國家圖書館出版品預行編（CIP）資料

傾聽地球之聲：生物學家帶你聽見生命的創意與斷裂，重拾人與萬物的連結／大衛・喬治・哈思克（David George Haskell）著；陳錦慧譯. -- 初版. -- 臺北市：商周出版：英屬蓋曼群島商家庭傳媒股份有限公司城邦分公司發行，2022.10
面；公分. --（科學新視野；183）
譯自：Sounds wild and broken: sonic marvels, evolution's creativity, and the crisis of sensory extinction
ISBN 978-626-318-423-7（平裝）

1.CST：生物聲學 2.CST：聲音

361.73　　111014540

線上版讀者回函卡